JN099373

最初からそう教えてくれればいいのに！

WordPressのツボとコツがゼッタイにわかる本［第2版］

中田 亨◉著

秀和システム

はじめに

本書は、これからWordPressを始める未経験者や、WordPressを少し触ったことがある初心者のための入門書です。ブロックエディターと無料の公式テーマを使って架空の会社サイトを完成させるまでの手順を解説していますので、インターネット環境があれば今すぐ実際にWordPressのサイト作成を体験できます。難しいコードは一切登場しませんので、HTMLやCSSの予備知識は不要です。サーバーやドメインなどの予備知識も本書の中で解説しています。

なお、本書ではレンタルサーバーでWordPressを使う方法と、ローカルPCにサーバーを構築してWordPressを使う方法の両方を解説していますので、最初からインターネットで閲覧できるサーバー環境でサイトを作っていくこともできますし、じっくりとローカルPCで作成して完成してからサーバー環境にコピーする方法も解説しています。

■本書の構成

前半はWordPressのインストール方法と予備知識です。

第1章　WordPressとは？
第2章　レンタルサーバーでWordPressを使う準備
第3章　ローカルサーバーでWordPressを使う準備
第4章　管理画面の役割を理解しよう

後半はWordPressでサイトを作成していきます。

第5章　フルサイト編集の基本
第6章　会社のホームページを作成しよう
第7章　プラグインを導入しよう

■本書で学べること

- レンタルサーバーでWordPressを利用する方法
- ローカルサーバーの構築方法
- WordPressの使い方
- WordPressでサイトを作る方法
- プラグインを利用してサイトの機能を拡張する方法

■本書で解説していないこと

- フルサイト編集に対応していないテーマのカスタマイズ方法
- ローカルサーバーに画像処理やメール送信のモジュールを追加する方法

ひとりでも多くの方がWordPressでサイトを作成できるようになることを願っています。

中田　亨

本書の使い方

本書の第６章では、架空の会社サイトを作成します（第７章でも少しだけカスタマイズを行います）。サイトに掲載するコンテンツ（画像とテキスト）を用意しましたので、第６章をはじめる前に秀和システムのホームページから本書のサポートページへ移動して、ダウンロードしてください。ダウンロードデータはZIP形式で圧縮してありますので、解凍ソフトを使って解凍してください。

●秀和システムのサポートページ

本書のサポートページからダウンロードしてください。

【URL】https://www.shuwasystem.co.jp/support/7980html/6886.html

●ダウンロード可能なフォルダの一覧

・sample¥chapter6…第６章で使用する画像とテキストが入っています。

・sample¥chapter7…第７章で使用する画像が入っています。

※ダウンロードデータの取り扱いに関しては、ダウンロードデータに含まれる「はじめにお読みください.txt」を参照してください。

本書の環境

本書の解説で使用している環境は2023年１月時点の最新バージョンです。ブラウザ、WordPress、サーバー等はアップデートによって仕様が変わる可能性がありますので、公式サイト等で最新の情報を確認してください。

●本書の環境

・OS・・・・Windows11 Home（バージョン：21H2）

・ブラウザ・・・Google Chrome（バージョン：109.0.5414.75）

・WordPress（バージョン：6.1.1）

・公式テーマ「Twenty Twenty-Three」（バージョン：1.0）

＜レンタルサーバー＞

・PHP（バージョン：7.4.33）

・MySQL（バージョン：5.7）

＜ローカルサーバー＞

・XAMPP for Windows（バージョン：8.2.0）

・Apache（バージョン：2.4.54）

・PHP（バージョン：8.2.0）

・MariaDB（バージョン：10.4.27）

・phpMyAdmin（バージョン：5.2.0）

重要なお知らせ

2023年３月末頃にWordPress6.2のリリースが予定されています。6.2がリリースされた際は、画面や操作方法が本書の内容と若干異なる可能性があります。リリース後の影響につきましては、本書のサポートページに補足説明を掲載する予定です。学習のために本書と同じバージョン6.1.1に戻す方法は、251ページのコラムを参照してください。

最初からそう教えてくれればいいのに！

WordPressのツボとコツがゼッタイにわかる本［第2版］

Contents

はじめに …… 3

第1章　WordPressとは？

1-1　WordPressとは？ …… 12
●WordPressとは？ …… 12
●WordPressの現在 …… 13

1-2　WordPressの活用事例 …… 14
●WordPressで作られているウェブサイトの事例 …… 14

1-3　WordPressの実行環境と重要な用語 …… 21
●WordPressの実行環境 …… 21
●重要な用語 …… 28

1-4　WordPressの仕組み …… 37
●WordPressの仕組み …… 37
●WordPressのシステム構成 …… 38
●WordPressのディレクトリ構成 …… 39

1-5　2種類の利用形態 …… 41
●WordPressの利用形態 …… 41
●WordPress.orgの利用料金 …… 43
●WordPress.comの利用料金 …… 45
●ローカルサーバーを利用する場合 …… 46

第2章　レンタルサーバーでWordPressを使う準備

2-1　レンタルサーバーの選び方 ……… 50
●レンタルサーバーの選定基準 ……… 50
●初心者におすすめのレンタルサーバー3社 ……… 58

2-2　レンタルサーバーの申し込み ……… 63
●エックスサーバーの申し込み ……… 63

2-3　独自ドメインの取得 ……… 72
●エックスサーバーで独自ドメインを取得する ……… 72

2-4　独自ドメインの追加 ……… 75
●サーバーに独自ドメインを追加する ……… 75

2-5　WordPressのインストール ……… 80
●WordPressのインストール ……… 80

2-6　WordPressのSSL化 ……… 86
●SSL証明書のインストールだけでは不完全 ……… 86

第3章　ローカルサーバーでWordPressを使う準備

3-1　XAMPPのインストール ……… 94
●XAMPPとは？ ……… 94
●コントロールパネルを管理者権限で実行する設定 ……… 98

3-2　ローカルサーバーの起動と停止 ……… 99
●XAMPPの起動 ……… 99
●XAMPPの停止 ……… 100

3-3　WordPressの入手とインストール ……… 101
●WordPressのダウンロード ……… 101
●WordPressのインストール ……… 102

3-4　ローカル環境からサーバー環境へWordPressをコピーする ……… 110
●コピーの考え方 ……… 110
●プラグインのインストール ……… 110
●ローカル環境のエクスポート ……… 111
●サーバー環境へのインポート ……… 113
●最大アップロードサイズの変更 ……… 116

第4章　管理画面の役割を理解しよう

4-1　管理画面の構成 …… 120
●管理画面の構成 …… 120

4-2　ダッシュボード …… 122
●WordPressのバージョン確認と更新方法 …… 122
●サイトヘルス …… 123

4-3　投稿 …… 124
●投稿一覧 …… 124
●投稿の編集画面 …… 126
●カテゴリーの登録 …… 132
●タグの登録 …… 133

4-4　固定ページ …… 134
●固定ページ一覧 …… 134
●固定ページの編集画面 …… 136

4-5　メディアライブラリ …… 138
●メディアの登録（アップロード） …… 138
●メディアの挿入 …… 140

4-6　コメント …… 142
●コメントの管理 …… 142

4-7　外観 …… 145
●テーマの管理 …… 145
●フルサイト編集に対応した日本製WordPressテーマ …… 149

4-8　プラグイン …… 150
●プラグインの管理 …… 150
●プラグインの新規追加（インストール） …… 151
●プラグインの選び方 …… 152

4-9　ユーザー …… 155
●権限グループ …… 155
●ユーザー一覧画面 …… 156
●ユーザーの追加 …… 156
●プロフィールの編集 …… 157

4-10　ツール …… 161
●ツール …… 161
●データのインポート …… 162

●データのエクスポート …… 163
●サイトヘルス …… 163
●個人データのエクスポート …… 164
●個人データの削除 …… 166
●テーマファイルエディター …… 167
●プラグインファイルエディター …… 168

4-11 設定 …… 169
●一般設定 …… 169
●投稿設定 …… 170
●表示設定 …… 171
●ディスカッション …… 173
●メディア …… 174
●パーマリンク …… 174
●プライバシー …… 175

第5章　フルサイト編集の基本

5-1 **テンプレートの種類** …… 178
●ページとテンプレートの対応関係 …… 178
●テンプレート階層図（テンプレートの優先順位） …… 183
●テンプレートパーツ …… 195

5-2 **サイト全体の基本スタイル** …… 198
●基本スタイルとは？ …… 198
●基本スタイルの設定方法 …… 199

5-3 レイアウトの作成方法 …… 203
●レイアウトの基本 …… 203
●余白の設定 …… 207
●決まった幅の中にコンテンツを収める …… 209

5-4 **ブロックの使い分け** …… 212
●ブロックの種類 …… 212
●テキスト …… 212
●メディア …… 215
●ウィジェット …… 223
●テーマ …… 228
●埋め込み …… 232

5-5　再利用ブロック 235
●再利用ブロックとは？ 235
●再利用ブロックの作成 236
●再利用ブロックの挿入 238

第6章　会社のホームページを作成しよう

6-1　完成イメージと作成手順 240
●サイトの構成と完成イメージ 240
●作成手順 248

6-2　WordPressの初期設定 249
●固定ページと投稿カテゴリーの追加 249
●WordPressの設定 250

6-3　基本スタイルの設定 252
●テーマの基本スタイル 252
●レイアウト 254

6-4　テンプレートの作成 255
●テンプレートパーツの作成 255
●再利用ブロックの作成 264
●固定ページのテンプレート 269
●トップページのテンプレート 271
●投稿のテンプレート 272
●アーカイブのテンプレート 273
●ブログインデックスのテンプレート 275
●404エラーページのテンプレート 277

6-5　ニュース詳細ページの作成 279
●コンテンツの登録 279

6-6　個人情報保護方針ページの作成 282
●コンテンツの登録 282

6-7　よくある質問ページの作成 285
●コンテンツの登録 285

6-8　企業情報ページの作成 288
●コンテンツの登録 288

6-9　事業案内ページの作成 296
●コンテンツの登録 296

6-10 トップページの作成 301
●コンテンツの登録 301

6-11 お問い合わせページの作成 308
●メールフォームの作成 308
●コンテンツの登録 313

第7章 プラグインを導入しよう

7-1 プラグインとは？ 318
●サイトに機能を追加するもの 318
●プラグインの種類（目的別） 319

7-2 スライドショーを作成できるプラグイン 320
●Smart Slider 3 320

7-3 表組み（テーブル）を作成できるプラグイン 325
●TablePress 325

7-4 セキュリティー対策に役立つプラグイン 329
●SiteGuard WP Plugin 329

7-5 バックアップに役立つプラグイン 335
●UpdraftPlus WordPress Backup Plugin 335

7-6 画像を軽量化できるプラグイン 341
●Converter for Media 341

7-7 ページをコピーできるプラグイン 345
●Yoast Duplicate Post 345

7-8 パンくずリストを表示できるプラグイン 348
●Yoast SEO 348

7-9 用途別おすすめプラグイン 351
●よく使われている便利なプラグイン 351

おわりに 357

索引 358

WordPressとは？

WordPressの世界へようこそ！　本章では、WordPressが利用されている事例を紹介し、WordPressの実行環境・重要な用語・仕組み・利用形態を解説していきます。

WordPressとは？

WordPressとは？

WordPressはブログやホームページを作成できる無料のソフトウェアです。公式サイトから誰でも自由に入手することができ、様々な種類のウェブサイトに利用できます（図1）。

図1　WordPressはブログやホームページを作成できるソフトウェア

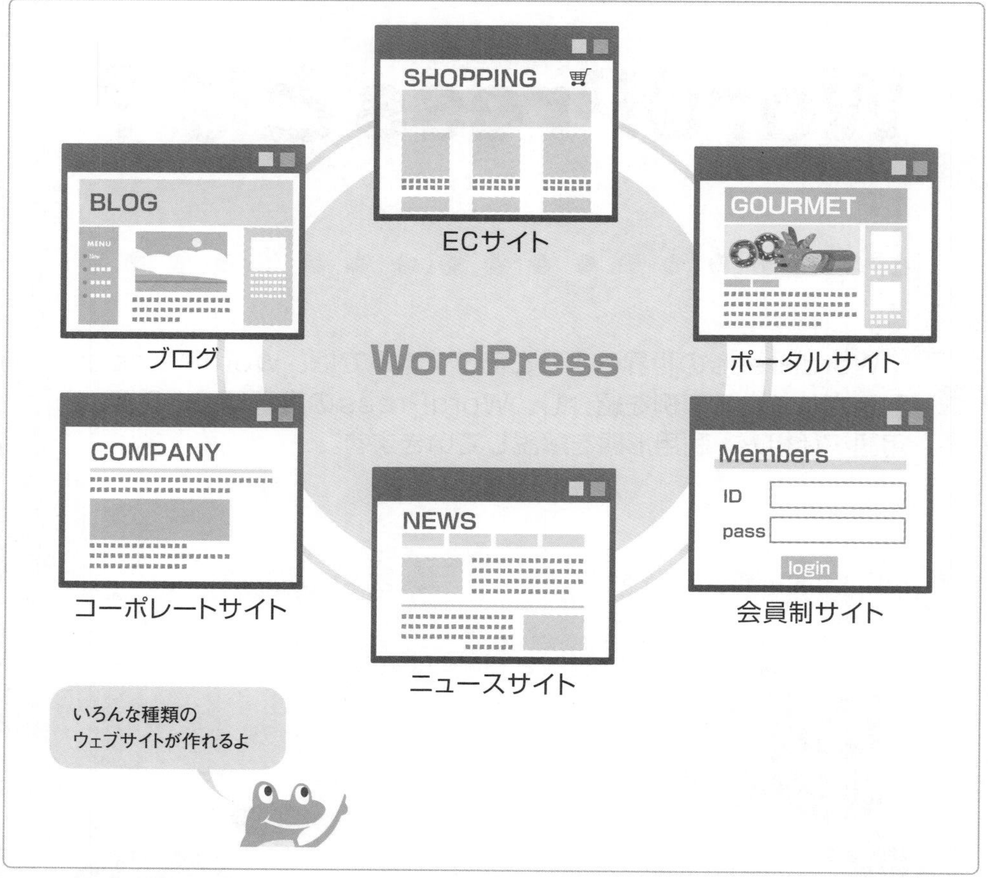

WordPress
SHOPPING
ECサイト
BLOG
MENU
ブログ
GOURMET
ポータルサイト
COMPANY
コーポレートサイト
NEWS
ニュースサイト
Members
ID
pass
login
会員制サイト
いろんな種類の
ウェブサイトが作れるよ

テーマ（28ページ）を使い分けることで、好みのデザインのサイトを作ることができます。また、WordPressはオープンソース（※1）ですので、ソフトウェアを構成しているプログラムのソースコードが公開されています。そのため、世界中の開発者によってソフトウェアの脆弱性やバグ修正、機能の追加などが常に行われており、無償でありながら高い性能や安定性が維持されています。

（※1）オープンソースソフトウェア（OSS）とは、利用者の目的を問わずソースコードを使用、調査、再利用、修正、拡張、再配布が可能なソフトウェアの総称です。

WordPressの現在

WordPressは継続的かつ計画的に開発が行われており、公式サイトでプロジェクトの進行状況やロードマップを見ることができます。

ロードマップ（WordPress.orgより）
https://ja.wordpress.org/about/roadmap/

進行中のGutenberg（グーテンベルク）プロジェクトは大きく4つのフェーズ「より簡単な編集」「カスタマイズ」「コラボレーション」「多言語対応」に分かれており、現在2番目のフェーズ「カスタマイズ」が精力的に進められています。公式サイトでは「完全なサイト編集機能、ブロックパターン、ブロックディレクトリ、ブロックベースのテーマ」と説明されています。

WordPressは2022年にリリースされたバージョン5.9から、ページを編集するエディターにブロックエディターと呼ばれる新しい仕組みが追加され、ページの編集方法やサイトのカスタマイズ方法が大きく変わりました。現在進行中の第2フェーズは、フルサイト編集（サイトのあらゆるところをブロックエディターで自由に変更できるようにすること）を目指しており、フルサイト編集に対応したテーマが今後一層充実していくことが期待されています（画面1）。

▼**画面1　ブロックエディターを使ったフルサイト編集**

ブロックエディターを使ったフルサイト編集の具体的な方法については本書の第5章〜第6章で扱いますので、ここではWordPressを使ったサイトの編集方法が大きな転換期にあるということを押さえておいてください。

1-2 WordPressの活用事例

WordPressで作られているウェブサイトの事例

WordPressで作られたサイトの事例を紹介します。

ブログ

WordPressのブログは、記事を追加すると記事の一覧も自動的に更新されます（画面1）。

▼画面1　ブログの事例

つたえるウェディング（結婚式のムービー制作会社のブログ）
https://profilemovie.endrollmovie.com/blog/

コーポレートサイト

背景のアニメーションが印象的なコーポレートサイトです。実際にアクセスして確認してみてください。プログラミングを施してカスタマイズすれば、このようなサイトも可能です（画面2）。

▼画面2　コーポレートサイトの事例

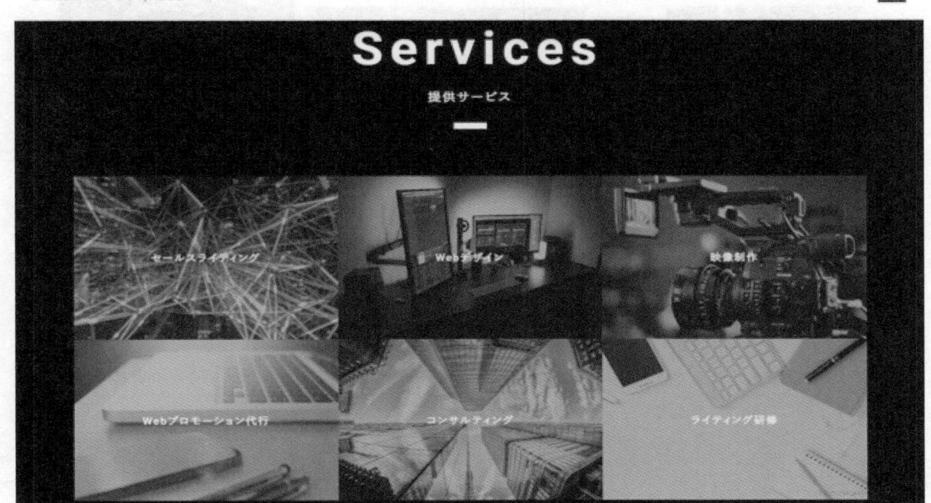

株式会社フリーエハイト
https://frieheit.net/

メディアサイト

DTM（パソコンを使用した楽曲制作のこと）のノウハウが学べる音楽メディアサイトです。記事の中に動画や音源が使われていますので、見て聴いて学べることが特徴です（画面3）。

▼**画面3　ウェブメディアの事例**

DTMレッスン・スクール Sleepfreaks
https://sleepfreaks-dtm.com/

ECサイト

缶詰や自然派加工食品を販売するECサイトです。Welcart（ウェルカート）というショッピングカート機能を追加できるプラグイン（353ページ）を利用しています（画面4）。

▼画面4　ECサイトの事例

自然派缶詰 カンナチュール
https://can-naturel.jp/

ウェブシステム

無料のオンライン模擬試験システムです。PHPというプログラミング言語を駆使して、WordPressをカスタマイズして構築されています（画面5）。

▼**画面5　ウェブシステムの事例**

秘書検定２級CBT
https://hisho2.trycbt.com/cbt/

政府・行政サイト

次の表は、ワードプレスで作られた政府・行政・教育機関サイトの一例です（表1）。中でも米国ホワイトハウスのホームページは、2017年に行われたリニューアルでDrupalからWordPressに変更され、話題を呼びました。年間で600万ドル（約6億6000万円）かかっていたコストが60%以上削減されたと説明されています。

▼表1　ワードプレスで作られた政府・行政・教育機関サイト

サイト	URL
ルーブル彫刻美術館（三重県）	https://www.louvre-m.com/
ポーラ美術館（神奈川県）	https://www.polamuseum.or.jp/
ハーバード大学のブログ	https://blogs.harvard.edu/
スタンフォード大学	https://www.stanford.edu/
カリフォルニア大学バークレー校	https://www.berkeley.edu/
ブリティッシュコロンビア大学	https://blogs.ubc.ca/
ホワイトハウス（アメリカ大統領官邸）	https://www.whitehouse.gov/
フィンランドの外務省が運営するサイト	https://finland.fi/
オーシャンシティ（アメリカ東海岸）	https://oceancitymd.gov/oc/
スイス・ジュネーブのアメリカ大使館	https://geneva.usmission.gov/
アメリカ・ミネソタ州アルバートリー市	https://cityofalbertlea.org/
東京大学 大学院教育学部研究科・教育学部	https://www.p.u-tokyo.ac.jp/
青山学院大学	https://www.aoyama.ac.jp/
早稲田大学	https://www.waseda.jp/top/
国立天文台 岡山天体物理観測所	http://www.oao.nao.ac.jp/

世界的に利用されているんだね

WordPressの世界シェア

調査サービスW3Techsの統計によると、WordPressの利用率は世界中のウェブサイトの43.2%、CMS（28ページ）の中では63.6%に上っています（図）。

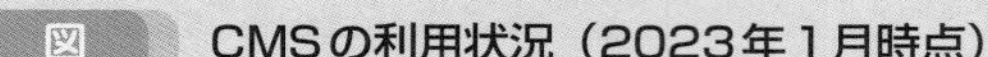

図 CMSの利用状況（2023年1月時点）

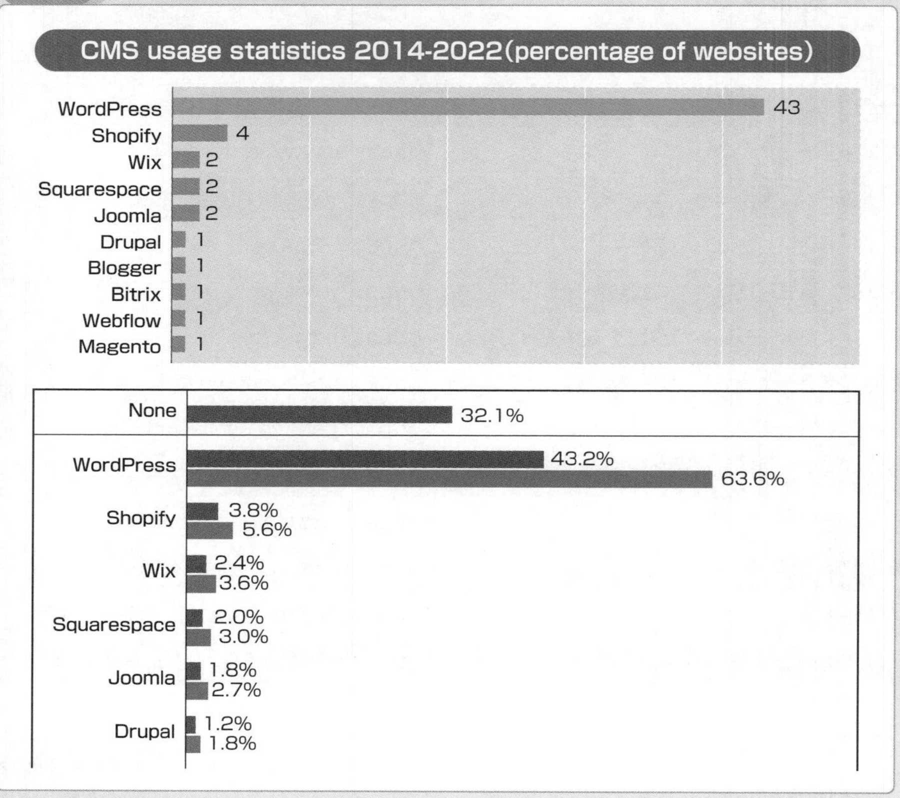

[参考資料]
https://w3techs.com/pictures/cms-bcr-202209.mp4
https://w3techs.com/technologies/overview/content_management

これまで圧倒的なシェアを誇ってきたWordPressの人気はまだまだ衰える気配がなく、当分は単独首位が続きそうです。2位以下は、Joomla、Drupalが長年WordPressを追い続けていましたが、近年シェアを伸ばしているShopify、Wixに追い抜かれています。

1-3 WordPressの実行環境と重要な用語

WordPressの実行環境

WordPressはシステムやプログラミングに関する専門知識がなくても使えますが、インストールやセキュリティ強化、機能追加やバージョンアップといった運用段階での適切な管理を行うには、ウェブサーバーをはじめとしたWordPressの実行環境に関する基本的な知識を身に付け、それらを動員して解決方法を見つける問題解決能力が重要です。本節では、WordPressの動作に関わる構成要素と用語について解説します。

クライアントとサーバー

利用者からの要求に応じて何らかのサービスを提供するソフトウェアやコンピュータをサーバーと呼び、サーバーからサービスの提供を受ける側をクライアントと呼びます。

ウェブの場合、Microsoft EdgeやGoogle Chrome、Safariなどのウェブクライアント（ブラウザのこと）から閲覧したいページを要求（リクエスト）されたウェブサーバーが、応答（レスポンス）を返すことによってページが表示されます（図1）。

図1 ウェブサイトが表示される仕組み

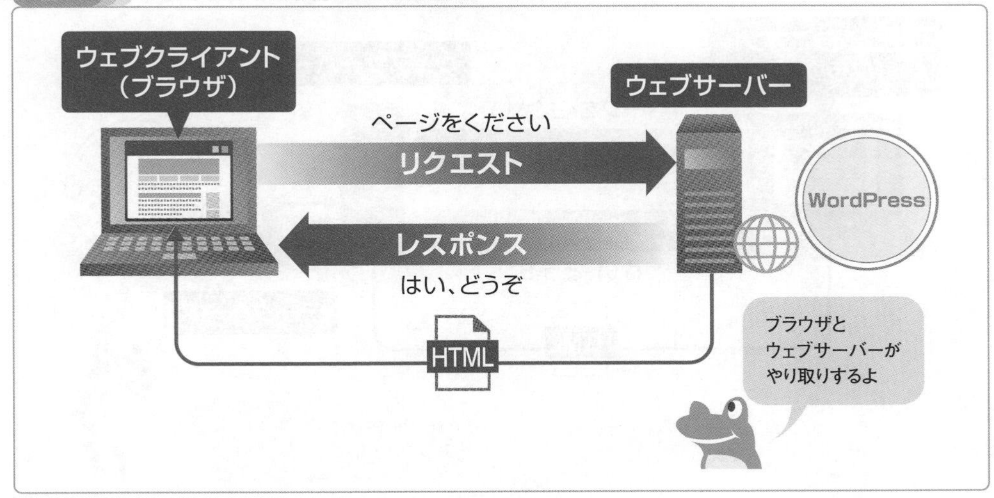

ウェブページの表示内容はHTMLというデータ形式で定義するのがインターネットの決まりです。そのため、ウェブサーバーはHTMLをレスポンスとして返します。ブラウザはウェブサーバーから受信したHTMLを解析して画面上に描画します。

PHP

WordPressのシステムはPHPというプログラミング言語で作られています。ウェブサーバーにはPHPで記述されたプログラムを実行するエンジンが搭載されていますので、WordPressはウェブサーバー上でのみ稼働します。ローカル環境（PC）でWordPressを動かす方法については第3章（93ページ）で解説します。

データベース

データベースは、文字や画像をはじめとする様々な情報を格納できるシステムです。データベースを搭載しているサーバーをデータベースサーバーと呼びます。WordPressではMySQLというデータベースから派生したMariaDBが使われますが、元はMySQLですので一般的にはMySQLとして理解されることが多いようです。本書でもMySQLと呼称することにします。

WordPressで作成するページの内容はデータベースに登録され、ブラウザがウェブサーバーにページをリクエストすると、ウェブサーバーはデータベースに問い合わせてデータを取り出し、取り出したデータを使ってHTMLを生成します。そして、出来上がったHTMLはレスポンスとしてブラウザに返され、ブラウザの画面にページが表示されます（図2）。

図2 データベースの役目

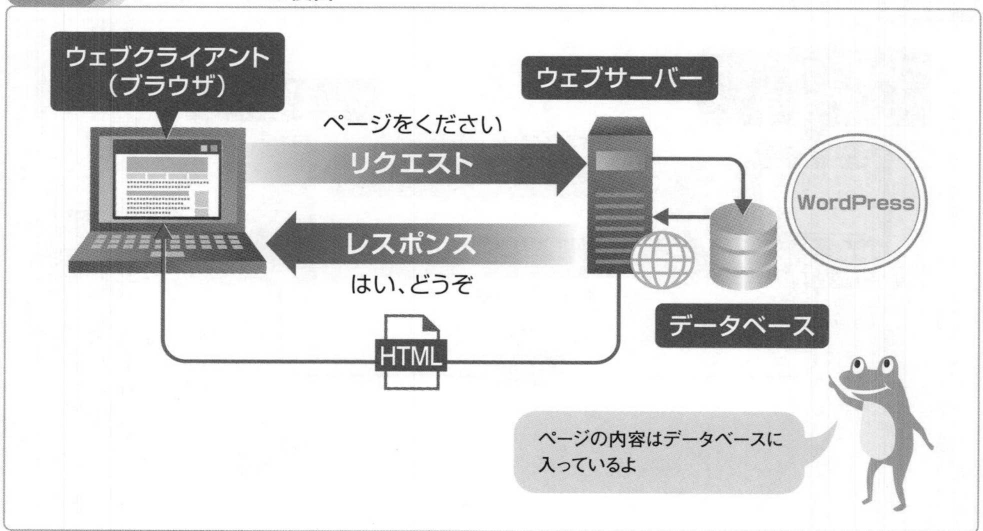

なお、データベース内のデータはセキュリティの高い特別な形式で格納されており、あらかじめ登録されている接続情報（ユーザー名とパスワード）を使用しなければ接続ができません。WordPressをインストールすると、データベースへの接続情報が記述された設定ファイル（38ページ）が生成され、ウェブサーバーは設定ファイルを読み取ってデータベースへの接続を行います（図3）。

図3 データベースへの接続

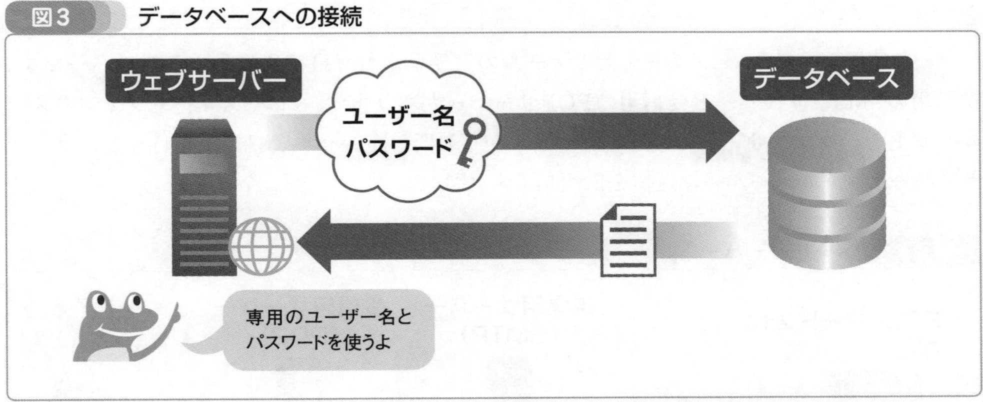

phpMyAdmin

phpMyAdminはデータベースをブラウザから直接操作できるツールです。XAMPP(94ページ)や多くのレンタルサーバーにはphpMyAdminが標準搭載されています。通常、データベースはWordPressでサイトを編集するとき適切に更新されますが、サイトにシステム的なトラブルが生じた場合は、phpMyAdminを利用してデータベースに異常がないかどうかを調べることによって、原因の調査や復旧に役立てることができます（画面1)。

▼**画面1　phpMyAdmin**

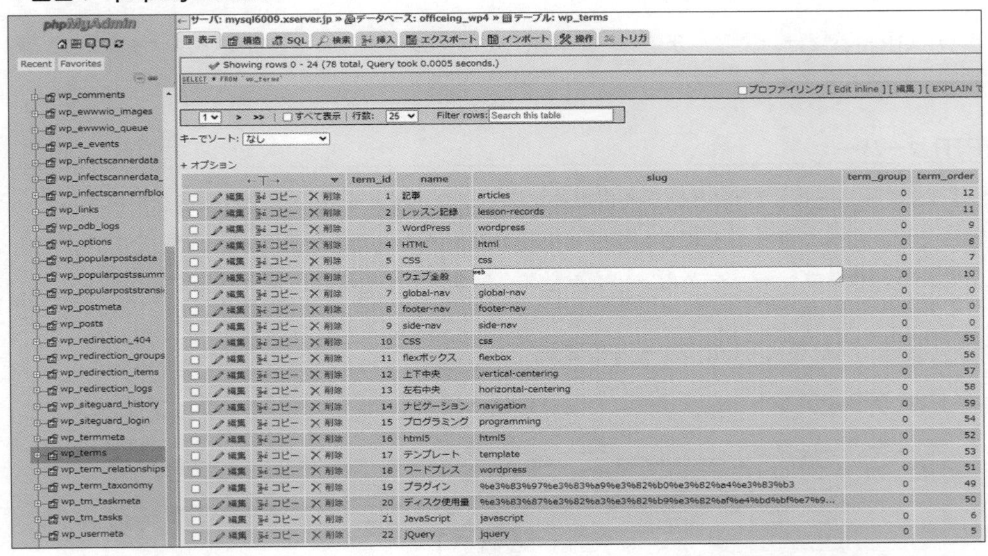

データベースの中身を直接見る
ことができる

メールサーバー

メールサーバーはネットワーク上でメールの送受信を行う機能を提供するサーバーです。送信用のSMTPサーバーと受信用のPOPサーバーがあります。PCやスマートフォンのメールソフトや、ウェブサイトのメールフォームからお問い合わせや資料請求を行うと、ウェブサーバーはメールサーバーに送信を依頼します（図4）。

図4 メールサーバー

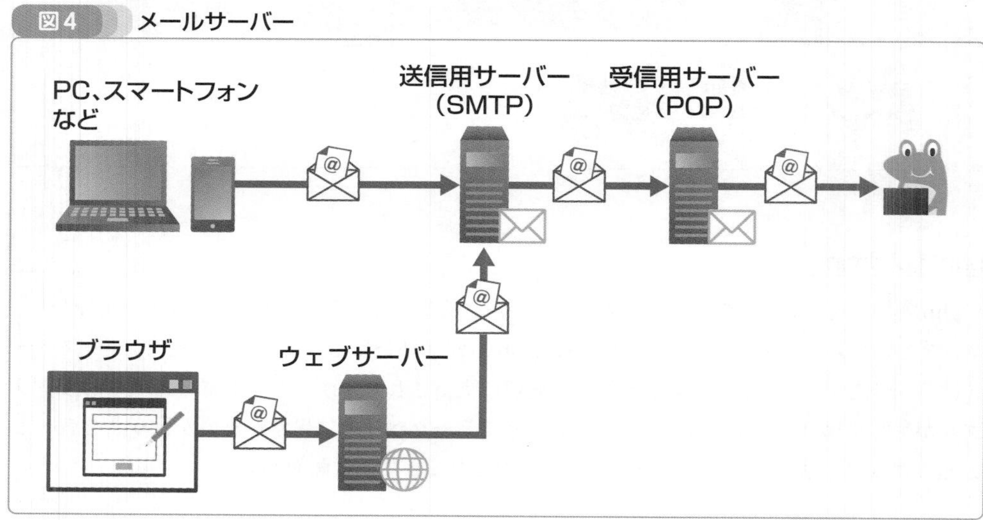

WordPressには、メールサーバーを利用してメールフォームを設置できるプラグイン（30ページ）があります。

FTPサーバー

FTPサーバーは、FTPという通信規約に則ってファイルを送受信する機能を提供するサーバーです。ウェブサーバーにウェブサイト用のファイル（画像やHTMLなど）をアップロードしたり、ウェブサーバーからファイルをダウンロードする場合に使われます（図5）。

図5 FTPを利用したファイルの送受信

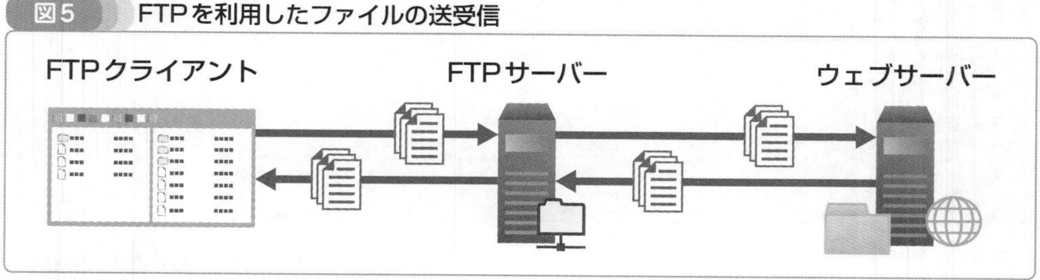

FTPサーバーと通信できるソフトウェアはFTPクライアントと呼ばれます。代表的なFTPクライアントに、FFFTP、FileZilla、Cyberduckなどがあります。レンタルサーバーの場合、

FTP機能を備えたツールがサーバーの管理画面に用意されていることがあります（画面2）。

▼画面2　エックスサーバーのファイルマネージャ

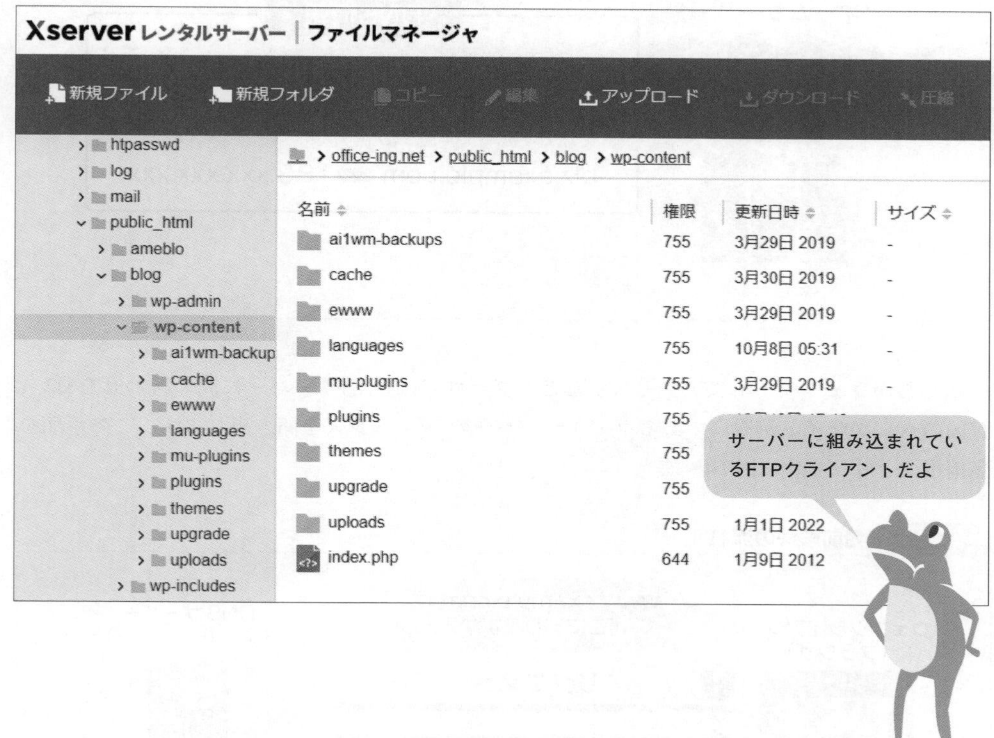

DNSサーバー

ウェブサーバーをはじめ、私たちが普段使っているPCやスマートフォンなど、インターネットに接続されている端末には1台ずつ固有のIPアドレス（183.181.98.89など）が割り当てられており、IPアドレスによって端末が識別されています。

IPアドレスはインターネット上の住所のようなもので、ウェブサイトの場所はウェブサーバーのIPアドレスで表すことができます。しかし、数字の羅列であるIPアドレスを使って「http://183.181.98.89」のようにウェブサイトにアクセスするのは大変覚えにくく不便です。そこで、IPアドレスの代わりにアルファベットで構成したドメイン（example.comなど）を使って「http://example.com」のようにアクセスする方法が考え出されました。

そのためには、IPアドレスとドメインの対応関係（example.comは183.181.98.89、yahoo.co.jpは183.79.219.252、など）を、インターネット上のどこかでデータとして管理しておく仕組みが必要です。この対応関係をDNS（Domain Name System）情報と呼び、インターネット上に存在する多数のサーバー群（DNSサーバー）によって分散管理されています。DNSはインターネット上の住所を管理する台帳のようなものです（図6）。

図6 DNSサーバー

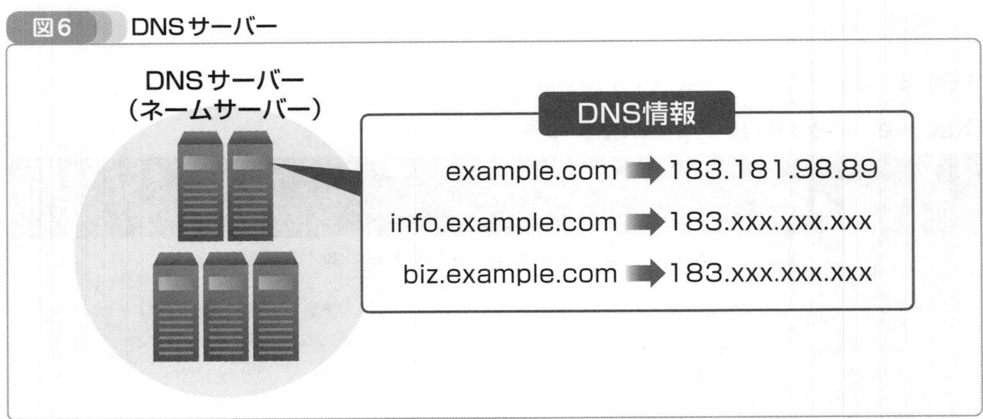

私たちがウェブサイトにアクセスすると、ブラウザはDNSサーバーに問い合わせを行い、目的のウェブサイトが置いてあるウェブサーバーのIPアドレスを聞き出します。この手順を名前解決と呼びます（図7）。

図7 名前解決の流れ

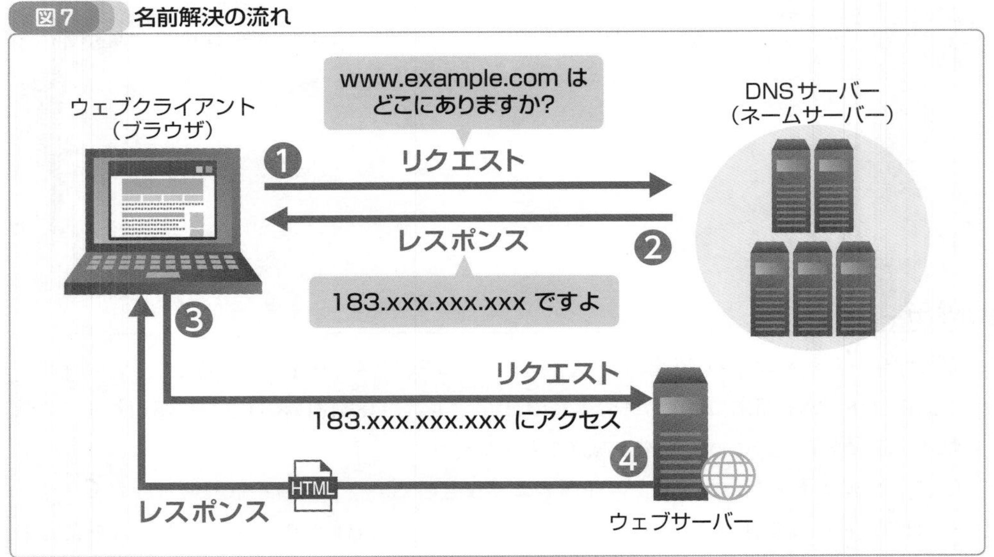

独自ドメイン

レンタルサーバーを利用する場合は最初からサーバーにドメインが割り当てられています（初期ドメイン）。自分で決めたドメイン（独自ドメイン）を使いたい場合は、ドメイン管理サービス（お名前ドットコム、バリュードメインなど）のウェブサイトでドメインの取得手続きを行う必要があります。サーバー会社が窓口を設けている場合は、レンタルサーバーと一緒に申込むこともできます。

【お名前ドットコム】
https://www.onamae.com/

【バリュードメイン】
https://www.value-domain.com/

ネームサーバー情報

ウェブサイトを設置するウェブサーバーにドメインを登録すると、DNSサーバーにDNS情報が登録されます。しかし、DNSサーバーは世界中に分散していますので、どのDNSサーバーに登録されているのか（ネームサーバー情報）を指定しなければ名前解決ができません。そこで、ドメインにDNSサーバーの名前を登録し、名前解決の際はそのDNSサーバーが参照されるようにします。DNS情報が住民管理台帳だとすると、「どの市区町村に台帳があるのか」を指すのがネームサーバー情報です。この設定は「ネームサーバーの設定」と呼ばれ、ドメイン管理サービスで行います（図8）。

図8 ドメイン情報に登録されたネームサーバー情報

ドメイン情報

[Domain Name]	EXAMPLE.COM
[Registry Domain ID]	2336799_DOMAIN_COM-VRSN
[Registrar WHOIS Server]	whois.iana.org
[Registrar URL]	http://res-dom.iana.org
[Updated Date]	2022-08-14T07:01:31Z
[Creation Date]	1995-08-14T04:00:00Z
[Registry Expiry Date]	2023-08-13T04:00:00Z
[Registrar]	RESERVED-Internet AssignedNumbers Authority
[Registrar IANA ID]	376
[Registrar Abuse Contact Email]	[Registrar Abuse Contact Email]
[Registrar Abuse Contact Phone]	[Registrar Abuse Contact Phone]
…	…
[Name Server]	A.IANA-SERVERS.NET
[Name Server]	B.IANA-SERVERS.NET

ネームサーバー情報

図8を例にすると、「example.comというドメインのIPアドレスを知りたければ、A.IANA-SERVERS.NETというDNSサーバーに聞いてください」という意味になります。B.IANA-SERVERS.NETはA.IANA-SERVERS.NETと同じ情報を持った副系統のDNSサーバーで、A.IANA-SERVERS.NETに障害が発生した場合は代わりに役目を果たします。

他の市区町村へ引っ越したとき転出先の市区町村へ住民票を移すのと同様に、サーバー会社を変更した場合はネームサーバー情報を変更しなければなりません。

たとえば、ドメイン管理サービスAで取得した独自ドメインexample.comを、サーバー会社Bで契約したウェブサーバー（IPアドレス183.181.98.89）に設置したWordPressに割り当ててhttps://example.comのアドレスでウェブサイトを公開するには、❶B社のDNSサーバーにexample.comを登録し、❷ドメイン管理サービスにてexample.comのネームサーバー情報にB社のDNSサーバー（ns1.xxx.jp、ns2.xxx.jp）を登録します（図9）。

図9 ネームサーバー情報の設定

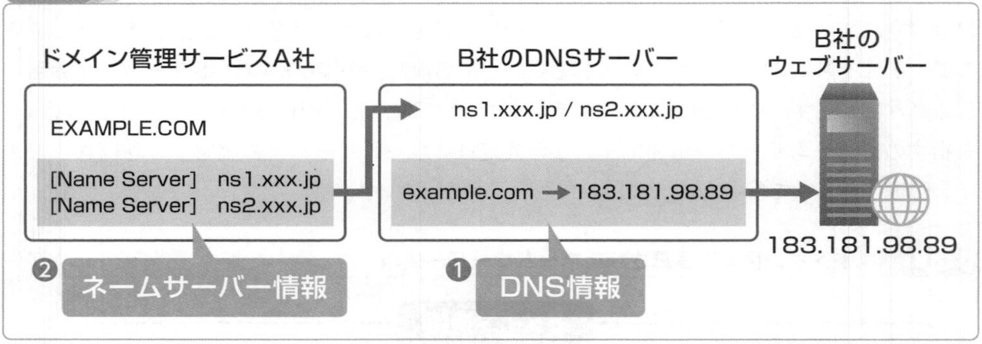

このように、ネームサーバー情報とDNS情報が繋がることによって、ドメインとIPアドレスの対応関係がわかるようになっています。

重要な用語

WordPressの理解に欠かせない重要な用語を整理しておきましょう。

CMS

ウェブサイトのコンテンツを一元的に保存・管理できるシステムをCMS（Contents Management System）と呼びます。WordPress以外で世界的に有名なCMSにShopify、Wix、Squarespace、Joomla、Drupalなどがあります。

テーマ

WordPressには、デザインや機能がセットになったテーマが用意されており、複雑な作業をしなくても、テーマを変更するだけでサイトのデザインや機能を変更することができます。テーマによってデザインや機能が決まりますので、テーマの選び方が重要です。

数の上では海外製のテーマが多いですが、インターネット検索をすれば利用者の多い優れた国産テーマも見つかります。また、テーマを有料で販売、無料で配布しているサイトからテーマを入手して利用することもできます。有料のテーマのほうがデザイン性や機能性に優れたものが多い傾向がありますが、無料でも優れたテーマがあります（画面3、画面4）。

▼画面3　有料テーマの販売サイト

ワードプレステーマTCD
https://tcd-theme.com/wp-tcd

▼画面4　無料テーマ Cocoon（コクーン）

Cocoon | WordPress無料テーマ
https://wp-cocoon.com/

テンプレート

WordPressのテーマは、サイトのレイアウトを定義した複数のファイルで構成されています。そのひとつひとつのファイルをテンプレートと呼びます。テンプレートの種類、数、ファイル名、フォルダの分け方はテーマによって異なります（図10）。

図10 とあるテーマのテンプレートファイル

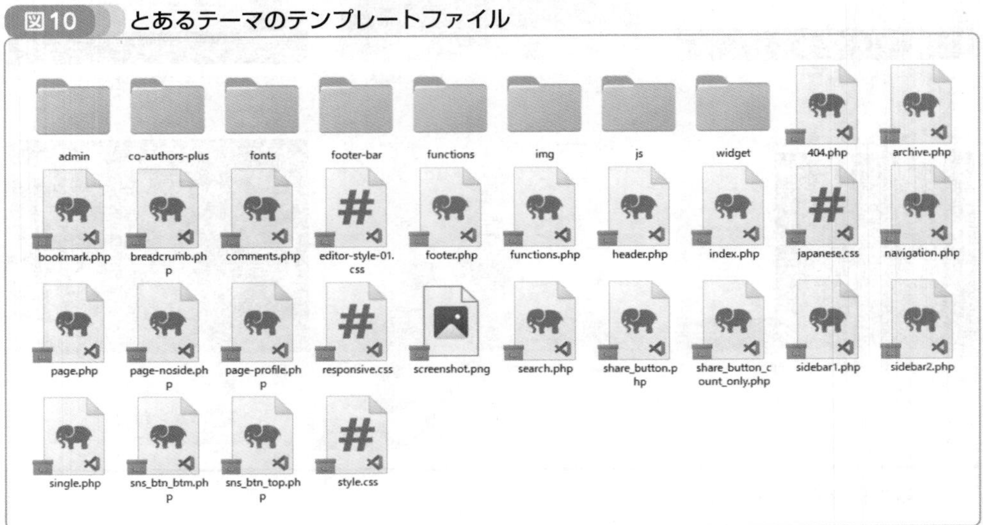

プラグイン

プラグインは、WordPressに特定の機能を追加できるプログラムです。WordPressのセキュリティ向上に役立つもの、メールフォームを設置できるもの、サイト全体をバックアップできるものなど、様々な目的に対応したプラグインがあります。プラグインはテーマに依存しませんので、いくつでも追加することができます（図11）。

図11 様々なプラグイン

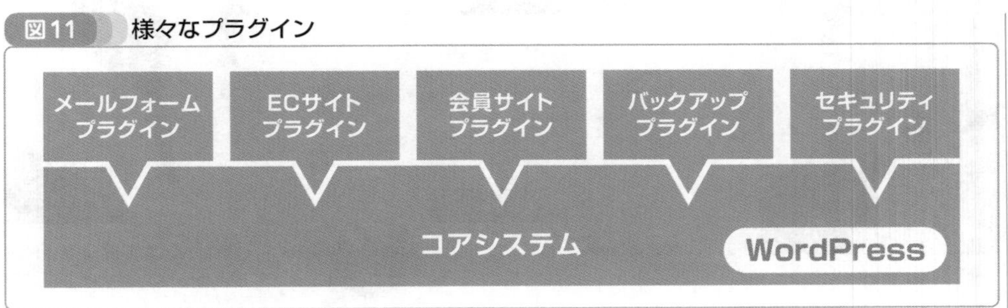

ただし、テーマとプラグインは開発者が異なりますので、プログラムが干渉して正しく動作しなかったり、思わぬところに影響が出ることがあります。必要最低限のプラグインだけを導入して、使わないプラグインはアンインストール（削除）するようにしましょう。

管理画面

WordPressの管理画面です。管理画面では、テーマやプラグインのインストール、サイトの外観のカスタマイズ（テーマによってカスタマイズできる箇所は異なります）、ページの追加や編集が行えます（画面5）。

▼画面5　管理画面

左のメニューから設定・編集画面に移動する

パーマリンクとスラッグ

WordPressでは、サイトの各ページのURLをパーマリンクと呼び、パーマリンクの末尾の部分をスラッグと呼びます。たとえばURLがhttps://example.com/contact/というページのパーマリンクはhttps://example.com/contact/で、スラッグはcontactです。WordPressで作成するページには、他のページと重複しない固有のスラッグがつきます（図12）。

図12　パーマリンクとスラッグ

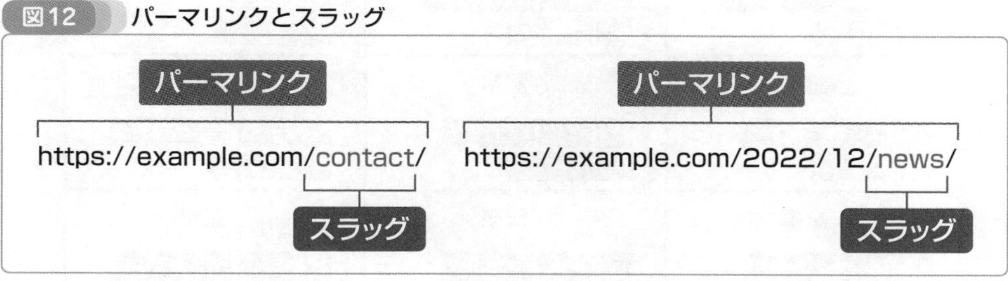

投稿ページ/固定ページ

WordPressで自由に内容を編集できるページは投稿と固定ページの2種類です。投稿はブログのように時系列に沿って更新していく記事を作成するときに使うページで、ひとつひとつの投稿にカテゴリーを割り当てることができます。一方、固定ページはブログ以外の単独のページを作成するときに使います（図13）。

図13 コーポレートサイトの構成例

カテゴリー/タグ

カテゴリーとタグは、投稿をグループ化するために使う分類です。カテゴリーはブログで取り扱っている話題ごとに分類したもの、タグはカテゴリーをまたいだ共通点を分類したものです。たとえば東京都内のグルメ情報を紹介するブログで、「和食」「洋食」「中華」など料理の種類をカテゴリーにした場合、お店の場所やメニューの分類などはタグにします（図14）。

図14 カテゴリーとタグ

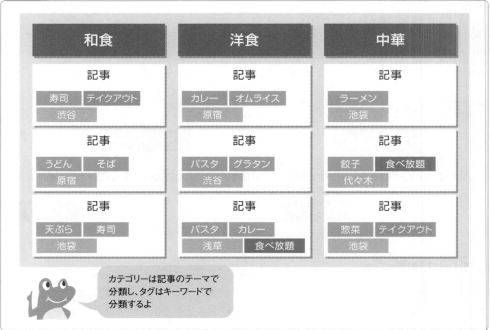

和食	洋食	中華
記事 寿司 テイクアウト 渋谷	記事 カレー オムライス 原宿	記事 ラーメン 池袋
記事 うどん そば 原宿	記事 パスタ グラタン 渋谷	記事 餃子 食べ放題 代々木
記事 天ぷら 寿司 池袋	記事 パスタ カレー 浅草 食べ放題	記事 惣菜 テイクアウト 池袋

カテゴリーは記事のテーマで分類し、タグはキーワードで分類するよ

コラム

タクソノミー(Taxonomy)とターム(Term)

WordPressの用語で、カテゴリーやタグのように投稿をグループ化するための分類のことをタクソノミーと呼びます。そして、ひとつひとつのカテゴリー名やタグ名のことをタームと呼びます。図14でいうと、「和食」「洋食」「中華」は、カテゴリーという名前のタクソノミーに属するタームです。「寿司」「うどん」「そば」や「テイクアウト」「食べ放題」、「渋谷」「池袋」などはタグという名前のタクソノミーに属するタームです。

カテゴリーを追加すると、同じカテゴリーの投稿が並んだカテゴリーページが自動的に生成されます。タグを追加した場合も同様に、タグページが生成されます(ページのデザインはテーマによって異なります)。

すると、和食に興味がある人は和食のカテゴリーページを見て、料理の種類を問わず池袋にあるお店を知りたい人は池袋のタグページを見れば、知りたい情報にアクセスしやすくなります。(図15)。

図15 カテゴリーページとタグページ

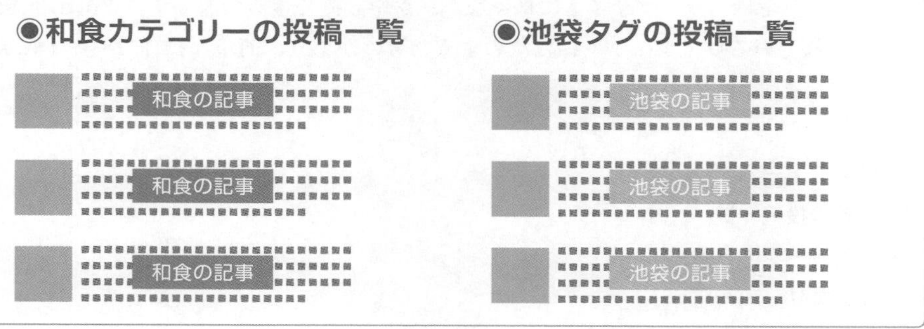

フロントページ/ブログインデックスページ

WordPressの初期設定では、サイトのトップページにブログの投稿が一覧形式で表示されます。WordPressをブログとして使いたい場合は初期設定のままで構いません。一方、WordPressをホームページとして使いたい場合は、設定を変更することによって、あらかじめ作成した固定ページをトップページとして表示することができます。また、その場合は、トップページ以外の固定ページをブログの一覧ページにすることができます(図16)。

図16 フロントページとブログインデックスページ

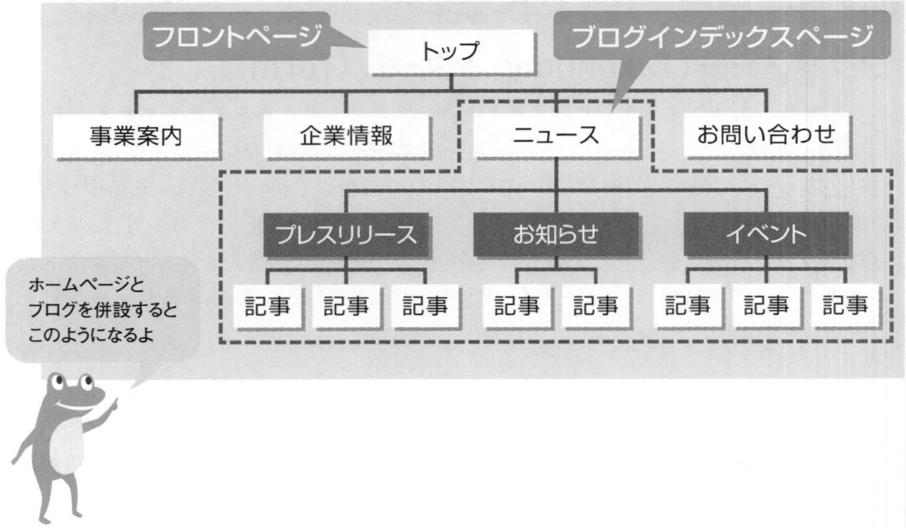

図のトップページのことをWordPressではフロントページと呼びます。そして、ブログの一覧ページ（図の「ニュース」ページ）のことをブログインデックスページと呼びます。

ウィジェット

ウィジェットは、ウェブサイトに様々なパーツを設置できる機能です。WordPressに標準で用意されているウィジェットには次のようなものがあり、簡単な操作でサイトに設置することができます。

- 検索フォーム
- 最新の投稿一覧
- 固定ページの一覧
- カテゴリーの一覧
- タグクラウド（タグの一覧）
- アーカイブ
- カレンダー
- ソーシャルアイコン
- カスタムHTML

ウィジェットを設置することができる場所をウィジェットエリアと呼びます。ウィジェットエリアの場所や個数はテーマによって異なりますが、一般的なテーマではサイドバーやフッターに設置することができます（図17）。

図17 WordPressのウィジェット

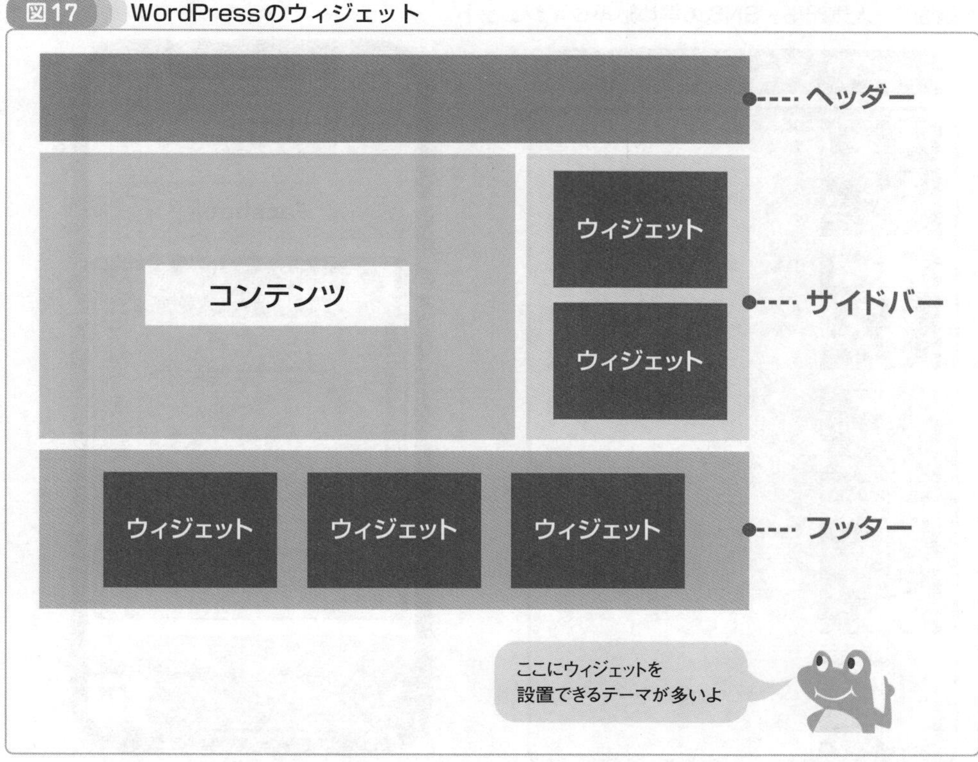

WordPressに標準で用意されていないウィジェットは、プラグインをインストールして追加することができます。

ブログであれば、カテゴリーやタグのリンクを表示するウィジェットや、運営者のソーシャルメディアを表示するウィジェット、よくアクセスされている人気の記事をランキング形式で表示するウィジェットを追加できるプラグインがよく使われます（画面6、画面7）。

▼画面6　カテゴリー・タグのウィジェット

カテゴリー一覧

- › お宮参り (56)
- › お宮参りの神社 (10)
- › 結婚式 (34)
- › 七五三 (25)
- › 訪問着 (20)

タグ

お呼ばれ (6)　お宮参り (49)　お宮参りの神社 (9)　お食い初め (4)　こどもの日 (4)　ブランド (3)　七五三 (26)　七歳 (8)　三歳 (10)　五歳 (9)　入学式 (6)　冬 (3)

▼画面7　人気記事・SNSの埋め込みウィジェット

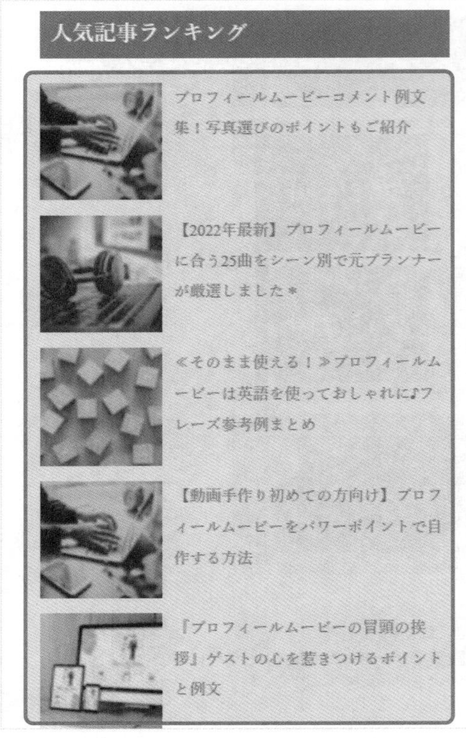

フルサイト編集に対応したプラグインなら、ウィジェットをコンテンツエリアに設置することも可能です（画面8）。

▼画面8　プラグインで設置したメールフォーム

1-4 WordPressの仕組み

WordPressの仕組み

WordPressのシステムはPHPのプログラムファイル群で構成されています。PHPはウェブクライアントがリクエストしたページを表示するために必要なデータをデータベースから取得し、HTMLを生成してレスポンスとして返します。ページの追加や編集は、ブラウザからWordPressの管理画面にログインして行います。管理画面もPHPで作られており、管理画面から入力した情報はPHPによってデータベースに保存されます（図1）。

図1 WordPressの仕組み

●ページを表示するとき

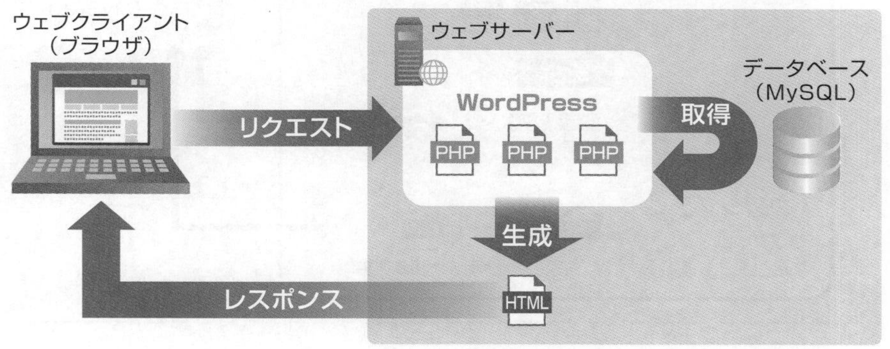

●ページを更新するとき

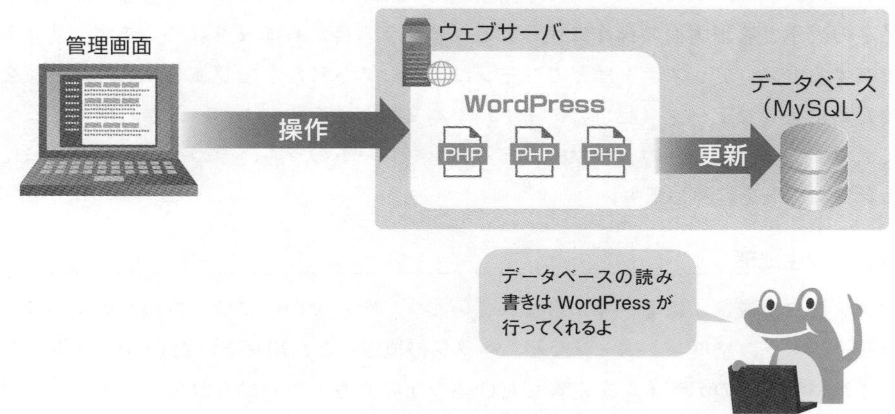

WordPressのシステム構成

WordPressはコアシステム、コンテンツ生成部、管理画面の3つで構成されています（図2）。

図2 WordPressのシステム構成

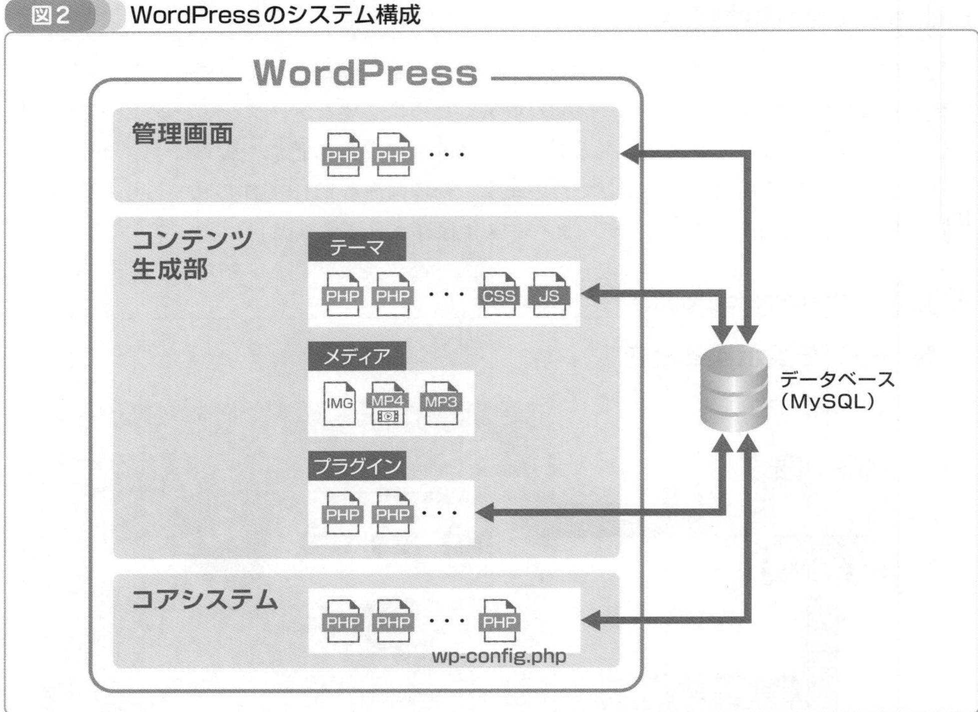

コアシステム

コアシステムは、データベースへの接続情報が記述された設定ファイル（wp-config.php）や、サイトの表示と管理画面の操作に使われるプログラム群から構成されています。サイトにアクセスすると、コアシステムはどのページにアクセスされたかを認識し、そのページを表示するために必要なデータ（記事のタイトルや本文など）をデータベースから取得します。そして、コンテンツ生成部のテーマ内にあるテンプレートのうち、そのページの表示に使われるテンプレートを起動します。

コンテンツ生成部

コンテンツ生成部にはテーマが含まれています。テーマの中には、投稿や固定ページ、カテゴリーページ、フロントページなど、ページの種類ごとに用意されたPHPのテンプレートファイルやサイトのデザインを定義したCSSファイルなどが格納されています。テーマのほかに、管理画面から登録した画像等のメディアや、プラグインも含まれます。コアシステムによって起動されたテンプレートは、コアシステムが事前にデータベースから取得してくれたデータを利用してHTMLを生成します。

管理画面

サイトの外観をカスタマイズしたりページを編集する管理画面を生成するPHPのプログラム群から構成されています。

WordPressのディレクトリ構成

次に、WordPressのディレクトリ構成を見ていきましょう。WordPressのルートディレクトリには、3つのサブディレクトリ（wp-admin,wp-content,wp-includes）とPHPのプログラム群があります（図3）。

図3 WordPressのルートディレクトリ

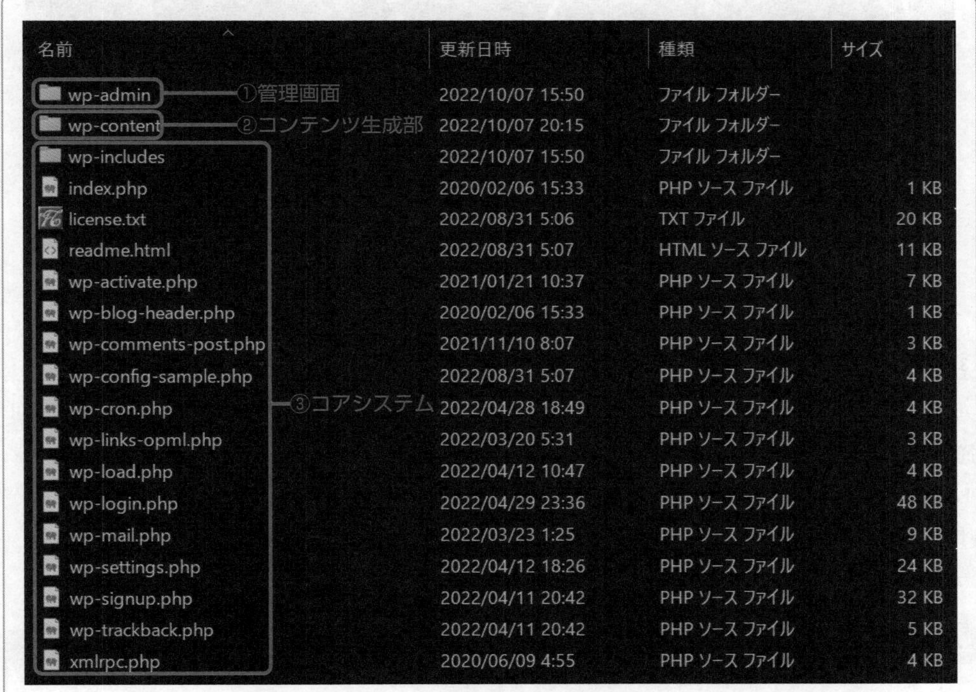

名前	更新日時	種類	サイズ
wp-admin	2022/10/07 15:50	ファイル フォルダー	
wp-content	2022/10/07 20:15	ファイル フォルダー	
wp-includes	2022/10/07 15:50	ファイル フォルダー	
index.php	2020/02/06 15:33	PHP ソース ファイル	1 KB
license.txt	2022/08/31 5:06	TXT ファイル	20 KB
readme.html	2022/08/31 5:07	HTML ソース ファイル	11 KB
wp-activate.php	2021/01/21 10:37	PHP ソース ファイル	7 KB
wp-blog-header.php	2020/02/06 15:33	PHP ソース ファイル	1 KB
wp-comments-post.php	2021/11/10 8:07	PHP ソース ファイル	3 KB
wp-config-sample.php	2022/08/31 5:07	PHP ソース ファイル	4 KB
wp-cron.php	2022/04/28 18:49	PHP ソース ファイル	4 KB
wp-links-opml.php	2022/03/20 5:31	PHP ソース ファイル	3 KB
wp-load.php	2022/04/12 10:47	PHP ソース ファイル	4 KB
wp-login.php	2022/04/29 23:36	PHP ソース ファイル	48 KB
wp-mail.php	2022/03/23 1:25	PHP ソース ファイル	9 KB
wp-settings.php	2022/04/12 18:26	PHP ソース ファイル	24 KB
wp-signup.php	2022/04/11 20:42	PHP ソース ファイル	32 KB
wp-trackback.php	2022/04/11 20:42	PHP ソース ファイル	5 KB
xmlrpc.php	2020/06/09 4:55	PHP ソース ファイル	4 KB

①管理画面

wp-adminディレクトリには、管理画面を構成するプログラム群が格納されています。

②コンテンツ

wp-contentディレクトリには、テーマやプラグインなど、サイトの外観や動作を定義するプログラム群が格納されています。themesはテーマ、pluginsはプラグイン、uploadsは管理画面から登録した画像等（メディア）が登録されるディレクトリです（図4）。

図4 wp-contentディレクトリ

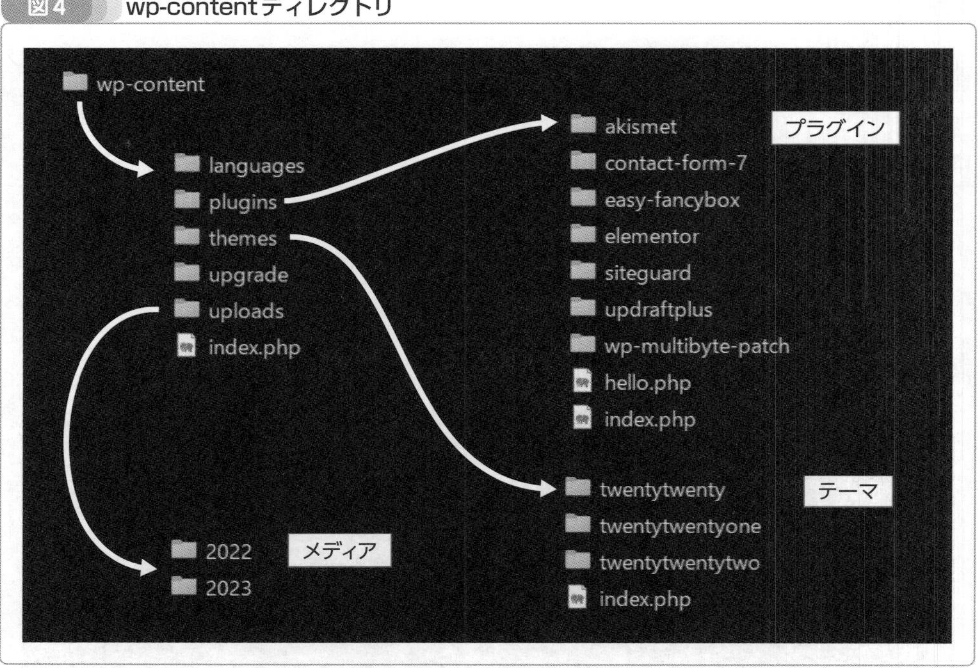

③コアシステム

wp-includesディレクトリには、サイトの表示だけでなく管理画面の動作にも利用される共通のプログラム群が格納されています。また、ルートディレクトリにあるindex.phpは、サイトにアクセスしたとき最初に実行されるプログラムで、ここから連鎖的に他のプログラムが呼び出されて最終的にHTMLが生成されます。

ポイント サイトを移動するときよくある間違い

CMSではない静的HTMLのサイトを扱った経験があれば、WordPressをインストールしたディレクトリを別の場所へコピーすればサイトが移動できると勘違いしてしまいがちです。WordPressはインストールしたときにデータベースにサイトのURLが登録されますので、ディレクトリだけ移動するとURLが一致しなくなり、サイトが表示されずログインもできなくなってしまいます。110ページで解説する方法などを利用して、WordPressのディレクトリとデータベースの整合性を保ったまま移動しなければなりません。

1-5 2種類の利用形態

WordPressの利用形態

WordPressには、WordPress.org とWordPress.comという2種類の利用形態があります。本節では、この2つの違いについて解説します。

2種類の利用形態

WordPress.org はWordPressのソフトウェアを配布している公式サイトです。私たちユーザーは、WordPress.orgから入手したWordPressをレンタルサーバーやローカルサーバーにインストールして利用します。多くのレンタルサーバーにはWordPressが用意されていますので、自分で入手する必要はなく、サーバーの画面から簡単な操作でインストールすることができます。

WordPress.comは、米国のAutomattic社が運営するブログサービスです。AmebaブログやLINEブログ、noteなどと似ています。WordPress.comにアカウントを開設するとWordPressでブログを始めることができます（図1）。

図1 WordPress.orgとWordPress.com

WordPress.org … WordPressのダウンロードサイト

●サーバーと独自ドメインを自分で用意
●WordPressを自分でインストール

WordPress.com … WordPressを利用したブログサービス

●自分でサーバーを用意しなくても利用可能
●アカウントを開設すればWordPressを使える

org より com のほうが簡単そうだけど…

WordPress.org とWordPress.comの違い

WordPress.org とWordPress.comには次のような違いがあります（表1）。

▼表1　WordPress.org とWordPress.comの違い

項目	WordPress.org	WordPress.com
概要	WordPressを配布しているサイト	ブログサービス
レンタルサーバーの契約	必要	不要
独自ドメインの利用	可能	不可（有料プランは可能）
WordPressのインストール	必要	不要
カスタマイズ性	高い	低い
サイト開設にかかる手間	多い	少ない
収益化	可能	不可（有料プランは可能）
費用	・サーバー料金（初期費用＋月額費用） ・ドメイン料金（取得費用＋更新費用）	無料
サーバーの保守管理	必要	不要
WordPressの保守管理	必要	不要
求められる専門知識	多い	少ない
技術的なサポート	無し	無し（有料プランは有り）
得られるスキル	多い	少ない
検索エンジン対策（SEO）	可能	不可（有料プランは可能）

WordPressで会社のホームページやアフィリエイト等での収益化を目指すウェブサイトを作る場合は、WordPress.orgを推奨します。主な理由として、独自ドメインが使えること、収益化に関する制限がないこと、カスタマイズの自由度が高いことが挙げられます。

WordPress.comはアカウントを開設するだけですぐ利用できる手軽さが魅力ですが、無料のプランでは独自ドメインが使えず、収益化やカスタマイズに関する制限が多いので、WordPressの機能を十分に発揮して自由にウェブサイトを作るためには有料プランを申し込んで制限を取り除く必要があります（無料でできることには限度があります）。

WordPress.orgとWordPress.comをメリット・デメリットの観点で比較したチャートを示します。利用形態を選ぶ際の参考としてください（図2)。

図2 WordPress.orgとWordPress.comの選択チャート

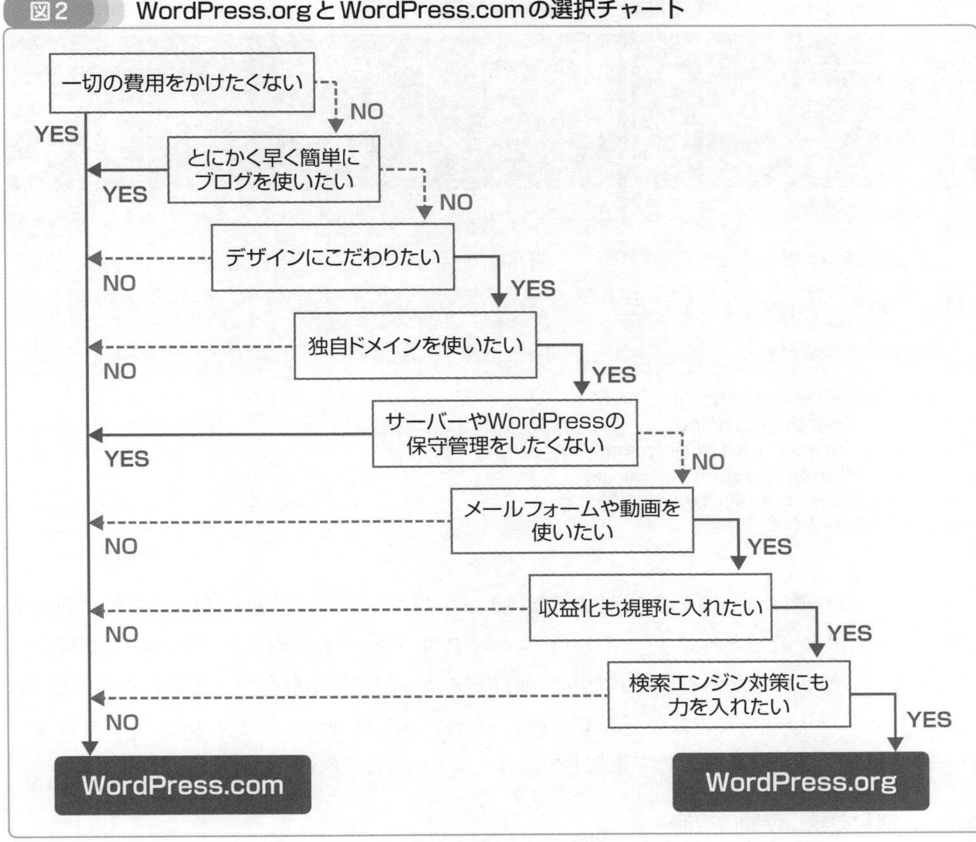

一般論として、手軽で簡単なサービスは管理の手間がかからない代わりに制限が多く自由度が低く、利用にあたって一定のスキルが必要となるサービスは自己管理が求められる代わりに自由度が高い傾向があります。どちらが優れているというものではなく、メリット・デメリットを含めて目的にあったサービスを選択することが大切です。

WordPress.orgの利用料金

レンタルサーバーにWordPressをインストールしてウェブサイトを作る場合、以下の料金が発生します（表2）。

▼表2 レンタルサーバーを利用する場合の料金

項目	料金
サーバー料金	初期費用（0～数千円）＋月額1000円前後（レンタルサーバーやプランによる）
独自ドメイン	年間1500円程度＋更新費用（年単位）

主要レンタルサーバー各社の推奨プランの月額料金は次の通りです（表3）。

▼表3　WordPressが使える推奨プランの料金比較

サービス名 プラン名	エックスサーバースタンダードプラン※1	ロリポップハイスピードプラン※2	さくらインターネットプレミアムプラン※3	ヘテムルプラスプラン※4	ConoHa WINGベーシックプラン(WINGパック)※5
3ヶ月契約時の合計料金	3,960円	3,630円	1,571円	2,200円	1,210円
6ヶ月契約時の合計料金	7,260円	5,940円	1,571円	1,980円	1,100円
1年契約時の合計料金	13,200円	9,900円	1,310円	1,650円	891円
3年契約時の合計料金	35,640円	19,800円	900円	1,100円	687円

※1　https://www.xserver.ne.jp/price/
※2　https://lolipop.jp/pricing/
※3　https://rs.sakura.ad.jp/premium.html
※4　https://heteml.jp/service/charge/
※5　https://www.conoha.jp/wing/pricing/
2023年1月時点の料金です。

初期費用の有無はサーバー会社やプランによって異なります。月額料金は一般に、契約期間に応じた割引が適用されます（ボリュームディスカウント）。また、キャンペーン期間中に契約すると、初期費用が無料になったり、独自ドメインが無料で取得できる場合もあります。

多のレンタルサーバーでは、1～2週間程度の無料お試し期間がありますので、レンタルサーバーの比較サイトなどを検索して比較してみるとよいでしょう（表4)。

▼表4　無料お試し期間の有無

サービス名	エックスサーバー	ロリポップ	さくらインターネット	ヘテムル	ConoHa WING
無料お試し期間	10日間	10日間	14日間	なし	なし
備考	全プラン共通	全プラン共通	マネージドサーバー以外	2022年1月に規約改定	WINGパックで初月最大31日間無料

また、デザインや機能性に優れた有料のWordPressテーマを利用する場合や、特定の目的のために有料のプラグインを利用する場合は、それぞれ料金がかかります（販売サイトやプラグインによります)。

WordPress.comの利用料金

WordPress.comには4つの有料プランがあります（画面1）。

▼**画面1　WordPress.comの有料プラン（https://wordpress.com/ja/pricing/）**

月額支払いの場合

パーソナル 個人向け	プレミアム フリーランサー向け 人気	ビジネス 中小企業向け	eコマース オンラインストアに最適
¥1100 月額（月額請求）	¥2100 月額（月額請求）	¥4600 月額（月額請求）	¥8000 月額（月額請求）
パーソナルプランでスタート	プレミアムプランでスタート	ビジネスプランでスタート	eコマースプランでスタート
× 独自ドメイン初年度料金無料	× 独自ドメイン初年度料金無料	× 独自ドメイン初年度料金無料	× 独自ドメイン初年度料金無料
✓ 優れたホスティングサービス	✓ 優れたホスティングサービス	✓ 優れたホスティングサービス	✓ 優れたホスティングサービス
✓ WordPress.com 広告を削除	✓ WordPress.com 広告を削除	✓ WordPress.com 広告を削除	✓ WordPress.com 広告を削除
✓ 支払いを受け取る	✓ 支払いを受け取る	✓ 支払いを受け取る	✓ 支払いを受け取る
✓ 無制限のメールサポート	✓ 無制限のメールサポート	✓ 無制限のメールサポート	✓ 無制限のメールサポート
× ライブチャットサポート	× ライブチャットサポート	× ライブチャットサポート	× ライブチャットサポート
× 広告で収益を上げる	✓ 広告で収益を上げる	✓ 広告で収益を上げる	✓ 広告で収益を上げる
× プレミアムテーマ	✓ プレミアムテーマ	✓ プレミアムテーマ	✓ プレミアムテーマ
× 動画をアップロード	✓ 動画をアップロード	✓ 動画をアップロード	✓ 動画をアップロード
× Google アナリティクスの統合	✓ Google アナリティクスの統合	✓ Google アナリティクスの統合	✓ Google アナリティクスの統合
× 50,000を超える WordPress プラグインにアクセスし、プラグインをインストールしてサイトの機能を拡張しましょう	× 50,000を超える WordPress プラグインにアクセスし、プラグインをインストールしてサイトの機能を拡張しましょう	✓ 50,000を超える WordPress プラグインにアクセスし、プラグインをインストールしてサイトの機能を拡張しましょう	✓ 50,000を超える WordPress プラグインにアクセスし、プラグインをインストールしてサイトの機能を拡張しましょう
× 高度な SEO（検索エンジン最適化）ツール	× 高度な SEO（検索エンジン最適化）ツール	✓ 高度な SEO（検索エンジン最適化）ツール	✓ 高度な SEO（検索エンジン最適化）ツール
× Jetpack バックアップ: 自動バックアップとワンクリック復元	× Jetpack バックアップ: 自動バックアップとワンクリック復元	✓ Jetpack バックアップ: 自動バックアップとワンクリック復元	✓ Jetpack バックアップ: 自動バックアップとワンクリック復元
× SFTP、SSH、WP-CLI、データベースアクセス	× SFTP、SSH、WP-CLI、データベースアクセス	✓ SFTP、SSH、WP-CLI、データベースアクセス	✓ SFTP、SSH、WP-CLI、データベースアクセス
× 60か国以上で支払い可能	× 60か国以上で支払い可能	× 60か国以上で支払い可能	✓ 60か国以上で支払い可能
× 大手運送業者とのインテグレーション	× 大手運送業者とのインテグレーション	× 大手運送業者とのインテグレーション	✓ 大手運送業者とのインテグレーション
× オンラインストア向けにカスタマイズされたプレミアムデザインオプション	× オンラインストア向けにカスタマイズされたプレミアムデザインオプション	× オンラインストア向けにカスタマイズされたプレミアムデザインオプション	✓ オンラインストア向けのプレミアムデザインオプション

年額支払いの場合

パーソナル	プレミアム（人気）	ビジネス	eコマース
¥500 月額（年一括払い）	¥900 月額（年一括払い）	¥2900 月額（年一括払い）	¥5220 月額（年一括払い）

各プランの主な違いは次の通りです（表5）。

▼**表5　各プランの主な違い**

プラン	月額料金	主な機能
無料	0円	・無料テーマでウェブサイトが作れる ・SSL証明書を利用できる
パーソナル	500円	（上記に加えて） ・独自ドメインが利用できる ・無制限のメールサポートを利用できる ・WordPress.comの広告を削除できる
プレミアム	900円	（上記に加えて） ・ライブチャットサポートを利用できる ・デザイン性の高いプレミアムテーマが利用できる ・サイトに広告を掲載して収益化が可能 ・CSSを使って色や背景などのデザインをカスタマイズできる ・動画がアップロードできる ・Googleアナリティクスを導入してアクセス解析ができる

プラン	月額料金	主な機能
ビジネス	2,900円	(上記に加えて) ・プラグインを利用してサイトの機能を拡張できる ・高度なSEO(検索エンジン最適化)ツールが利用できる ・自動サイトバックアップとワンクリック復元が利用できる ・SFTPによる安全なFTPアクセスが利用できる ・SSH、WP-CLIを利用してCUIでWordPressを操作できる ・phpMyAdminを使ったデータベースアクセスを利用できる
eコマース	5,220円	(上記に加えて) ・60か国以上で支払い可能 ・即時配送手配、配送料のレートをリアルタイムで表示できる ・無制限に商品やサービスの追加や販売ができる機能で、ストアを拡充できる ・マーケティングツールを利用できる ・自分で作成できる美しいストアテーマと追加のデザインオプションが利用できる

WordPress.orgと同様に、独自ドメインが利用できてテーマとプラグインを追加できるためにはビジネスプラン以上が必要です。

WordPress.com有料プラン比較ページ
https://wordpress.com/ja/pricing/

ローカルサーバーを利用する場合

ウェブアプリケーションの開発環境を一括でインストールできるXAMPP(ザンプ)というパッケージを利用すると、PCにウェブサーバーの機能を追加することができます(ローカルサーバー)。すると、レンタルサーバーを契約しなくてもローカルサーバー上でWordPressを利用できるようになります(図3)。これもWordPress.orgの利用形態の一つです。

図3 ローカルサーバーを使った開発環境

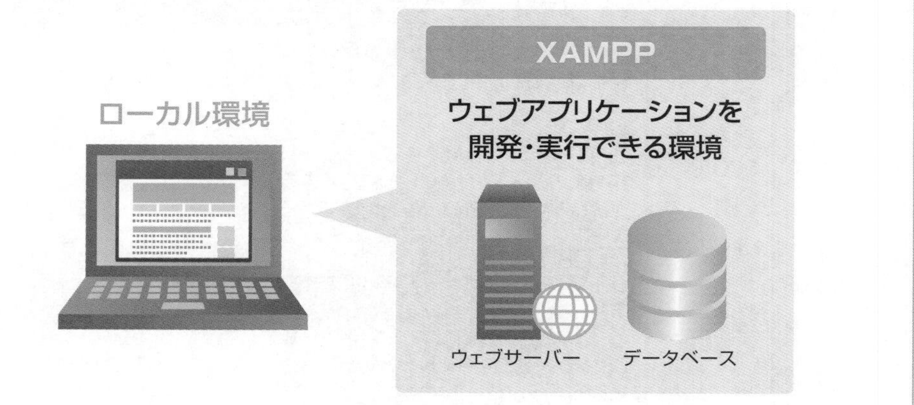

ローカル環境は回線速度に左右されませんので、スムーズに作業ができます（図4）。

図4 ローカル環境とサーバー環境の違い

ローカル環境	サーバー環境
XAMPP	
PC内でWordPressが稼働	インターネット経由でWordPressを利用
回線速度に影響されないので作業がスムーズに行える	回線速度に影響されるので作業効率が下がることがある

ただし、ローカル環境では独自ドメインが使えないため、サイトのアドレスはhttp://localhost～になります。最初からサーバー環境を使うのではなく、ローカル環境でサイトを構築して、完成したらサーバー環境へコピーして公開、といった手順を踏む場合にローカル環境が役立ちます。

ある環境から別の環境へWordPressのサイトをコピーするときは、専用のプラグインを使うと便利です。具体的な手順は110ページで解説します。

コラム

ローカル環境のメリットとデメリット

最初からレンタルサーバーを契約すると、未完成の状態のサイトがウェブ上に公開されてしまい、完成するまでの間もサーバー料金がかかってしまいます。自分のPC内に構築したローカル環境を利用すれば、そのような心配がありません。これがローカル環境を利用する最大のメリットです。

一方、ローカル環境の構築には技術的なノウハウが求められます。XAMPPやLocalなどといったツールを利用すればハードルはかなり下がりますが、それでもレンタルサーバーを利用する場合に比べると難易度は高く、メールやSSL証明書、独自ドメイン、画像処理ライブラリなどが利用できないといったデメリットがあります。レンタルサーバーの場合はサーバー会社がそれらの技術的困難を一手に引き受けてサービスを提供してくれますので、その恩恵を受ける対価として料金を支払うということになります。

WordPressのライセンス

WordPressはGPLv2というライセンスで保護されています。GPLでは「どんな目的でも使用できる自由」「必要に応じて改変できる自由」「コピーして再配布できる自由」「改変して配布できる自由」の4つの自由が認められており、GPLが適用されたテーマやプラグインはその利用を制限することができません。そのおかげで私たちはWordPressを誰でも自由に利用することができます。ただし、市販されているテーマやプラグインによっては画像やCSSなど一部にGPLが適用されていない場合（スプリットライセンス）があります。その場合、「1サイトのみインストール可能」「再配布禁止」といった制限が課されている場合がありますので、非公式のテーマやプラグインを利用する場合はライセンスを確認しましょう（図）。

図 WordPressのライセンス

100%GPL

GPL必須
PHP

GPL任意
CSS 画像 JS

GPL互換

認められている行為

- 商用利用
- テーマやプラグインの販売
- APIやサービスによる課金

スプリットライセンス

GPL必須
PHP
GPL互換

GPL任意

GPL非互換

認められていない場合がある行為

- 商用利用
- APIやサービスによる課金
- 複数サイトでの利用
- 複数ドメインでの利用

【参考資料】
https://ja.wordpress.org/about/license/100-percent-gpl/

第2章

レンタルサーバーでWordPressを使う準備

本章では、レンタルサーバーを選ぶための観点を概説した後、エックスサーバー（国内利用率トップクラスのレンタルサーバー）の契約、独自ドメインの取得、WordPressのインストールまでの流れを解説します。最低限のセキュリティ対策として常時SSL化を行う手順についても解説しますので、レンタルサーバーでWordPressを使う際は、忘れずに実施しましょう。

レンタルサーバーの選び方

レンタルサーバーの選定基準

レンタルサーバーは性能だけで選ぶべきではありません。どんなにサーバーが高性能でも、画面がわかりにくければ十分に使いこなせませんし、困ったときにサポート窓口へ問い合わせをした回答が難しい専門用語だらけだと問題が解決できないからです。

レンタルサーバーを選ぶときは、サイトのジャンルや目的、サイトの運営に関わる人のWordPressに対する習熟度など、ユーザー側の要因も併せて検討することが大切です。初めてサーバーを契約してWordPressを使う場合は、次の観点で比較するとよいでしょう。

①WordPressが使えるプランかどうか？
②独自ドメインが使えるかどうか？
③独自ドメインのメールアカウントが使えるかどうか？
④SSL証明書が使えるかどうか？
⑤サーバーの管理画面がわかりやすいかどうか？
⑥データベースを追加できるかどうか？
⑦FTPクライアントに相当するツールがあるかどうか？
⑧PHPのバージョン変更が行えるかどうか？
⑨メールだけでなく電話でのサポートも利用できるかどうか？
⑩サイトの種類や目的に合わせた十分なディスク容量があるかどうか？
⑪サーバー全体のバックアップ機能が利用できるかどうか？
⑫無料で使える期間があるかどうか？

これらの観点について詳しく見ていきましょう。

①WordPressが使えるプランかどうか？

WordPressでサイトを構築するのですから、この条件は必須です。一番料金の安いプランではWordPressが使えない場合がありますので、注意しましょう。

②独自ドメインが使えるかどうか？

練習のために費用を少しでも抑えたい場合は独自ドメインを使わない選択肢もあり得ます。その場合、レンタルサーバーに最初から割り当てられているドメイン（初期ドメインといいます）にWordPressをインストールして利用することになります。

例）さくらインターネットの初期ドメイン（●●.sakura.ne.jp）
例）エックスサーバーの初期ドメイン（●●.xsrv.jp）

初期ドメインを使う場合、サーバー料金以外の費用は発生しませんが、初期ドメインは最初から決まっているため、以下の制約があります。

- サイトのアドレスを自由に決めることができない（初期ドメインのアドレスになる）。
- レンタルサーバーによっては初期ドメインのサイトには広告が設置できない。
- レンタルサーバーによっては初期ドメインにSSL証明書（52ページ）が設定できない。
- 初期ドメインにはサーバーのアカウント名が含まれる場合が多いため、情報漏洩のリスクがある（パスワードが突破されるとサーバーが乗っ取られてしまう）。

このような理由から、初期ドメインに正式なサイトを設置することは好ましくありません。初期ドメインにはテスト環境としての使い道があります。つまり、最初は初期ドメインにWordPressをインストールしてサイトを構築してテスト環境とします。そして、サイトが完成したら独自ドメインにサイトをコピーして本番環境とします。それ以降は、サイトを大幅にカスタマイズしたり新しい機能を追加したりするときにテスト環境で行い、表示や動作を確認して問題がなければ本番環境に変更内容を適用します（図1）。

図1 テスト環境と本番環境の使い分け

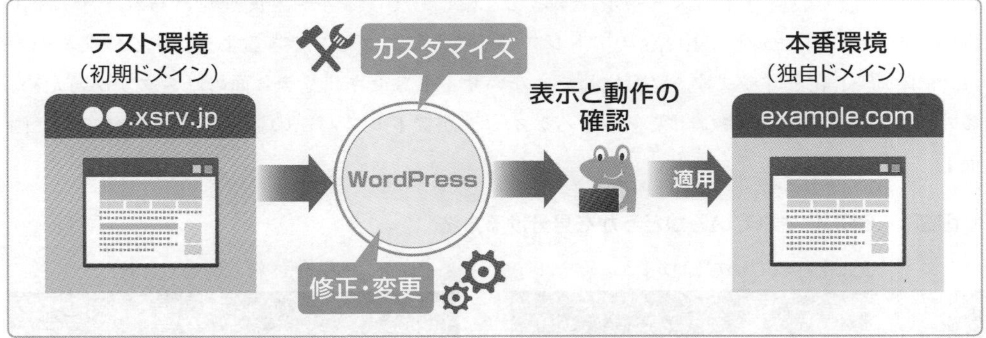

③独自ドメインのメールアカウントが使えるかどうか？

ドメインにはサイトだけでなくメールアカウントを割り当てることができます。たとえばexample.comというドメインを利用する場合、info@example.comやsupport@example.comといったメールアカウントを割り当てて、サイトからの問い合わせ先などに利用します。ただし、レンタルサーバーによってはウェブサーバーの機能しか提供していないことがありますので、確認が必要です。

なお、独自ドメインのメールアカウントを使わなくても、ヤフーメールやGmailなどのフリーメールを受信用のアドレスとして使うことは可能です。しかし、サイトのドメインとメールのドメインが異なると、メールサーバーが「外部からの不正なメール」と判断して迷惑メール扱いにされたり、メール自体がブロックされて届かない場合があります。もしメールが正常に届いたとしても、サイトと関係のないフリーメールで返信が送られてきたらユーザーへの印象は決して良いものではないでしょう。事業用のサイトを構築する場合はドメインのメールアカウントが使えることを確認しておきましょう。

④SSL証明書が使えるかどうか？

SSL（Secure Sockets Layer）とは、サイトにアクセスするユーザーとサイトとの間の通信を暗号化してセキュリティを向上させる仕組みです。SSLは2014年に脆弱性が発見されたため現在ではより安全なTLS（Transport Layer Security）という規格が使われていますが、世間一般にはSSLの呼称で定着しているため、本書でもSSLと表記します。

インターネットを流れる通信データは、悪意のある第三者が中身を盗み見て悪用することがあります。誰がいつどのサイトにアクセスしたのか、掲示板に何を書き込んだのか、ショッピングサイトで登録したクレジットカード番号やパスワードなどといった個人的な情報を盗み見ることは、高度なスキルを有する悪意の第三者にとっては簡単なことです。このような問題を解決するために生まれた技術がSSLです。SSLを適用したサイトはhttpではなくhttpsで始まるアドレスでアクセスできるようになり、通信データが暗号化されるため、通信データを盗み見られたとしても情報が漏洩する心配がありません。

SSL証明書の実体は、特殊な方法で生成された電子ファイルです。これをウェブサーバーに所定の方法で設置（インストール）することによってドメインと関連付けられます。SSL証明書をインストールしてhttpsのアドレスでサイトにアクセスできるようにする作業を一般に（常時）SSL化と呼びます。SSL化していないサイトはセキュリティ面のリスクがあるため、多くのブラウザでは危険な印象を与えるアイコンがアドレスバーの近くに表示されます（画面1）。

▼**画面1　SSL化されているかどうかを見分ける方法**

鍵マークがついていないサイトはセキュリティ対策が十分にされていないサイトという印象を与えてしまいます。ひいてはサイトの運営者である個人や企業に対する信頼性を損なうことにつながります。主要なレンタルサーバーはSSLに対応していますが、SSL化をするかしないかは私たちユーザーが決めることですので、SSL化の目的を理解した上で設定を行うことが大切です。

⑤サーバーの管理画面がわかりやすいかどうか？

サーバーの管理画面の構成や使い方はレンタルサーバーによって異なります。初心者でもわかりやすい管理画面が用意されているところもあれば、専門用語が多かったり操作メニューの階層が複雑で目的の画面がどこにあるのかわかりにくいところもあります。

どこでサーバーを契約しても、ユーザー自身が管理画面を操作して設定を変更しなければならない場面は必ずありますので、レンタルサーバーのサイトにあるサポートページなどに載っている管理画面の説明を見て、無理なく使えそうなレンタルサーバーを選びましょう。

⑥データベースを追加できるかどうか？

データベース（MySQL）が複数使えるプランを選びましょう。WordPressが使えるプランなら必ずデータベースがついていますが、レンタルサーバーや契約プランによってはデータベースが1個しか使えない場合があります。言い換えると、自分で新しくデータベースを増やすことができないため、そのサーバーにはWordPressを1つしかインストールできません。技術的には、1つのデータベースの中をいくつかに分けて複数のWordPressのデータをまとめて管理することは可能ですが、サーバーによっては設定を変更できない場合があります（図2）。

図2 WordPressとデータベースの対応関係

●好ましい構成

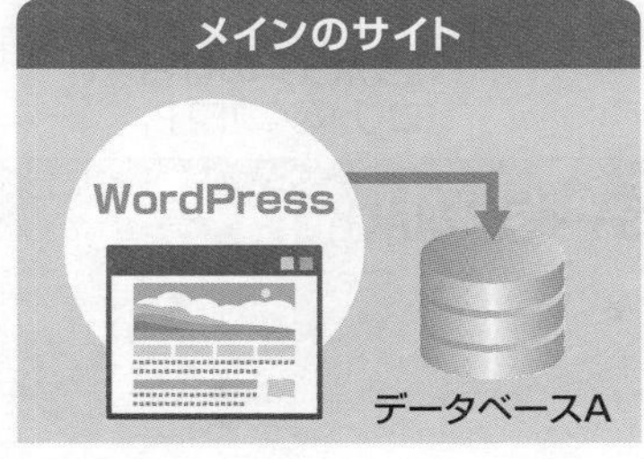

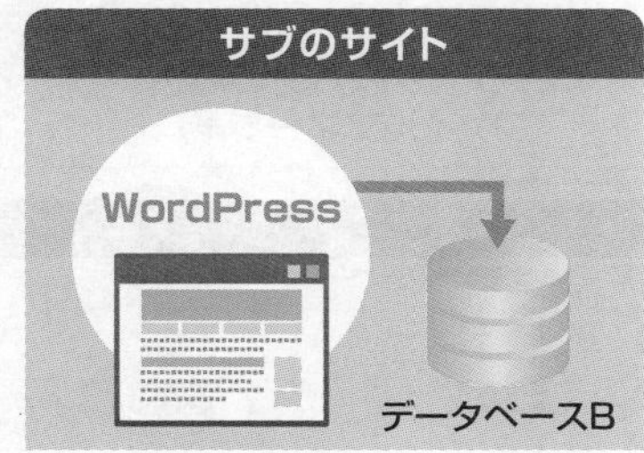

●データベースを共有する構成

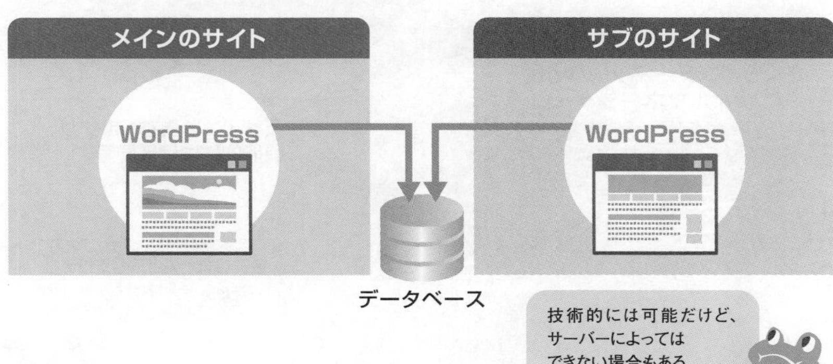

多くのレンタルサーバーでは、より上位のプラン（性能も高いが料金も上がる）に変更すればデータベースの個数が増えることが多いので、将来的にサイトを増やしたくなったときプラン変更で対応ができるレンタルサーバーを選んでおくとよいでしょう。

⑦FTPクライアントに相当するツールがあるかどうか？

多くのレンタルサーバーは、FTP接続が可能ですので、PCにインストールしたFTPクライアント（24ページ）を使ってウェブサーバーに接続することができます。テンプレートファイルに書かれているPHPのプログラムを直接編集するような高度なカスタマイズを行う場合は、FTPを利用してファイルのダウンロードとアップロードができる環境が必要です。HTMLやCSSと違って、PHPは1文字でもプログラムミスをするとエラーになり、サイトが表示されなくなったり、最悪の場合はWordPressにログインができなくなったりすることがあります。そのような事態になったとき速やかに復旧できるためには、FTPクライアントを使ってダウンロードした修正前のファイルをPC内に保管しておいて、間違ったファイルをアップロードしてしまったときはすぐに修正前のファイルをアップロードして元に戻せることが重要です。

多くのレンタルサーバーはFTPクライアントに相当するツールが提供されていますので、それを利用してもよいですし、自分で用意したFTPクライアントを利用することもできます（図3）。

図3 レンタルサーバーのFTPクライアント

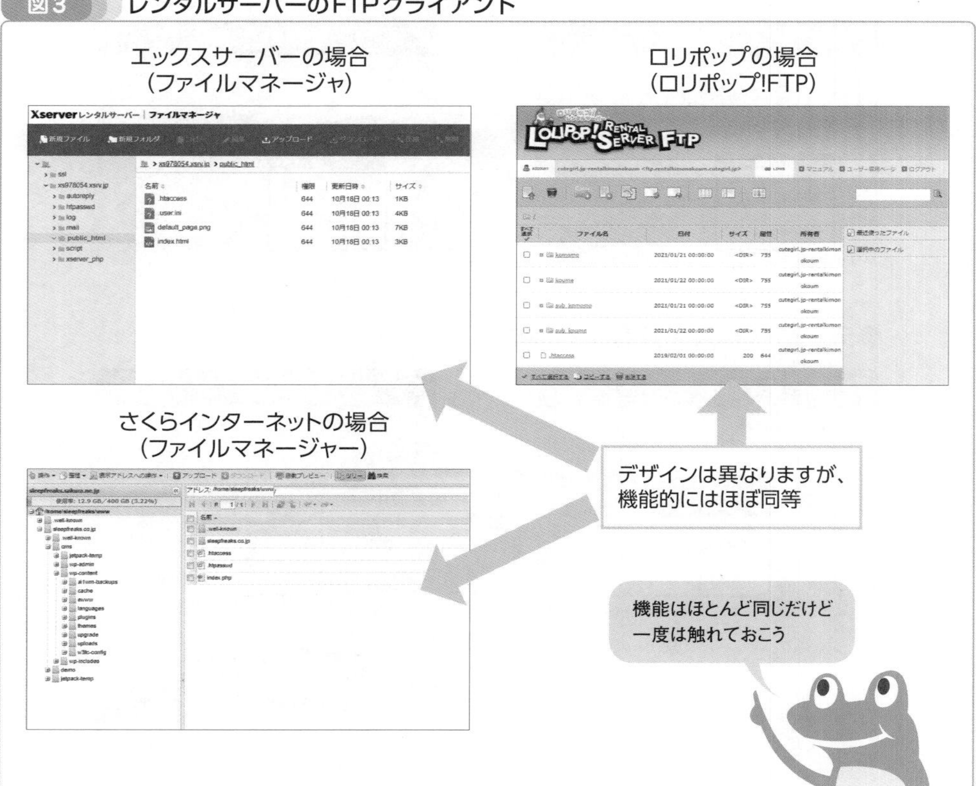

⑧PHPのバージョン変更がサーバーの管理画面から行えるかどうか？

これは極めて重要な確認事項です。58ページで紹介するレンタルサーバー3社はいずれもサーバーの管理画面からユーザーが自分でPHPのバージョンを変更することができますが、世の中には契約した時点のバージョンから変更ができないレンタルサーバーもあります。

たとえば、インターネット回線事業を行っていたプロバイダがレンタルサーバー事業にも乗り出したものの、ウェブサーバーにインストールされているPHPが10年以上も前の古いバージョンのまま更新されておらず、最新のWordPress（PHPのバージョン7.4以上が推奨）が使えない（契約当時にインストールした古いWordPressをアップデートできない）といったことが実際にあります。最新のWordPressが使えないということは、新しいテーマや新しいプラグインも使えないということを意味しますので、古いWordPressや古いPHPに潜在しているセキュリティの脆弱性を解消することもできず、サイトを長く安全に運営していくには適していません。そのようなレンタルサーバーは、インターネット回線サービスのおまけとして提供されているものと割り切って、サイトを設置するレンタルサーバーは別に契約することを検討したほうがよいでしょう。

WordPress.orgのサイトに行くと、WordPressを利用する場合の動作要件を確認することができますので、レンタルサーバーが動作要件を満たしているかどうか確認しましょう。

WordPressの動作要件 - WordPress.org
https://ja.wordpress.org/about/requirements/

なお、最新バージョンの推奨環境は次のとおりです（図4）。

図4 WordPress最新バージョンの推奨環境（2023年1月時点）

WordPress	最低要件		推奨環境	
	PHP	MySQL	PHP	MySQL（MariaDB）
6.1.1	5.6.20以上	5.0以上	7.4以上	5.7以上（10.3以上）

PHPの最新バージョンは8.2で、ほぼ毎年マイナーアップデート（8.0→8.1→8.2）が行われています。レンタルサーバーが新しいバージョンのPHPをサポートすると、メールやサーバーの管理画面などでその旨が私たちユーザーに通知されますので、サーバーの管理画面からPHPのバージョンを切り替えることができます。なお、58ページで紹介する主要レンタルサーバー3社のPHPサポート状況は次のとおりです（図5）。

図5 主要レンタルサーバーとPHPのバージョン（2023年1月時点）

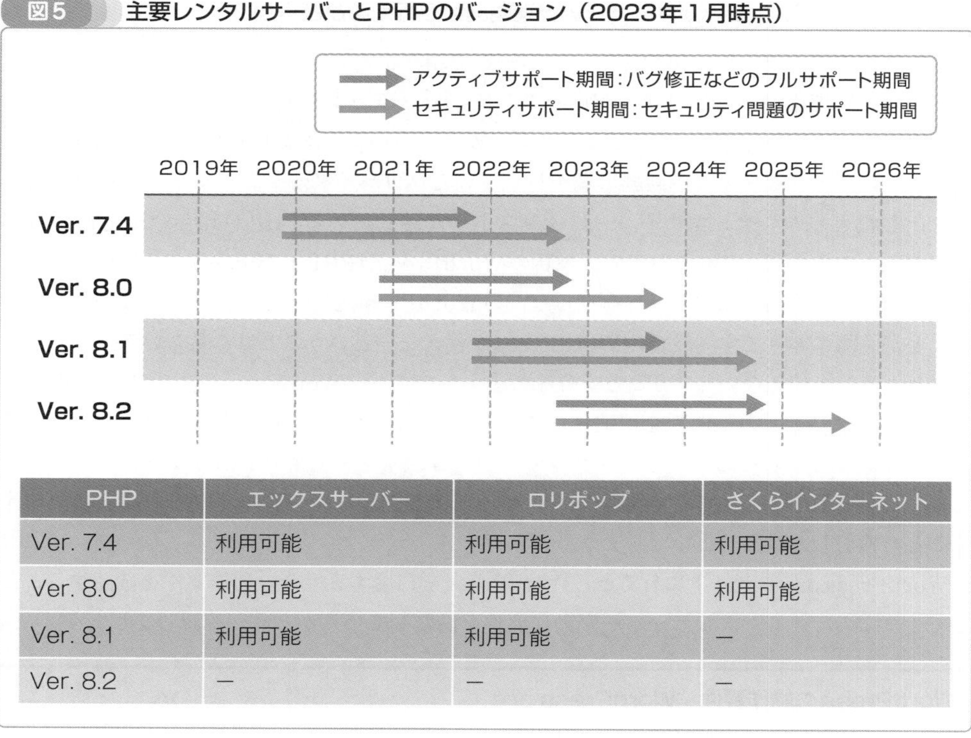

PHP	エックスサーバー	ロリポップ	さくらインターネット
Ver. 7.4	利用可能	利用可能	利用可能
Ver. 8.0	利用可能	利用可能	利用可能
Ver. 8.1	利用可能	利用可能	―
Ver. 8.2	―	―	―

ただし、同じレンタルサーバーでも、契約した時期によって最新のPHPを利用できるようになる時期が異なる場合がありますので、ご注意ください。

ポイント PHP5.6で動いているサイトは要注意

PHP7.4以前のバージョンは既にセキュリティサポートも終了していますので、脆弱性が発見されてもセキュリティパッチは提供されません。2014～2019年頃に構築されたサイトが当時のままPHP5.6で動いている事例も多いのですが、偶然動いているだけで、リスクの高い状態であることに変わりはありません。

⑨メールだけでなく電話でのサポートも利用できるかどうか？

回答を急がない問い合わせをする場合はメールで十分ですが、「急にサイトにアクセスできなくなった」など、急を要する場合は電話でサポートを受けられるレンタルサーバーのほうが安心です。

ネットワークやハードウェアの障害対応や機器の入れ替えなどは依頼しなくてもサーバー会社が自主的に行ってくれますが、ユーザーがサーバーやWordPressの操作を誤って不具合が生じた場合や、悪意の第三者から不正アクセスを受けてサイトに障害が発生した場合の復旧については、原則としてユーザーが自分の責任の下で行わなければなりません。料金を払っているからといって、何でもサーバー会社が責任を負うのではないということは認識しておきましょう。

⑩サイトの種類や目的に合わせた十分なディスク容量があるかどうか？

サイトの種類にもよりますが、サーバーのディスク容量が50GB以上のプランを選びましょう。一般に、最もサーバーのディスク容量を圧迫するのは画像や動画などのメディアです。画像を多用して頻繁に更新するブログや、素材サイトから入手した高解像度の画像を（画像圧縮などファイル容量を小さくすることをしないで）WordPressにアップロードする運用を続けていると、すぐに容量が増えてしまいます。レンタルサーバーによっては、プランを変更することなく有料でディスクを増設できるものや、上位のプランに契約を変更しなければならないものもありますので、契約前に確認しましょう。

⑪サーバー全体のバックアップ機能が利用できるかどうか？

WordPressのサイト全体をバックアップできるプラグインはありますが、不正アクセス等の被害に遭って重要なファイルが書き換えられてしまうと、WordPressにログインすることさえできなくなる場合があり、自力での復旧が困難になります。サーバー全体をバックアップする機能がついているレンタルサーバーなら、バックアップデータをサーバーに復元することで解決できる可能性があります。

通常、バックアップには「過去7日分まで」などの有効期間があります。また、バックアップデータを取り出すには料金がかかる場合もあります。一番安全なのは、バックアップ機能がついたレンタルサーバーを選んで、WordPressのプラグインも利用して定期的にバックアップを外部のストレージサービス（DropboxやGoogle Driveなど）に保存するように設定しておくことです。プラグインを利用したバックアップ方法については第7章で解説します。

⑫無料で使える期間があるかどうか？

初めてWordPressを使うときは様々な不安がありますので、レンタルサーバーの契約を躊躇するかもしれません。お試しで1ヶ月だけ契約すれば失敗しても被害が小さくて済みますが、ほとんどのレンタルサーバーは1年以上の長期契約をしたほうが月額料金が安くなりますので、どうせ契約するなら安く抑えたいものです。

無料のお試し期間があるレンタルサーバーなら、無料期間のうちにWordPressをインストールして実際に使ってみることができるので安心です。無料期間は一定の制限（メールが使えないなど）がありますが、テーマの変更やプラグインの追加などは自由にできることが多いので、使用感を確認するには問題ないでしょう。

初心者におすすめのレンタルサーバー3社

次のグラフは2023年の日本国内におけるホスティングサービスの利用率を表しています（図6）。

図6 2023年の日本国内におけるホスティングサービスの利用率

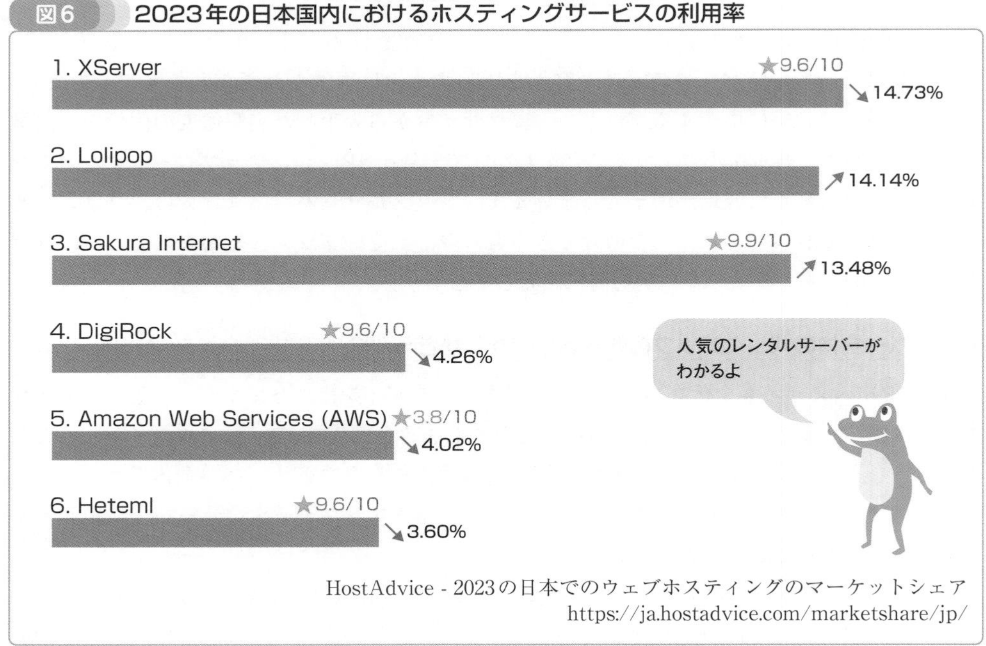

HostAdvice - 2023の日本でのウェブホスティングのマーケットシェア
https://ja.hostadvice.com/marketshare/jp/

エックスサーバー、ロリポップ、さくらインターネットの3つがよく利用されていることがわかります。これらのレンタルサーバーが選ばれているのには、次のような理由があります。

エックスサーバー（https://www.xserver.ne.jp/）

99.99％以上の稼働率をはじめとして、処理速度・負荷耐性・セキュリティ・使いやすさ・サポートとあらゆる要素で総合的に優れています。サーバーの管理画面（サーバーパネル）では重要なメニューが1つの画面に載っていますので、わかりやすいことも特徴です（画面2）。

困ったときの問い合わせは、メール、電話（平日のみ）、チャット（平日のみ）が利用できます。どのプランもディスク容量が300GB以上ありますので、WordPressのサイトを複数設置しても十分な余裕があります。また、10日間の無料お試し期間があり、カスタマーサポートの対応も丁寧です。独自ドメインも取得できます（画面3）。

▼画面2　エックスサーバーのサーバーパネル（管理画面）

アカウントデータ
サーバー番号 sv6088
ご利用プラン スタンダード
ディスク使用量 10076.0MB
空き容量 289924.0MB
総ファイル数 214769
ドメイン 3
サブドメイン 6
メールアカウント 8
FTPアカウント 0
MySQL 20
設定対象ドメインデータ
ドメイン：---
サブドメイン -
メールアカウント -
FTPアカウント -
設定対象ドメイン
設定対象ドメイン
設定する
アカウント
パスワード変更
サーバー情報
バックアップ
Cron設定
SSH設定
二段階認証設定
リソースモニター
メール
メールアカウント設定
迷惑メール設定
自動応答設定
SMTP認証の国外アクセス制限設定
メールの振り分け
メーリングリスト・メールマガジン
ドメイン
ドメイン設定
サブドメイン設定
DNSレコード設定
SSL設定
動作確認URL
ホームページ
アクセス制限
エラーページ設定
MIME設定
.htaccess編集
サイト転送設定
アクセス拒否設定
CGIツール
簡単インストール
Webフォント設定
ads.txt設定
FTP
サブFTPアカウント設定
FTP制限設定
アクセス解析
アクセス解析
アクセスログ
エラーログ
データベース
MySQL設定
MySQLバックアップ
MySQL復元
phpmyadmin(MySQL5.7)
高速化
Xアクセラレータ
サーバーキャッシュ設定
ブラウザキャッシュ設定
WordPress
WordPress簡単インストール
WordPress簡単移行
WordPressセキュリティ設定
WordPressテーマ管理
PHP
PHP Ver.切替
php.ini設定
セキュリティ
WAF設定

▼画面3　エックスドメイン（https://www.xdomain.ne.jp/）

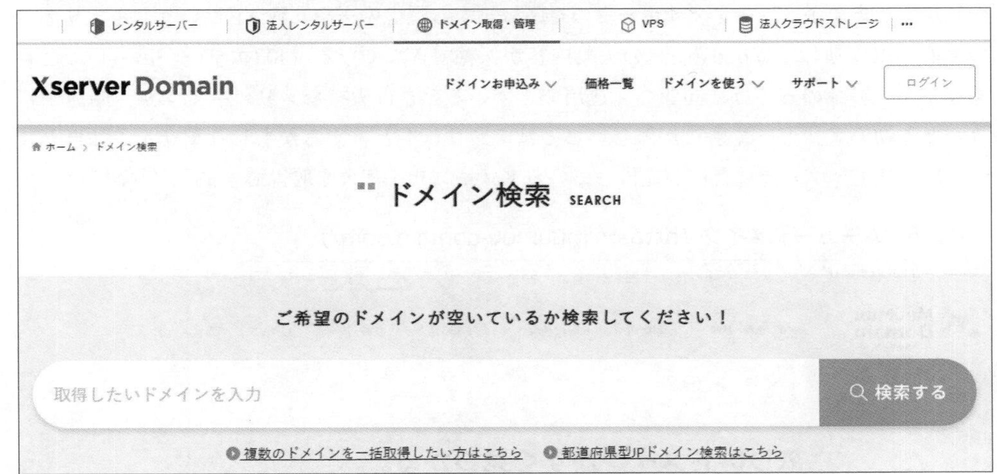
レンタルサーバー
法人レンタルサーバー
ドメイン取得・管理
VPS
法人クラウドストレージ
Xserver Domain
ドメインお申込み
価格一覧
ドメインを使う
サポート
ログイン
ホーム > ドメイン検索
ドメイン検索 SEARCH
ご希望のドメインが空いているか検索してください！
取得したいドメインを入力
検索する
複数のドメインを一括取得したい方はこちら
都道府県型JPドメイン検索はこちら

ロリポップ（https://lolipop.jp/）

価格と性能のバランスがよく、管理画面も比較的わかりやすいので、初めてレンタルサーバーを契約する人に特に人気があります（画面4）。

▼画面4　ロリポップのユーザー専用ページ（管理画面）

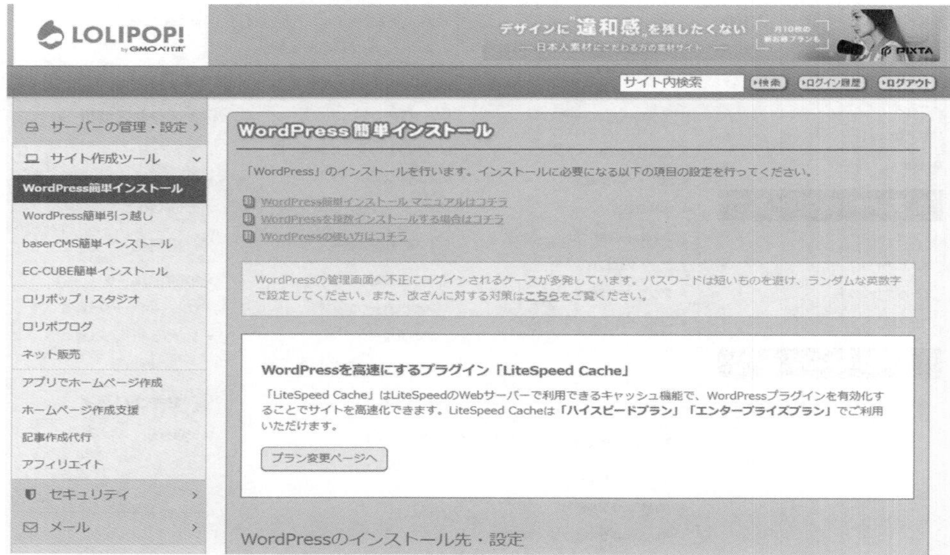

推奨プラン（ハイスピードプラン）のディスク容量は400GBで、10日間の無料お試し期間があります。困ったときの問い合わせは、メール、電話（平日のみ）、チャット（平日のみ）が利用できますが、カスタマサポートの対応に対する懸念の声や、WAFというセキュリティの機能が誤作動してWordPressの編集内容が保存できなくなる（403エラーが出る）こともあります。料金の安さは、問題なく運用できているときは大きなメリットですが、問題が起きたとき初心者にとって解決が難しいことはデメリットと言えるかもしれません。独自ドメインはロリポップの運営会社が提供しているドメインサービスで取得できます（画面5）。

▼画面5　ムームードメイン（https://muumuu-domain.com/）

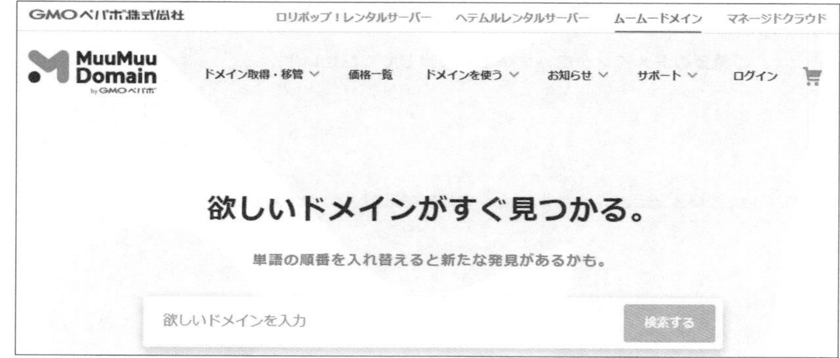

さくらインターネット（https://www.sakura.ad.jp/）

日本のインターネットの黎明期から事業を開始している信頼性などから、個人から法人、官公庁まで幅広く利用されている老舗のレンタルサーバーです。2018年頃に管理画面が大幅にリニューアルされ、わかりやすくなりました（画面6）。

▼画面6　さくらインターネットのサーバーコントロールパネル（管理画面）

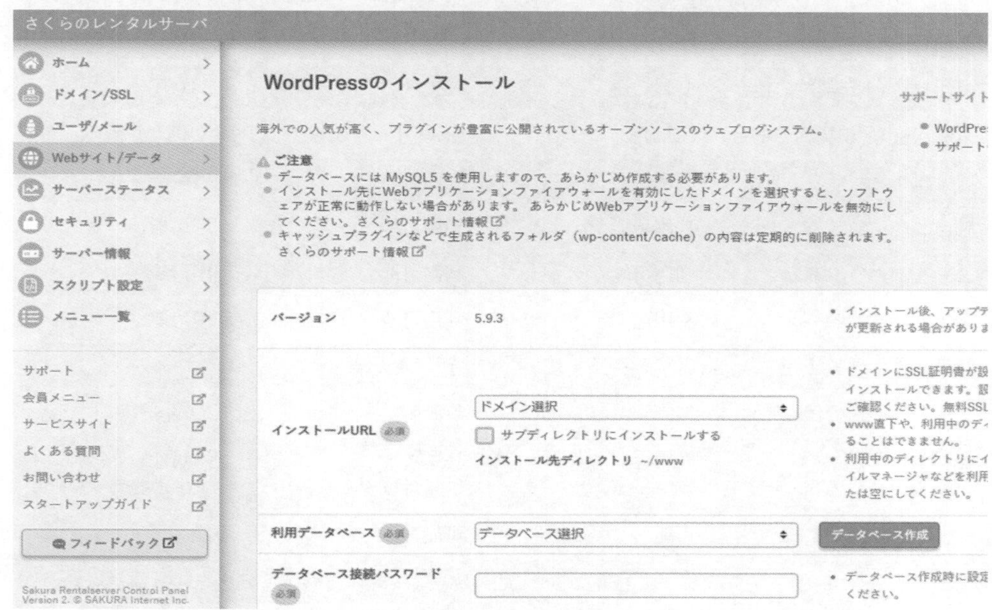

さくらインターネットへの問い合わせはメールと電話のみですが、自社にデータセンター（サーバーやネットワーク機器を設置するために特別に作られた建物）を備えており、転送量が大きく大量アクセスに強いのが特徴です。推奨プラン（プレミアムプラン）のディスク容量は400GBで、2週間の無料期間があります。独自ドメインも取得できます（画面7）。

▼画面7　さくらのドメイン（https://domain.sakura.ad.jp/）

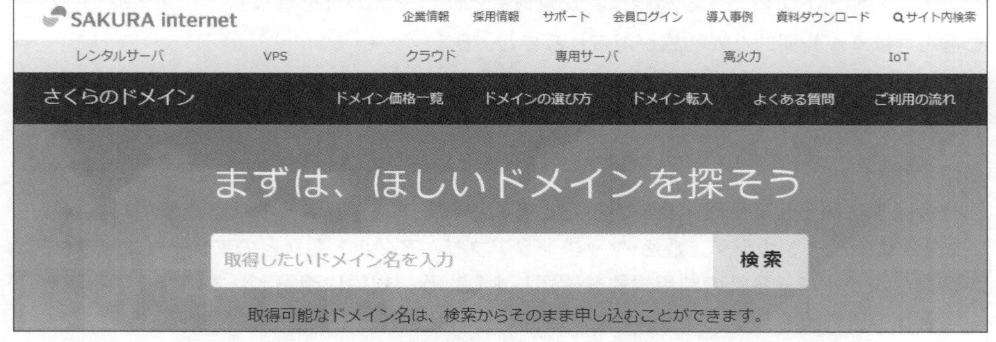

3社の比較

以上3社を①〜⑫の観点で比較します（表1）。

▼表1　国内利用率上位3社の比較

サービス名	エックスサーバー	ロリポップ	さくらインターネット
推奨プラン	スタンダードプラン	ハイスピードプラン	プレミアムプラン
初期費用	0円	0円	0円
月額料金（1年契約の場合）	1,100円	825円	1,310円
月額料金（3年契約の場合）	990円	550円	900円
WordPress	利用可能	利用可能	利用可能
独自ドメイン	利用可能	利用可能	利用可能
メールアカウント	利用可能	利用可能	利用可能
SSL証明書（無料）	利用可能	利用可能	利用可能
管理画面の見やすさ	◎	○	○
データベースの個数	無制限	無制限	100個まで
FTPツール ツールの名称	利用可能 ファイルマネージャ	利用可能 ロリポップ！ FTP	利用可能 ファイルマネージャー
PHPのバージョン変更	可能	可能	可能
サポート	メール・電話・チャット	メール・電話・チャット	メール・電話
ディスク容量	300GB	400GB	400GB
サーバー全体のバックアップ	可能（14日分）	"可能（過去7回分） ※復元は有料"	可能（過去8回分）
無料お試し期間	10日間	10日間	14日間

いずれのレンタルサーバーも性能は申し分ない水準ですが、WordPressを初めて扱う初心者や事業用のサイトを構築する場合は、安定稼働とサポートの質を重視してレンタルサーバーを選んだほうが長期的な安心感が得られるでしょう。

ポイント　アフィリエイトは内容によっては禁止

社会通念に照らして手段・目的が不正と考えられるアフィリエイトは禁止事項に該当します。オンラインカジノ、婚活･マッチングアプリ、アダルト系などのアフィリエイトは、レンタルサーバー各社の利用規約を確認しましょう。規約に明記されていなくて不明な場合は自己判断をせず、サポートに直接問い合わせを行って判断を仰ぎましょう。

2-2 レンタルサーバーの申し込み

エックスサーバーの申し込み

紙面の都合上、全てのレンタルサーバーを解説することはできませんので、ここでは国内利用率の高いエックスサーバーの契約手順と注意事項を6つのステップで解説します。

【STEP1/6】申込みページを開く

エックスサーバーのサイトのお申込みボタンをクリックします（画面1）。

▼画面1　エックスサーバーのサイト

エックスサーバー
https://www.xserver.ne.jp/

お申込みフォームが開きますので、新規お申込みボタンをクリックします（画面2）。

▼画面2　お申込みフォーム

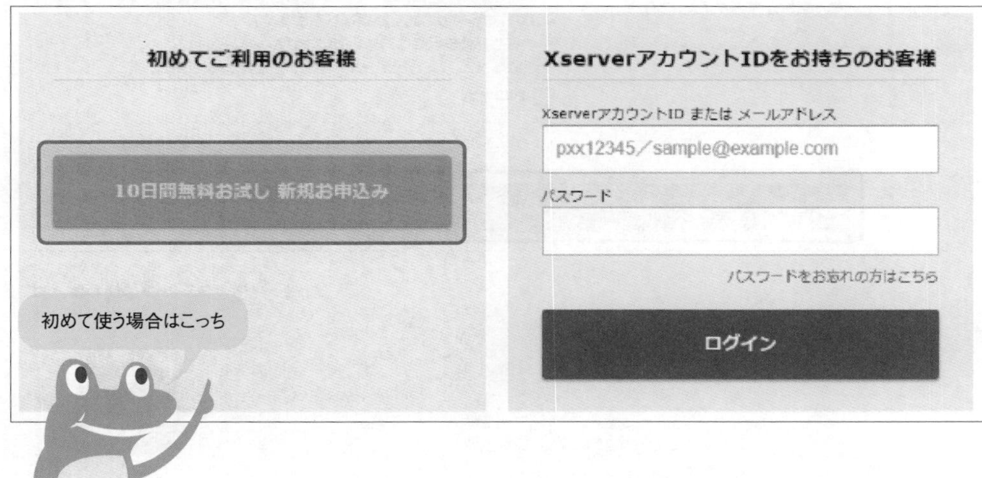

1
2
3
4
5
6
7
レンタルサーバーでWordPressを使う準備

【STEP2/6】申込み内容の選択

申し込み内容の選択画面が表示されますので、スタンダードプランを選択します（画面3）。

▼画面3　申し込み内容の選択

画面下部の「Xserverアカウントの登録へ進む」ボタンをクリックします（画面4）。

▼画面4　Xserverアカウントの登録へ進む

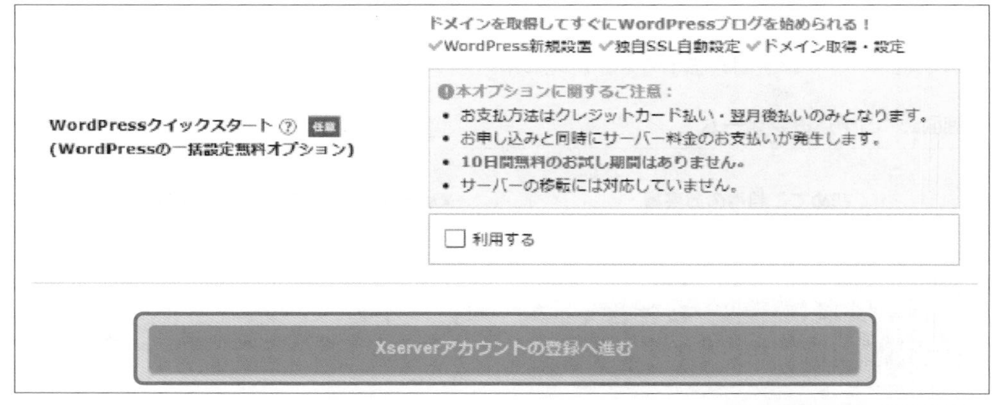

ポイント　クイックスタートは使わない

WordPressクイックスタートはチェックをつけないでください。「利用する」にチェックをつけて申し込むと、無料お試し期間が適用されず、すぐに料金が発生してしまいます。

【STEP3/6】Xserverアカウント情報の入力

次の画面ではエックスサーバーの利用者情報を入力します（画面5）。

▼**画面5　Xserverアカウント情報の入力**

Xserverアカウントは、エックスサーバーに問い合わせを行う際にも必要になります。入力が終わったら利用規約と個人情報の取り扱い（別ページ）をよく読み、同意にチェックをつけて「次へ進む」ボタンをクリックします（画面6）。

▼**画面6　利用規約の同意**

利用規約と個人情報の取り扱いについて 必須

［「利用規約」「個人情報の取り扱いについて」に同意する］をクリックすると、利用規約、個人情報の取り扱いについて を確認・同意したものとみなします。

☑ 「利用規約」「個人情報の取り扱いについて」に同意する

← 申込み内容の選択画面に戻る

次へ進む

画面5で入力したメールアドレス宛に「【Xserverアカウント】ご登録メールアドレス確認のご案内」という件名のメールが届きますので、メールに記載されている認証コード（数字6桁）をコピーします（画面7）。

▼画面7　メールアドレス確認の案内

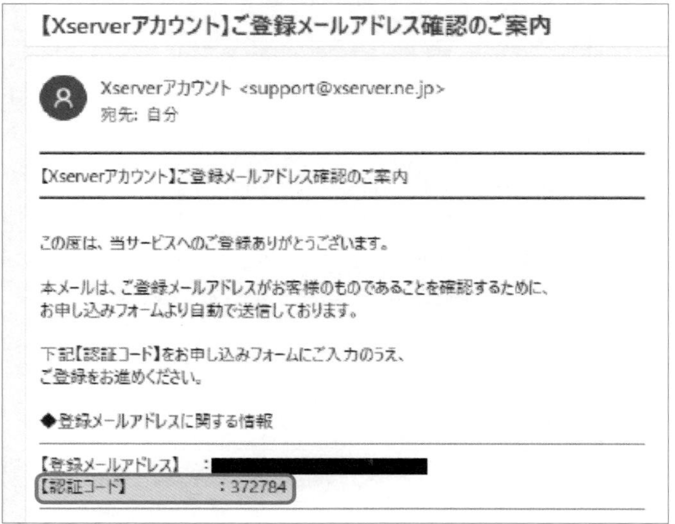

【STEP4/6】確認コードの入力

先ほどコピーした認証コードを入力して、「次へ進む」ボタンをクリックします（画面8）。

▼画面8　確認コードの入力

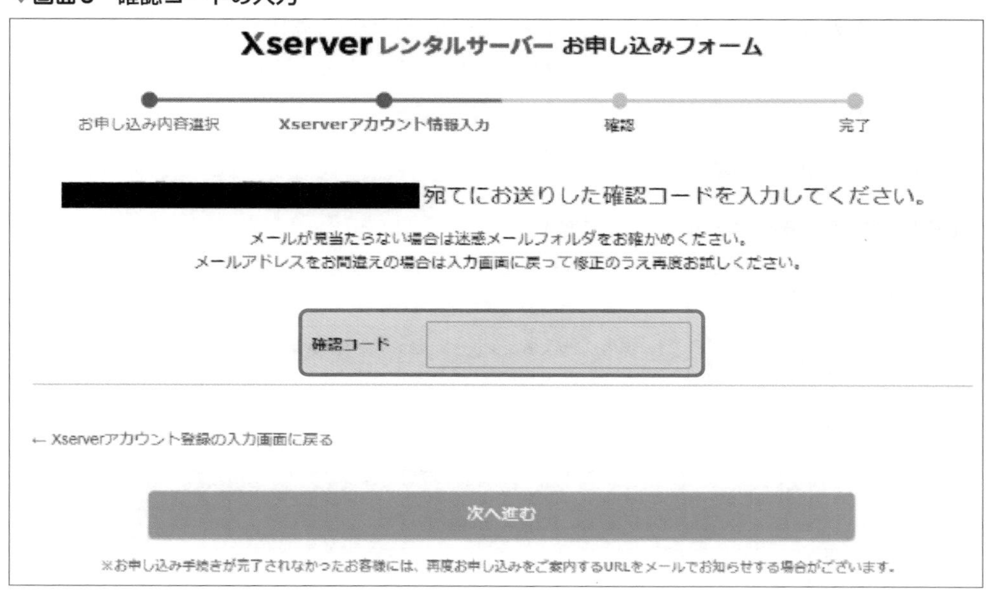

【STEP5/6】申込み

申し込み内容の確認画面が表示されますので、間違いがないか確認します（画面9）。

▼画面9　確認画面

サーバー契約内容

契約サービス	Xserver レンタルサーバー
サーバーID	xs978054
プラン	スタンダード

画面下部の「SMS・電話認証へ進む」ボタンをクリックします（画面10）。

▼画面10　SMS・電話認証へ進む

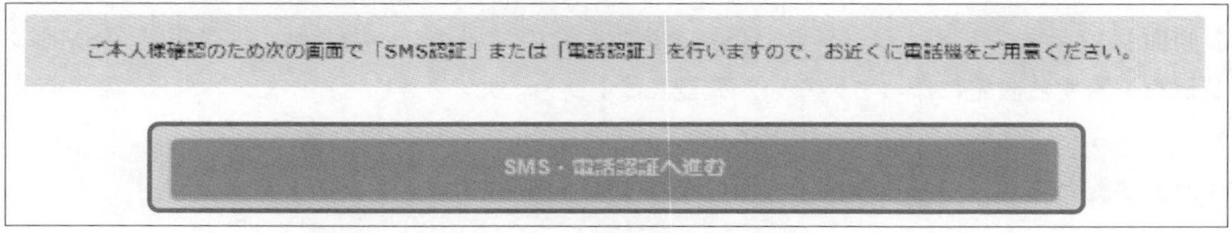
ご本人様確認のため次の画面で「SMS認証」または「電話認証」を行いますので、お近くに電話機をご用意ください。
SMS・電話認証へ進む

認証コードを受け取る電話番号と取得方法（SMSまたは音声）を選択して、「認証コードを取得する」ボタンをクリックします（画面11）。

▼画面11　SMS・電話認証

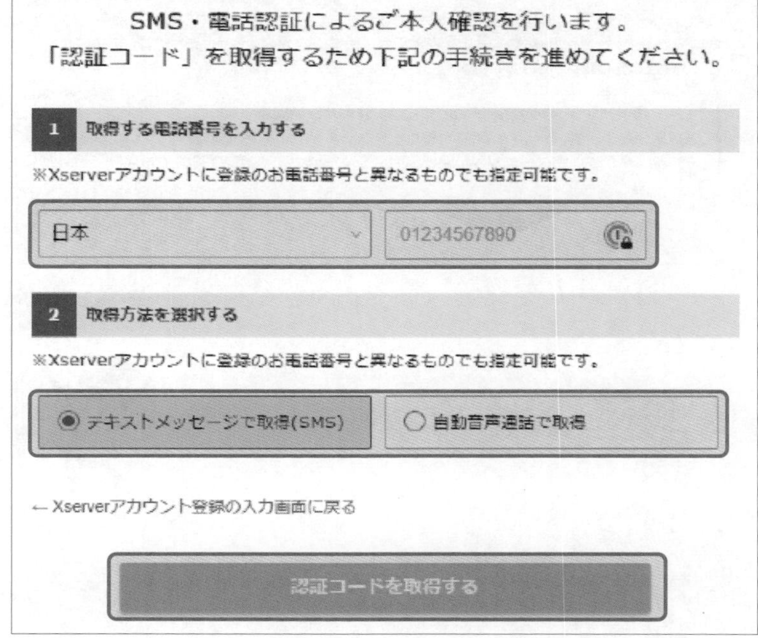
SMS・電話認証によるご本人確認を行います。
「認証コード」を取得するため下記の手続きを進めてください。
1 取得する電話番号を入力する
※Xserverアカウントに登録のお電話番号と異なるものでも指定可能です。
日本
01234567890
2 取得方法を選択する
※Xserverアカウントに登録のお電話番号と異なるものでも指定可能です。
テキストメッセージで取得(SMS)
自動音声通話で取得
← Xserverアカウント登録の入力画面に戻る
認証コードを取得する

指定の方法で受け取った認証コード（数字5桁）を入力して、申し込みの完了ボタンをクリックします（画面12）。

▼画面12　認証コードの入力

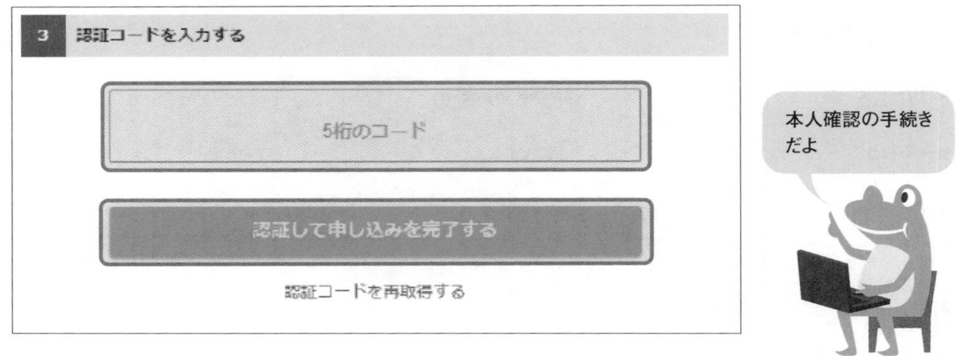

本人確認の手続きだよ

画面11でテキストメッセージ（SMS）を選択したのに届かない場合は、携帯電話がSMSの受信を拒否する設定になっていないか確認しましょう。

認証が終わると、申し込み完了画面になります（画面13）。

▼画面13　申し込み完了

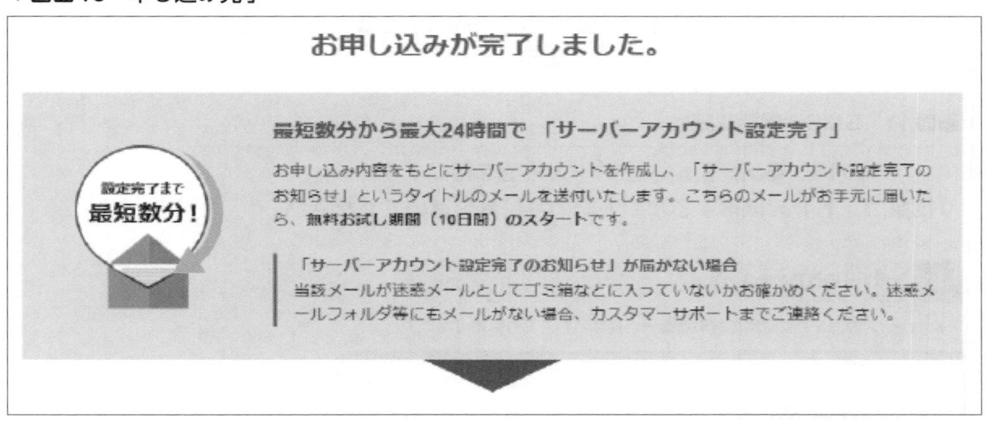

いまから10日間は無料だよ

【STEP6/6】申込み完了メールを控える

STEP3で登録したメールアドレス宛に申込み完了の通知が届きます（図1）。サーバーの管理画面にログインする情報や、FTP接続情報、メールサーバーの情報など重要な情報が記載されていますので、紛失しないように保管しましょう。

図1 申し込み完了メールの重要な情報

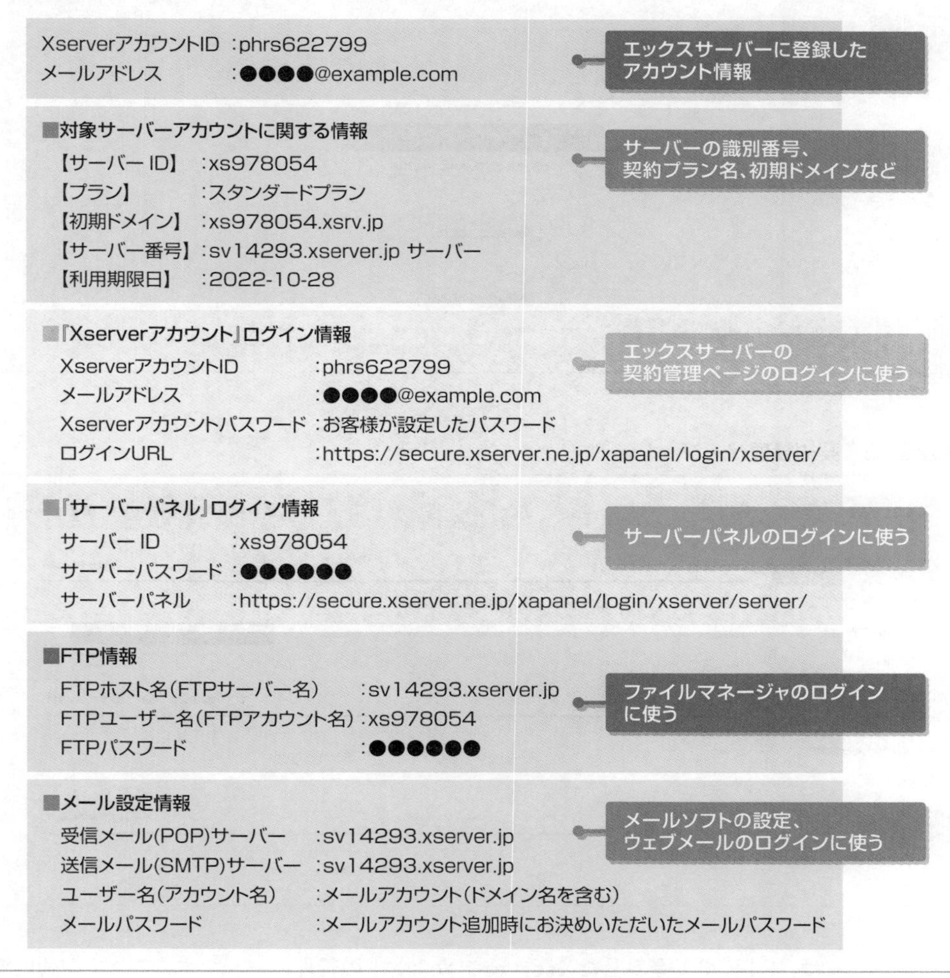

XserverアカウントID :phrs622799
メールアドレス :●●●●@example.com
エックスサーバーに登録したアカウント情報
■対象サーバーアカウントに関する情報
【サーバーID】 :xs978054
【プラン】 :スタンダードプラン
【初期ドメイン】 :xs978054.xsrv.jp
【サーバー番号】:sv14293.xserver.jp サーバー
【利用期限日】 :2022-10-28
サーバーの識別番号、契約プラン名、初期ドメインなど
■『Xserverアカウント』ログイン情報
XserverアカウントID :phrs622799
メールアドレス :●●●●@example.com
Xserverアカウントパスワード :お客様が設定したパスワード
ログインURL :https://secure.xserver.ne.jp/xapanel/login/xserver/
エックスサーバーの契約管理ページのログインに使う
■『サーバーパネル』ログイン情報
サーバーID :xs978054
サーバーパスワード :●●●●●●
サーバーパネル :https://secure.xserver.ne.jp/xapanel/login/xserver/server/
サーバーパネルのログインに使う
■FTP情報
FTPホスト名(FTPサーバー名) :sv14293.xserver.jp
FTPユーザー名(FTPアカウント名) :xs978054
FTPパスワード :●●●●●●
ファイルマネージャのログインに使う
■メール設定情報
受信メール(POP)サーバー :sv14293.xserver.jp
送信メール(SMTP)サーバー :sv14293.xserver.jp
ユーザー名(アカウント名) :メールアカウント(ドメイン名を含む)
メールパスワード :メールアカウント追加時にお決めいただいたメールパスワード
メールソフトの設定、ウェブメールのログインに使う

申し込みが完了し、10日間の無料お試し期間が始まります。早速Xserverアカウントのログイン URLから、Xserverアカウントの契約管理ページにログインしてみましょう（画面14、15）。

▼画面14　Xserverアカウントのログインページ

▼画面15　契約管理ページ

このページは、STEP3で登録したXserverアカウントの管理ページです。ここで契約内容の確認やプランの変更、料金の支払いなどが行えます。WordPressのインストールやPHPのバージョン切り替えなどサーバー上での作業はここではなく、「サーバー管理」ボタンをクリックしてサーバーパネルへ移動して行います。

独自ドメインを使う場合は72ページへ、独自ドメインを取得せずにレンタルサーバーに最初から設定されている初期ドメインを使う場合はWordPressのインストール（80ページ）へ進んでください。

コラム

各種ログインページの使い分け

エックスサーバーでは、Xserverアカウント、サーバーパネル、ファイルマネージャ、WEBメールのログインURLが分かれています。入口を1つにしてくれたほうがわかりやすいと思うかもしれませんが、ウェブサイトの構築やメンテナンスを第三者（制作会社など）に依頼する場合に、ログインURLが分かれていないと契約情報やXserverアカウントに登録されている個人情報が閲覧できてしまうからです。個人でサーバーを契約する場合は問題ありませんが、契約者と作業者が異なる場合は、Xserverアカウント以外の必要なログイン情報だけを開示して作業を行ってもらうようにしましょう（図）。

図 ログインページの使い分け

契約情報の管理
料金の支払い
ドメインの取得

Xserverアカウント ログイン

会員情報やご利用状況の確認や、サーバーパネル/ファイルマネージャ等の各種ツールを利用することができます。

メールアドレス
name@example.com
XserverアカウントIDでもログインできます
パスワード
ログインする

WordPressのインストール・アンインストール
データベースの管理
SSLの設定
ドメインの追加

サーバーパネル ログイン

メールアカウントの作成やドメイン設定の追加などサーバーに関する設定を行うことができます。

サーバーID
サーバーパネルパスワード
Xserverアカウント用の組み合わせでもログインできます
ログインする

ファイルマネージャ ログイン

ファイルのアップロードや削除などを行うことができます。

FTPユーザーID
FTPパスワード
ログインする

ファイルやフォルダの追加・削除

WEBメール ログイン

メールの閲覧や送信を行うことができます。

メールアドレス
name@example.com
メールパスワード
ログインする

メールの送受信転送設定

2-3 独自ドメインの取得

エックスサーバーで独自ドメインを取得する

次に、WordPressに割り当てる独自ドメインを取得します。契約管理ページの「ドメイン取得」をクリックすると、独自ドメインの申し込みページが開きます（画面1）。

▼画面1　独自ドメインの申し込みページ

サーバー　追加申し込み

サーバーID	契約	プラン	サーバー番号	利用期限
xs978054	試用	スタンダード	sv14293	2022/10/28 ⚠期限間近

ファイル管理　サーバー管理

ドメイン　ドメイン取得　ドメイン移管

ご利用中のドメインはありません。

Xserverドメインのお申し込み

新規取得　一括取得　移管申請（登録事業者の変更）

ご希望のドメイン名を入力してください。
http://www.などは付けず、独自ドメイン名のみをご入力下さい。

www. sample012　❶入力

全選択/解除　❷選択

com　net　jp　xyz　site　online　info
org　co.jp　fun　biz　me　ne.jp　blue
red　pink　mobi　or.jp　gr.jp　ac.jp　ed.jp
asia　bar　black　bz　cc　click　college
gift　help　host　in　ink　link　lol
mom　photo　pics　press　rest　space　store
tech　tv　website　wiki　ws　design　monster
rent　baby　blog　osaka　moe　earth　life
live　email　world　works　style　company　group
news　clinic　salon

都道府県.jp を表示する

ドメインを検索する　❸クリック

❶取得したいドメイン名を入力して❷ドメインの種類（comやjpなど）にチェックをつけたら❸「ドメインを検索する」ボタンをクリックします。すると、画面2のような検索結果のページが表示されますが、×マークがついているドメインは第三者が取得済みのため申し込むことができません。検索結果が全て×マークの場合は、別のドメイン名を入力しなおしてもう一度検索をしてください。

❹取得したいドメインに1つだけチェックをつけて、❺利用規約の同意チェックをつけたら❻「お申込み内容の確認とお支払いへ進む」ボタンをクリックします（画面2）。

▼画面2　取得可能な独自ドメインを検索する

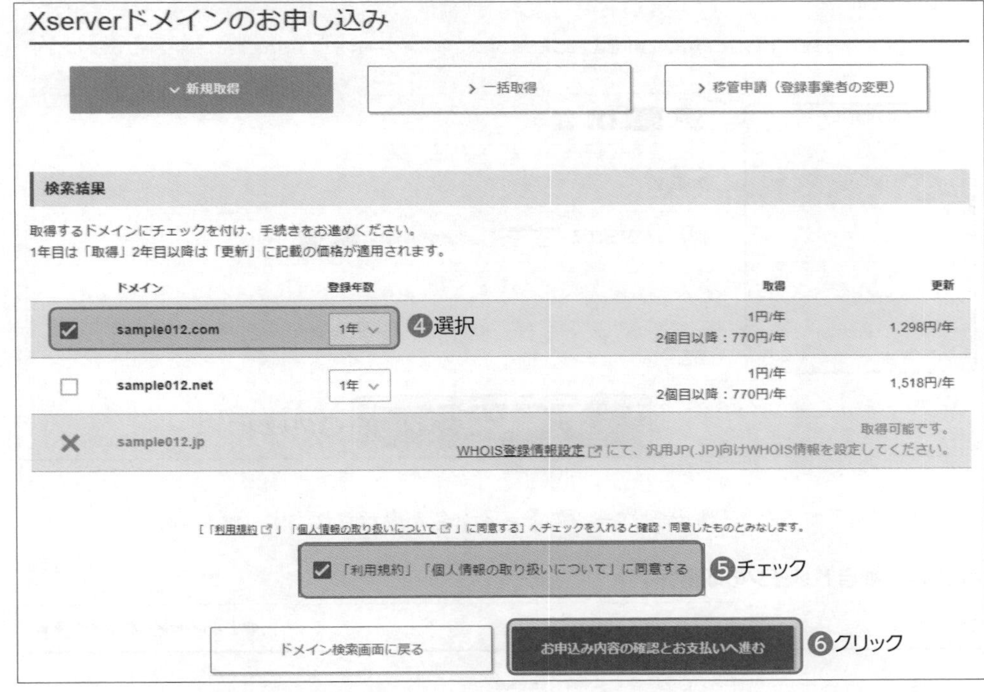

ポイント　ドメイン名は世界に1つだけ

同じドメイン名は世界に1つしかなく、ドメインの申し込みは先着順です。example.comを使いたくても第三者によって取得されている場合は、example.netやexample.jpなどを使用するか、example-corp.comのように別のドメイン名を使用することを検討しなければなりません。なお、2つ以上の単語を繋いだドメイン名にしたい場合は、ハイフン「-」を使います。アンダースコア「_」は使えません。

料金支払いページが表示されますので、❼支払い方法を選択して❽決済画面へ進み、独自ドメイン取得料金の支払いを行います（画面3）。

▼**画面3　料金支払いページ**

料金支払い

お支払い/請求書発行　お支払い報告フォーム　お支払い履歴／受領書発行

お支払い内容詳細

サービス名	アカウント情報	契約期間	金額
ドメイン新規取得／(com)	sample012.com	1年	1円（税込）
お支払合計金額			1円（税込）

お支払い方法の選択

クレジットカード・翌月後払い（コンビニ／銀行）・銀行振込・コンビニエンスストア・ペイジーの中からお好きなお支払い方法をお選びいただくことができます。

- クレジットカード　VISA　JCB
- 翌月後払い（コンビニ／銀行）　paidy
- コンビニエンスストア　LAWSON　FamilyMart　Seicomart
- 銀行振込
- ペイジー

❼選択

決済画面へ進む　❽クリック

支払いが完了すると、契約管理ページにドメイン名が表示されます（画面4）。

▼**画面4　独自ドメインの取得完了**

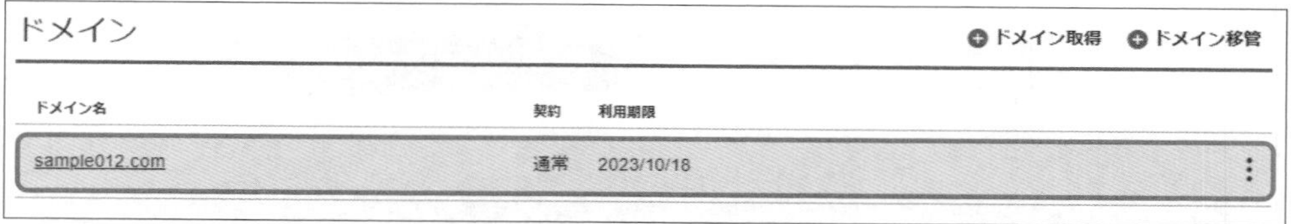

これで独自ドメインが取得できました。

ポイント　ドメインの更新料金未払いに注意

画面2で選択した登録年数を過ぎると更新料金が発生しますので、ドメインを使い続けたい場合は遅延なく手続きを行いましょう。未払いのまま放置するとドメインの所有権が失効し、第三者が取得できる状態になってしまいます。サーバーもドメインも買い取り型のサービスではなく、期限付きの使用権利を購入して利用するものと理解しておきましょう。

2-4 独自ドメインの追加

サーバーに独自ドメインを追加する

ドメインは所有しているだけでは意味がありません。サーバーに設置（関連付け）して初めて使えるようになります（図1）。

図1 独自ドメインとサーバーの関連付け

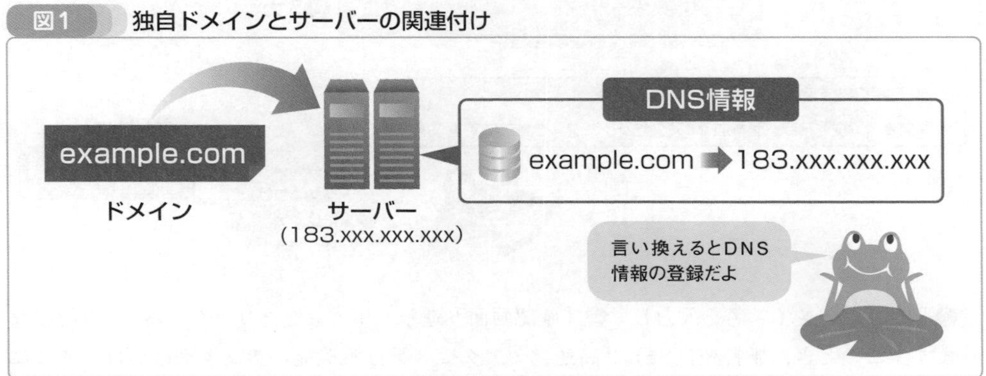

独自ドメインの追加はサーバーパネルから行いますので、契約管理ページの「サーバー管理」ボタンをクリックするか、申し込み完了メール（69ページ）に記載されているログイン情報を使ってサーバーパネルに移動します（画面1）。

▼画面1 サーバーパネル

サーバーID xs978054 / パネルトップ / マニュアル / 旧デザインに切り替え

サーバーパネル

アカウントデータ	
サーバー番号	sv14293
ご利用プラン	スタンダード
ディスク使用量	0.0MB
空き容量	300000.0MB
総ファイル数	22
ドメイン	0
サブドメイン	0

アカウント	メール	ドメイン
› パスワード変更	› メールアカウント設定	› ドメイン設定 ❶クリック
› サーバー情報	› 迷惑メール設定	› サブドメイン設定
› バックアップ	› 自動応答設定	› DNSレコード設定
› Cron設定	› SMTP認証の国外アクセス制限設定	› SSL設定
› SSH設定	› メールの振り分け	› 動作確認URL
› 二段階認証設定	› メーリングリスト・メールマガジン	
› リソースモニター		

❶「ドメイン > ドメイン設定」に進み、❷「ドメイン設定追加」タブをクリックします（画面2）。

▼画面2　ドメイン設定の追加

❸取得したドメイン名を入力して❹「確認画面へ進む」ボタンをクリックすると画面3になります。このとき、無料独自SSLと高速化・アクセス数拡張機能のチェックはつけたままにしておきましょう。

▼画面3　ドメイン設定の追加（確認画面）

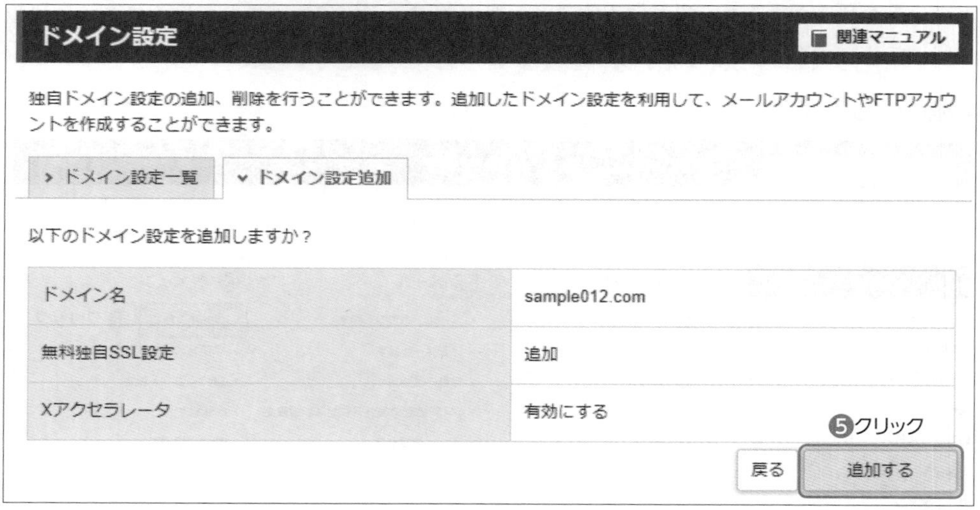

❺「追加する」ボタンをクリックすると、ドメインがサーバーと関連付けられ、DNS情報が登録されます。少し時間がかかりますが、画面が切り替わるまで待ちます（画面4）。

▼画面4　ドメイン設定の追加（完了画面）

ドメイン設定　関連マニュアル

独自ドメイン設定の追加、削除を行うことができます。追加したドメイン設定を利用して、メールアカウントやFTPアカウントを作成することができます。

> ドメイン設定一覧　　⌄ ドメイン設定追加

ドメイン設定の追加を完了しました。設定内容は以下の通りです。

項目	設定
ドメイン名	sample012.com
URL	https://sample012.com/ https://www.sample012.com/ • 「www」有り・無し両方のURLでアクセスが可能です。 • ドメイン設定は追加後、サーバーに設定が反映されるまで数時間〜24時間程度かかる場合があります。 設定が反映される前にドメインにアクセスした場合、「設定が反映されていないドメイン」といった表示がされることがありますが、一定時間が経過しドメイン設定が反映されると、通常のWebページが表示されるようになります。
無料独自SSL設定	設定済 無料独自SSL設定が反映するまで、最大1時間程度かかります。今しばらくお待ちください。

画面2で無料独自SSLを利用するチェックをつけていましたので、SSL証明書（52ページ）のインストールも行われています。設定が反映されるまで最大1時間程度かかりますので、待ちましょう。

コラム

SSLの種類と認証レベル

SSL証明書には適用できるドメインの個数と範囲（サブドメインを含むかどうか）による違いや、証明書を発行する認証局（第三者機関）が認証した真正性の程度を表す3種類の認証レベル（❶ドメイン認証：ドメイン名の利用権、❷組織認証：❶に加えて運営主体の法的実在性、❸EV認証：❷に加えて運営主体と登記簿の一致）があり、また、証明書の購入先によっても費用が異なります。多くのレンタルサーバーでは無料のSSL証明書であるLet's Encryptが利用できます。

設定が反映されたかどうかを確認するには、サーバーパネルの「ドメイン設定 > SSL設定」を開きます（画面5）。

▼画面5　SSL設定状況の確認

「www.ドメイン名」の隣に「反映待ち」の表示があれば待ちましょう。反映されたら「反映待ち」の表示がなくなります。通常、1時間程度で反映されます。ただし、「反映待ち」の表示がなくなっても「SSL用アドレス」のリンクをクリックすると次の表示になることがあります（画面6）。

▼画面6　ドメインが反映されていない場合

無効なURLです。
プログラム設定の反映待ちである可能性があります。
しばらく時間をおいて再度アクセスをお試しください。

このメッセージが表示される場合、ドメインがまだサーバーに反映されていません。ドメインの反映はSSLの反映よりも時間がかかることが多いです。77ページの画面にも書かれていますが、数時間から24時間程度かかる場合があります。独自ドメインを追加するとDNS情報が書き換わりますが、そのことがDNSサーバーに伝わる（反映される）のに時間がかかるからです。

「SSL用アドレス」のリンクをクリックして次の表示になれば反映された証拠です（画面7）。

▼画面7　エックスサーバーの初期ページ

Xserver レンタルサーバー

このウェブスペースへは、まだホームページがアップロードされていません。

早速、エックスサーバー上へファイルをアップロードしてみましょう。
アップロードの方法などは、サポートマニュアルをご参照ください。

➔ エックスサーバー・サイトトップページ

Copyright © Xserver Inc. All Rights Reserved.

これで独自ドメインとサーバーが関連付き、「https://ドメイン名」のURLでサイトを公開する準備ができました。次は、このURLにWordPressをインストールしていきます。

コラム

ドメイン管理サービスで取得したドメインを使うには？

画面1～画面7の作業（28ページの❶に相当）だけでなく、「このドメインのDNS情報がレンタルサーバーのDNSサーバーに登録されていること」をドメイン管理サービスに登録（28ページの❷に相当）する必要があります。

お名前ドットコムで取得した独自ドメインを使う場合、エックスサーバーのネームサーバー「ns1.xserver.jp～ns5.xserver.jp」をお名前ドットコムに登録します（画面）。

▼画面　ネームサーバー情報の変更（お名前ドットコムの管理画面）

● ネームサーバー情報を入力　　お名前ドットコムの管理画面

1プライマリネームサーバー（必須）	ns1.xserver.jp
2セカンダリネームサーバー（必須）	ns2.xserver.jp
3	ns3.xserver.jp
4	ns4.xserver.jp
5	ns5.xserver.jp

エックスサーバーのネームサーバー

レンタルサーバーのネームサーバーは、サーバーのマニュアルに記載されています。

【ネームサーバーの設定】
https://www.xserver.ne.jp/manual/man_domain_namesever_setting.php

2-5 WordPressのインストール

WordPressのインストール

WordPressのインストールはサーバーパネルから行います。契約管理ページの「サーバー管理」ボタンをクリックするか、申し込み完了メール（69ページ）に記載されているログイン情報を使ってサーバーパネルにログインしましょう（画面1）。

▼画面1　サーバーパネル

サーバーパネル

サーバーID xs978054 / パネルトップ　マニュアル　旧デザインに切り替え

アカウントデータ	
サーバー番号	sv14293
ご利用プラン	スタンダード
ディスク使用量	0.0MB
空き容量	300000.0MB
総ファイル数	22
ドメイン	0
サブドメイン	0

アカウント	メール	ドメイン
パスワード変更	メールアカウント設定	ドメイン設定
サーバー情報	迷惑メール設定	サブドメイン設定
バックアップ	自動応答設定	DNSレコード設定
Cron設定	SMTP認証の国外アクセス制限設定	SSL設定
SSH設定	メールの振り分け	動作確認URL
二段階認証設定	メーリングリスト・メールマガジン	
リソースモニター		

❶画面の下のほうにある「WordPress ＞ WordPress簡単インストール」をクリックします（画面2）。

▼画面2　WordPressのインストール画面に進む

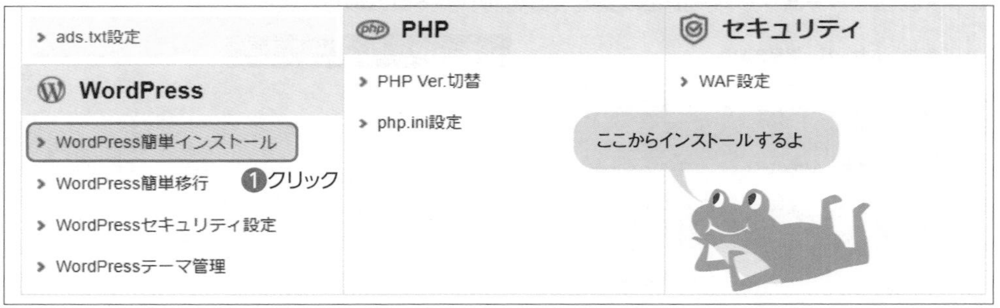

❷ドメインの選択画面が表示されますので、WordPressをインストールしたいドメインを選択します。75ページの手順で追加した独自ドメインにインストールする場合はそのドメインを、初期ドメインにインストールする場合は初期ドメインを選びましょう（画面3）。

▼画面3　WordPressをインストールするドメインを選択する

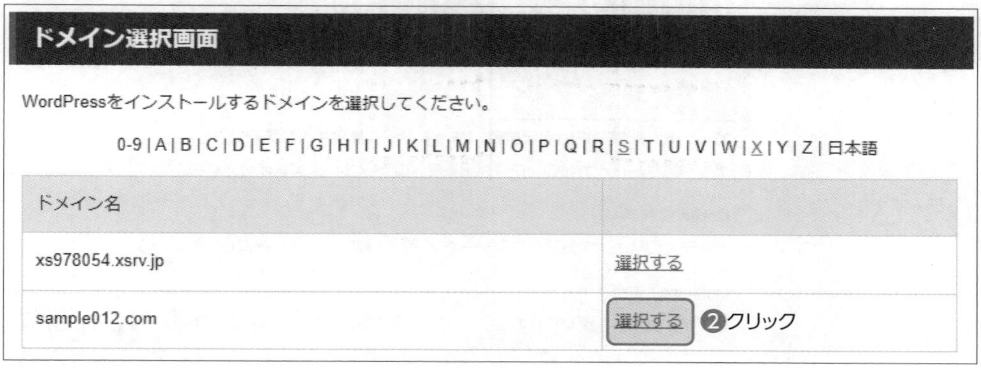

ドメイン選択画面

WordPressをインストールするドメインを選択してください。

0-9 | A | B | C | D | E | F | G | H | I | J | K | L | M | N | O | P | Q | R | S | T | U | V | W | X | Y | Z | 日本語

ドメイン名	
xs978054.xsrv.jp	選択する
sample012.com	選択する ❷クリック

❸WordPress簡単インストール画面が表示されますので、必要事項を入力します（画面4）。

▼画面4　WordPressのインストール画面

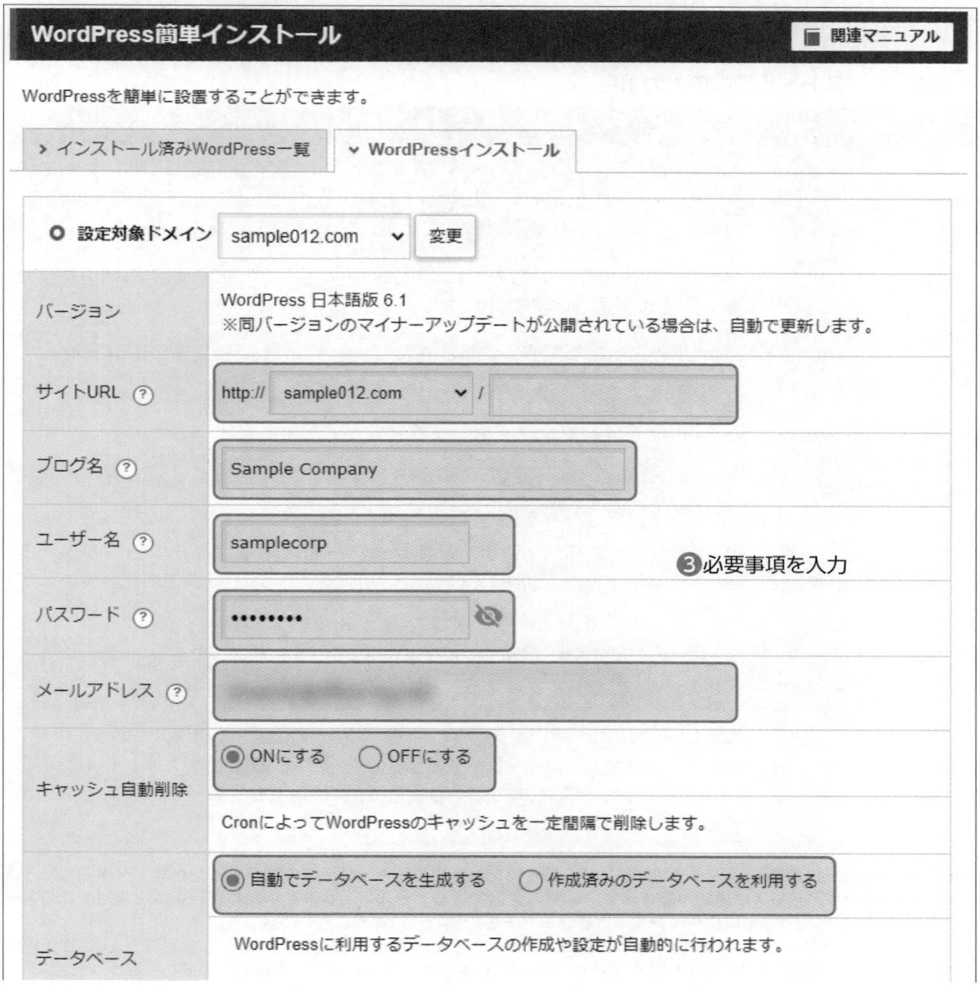

WordPress簡単インストール　関連マニュアル

WordPressを簡単に設置することができます。

› インストール済みWordPress一覧　⌄ WordPressインストール

○ 設定対象ドメイン　sample012.com　変更

バージョン	WordPress 日本語版 6.1 ※同バージョンのマイナーアップデートが公開されている場合は、自動で更新します。
サイトURL ?	http:// sample012.com /
ブログ名 ?	Sample Company
ユーザー名 ?	samplecorp
パスワード ?	•••••••••
メールアドレス ?	
キャッシュ自動削除	◉ONにする　○OFFにする CronによってWordPressのキャッシュを一定間隔で削除します。
データベース	◉自動でデータベースを生成する　○作成済みのデータベースを利用する WordPressに利用するデータベースの作成や設定が自動的に行われます。

❸必要事項を入力

※本機能を用いて生成されたデータベースに関する情報は、
「WordPress簡単インストール完了画面」に表示されます。
テーマ
WordPressデフォルトテーマ
XWRITE / 月額990円 1年間無料 【キャンペーン開催中！】詳細はこちら！
エックスサーバー開発のブログ用テーマ。シンプルな画面操作のため初心者におすすめ。
Cocoon / 無料
200万DL突破の大人気ブログ用テーマ。SEO・高速化などに最適化されている。
Lightning / 無料
ビジネスサイトが簡単に作れるテーマ。用途に応じたカスタマイズが可能。
❹クリック
確認画面へ進む

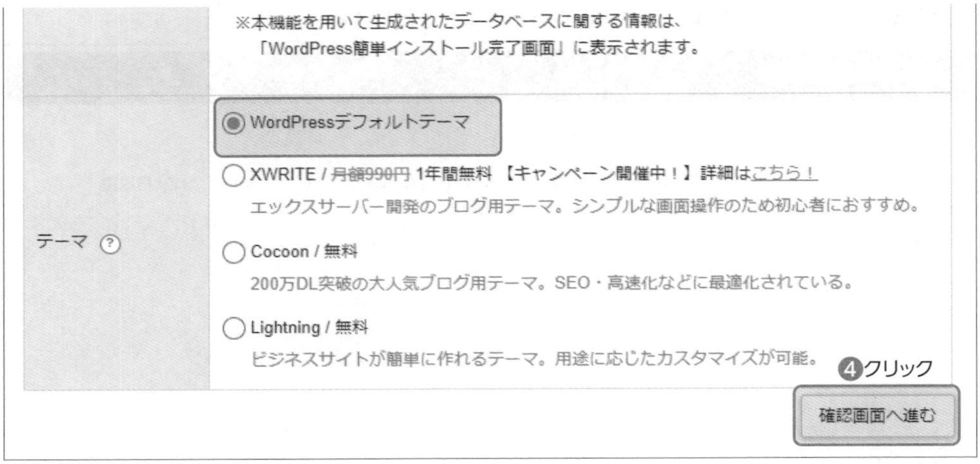

各項目の意味は次のとおりです（表1）。入力が終わったら❹「確認画面へ進む」ボタンをクリックして、インストール内容の確認画面（画面5）へ進みます。

▼表1　インストール画面の入力項目

項目	説明
サイトURL	WordPressをインストールするURLです。画面の表記はhttpになっていますが、インストール後にhttpsのURLでアクセスできるように設定を変更しますので、このままで構いません。
ブログ名	WordPressのサイト名です。インストール後にWordPressの管理画面からいつでも変更できます。
ユーザー名	WordPressにログインするときに使います。後から変更ができませんので、慎重に決めましょう。
パスワード	WordPressにログインするときに使うパスワードです。
メールアドレス	WordPressの管理者用のメールアドレスです（※1）。インストール後にWordPressの管理画面からいつでも変更できます。
キャッシュ自動削除	ウェブサイトにアクセスしたときサーバー内に生成されたページのデータ（HTMLなど）を一定間隔で自動的に削除するための設定です。ONにしておきましょう。
データベース	インストールするWordPressが接続するデータベースを新しく自動で作成するか、すでに作成済みのデータベースに接続するかを選択します（※2）。
テーマ	コアシステムと一緒にインストールするテーマを選択します。Cocoon（コクーン）もLightning（ライトニング）も後から追加でインストールすることができるテーマですので、WordPressデフォルトテーマのままで構いません。

（※1）WordPressの新しいバージョンがリリースされたときや、セキュリティのプラグインが異常を検知したときなど、このメールアドレスに通知が届きます。確実に受信できるメールアドレスを指定しましょう。また、このメールアドレスは、WordPressにログインするときユーザー名の代わりに使うこともできます。
（※2）1つのデータベースに複数のWordPressを接続すると、あるWordPressで不具合が発生したとき他のWordPressにも影響が及ぶ場合がありますので、WordPressごとにデータベースを新しく作成したほうが安全です。

ポイント ユーザー名に相応しくない名前

覚えやすいからといってサイトのドメイン名の一部（example.comなら「example」）をそのまま使ったり、WordPressだからという理由で「wp」や「wordpress」としたり、WordPressの管理者だからという理由で「admin」(administrator:管理者）などをユーザー名にするのは相応しくありません。WordPressのサイトに対して不正アクセスなどの攻撃を仕掛ける「悪意あるユーザー」は、これらの名前がセキュリティに詳しくないWordPressの利用者がよく使う名前だということを熟知しているからです。

▼**画面5　インストール内容の確認**

以下の内容でWordPressをインストールしますか？

設定対象ドメイン[sample012.com]

バージョン	WordPress 6.1
サイトURL	http://sample012.com/
ブログ名	Sample Company
ユーザー名	samplecorp
パスワード	********
メールアドレス	
キャッシュ自動削除	ON
MySQLデータベース名	xs978054_tjmbw
MySQLユーザー名	xs978054_9ol0d
MySQLパスワード	**********
テーマ	WordPressデフォルトテーマ
テーマオプション	-

インストールを行うと、インストール先ディレクトリ内の「index.html」が削除されます。ご注意ください。

戻る　インストールする

❺クリック

❺「インストールする」ボタンをクリックすると、インストールが始まります。しばらく待つとインストールが完了して次の画面になります（画面6）。

▼画面6　WordPressのインストール完了

WordPressのインストールが完了しました。

※以下の情報はWordPressの管理画面へのログインや編集に必要な情報です。必ずメモなどにお控えください。

バージョン	WordPress 6.1
サイトURL	http://sample012.com/
ブログ名	Sample Company
管理画面URL	http://sample012.com/wp-admin/
ユーザー名	samplecorp
パスワード	********

※以下のMySQLデータベース、MySQLユーザーを作成しました。

MySQLデータベース名	xs978054_tjmbw
MySQLユーザー名	xs978054_9ol0d
MySQLパスワード	**********

戻る

これでWordPressがインストールできました。「管理画面URL」のリンクをクリックすると、WordPressのログイン画面が開きます（画面7）。ログイン画面のURLはWordPressで作業をするたびにアクセスしますので、ブラウザにブックマークしたりテキストファイル等にコピーして保管しておくとよいでしょう。

＜ログインに必要な情報＞

- 管理画面URL
- ユーザー名（またはメールアドレス）
- パスワード

▼画面7　WordPressのログイン画面

先ほど入力したユーザー名とパスワードでログインすると、WordPressの管理画面が開きます（画面8）。

▼画面8　WordPressの管理画面

2-6 WordPressのSSL化

SSL証明書のインストールだけでは不完全

76ページでサーバーにSSL証明書をインストールしましたが、実はまだサイト全体のSSL化はできていません。WordPressをインストールすると最初からサンプルのページ（URL末尾のスラッグがsample-page）が登録されていますので、httpから始まるURLと、httpsから始まるURLの両方にそれぞれアクセスしてみましょう（画面1）。

▼画面1　同じページが2つのURLで表示できる

保護されていない通信 | sample012.com/sample-page/
Sample Company
サンプルページ
例）http://example.com/sample-page
サンプルページ

https://sample012.com/sample-page/
Sample Company
サンプルページ
例）https://example.com/sample-page
サンプルページ

どちらのURLでもページは表示されます。これは、同じページが2通りのURLでアクセスできてしまうことを意味しています。76ページでSSL証明書をサーバーにインストールしましたが、それはあくまでも**httpsで始まるURL（通信が暗号化されている）でもアクセスできるようにした**だけで、**httpで始まるURL（通信が暗号化されていない）でアクセスできなくしたわけではない**のです。悪意のユーザーによって、通信が暗号化されていないURLを狙った攻撃に晒されるリスクはなくなっていません。

また、Googleなどの検索エンジンはインターネット上に全く同じ内容のページが複数存在することを不健全と考えます（インターネットユーザーが求める情報を探しにくくなるから）。いずれにしても、好ましい状態ではありません。

そこで、WordPress内の全てのページ（これから新しく作成するページを含めて）について、もしもhttpで始まるURLにアクセスされたときは自動的にhttpsで始まるURLに転送（リダイレクト）する設定を行います。

例）http://example.com/aaa → https://example.com/aaa

こうすることによって、誰がアクセスしても必ずhttpsで始まるURLでサイトが表示され、通信が暗号化された安全なサイトになります。検索エンジンからも好ましい状態と判断されます。

そのための設定はWordPressとサーバーの両方で行います。順番に行っていきましょう。

WordPress側の設定

WordPressの管理画面にログインします（画面2）。

管理画面URLの例
http://example.com/wp-admin

※特別な設定をしない限り、WordPressの管理画面URLは最後に/wp-adminがつきます。

▼画面2　WordPressの管理画面

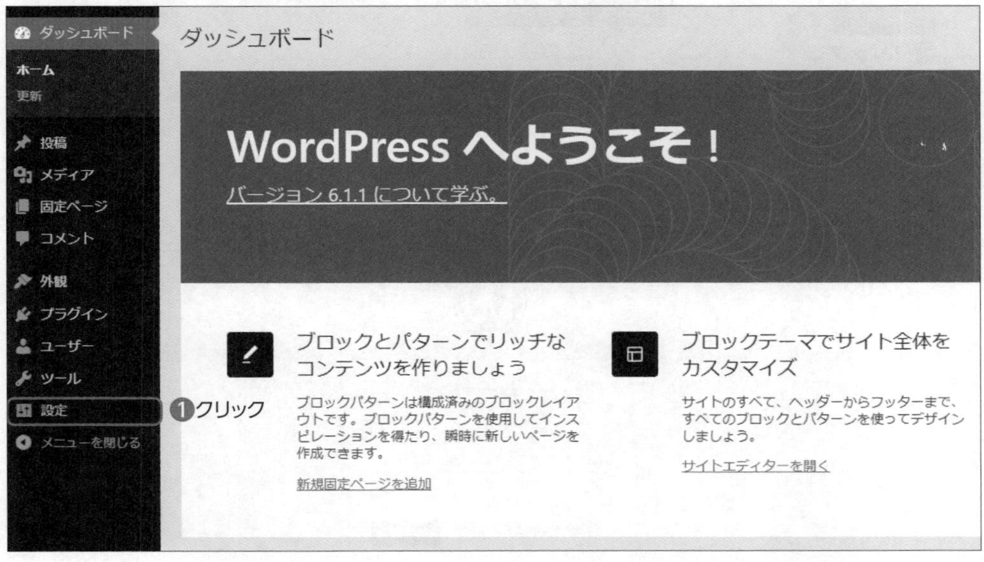

❶左のメニューから「設定」をクリックすると一般設定の画面が開きます（画面3）。

▼画面3　一般設定

❷WordPressアドレス（URL）とサイトアドレス（URL）に表示されている「http」を「https」に書き換えて、❸画面の一番下にある「変更を保存」ボタンをクリックして設定を保存します（画面4）。

▼画面4　httpsのアドレスに変更

設定を保存すると強制的にログアウトしてログイン画面に戻されますが、問題ありません（画面5）。

▼画面5　ログイン画面に戻る

この設定によって、WordPressはサイトのトップページのアドレスが「https」に変更されたことを認識します。WordPress側の設定は以上です。

次にサーバー側の設定を変更します。

サーバー側の設定

サーバーパネルにログインして、❹「ホームページ > .htaccess設定」をクリックします（画面6）。

▼画面6　サーバーパネル

ホームページ	FTP	アクセス解析
› アクセス制限 › エラーページ設定 › MIME設定 › .htaccess編集 ❹クリック › サイト転送設定 › アクセス拒否設定 › CGIツール › 簡単インストール › Webフォント設定	› サブFTPアカウント設定 › FTP制限設定 **データベース** › MySQL設定 › MySQLバックアップ › MySQL復元 › phpmyadmin(MySQL5.7)	› アクセス解析 › アクセスログ › エラーログ **高速化** › Xアクセラレータ › サーバーキャッシュ設定 › ブラウザキャッシュ設定

エイチ・ティー・アクセス
と読むよ

ドメインの選択画面が表示されますので、❺設定を変更するドメイン（WordPressをインストールしたドメイン）を選びます。独自ドメインを使わない場合は初期ドメインを選んでください（画面7）。

▼画面7　ドメインの選択

ドメイン名	
xs978054.xsrv.jp	選択する
sample012.com	選択する ❺クリック

設定変更の画面が開きますので、❻「.htaccess編集」タブをクリックします。すると、このドメインに対するサーバーの設定が表示されます（画面8）。

▼画面8　.htaccessの編集

❼の場所に次のコードを追加します（リスト1、画面9）。

▼リスト1　httpsで始まるURLに転送する設定

```
RewriteEngine On
RewriteCond %{HTTPS} !on
RewriteRule ^(.*)$ https://%{HTTP_HOST}%{REQUEST_URI} [R=301,L]
```

※追加するコードはエックスサーバーのマニュアルに載っていますので、コピーしましょう。
https://www.xserver.ne.jp/manual/man_server_fullssl.php

ポイント　.htaccessの編集は慎重に

.htaccessにはWordPressが正常に動作するために必要な設定が書き込まれています。誤って編集してしまうと動作に影響が出ますので、最初から記述されている部分は触らないようにしましょう。

▼画面9　転送（リダイレクト）設定の追加

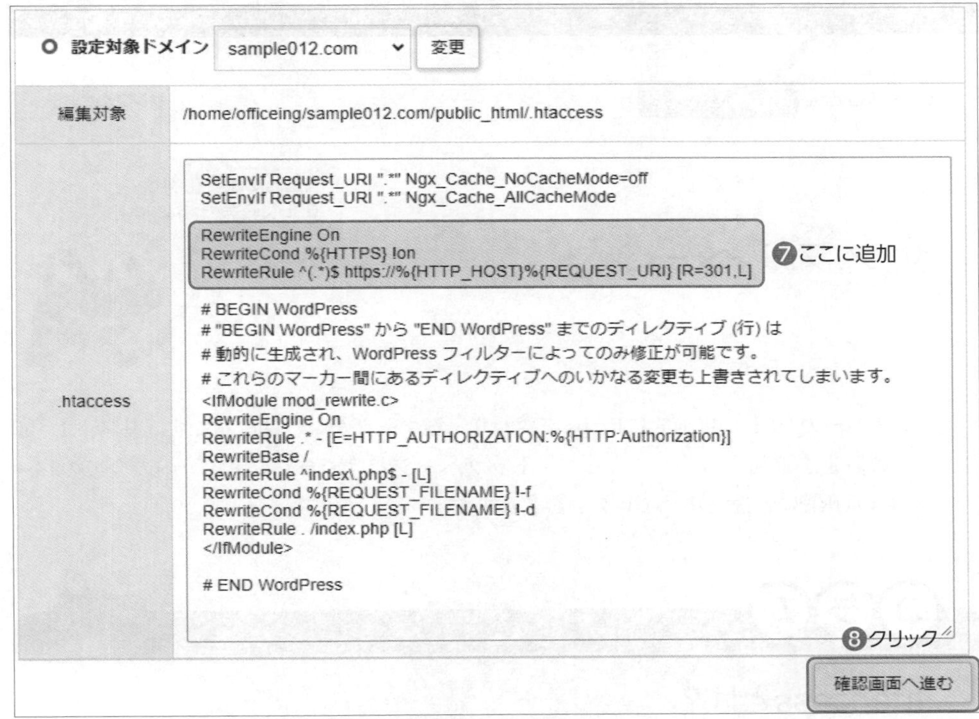

❽「確認画面へ進む」ボタンをクリックすると確認画面が表示されますので、❾「実行する」ボタンをクリックして変更内容を保存します（画面10）。

▼画面10　変更内容の確認

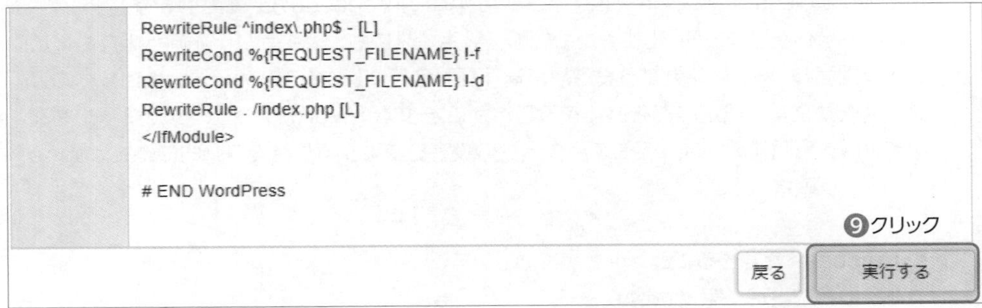

これでSSL化の設定は完了です。正しく転送されるかどうかを確認するために、サンプルのページ（URL末尾のスラッグがsample-page）を**httpから始まるURLでアクセス**してみましょう（画面11）。

▼画面11　httpからhttpsのURLに転送（リダイレクト）される

アドレスバーのURLが自動的にhttpsに変わり、鍵マークがつけば成功です。リスト1（90ページ）の設定を追加することによって、トップページだけでなくドメイン内の全てのページがhttpsのURLに転送（リダイレクト）されます。

.htaccessとは？

.htaccess（エイチ·ティー·アクセス）は、ウェブサーバーの動作を指定する設定ファイルです。このファイルに記述した設定は、このファイルを配置したディレクトリ全体に適用されますので、通常はドメインの直下に置きます。レンタルサーバーの管理画面からWordPressをインストールすると、自動的に.htaccessが作成されます。

サイト全体を常時SSL化するための転送設定以外にも、セキュリティ向上のためにログイン画面のURLを変更する設定や、管理画面のディレクトリ（/wp-admin）へのアクセスを禁止する設定などを追加することができます。WordPressのプラグインを利用すれば、専門知識がなくてもプラグインの設定を変更するだけで自動的に.htaccessへ設定が反映されます。

＜.htaccessでできること＞

- URLの転送設定（Redirect）
- URLの正規化（wwwの有無など）
- エラーページの指定
- 指定IPや指定ドメインからのアクセスをブロック（IP制限）
- IDとパスワードによる認証（BASIC認証）
- デフォルトページの設定
- データ圧縮

第3章

ローカルサーバーでWordPressを使う準備

本章では、XAMPPというパッケージを使ってローカルPCでWordPressを動作させる環境(ローカル環境)の構築手順と、ローカル環境で構築したWordPressをインターネット上のサーバー環境にコピーする方法を解説します。

3-1 XAMPPのインストール

XAMPPとは？

XAMPP（ザンプ）とは、ウェブアプリケーションの開発環境を一括でインストールできるパッケージ（複数のソフトウェアをまとめたもの）です。XAMPPには、ウェブサーバーの機能を持ったApache（アパッチ）、PHPとPerlで作成されたプログラムを実行するエンジン、データベース、phpMyAdmin（データベース管理ツール）などが含まれています。公式サイトからダウンロードしてPCにインストールして利用します。

XAMPPのダウンロード

公式サイト（https://www.apachefriends.org/jp/index.html）を開きます。Windows、Linux、OS Xの3種類の中から自分のPCに合ったものを選んで最新バージョンをダウンロードします（画面1）。

▼画面1 XAMPPのダウンロード

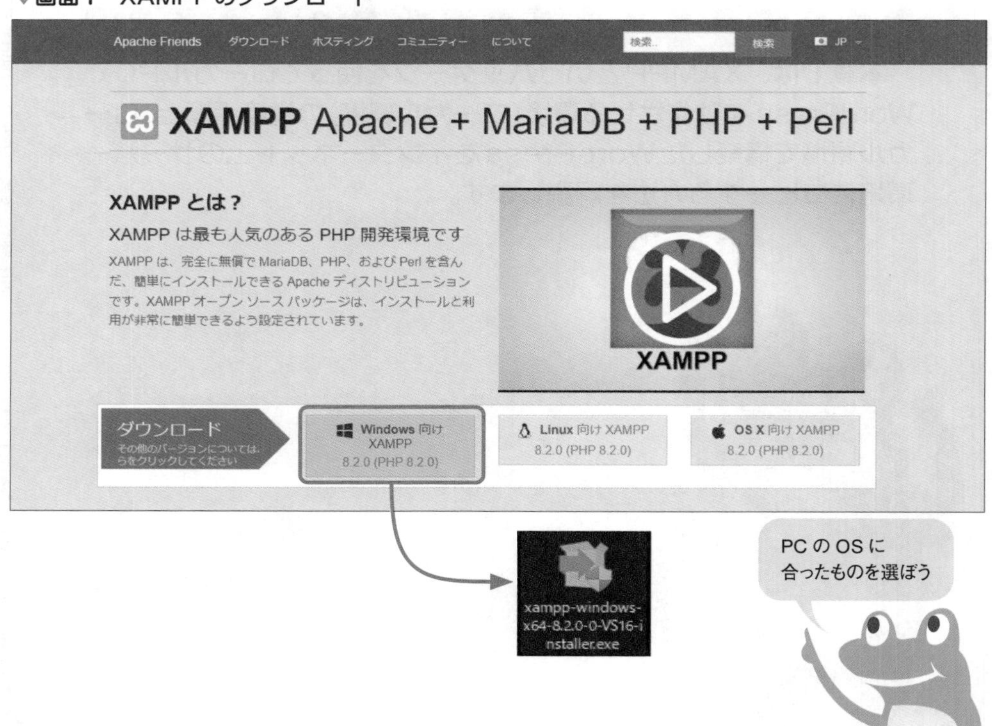

本書ではWindows版で解説していきますが、他のOSも一般的なソフトウェアのインストール手順に沿って行ってください。

XAMPPのインストール

ダウンロードしたインストーラーを起動すると、「It seems you have an antivirus running. ～」というメッセージが表示されますが、「はい(Y)」をクリックして続行します（画面2）。

▼画面2　アンチウィルスソフトに関するメッセージ

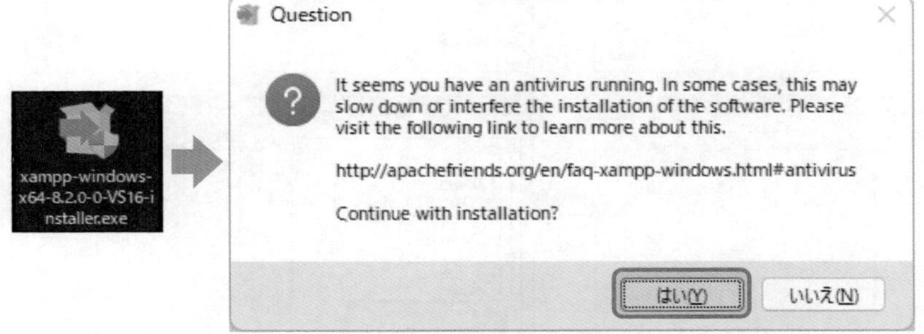

Windowsの場合、「Important! Because an activated User Account Control(UAC)～」というメッセージが表示されますが、「OK」をクリックして続行します（画面3）。

▼画面3　UACに関するメッセージ

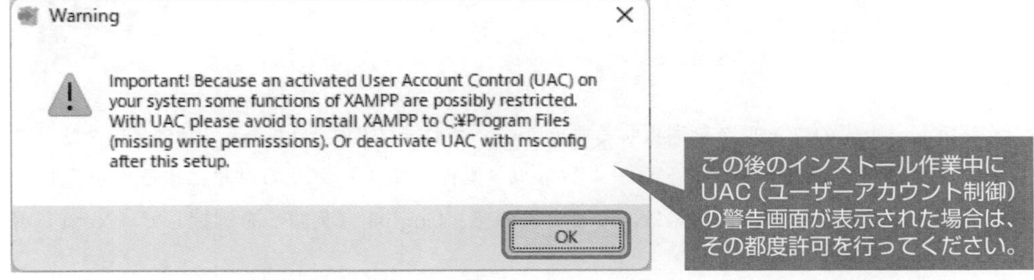

セットアップの開始画面が表示されますので、「Next」をクリックします（画面4）。

▼画面4　セットアップの開始画面

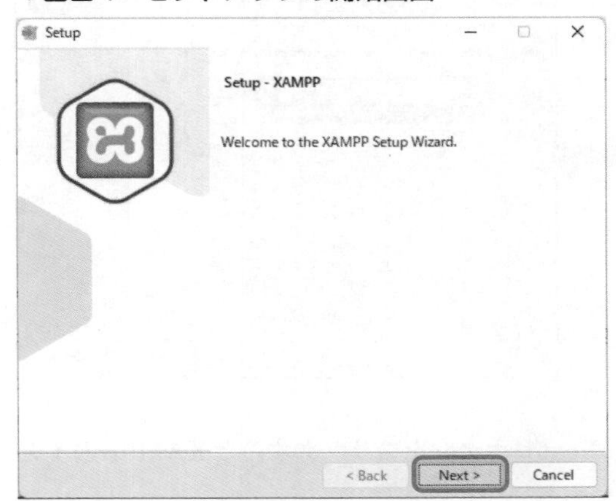

インストールするコンポーネントを選択する画面が表示されます。そのままでも構いませんが、最低限「MySQL」と「phpMyAdmin」はチェックをつけて「Next」ボタンをクリックします（画面5）。

▼画面5　コンポーネントの選択画面

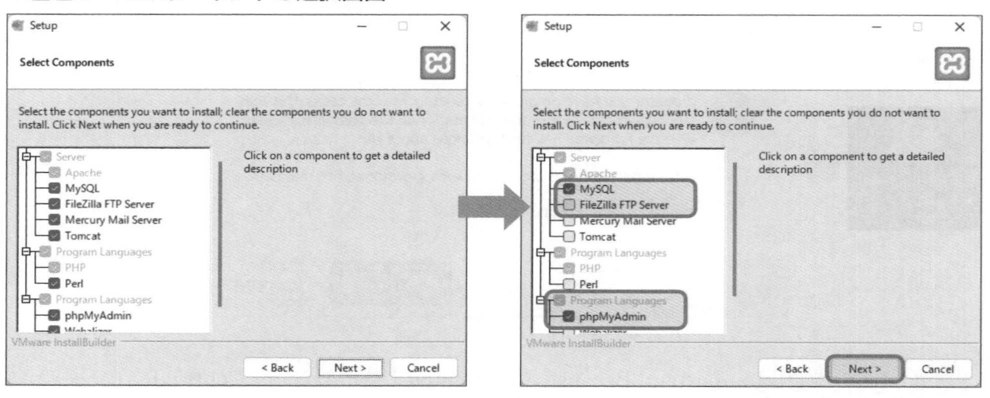

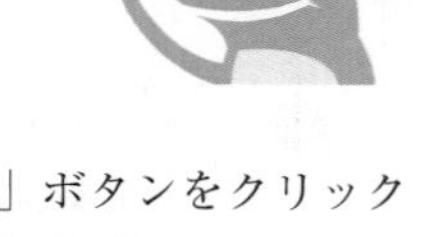

インストール先のフォルダを選択する画面が表示されますので、「Next」ボタンをクリックします。次に、XAMPPのコントロールパネル（操作パネル）をどの言語にするかを選択する画面が表示されますが、日本語はありませんので、English（英語）を選択して「Next」ボタンをクリックします（画面6）。

▼画面6　インストール先と言語の選択画面

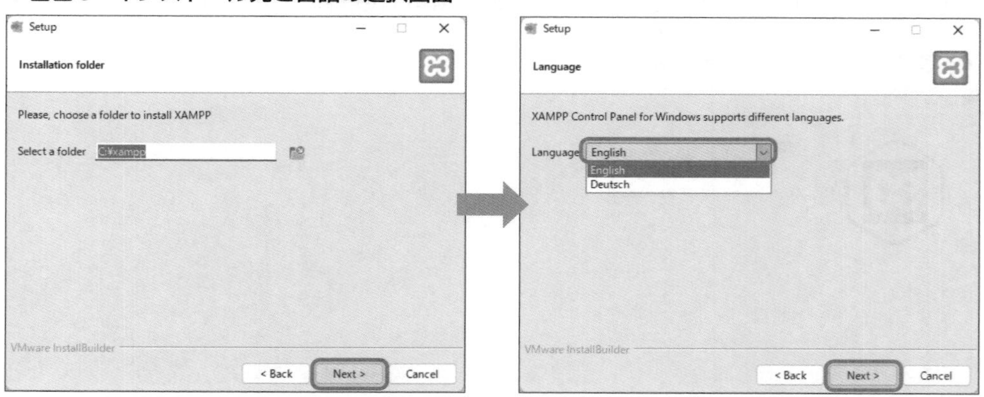

インストールの開始画面が表示されます。「Next」ボタンをクリックするとXAMPPのインストールが始まります（画面7）。

▼画面7　インストールの実行

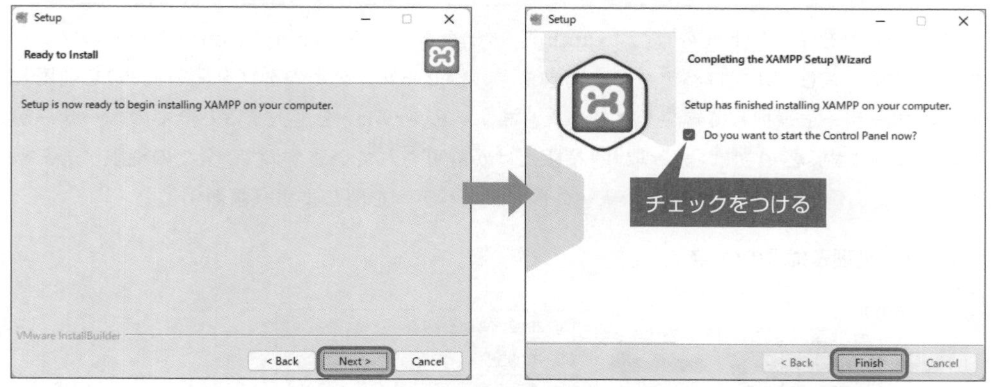

インストール完了画面のチェックをつけて「Finish」ボタンをクリックすると、XAMPPのコントロールパネル（操作パネル）が起動します（画面8）。

▼画面8　XAMPPのコントロールパネル

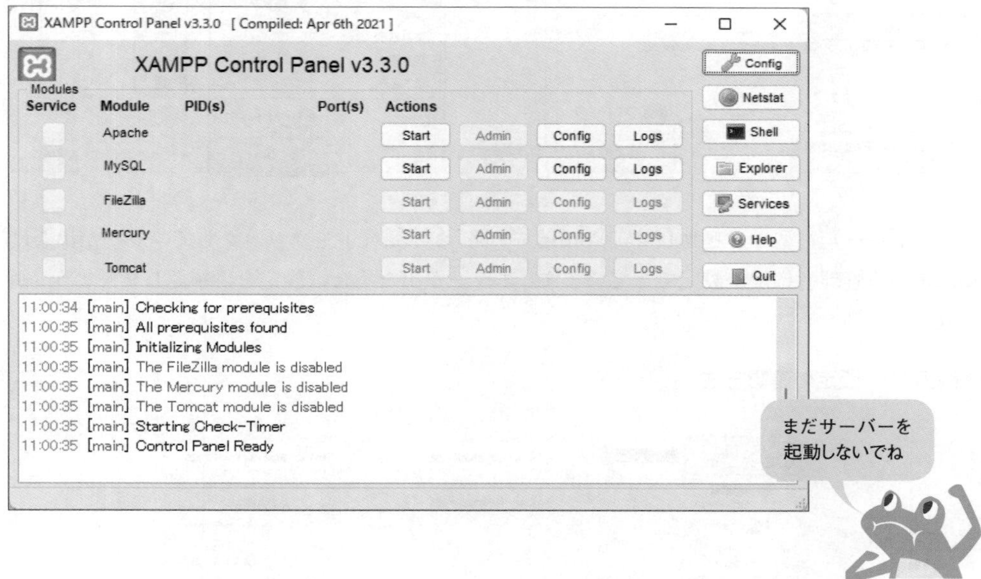

ローカルサーバーとデータベースの起動と停止は、コントロールパネルから行います。コントロールパネルは「xampp > xampp-control.exe」にあります。

このあと重要な設定を行いますので、まだコントロールパネルのStartボタンは押さずに、右側のQuitボタンを押していったんXAMPPを終了してください。

コントロールパネルを管理者権限で実行する設定

❶XAMPPをインストールした「xampp」フォルダにある「xampp-control.ini」のファイルを右クリックして「プロパティ」を開きます。❷セキュリティのタブを開いてPCを利用しているユーザーを選択して編集をクリックします。Everyoneを選択すると全てのユーザーが対象になります。❸最初は「読み取り」権限だけが許可されていますので、全ての権限にチェックをつけて、❹［OK］ボタンをクリックしてプロパティを閉じます（画面9）。

▼画面9　管理者権限の付与

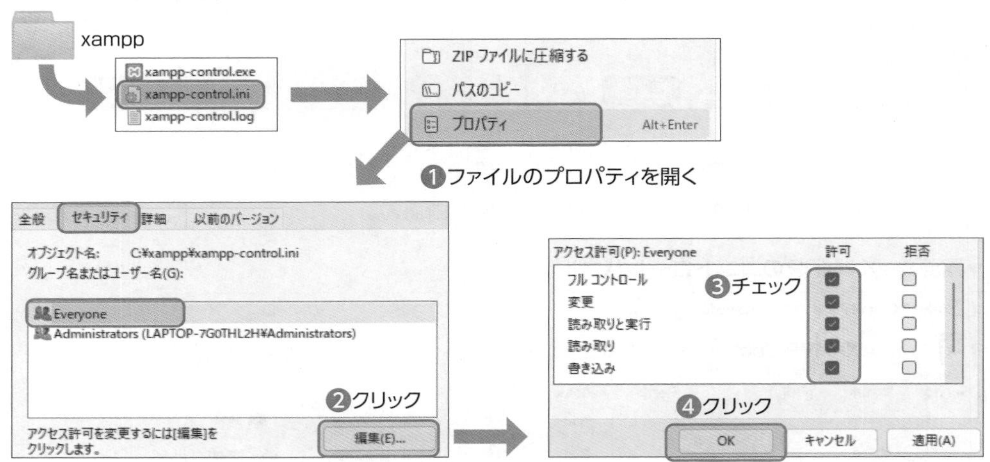

コントロールパネルを起動して［Config］を開き、［Save］をクリックしてエラーが出なければ正しく管理者権限が設定できています。エラーが出た場合は設定を再確認しましょう（画面10）。

▼画面10　設定の確認方法

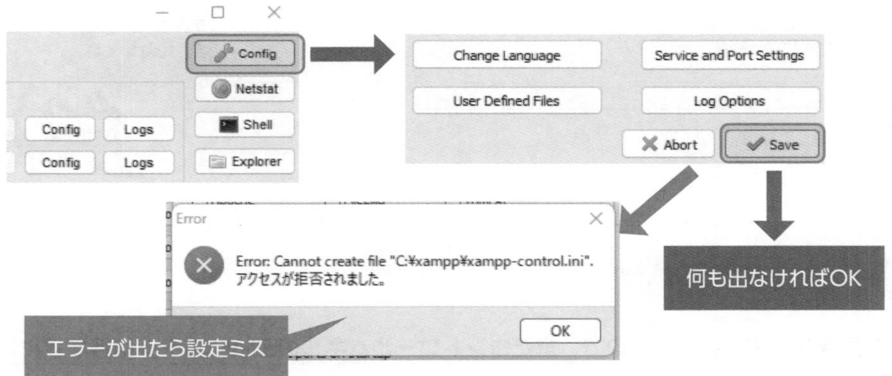

コントロールパネルは管理者権限で実行しないと、XAMPPが異常終了して正常に起動できなくなることがありますので、必ず権限の設定を行いましょう。

3-2 ローカルサーバーの起動と停止

XAMPPの起動

Windowsの場合、［スタート］ボタンをクリックして検索ボックスから「XAMPP」を検索するとコントロールパネルが見つかりますので、クリックして起動します（画面1）。

▼画面1　XAMPPの起動

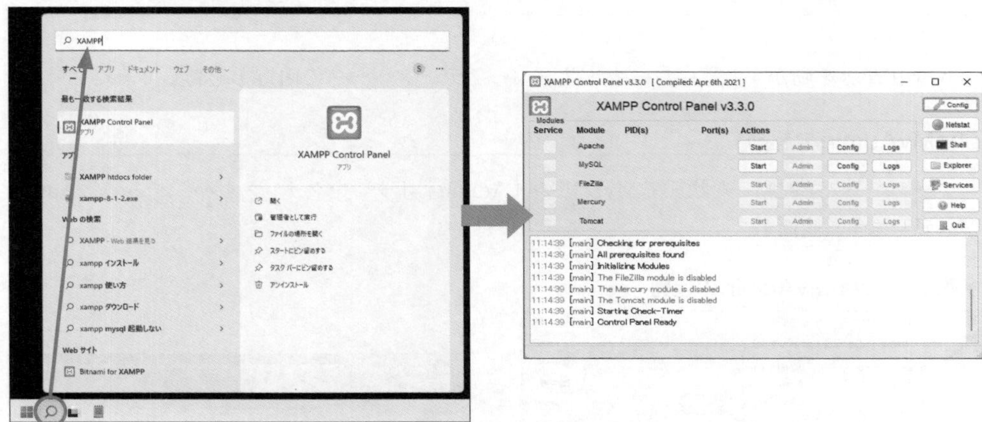

ローカルサーバーの起動と停止

ローカルサーバーの起動と停止はApacheの「Start」ボタンと「Stop」ボタンで行います（画面2）。

▼画面2　ローカルサーバーの起動と停止

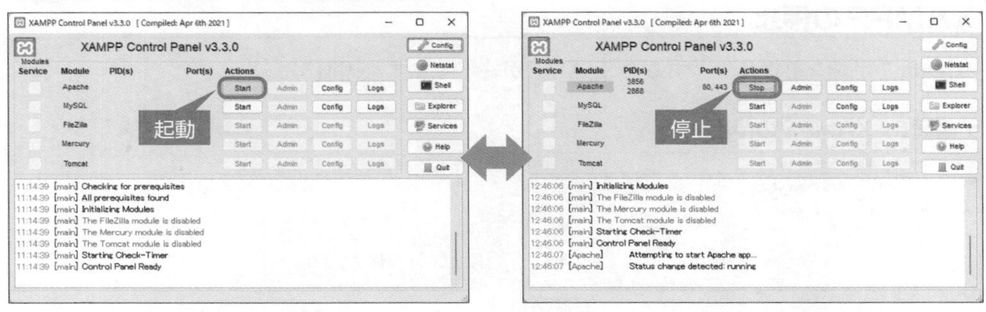

データベースの起動と停止

データベースの起動と停止はMySQLの「Start」ボタンと「Stop」ボタンで行います（画面3）。

▼**画面3　データベースの起動と停止**

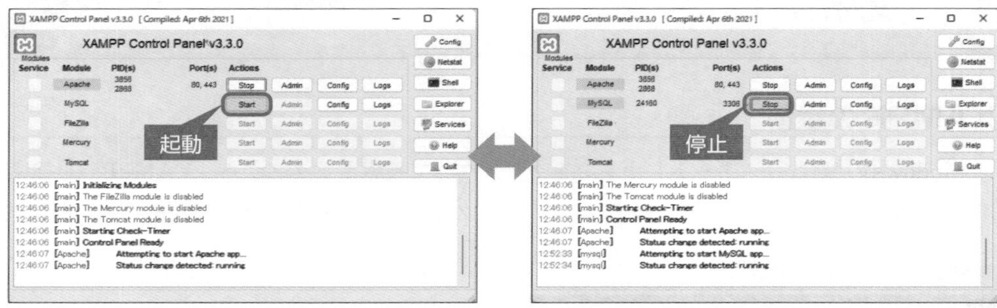
起動
停止

WordPressを動かすときはローカルサーバーとデータベースの両方を起動してください。

phpMyAdminの起動

データベースを起動した状態でMySQLの「Admin」ボタンをクリックすると、phpMyAdminが起動します（画面4）。

▼**画面4　phpMyAdminの起動**

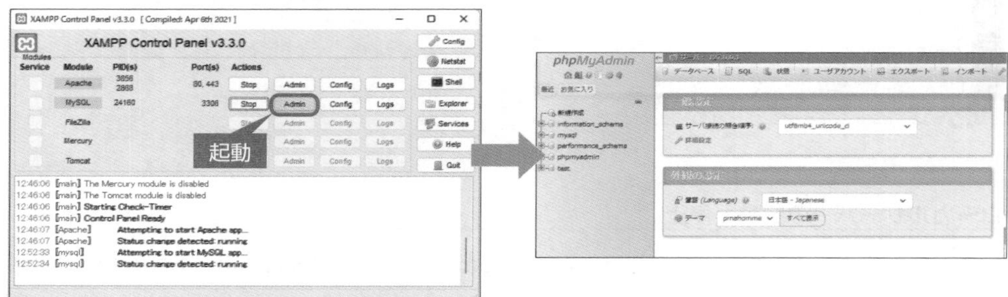
起動

XAMPPの停止

［Quit］ボタンをクリックするとXAMPPが終了します（画面5）。

▼**画面5　XAMPPの停止**

停止
サーバーとデータベースを
停止してから終了しよう

必ずサーバーとデータベースの両方を停止してから終了してください。

WordPressの入手とインストール

WordPressのダウンロード

公式サイトのダウンロードページ（https://wordpress.org/download/）からWordPressの最新版をダウンロードします（画面1）。

▼画面1　WordPressのダウンロード

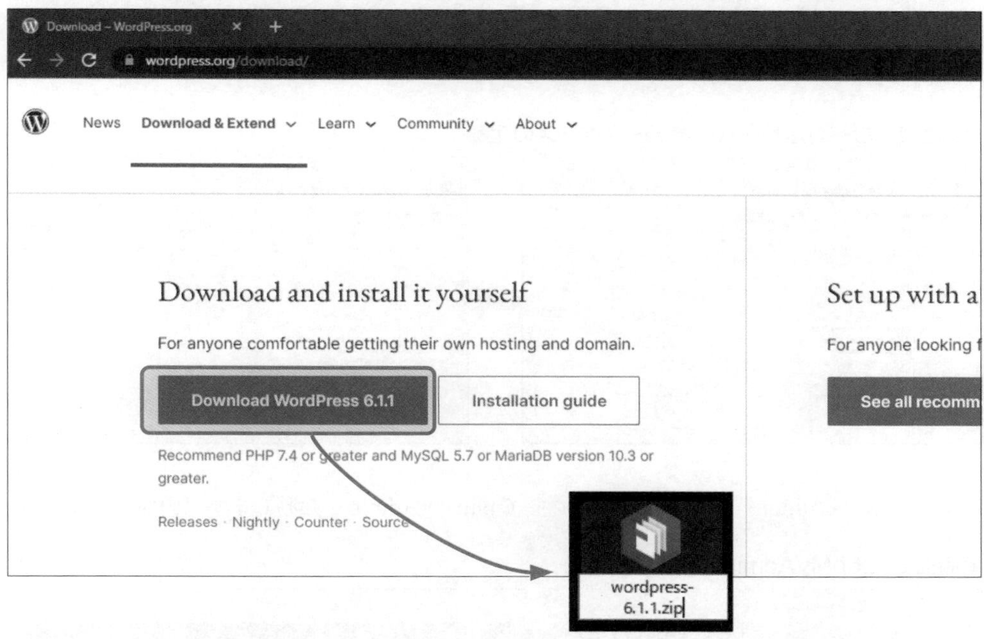

（注）本書執筆時点ではバージョン6.1.1が最新版です。

ダウンロードした圧縮ファイルを適当な場所に解凍します。次のようなフォルダ構成になっていることを確認しましょう（図1）。

図1　解凍したWordPressのフォルダ

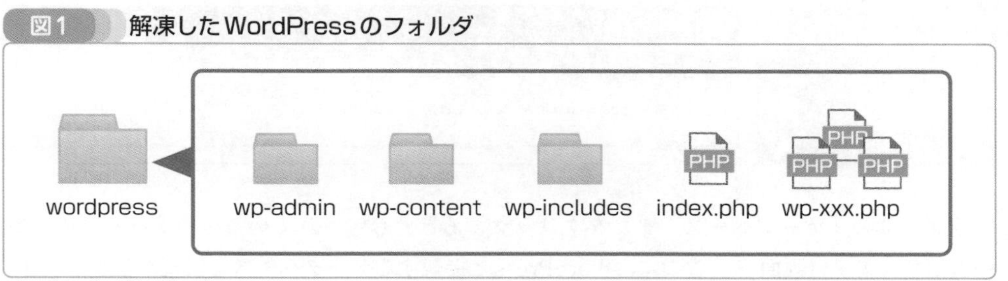

WordPressのインストール

WordPressのインストールは次の手順で行います。

❶データベースの作成
❷WordPressのインストール

データベースの作成

XAMPPのコントロールパネルを起動して、ローカルサーバーとデータベースを起動します（画面2）。

▼画面2　ローカルサーバーとデータベースの起動

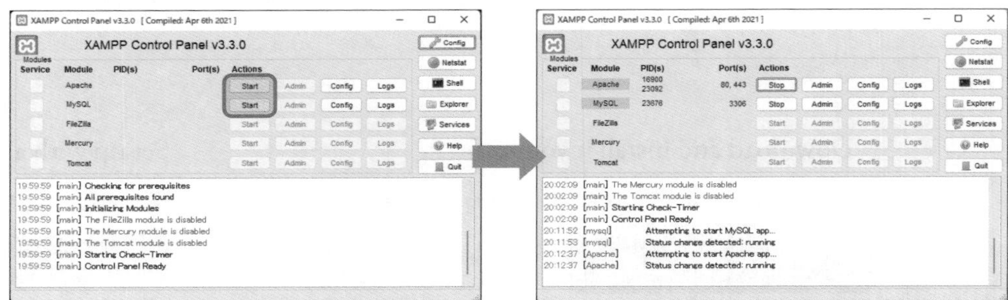

MySQLの「Admin」ボタンをクリックしてphpMyAdminを起動します（画面3）。

▼画面3　phpMyAdminの初期画面

画面上部の「データベース」タブをクリックすると、登録されているデータベースの一覧が表示されます（画面4）。ここに、WordPressと接続するデータベースを新規で追加します。❶「データベース名」にexampleと入力し、❷隣のプルダウン（照合順序）からutf8_general_ciを選択したら、❸「作成」ボタンをクリックします。

▼**画面4　データベースの作成**

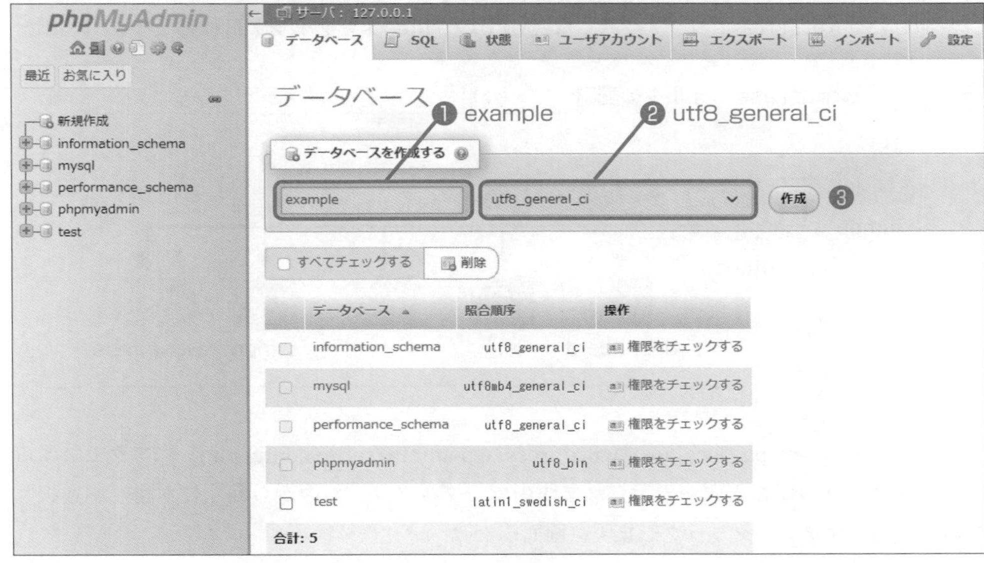

左のツリービューに、exampleという名前のデータベースが追加されます（画面5）。

▼**画面5　追加されたデータベース**

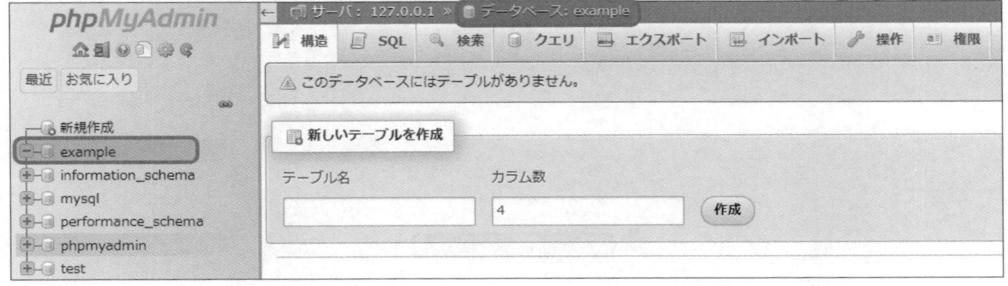

これで空のデータベースが作成できました。データベースの中身（テーブル）はWordPressをインストールすると自動的に追加されますので、何もしなくて構いません。

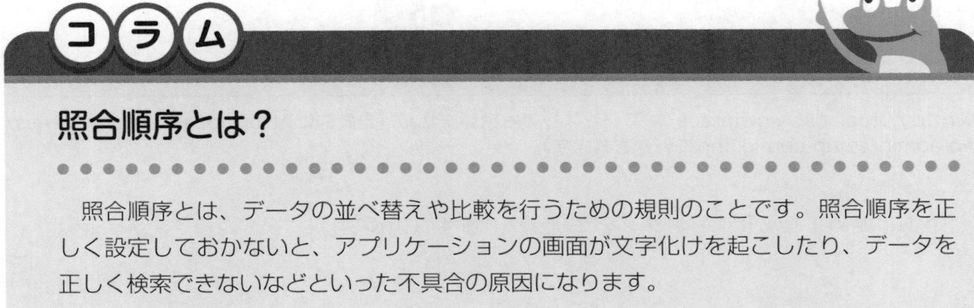

コラム

照合順序とは？

照合順序とは、データの並べ替えや比較を行うための規則のことです。照合順序を正しく設定しておかないと、アプリケーションの画面が文字化けを起こしたり、データを正しく検索できないなどといった不具合の原因になります。

WordPressのインストール

解凍した「wordpress」フォルダを、XAMPPの「htdocs」フォルダに移動します（図2）。

図2 wordpressフォルダの配置

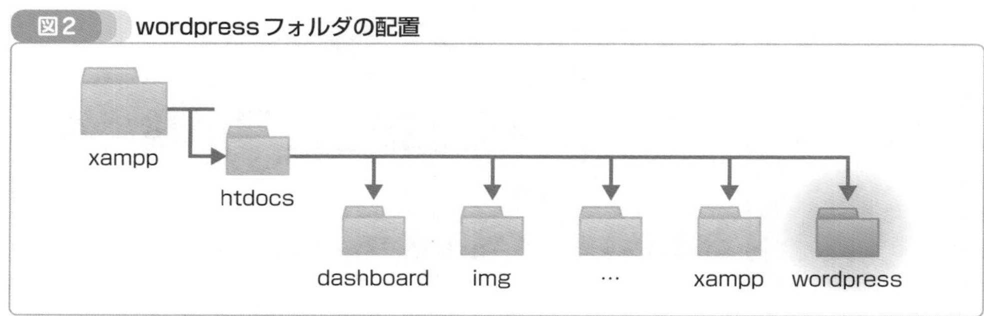

ブラウザから（http://localhost/wordpress/wp-admin/setup-config.php）にアクセスするとセットアップの開始画面が表示されますので、プルダウンの中から❶「日本語」を選択して❷「次へ」ボタンをクリックします（画面6）。

▼画面6　セットアップの開始画面

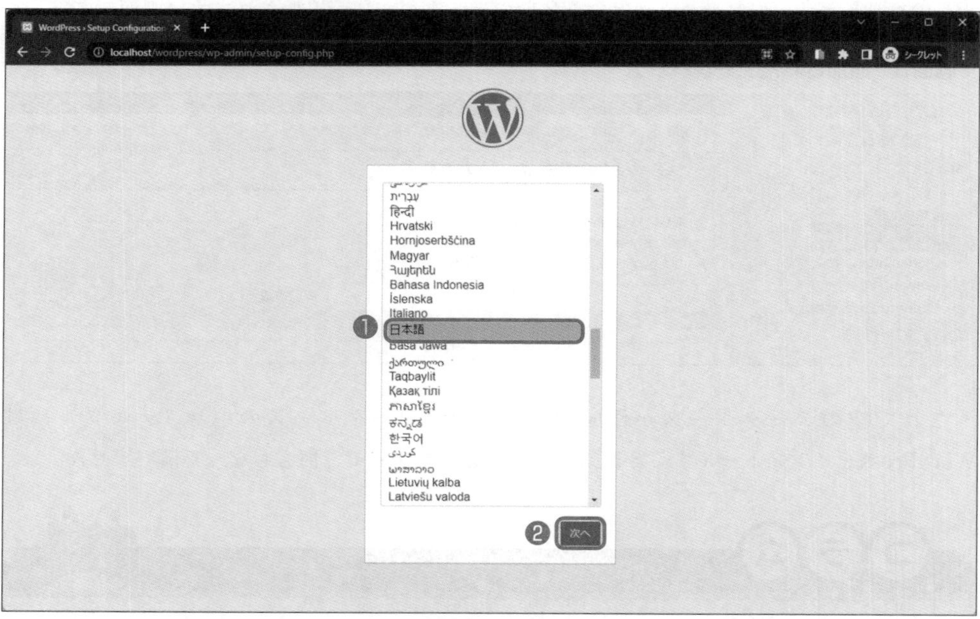

※http://localhost/wordpress/にアクセスしても構いません（自動的にhttp://localhost/wordpress/wp-admin/setup-config.phpに転送されます）。

「さあ、始めましょう！」ボタンをクリックします（画面7）。

▼画面7　セットアップの開始画面

WordPressがデータベースに接続するための情報を入力する画面が表示されます（画面8）。❶〜❺を図の通りに入力（❸のパスワードは空欄）したら❻「送信」ボタンをクリックします。

▼画面8　構成ファイルのセットアップ画面

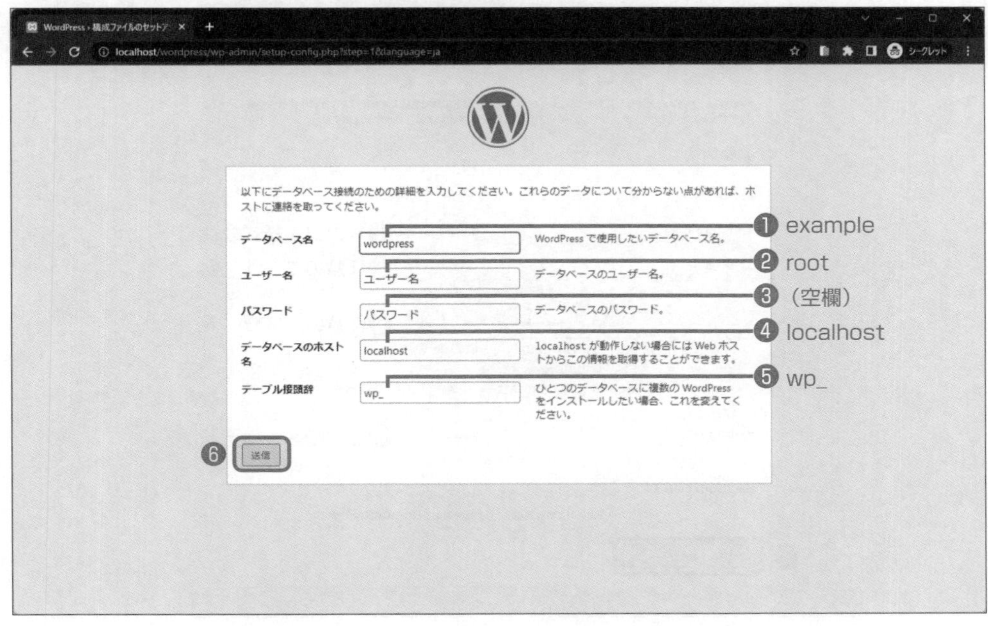

この時点で「wordpress」フォルダにwp-config.phpが作成され、データベースへの接続情報が書き込まれます。「インストール実行」ボタンをクリックします（画面9）。

▼画面9　WordPressのインストール開始画面

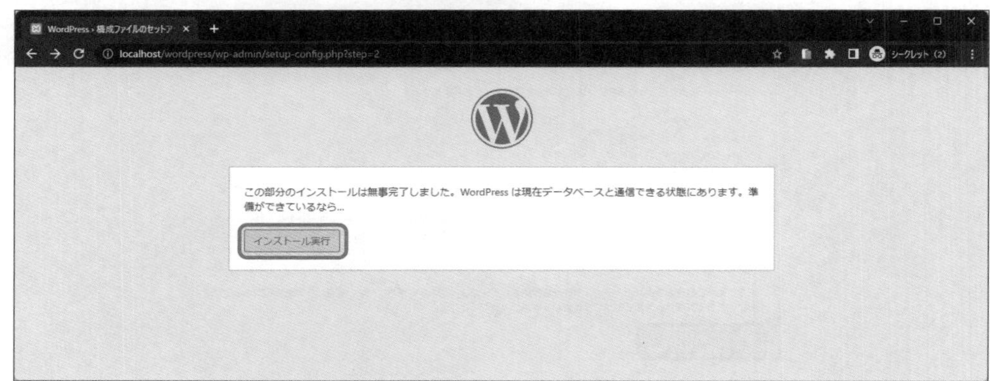

次に、WordPressのサイト名やログインに使用するユーザー情報などの基本情報❶～❹を入力して「WordPressをインストール」ボタンをクリックします（画面10）。

▼画面10　WordPressの基本情報設定画面

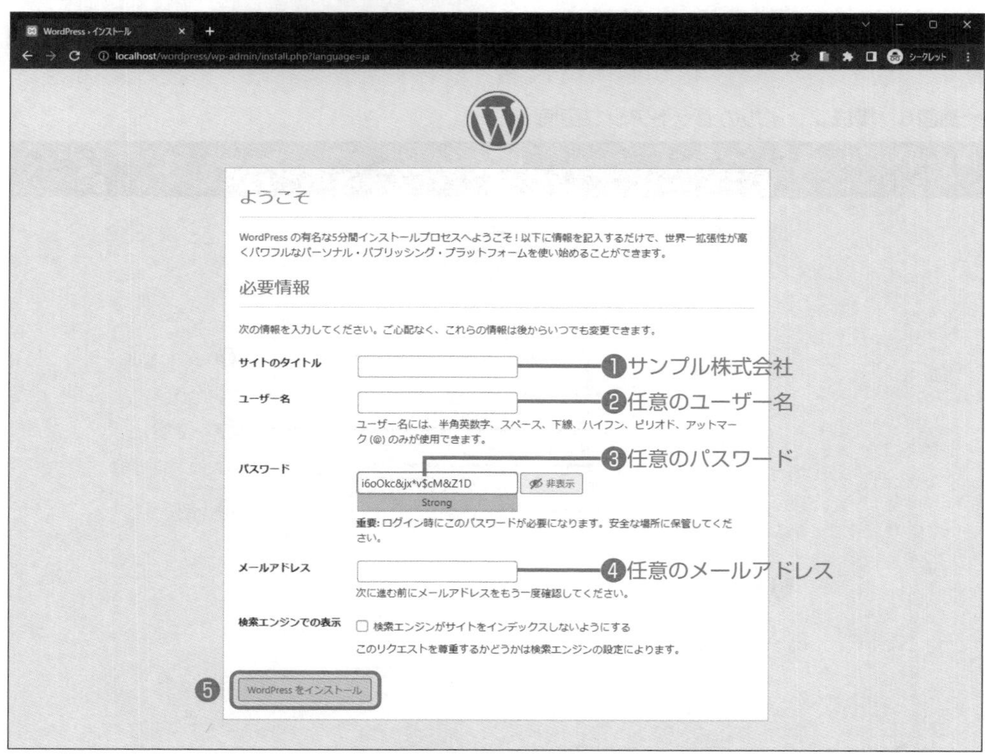

ユーザー名は、いわゆるログインIDのことです。半角英数字を使いましょう。

この画面になったらインストールの完了です（画面11）。

▼画面11　WordPressのインストール完了

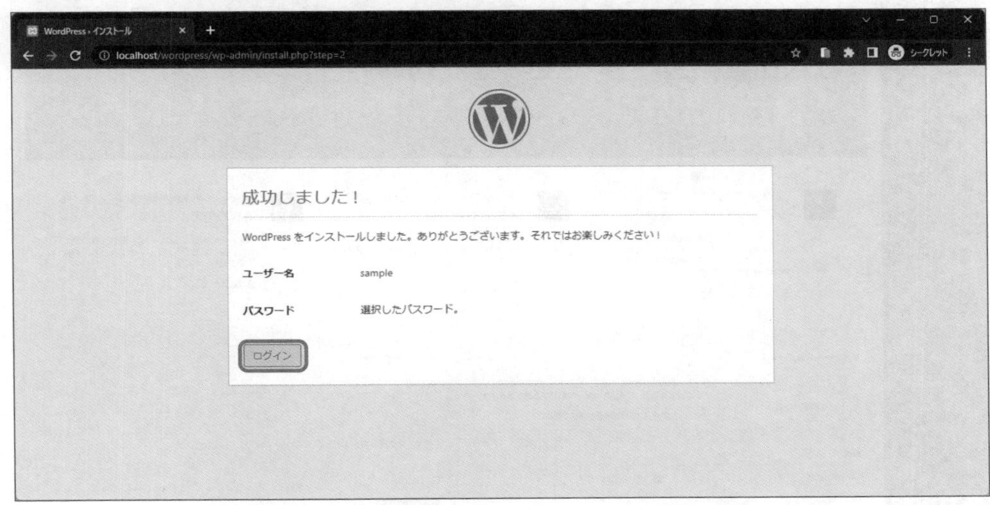

「ログイン」ボタンをクリックするとログイン画面が表示されます（画面12）。

▼画面12　WordPressのログイン画面

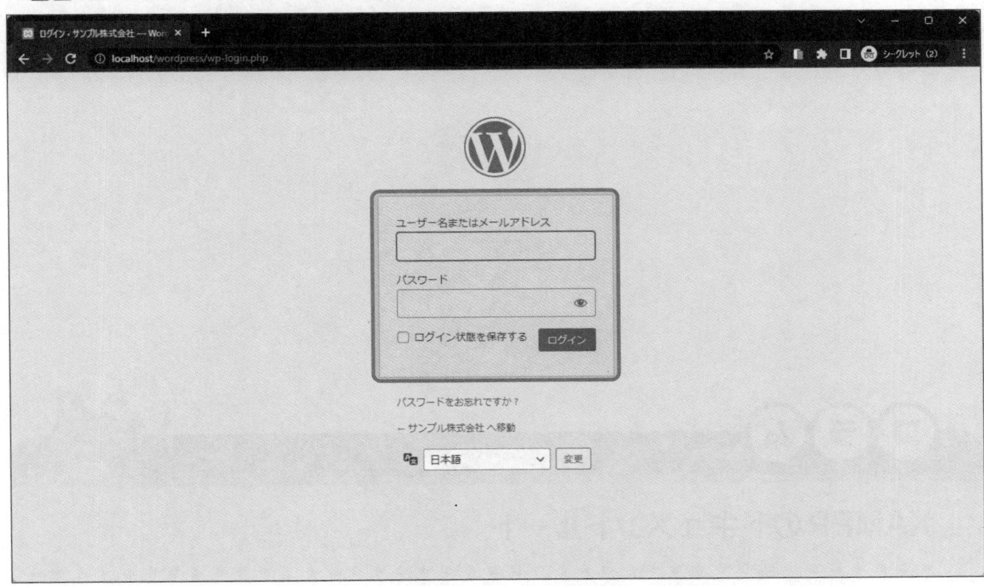

先ほど入力したユーザー名とパスワードを使ってログインすると、管理画面が表示されます（画面13）。このとき、「ログイン状態を保存する」にチェックをつけておくと、一定期間（デフォルトは2週間）はログインした状態が維持されます。

▼画面13　WordPressの管理画面

管理画面にログインできたらインストール成功です。

XAMPPのドキュメントルート

ウェブサイトとして公開したいコンテンツを置く場所をドキュメントルートといいます。XAMPPのウェブサーバー（Apache）の初期設定では、「htdocs」フォルダがドキュメントルートに指定されています。たとえば「htdocs」フォルダ内に「index.html」を置いた場合、ローカルサーバーを起動してブラウザから「http://localhost/index.html」にアクセスすると、「htdocs/index.html」のページが表示されます。

コラム

データベースの接続に使用するユーザーアカウント

WordPressをインストールする際に入力するデータベースの接続情報のうち、ユーザー名、パスワード、ホスト名の3つはphpMyAdminに登録されているユーザーアカウントから選びます（画面1）。

▼**画面1　データベースのユーザーアカウント**

phpMyAdmin　サーバ: 127.0.0.1

データベース ｜ SQL ｜ 状態 ｜ ユーザアカウント ｜ エクスポート ｜ インポート ｜ 設定 ｜ レプリケーション

ユーザアカウント概要 ｜ ユーザグループ

最近 ｜ お気に入り

新規作成 / example / information_schema / mysql / performance_schema / phpmyadmin / test

ユーザアカウント概要

	ユーザ名	ホスト名	パスワード	グローバル権限	ユーザグループ	権限委譲	操作		
☐	すべて	%	いいえ	USAGE		いいえ	権限を編集	エクスポート	ロック
☐	pma	localhost	いいえ	USAGE		いいえ	権限を編集	エクスポート	ロック
☐	root	127.0.0.1	いいえ	ALL PRIVILEGES		はい	権限を編集	エクスポート	ロック
☐	root	::1	いいえ	ALL PRIVILEGES		はい	権限を編集	エクスポート	ロック
☐	root	localhost	いいえ	ALL PRIVILEGES		はい	権限を編集	エクスポート	ロック

データベースのユーザアカウントには権限があり、特定のデータベースだけを操作できるユーザーを作成することもできますが、今はローカル環境のため、全ての権限を持っているrootユーザーを使用しました。

なお、105ページで入力したテーブル接頭辞「wp_」は、WordPressをインストールする際にデータベースの中に作成されるテーブル（フォルダのようなもの）の名前の先頭につきます。インストール後にphpMyAdminでデータベースを開くと、テーブル名の一覧が確認できます（画面2）。

▼**画面2　データベースに作成されたテーブルの一覧**

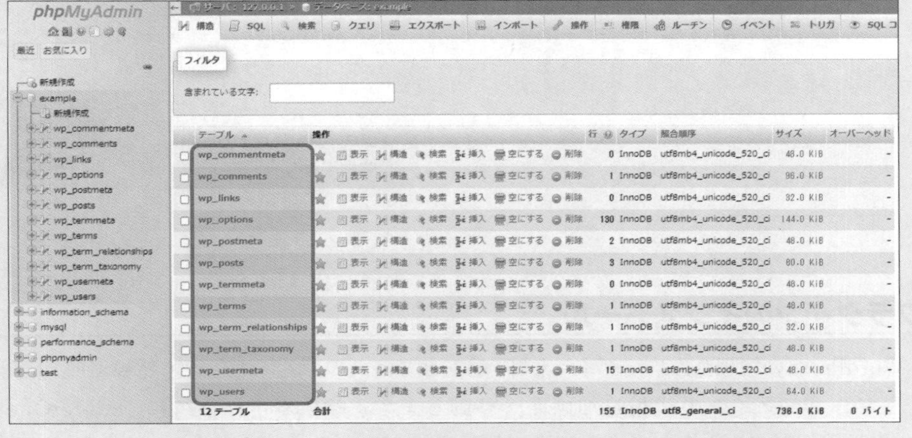

テーブル	操作							行	タイプ	照合順序	サイズ	オーバーヘッド
wp_commentmeta	☆	表示	構造	検索	挿入	空にする	削除	0	InnoDB	utf8mb4_unicode_520_ci	48.0 KiB	-
wp_comments	☆	表示	構造	検索	挿入	空にする	削除	1	InnoDB	utf8mb4_unicode_520_ci	96.0 KiB	-
wp_links	☆	表示	構造	検索	挿入	空にする	削除	0	InnoDB	utf8mb4_unicode_520_ci	32.0 KiB	-
wp_options	☆	表示	構造	検索	挿入	空にする	削除	130	InnoDB	utf8mb4_unicode_520_ci	144.0 KiB	-
wp_postmeta	☆	表示	構造	検索	挿入	空にする	削除	2	InnoDB	utf8mb4_unicode_520_ci	48.0 KiB	-
wp_posts	☆	表示	構造	検索	挿入	空にする	削除	3	InnoDB	utf8mb4_unicode_520_ci	80.0 KiB	-
wp_termmeta	☆	表示	構造	検索	挿入	空にする	削除	0	InnoDB	utf8mb4_unicode_520_ci	48.0 KiB	-
wp_terms	☆	表示	構造	検索	挿入	空にする	削除	1	InnoDB	utf8mb4_unicode_520_ci	48.0 KiB	-
wp_term_relationships	☆	表示	構造	検索	挿入	空にする	削除	1	InnoDB	utf8mb4_unicode_520_ci	32.0 KiB	-
wp_term_taxonomy	☆	表示	構造	検索	挿入	空にする	削除	1	InnoDB	utf8mb4_unicode_520_ci	48.0 KiB	-
wp_usermeta	☆	表示	構造	検索	挿入	空にする	削除	15	InnoDB	utf8mb4_unicode_520_ci	48.0 KiB	-
wp_users	☆	表示	構造	検索	挿入	空にする	削除	1	InnoDB	utf8mb4_unicode_520_ci	64.0 KiB	-
12 テーブル	合計							155	InnoDB	utf8_general_ci	736.0 KiB	0 バイト

複数のWordPressが同じデータベースに接続する場合、接頭辞で接続先を区別します。

3-4 ローカル環境からサーバー環境へWordPressをコピーする

コピーの考え方

公開フォルダ（ドキュメントルートに置いた「wordpress」フォルダのこと）をレンタルサーバーにアップロードするだけではWordPressのサイトはコピーできません。理由は、データベースの存在です。レンタルサーバーのデータベースは私たちユーザーが直接アクセスできない場所に設置されていますので、ローカル環境のXAMPPに付属しているデータベース（xampp > mysqlフォルダ）をレンタルサーバーにアップロードしてもWordPressと繋がりません。

正しい方法は、データベースに登録されているデータだけをエクスポート（取り出すこと）して、レンタルサーバーのデータベースにインポート（取り込むこと）することです。

「All-in-One WP Migration」というプラグインを利用すると、公開フォルダとデータベースのデータの両方を1個の圧縮ファイルとしてエクスポート&インポートすることができます。非常に手軽で確実な方法です（図1）。

図1 WordPressのコピー手順

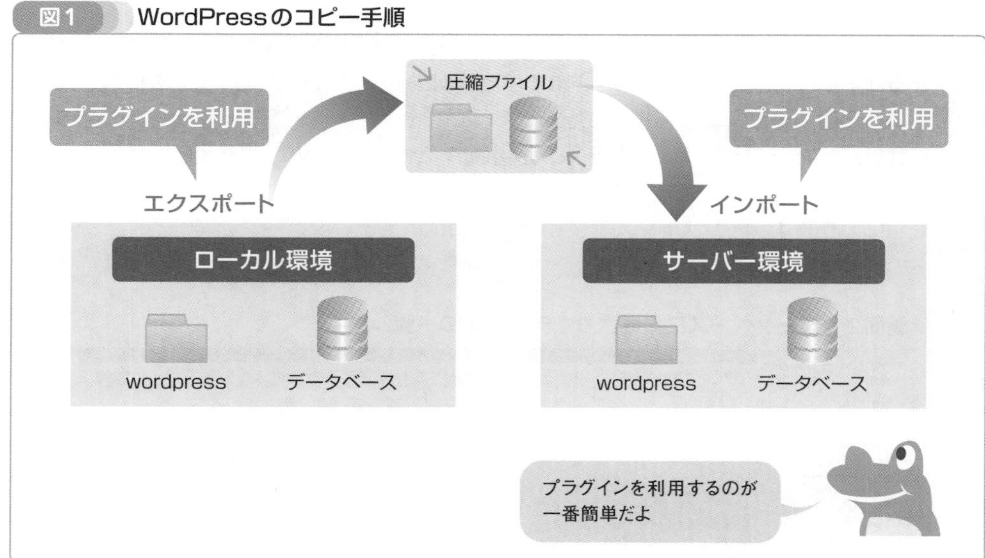

プラグインのインストール

WordPressの管理画面にログインして、❶左メニューの「プラグイン > 新規追加」をクリックして、プラグインの新規追加画面へ移動します。❷検索ボックスに「All-in-One WP Migration」と入力するとプラグインが検索されますので、❸「今すぐインストール」ボタンをクリックします（画面1）。

▼画面1 プラグインのインストール

プラグインのインストールが終わると、ボタンが「有効化」に変わりますので、「有効化」ボタンをクリックしてプラグインを起動します（画面2）。

▼画面2 プラグインの有効化（起動）

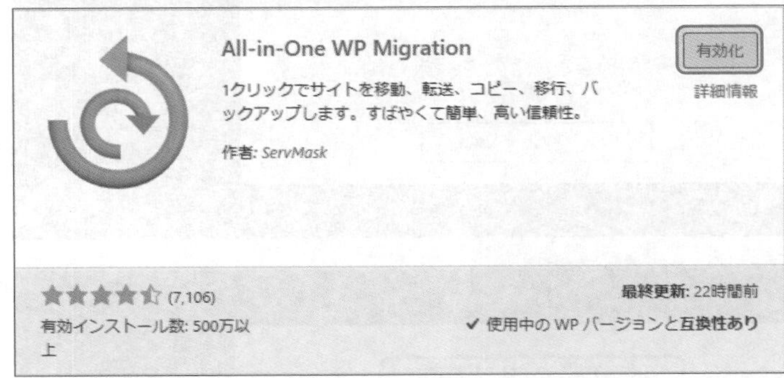

ローカル環境のエクスポート

プラグインを有効化すると、管理画面のメニューに「All-in-One WP Migration」の操作メニューが追加されますので、❶「All-in-One WP Migration > エクスポート」をクリックしてエクスポートの画面へ移動します（画面3）。

▼画面3　エクスポート画面

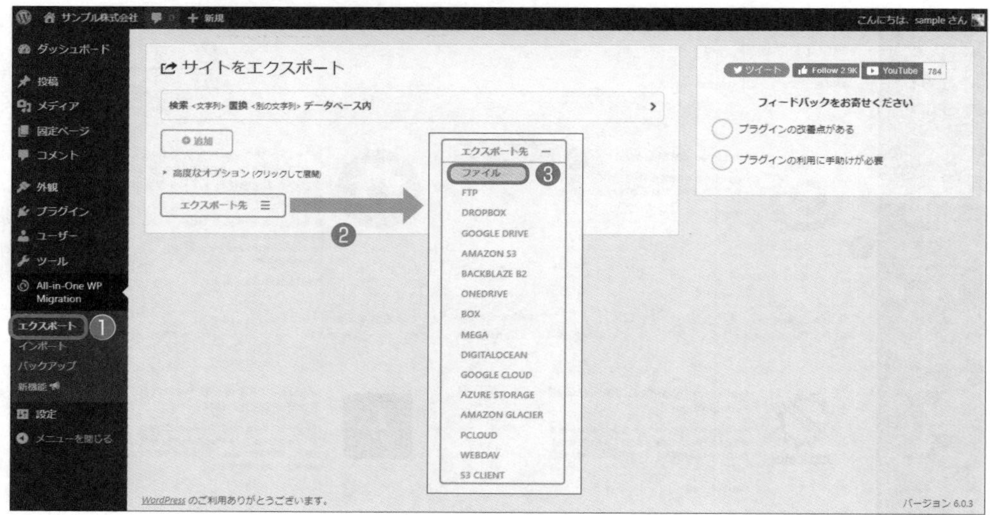

❷「エクスポート先」をクリックするとエクスポート先を選択するプルダウンが表示されますので、❸「ファイル」を選択します。

公開フォルダとデータベースの圧縮ファイルが作成され、ダウンロードできるようになります（画面4）。ダウンロードした圧縮ファイルはデスクトップなどに移動しておきます。

▼画面4　エクスポートデータのダウンロード

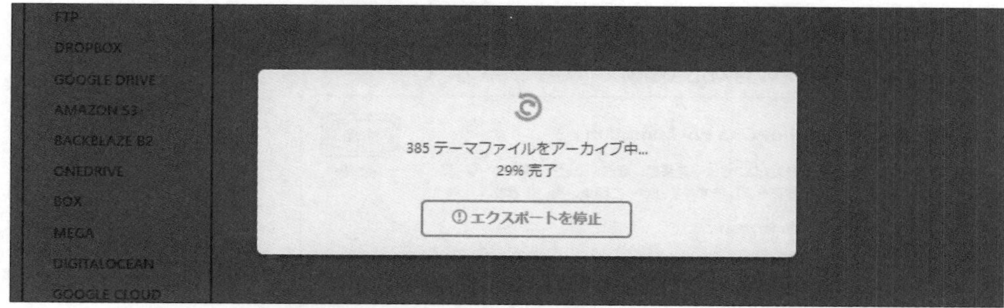

サーバー環境へのインポート

レンタルサーバーに新規のWordPressをインストールします（インストールの手順は80ページを参照してください）。インストールしたら、サーバー環境のWordPressにログインします（画面5）。

▼画面5　新規のWordPressにログイン

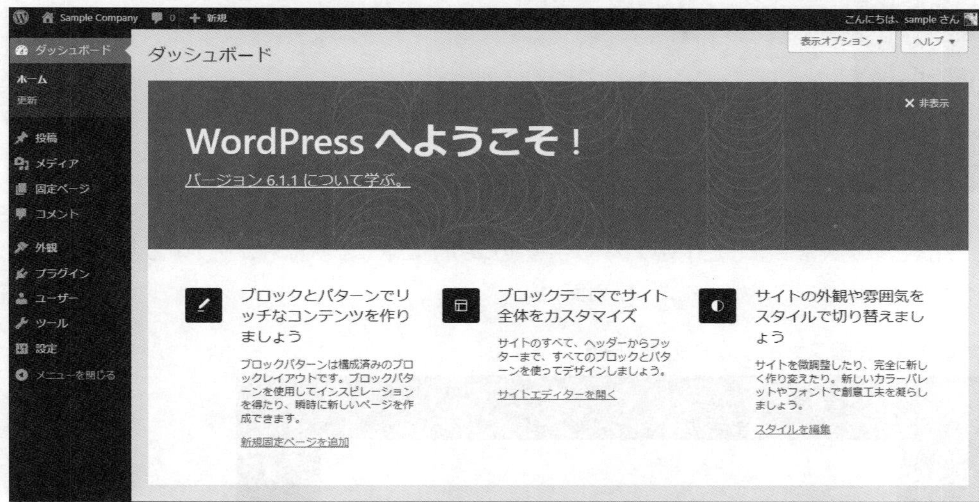

このWordPressに、先ほどエクスポートしたローカル環境のデータをインポート（取り込み）します。同じプラグインを使ってインポートしますので、先ほどと同じようにこのWordPressにも「All-in-One WP Migration」プラグインをインストールして有効化します（画面6）。

▼画面6　プラグインのインストールと有効化

❶「All-in-One WP Migration ＞ インポート」をクリックします（画面7）。

▼画面7　インポート画面

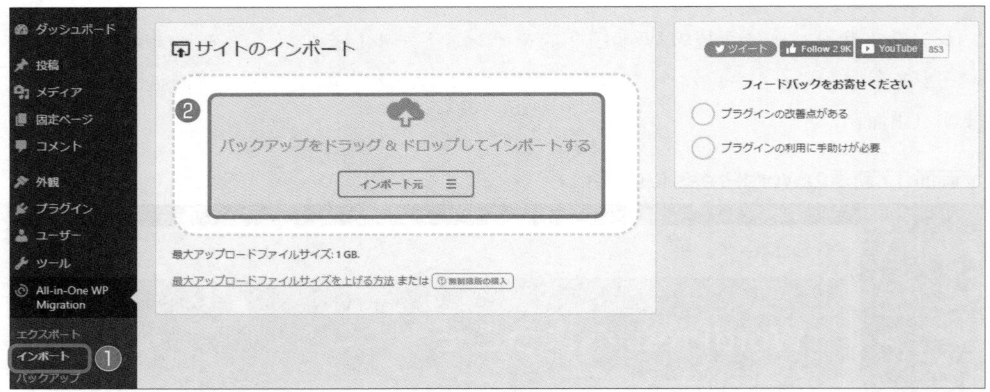

先ほどエクスポートした圧縮ファイルを❷のエリアにドラッグ&ドロップすると、圧縮ファイルのアップロードが始まります（画面8）。

▼画面8　圧縮ファイルのアップロード

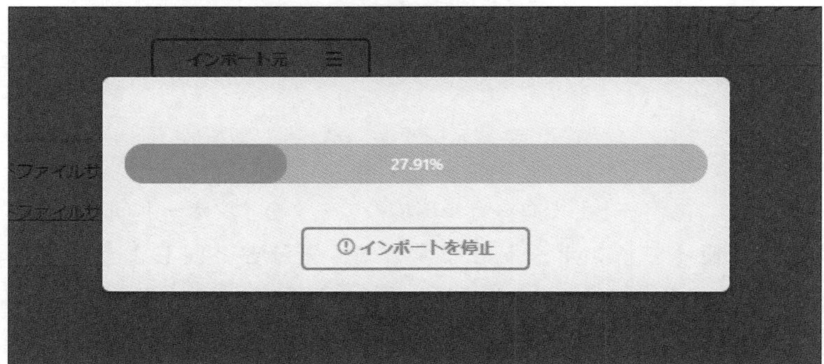

アップロードが終わると、インポートの開始画面が表示されます。「開始」ボタンをクリックするとインポートが始まります（画面9）。

▼画面9　インポートの開始

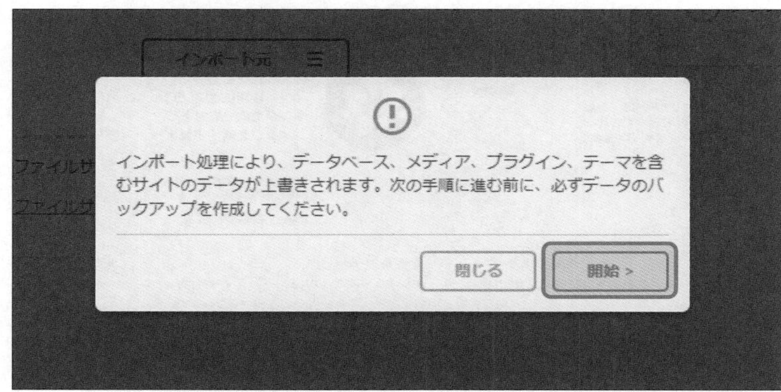

インポートが終わったら「パーマリンク構造を保存する」リンクをクリックします（画面10）。

▼画面10　インポートの完了

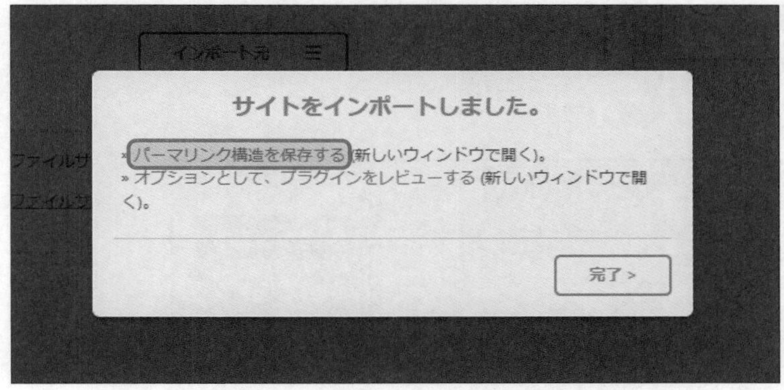

新しいウィンドウでログイン画面が表示されますので、**ローカル環境のWordPressのユーザー名とパスワード**でログインします（画面11）。

▼画面11　コピー後のWordPressにログインする

ログイン情報もローカル環境と同じになっているよ

❶「設定 > パーマリンク」をクリックしてパーマリンクの設定画面へ移動し、❷コピー元のWordPressと同じ設定を選択して❸「変更を保存」ボタンをクリックします（画面12）。

▼画面12　パーマリンク設定の保存

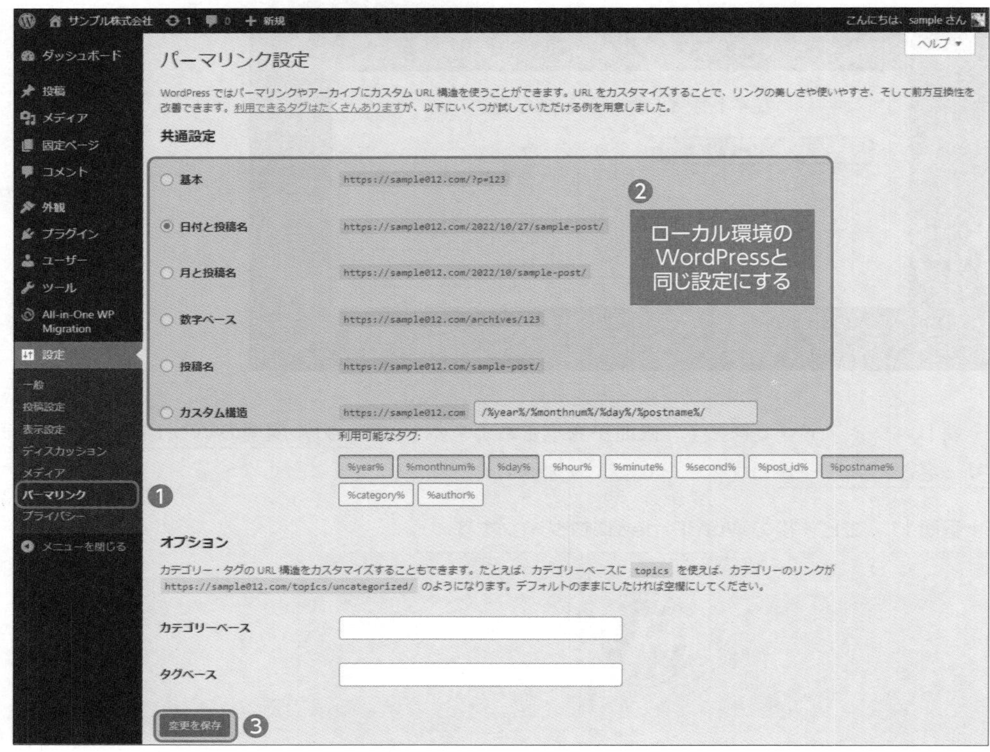

これでローカル環境のWordPressをサーバー環境のWordPressにコピーできました。画面10のウィンドウは閉じて構いません。

ポイント　ユーザー情報の変更に注意

コピーが終わると、ログインに使用するユーザー情報もコピー元のWordPressと同じになっていますので、コピー前のユーザー情報ではログインできなくなります。

最大アップロードサイズの変更

セキュリティ上の理由から、一度にサーバーへアップロードできるファイルサイズには上限があります。そのため、エクスポートした圧縮ファイルのサイズが上限を超えているとインポートできません。セキュリティ等の理由から上限を変更できないレンタルサーバーもありますが、エックスサーバーではサーバーパネルの「php.ini設定」から上限を変更できます（画面13)。

▼画面13　最大アップロードサイズの変更

PHP
> PHP Ver.切替
> php.ini設定

php.ini設定　関連マニュアル

ドメイン単位でphp.iniの設定を細かく設定することができます。

> php.ini設定変更　> php.ini直接編集　> php.ini設定初期化

その他の設定	
safe_mode	Off ※
max_execution_time	180
max_input_time	-1
memory_limit	1G
post_max_size	2G
upload_max_filesize	2G

2Gに変更

最大アップロードファイルサイズ: 2 GB.← ここが変わる

最大アップロードファイルサイズを上げる方法 または ⓘ無制限版の購入

たとえばエクスポートした圧縮ファイルが1.5GBの場合、post_max_sizeとupload_max_filesizeを2Gに変更すると画面7の「最大アップロードファイルサイズ」が変わり、アップロードできるようになります。GBではなくGと入力することに注意してください。

XAMPPよりも簡単？　Localを使ったローカル環境の構築

Local（ローカル）はWordPressに特化したローカル環境の構築ツールです（画面）。PCにインストールして必要事項を入力していくだけで簡単にWordPressのローカル環境が構築できます。

▼画面　Local

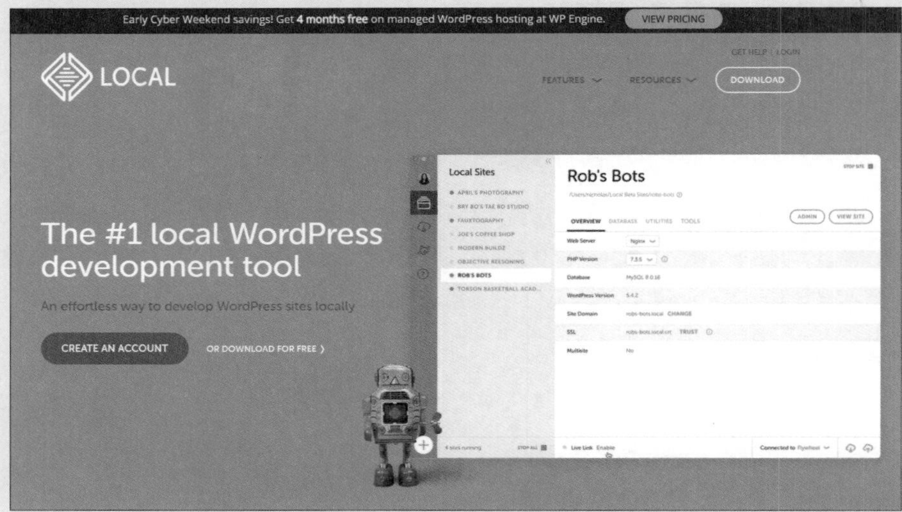


```
Local
https://localwp.com/
```

Localは、XAMPPのようにデータベースとWordPressを個別にインストールしていく必要がなく、サーバーとWordPressの関係や動作の仕組みを知らなくても使えるという理由で利用者が増えていますが、簡単にできるということは、多くの重要な事柄がブラックボックス化されて後から学ばなければならないことが多くなるということを意味しますので、一概にXAMPPよりもLocalが優れているとは言えません。XAMPPはデータベースの作成やWordPressのインストールなど重要な作業を自分で行う分、学べることが多いと言えるでしょう。

XAMPPでWordPressを動かせるようになってからLocalに切り替えるほうが高い学習効果が得られます。レンタルサーバーでWordPressを利用する際も、XAMPPで得たデータベースとWordPressの関係性をしっかり理解しておいたほうが適切で安全な運用ができます。

管理画面の役割を理解しよう

本章では、WordPressの管理画面を解説します。管理画面の構成と使い方を学んで、サイトのデザイン変更やプラグインのインストールなど、WordPressのどこを操作すればよいか迷わないようにしましょう。

4-1 管理画面の構成

管理画面の構成

管理画面は3つのエリアで構成されています（画面1）。

▼画面1　管理画面の構成

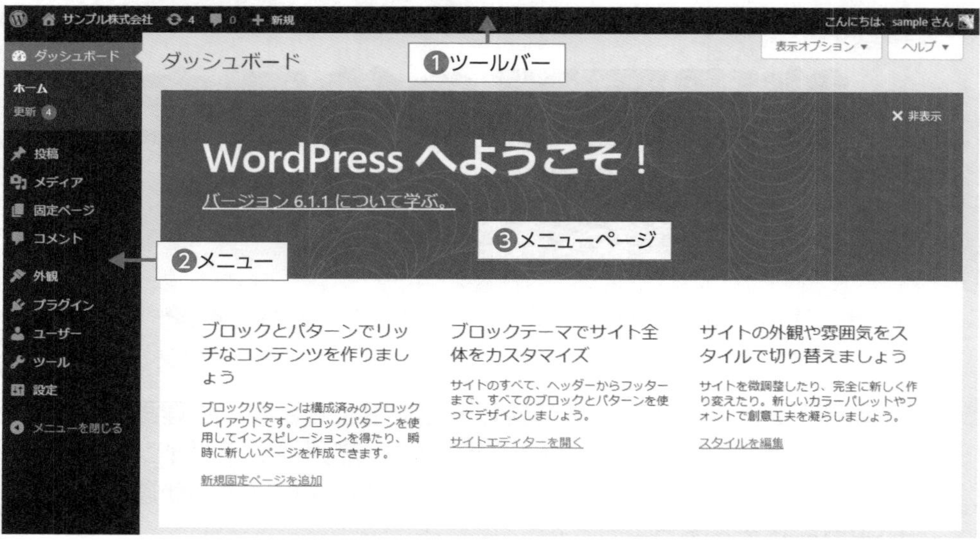

❶ツールバー

サイトを表示するメニュー（サイトの見た目を確認したいときに使います）や更新情報・未回答のコメント数、新規ページや新規ユーザーなどを追加する画面へ移動するショートカットメニュー、ユーザーのプロフィール編集、などがあります（画面2）。

▼画面2　ツールバー

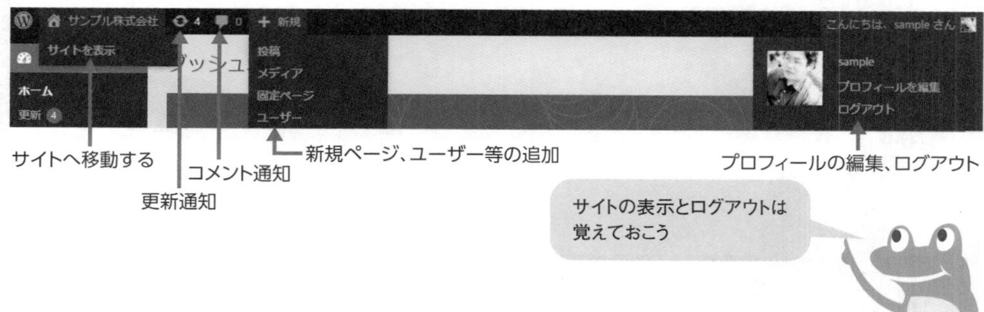

サイトの表示とログアウトは覚えておこう

❷メニュー

各種メニューをクリックすると、右側のメニューページに操作画面が表示されます。初期設定では以下のメニューがありますが、テーマを変更したりプラグインを追加すると、利用できるメニューが増えることがあります（表1）。

▼表1　標準のメニュー

メニュー	概要	解説
ダッシュボード	WordPressのバージョン確認や更新、サイトの安全性の確認が行えます。	122ページ
投稿	ブログ投稿の追加や編集が行えます。	124ページ
メディア	画像や動画などメディアの管理（アップロードや削除）が行えます。	138ページ
固定ページ	固定ページの追加や編集が行えます。	134ページ
コメント	投稿や固定ページについたコメントの管理が行えます。	142ページ
外観	サイトの見た目に関するカスタマイズが行えます。	145ページ
プラグイン	プラグインの管理（アップロードや削除、更新）が行えます。	150ページ
ユーザー	WordPressにログインできるユーザーの追加や編集が行えます。	155ページ
ツール	WordPressのデータ保存・取り込みなどが行えます。	161ページ
設定	WordPressの基本設定が行えます。	169ページ

一番下の「メニューを閉じる」をクリックするとメニューが折り畳まれて右側の画面が広くなります。もう一度クリックすると元に戻ります（画面3）。

▼画面3　メニューの折り畳み

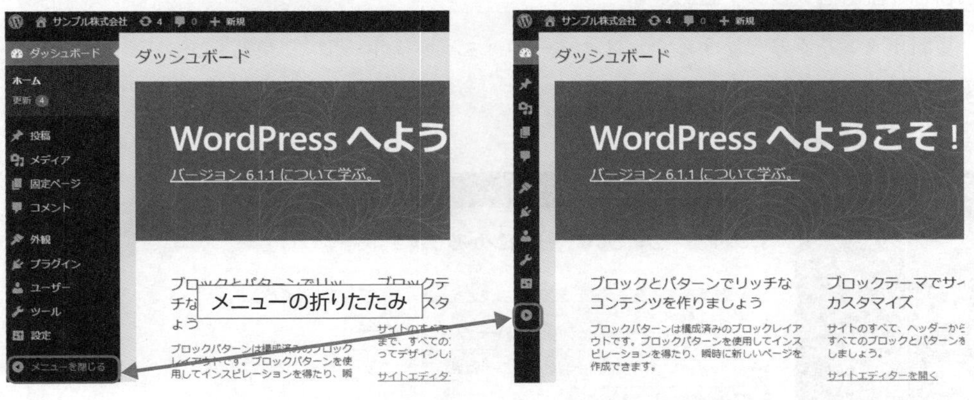

❸メニューページ

左側で選択したメニューに応じた操作画面が表示されます。各画面の使い方は122～176ページで解説します。

4-2 ダッシュボード

WordPressのバージョン確認と更新方法

ダッシュボードは管理画面にログインしたとき最初に表示される画面です。「概要」欄を見ると、❶インストールされているWordPressのバージョンと使用中のテーマの名前を確認することができます。WordPressが最新版ではない場合、❷新しいバージョンへの更新ボタンが表示されます（画面1）。

▼画面1　ツールバー

WordPressコアシステムの更新

更新ボタンをクリックするか、メニューの［ダッシュボード ＞ 更新］をクリックすると、更新画面が表示されます（画面2）。

▼画面2　更新画面

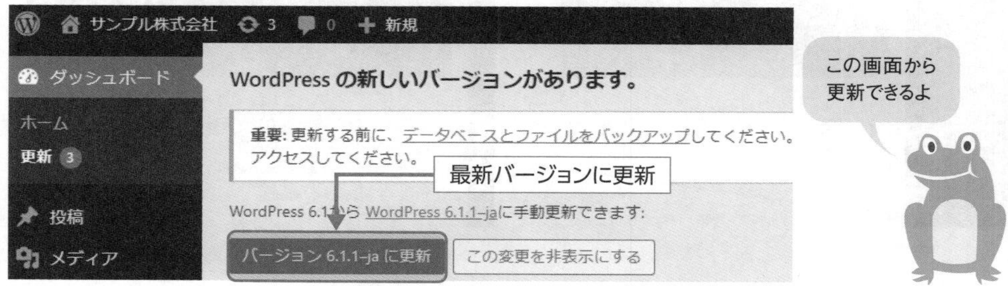

テーマとプラグインも、新しいバージョンが利用できる場合はこの画面から更新することができます（画面3）。

▼画面3　テーマとプラグインの更新

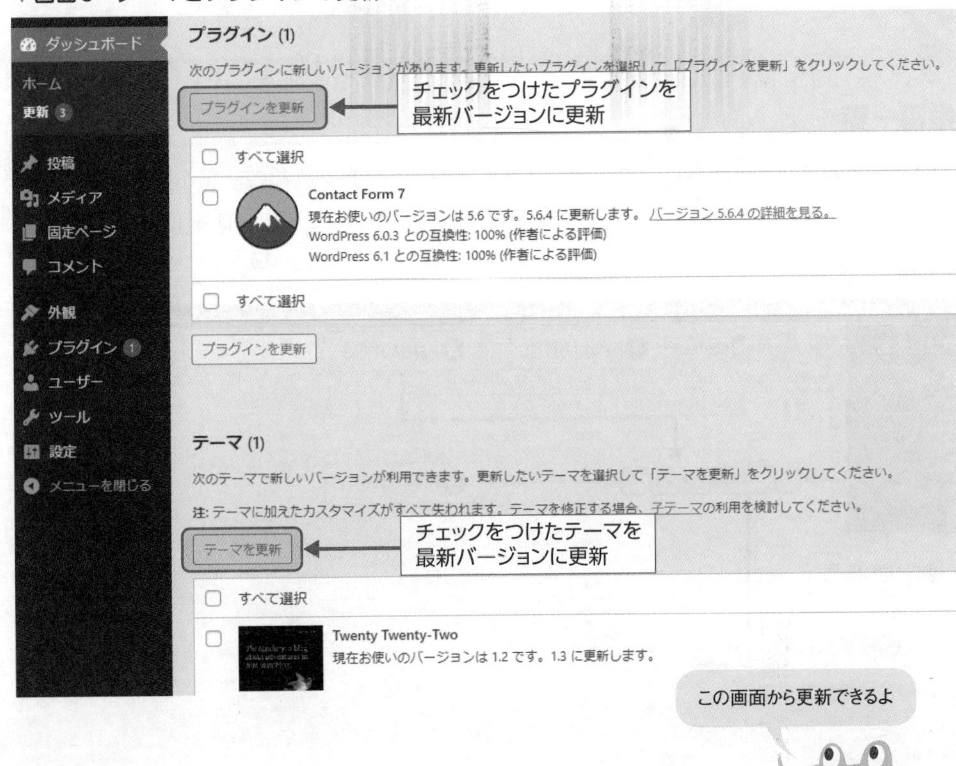

テーマの更新は［外観 ＞ テーマ］、プラグインの更新は［プラグイン ＞ インストール済みプラグイン］の画面から行うこともできます。

サイトヘルス

「サイトヘルスステータス」欄には、WordPressの設定やサーバーの環境など様々な観点から診断したサイトの健康状態（セキュリティなど）が表示されます（画面4）。

▼画面4　サイトヘルス

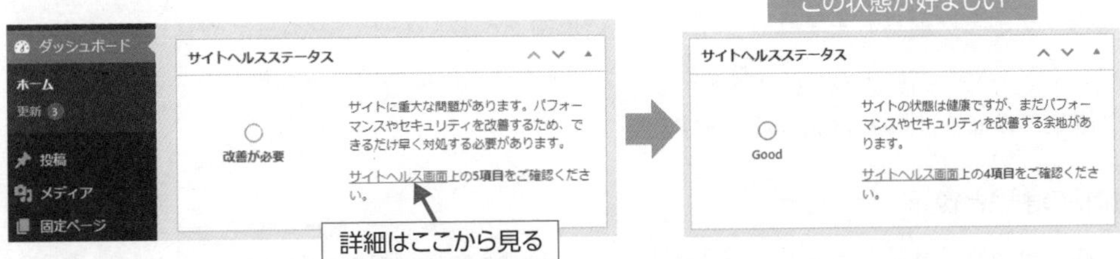

画面のリンクをクリックすると詳細な情報が表示されます（164ページ）。

4-3 投稿

投稿一覧

管理画面のメニューから［投稿］をクリックすると、ブログ投稿の一覧が開きます。ここから新しい投稿を追加したり、既存の投稿を編集することができます（画面1）。

▼画面1　投稿一覧

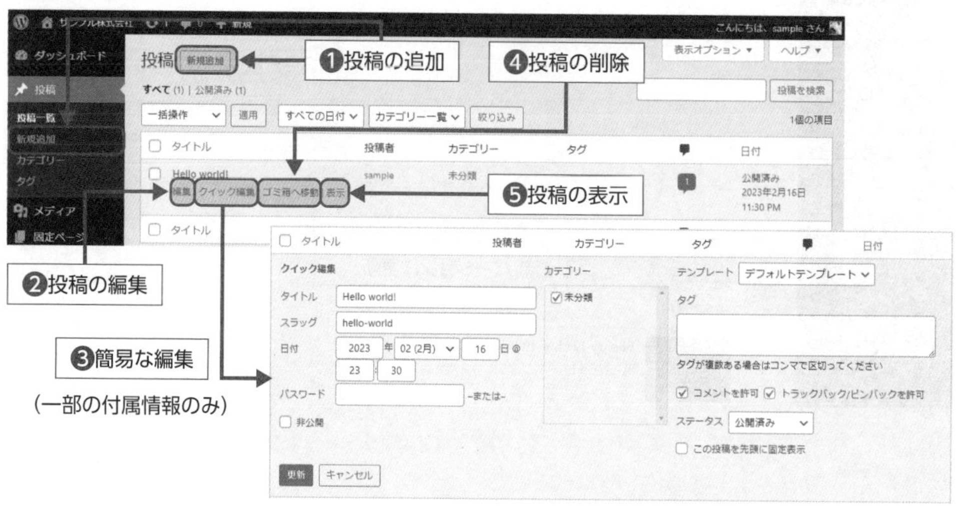

新規追加

❶「新規追加」ボタンまたは管理画面のメニューから［投稿 > 新規追加］をクリックすると、投稿の編集画面が開きます（126ページ）。

投稿の編集

❷投稿のタイトル（リンクになっています）または「編集」をクリックすると、投稿の編集画面が開きます（126ページ）。

クイック編集

❸「クイック編集」をクリックすると、編集画面へ移動せずにその場で簡易な編集（投稿のタイトルやカテゴリーの付け替えなど）が行えます。投稿の内容を編集したいときはクイック編集ではなく「編集」から行います。

投稿の削除と復元

❹「ゴミ箱へ移動」をクリックすると、投稿がゴミ箱に移動してサイトに表示されなくなりますが、「復元」をクリックすると元に戻せます。「完全に削除する」をクリックするとデータが完全に消えてしまいますので、元に戻せません（図1）。

図1 投稿の削除と復元

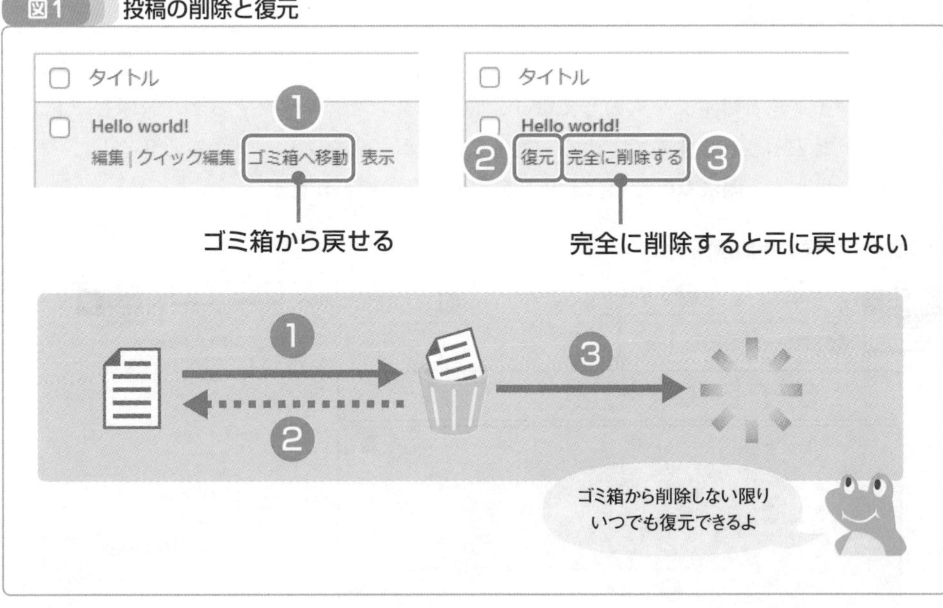

投稿の表示

画面1の❺「表示」をクリックすると、サイトの投稿ページに移動します（画面2）。編集画面に戻るには、画面上部の「投稿を編集」をクリックします。

▼画面2 投稿の表示

投稿の編集画面

投稿の編集を行う画面です（画面3）。❶左上のアイコンをクリックすると投稿一覧に戻ります。❷タイトルと❸本文を入力して❹「公開」ボタンをクリックすると「公開してもよいですか？」と表示されますので、もう一度「公開」ボタンをクリックするとサイトにページが追加されます。公開済みの投稿はボタンが「更新」に変わります。

▼画面3　投稿の編集画面

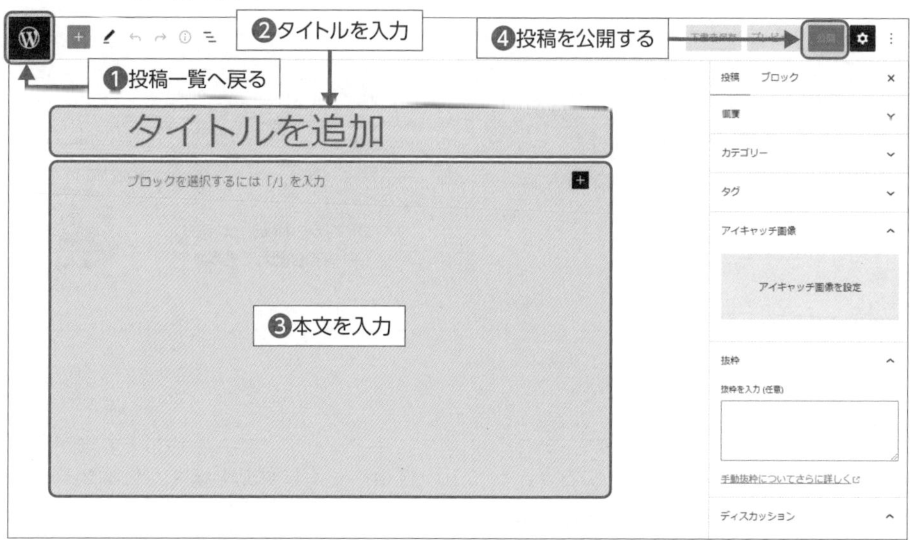

ポイント　自動保存について

投稿や固定ページの編集画面でタイトルが入力された状態で何も操作をせず放置すると、一定時間ごとに自動でページが保存されます。まだページを公開していなくても下書きの状態で自動保存されますので、投稿一覧（124ページ）に戻ると下書きの投稿が増えている場合があります。自動保存された下書きページが不要な場合は投稿一覧から削除しましょう。

ブロックエディター

この画面をブロックエディターと呼びます。ブロックエディターでは、編集画面の中に文章や画像を直接配置するのではなく、まずブロックと呼ばれる箱を配置します。そして、ブロックの中に文章や画像などを当てはめていきます。

ブロックを選ぶには、画面左上の［＋］アイコンをクリックします（画面4）。「段落」「見出し」「リスト」などの文字（テキスト）を入力するためのブロックのほか、「画像」「動画」などのメディア、「ボタン」「カラム」「行」などのデザイン要素、TwitterやYouTubeの埋め込みブロックなどといった、多くのブロックが用意されています。これらの中から目的に応じてブロックを選び、組み合わせてテンプレートやページを作成します。

ポイント ブロックエディターの特徴

- HTMLやCSSの知識がなくても多彩な表現ができる。
- ブロックに分けてコンテンツを管理することができる。
- ブロック単位で移動やコピーができる。
- ブロック単位の設定で見た目を簡単に変更できる。

▼**画面4　ブロックエディター**

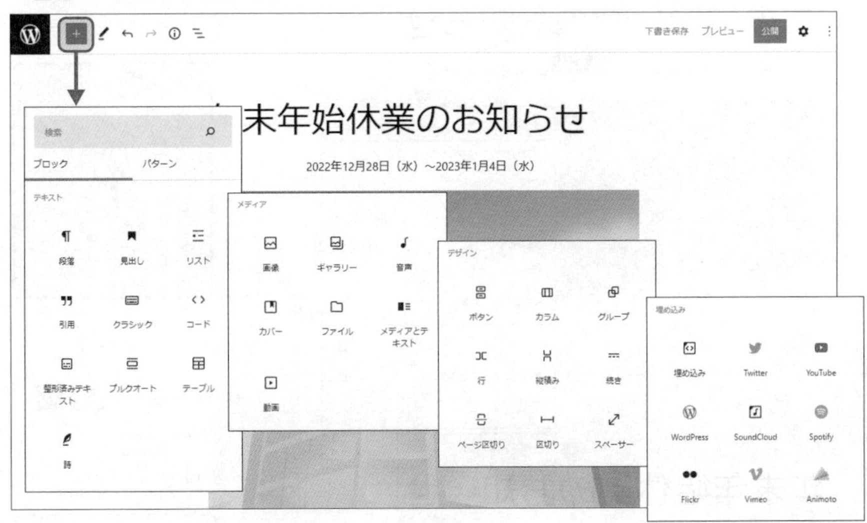

画面左上のリストアイコンをクリックすると、今ページに配置されているブロックがリスト形式で表示されます（画面5）。配置したブロックかリスト内のブロック名をクリックすると、ブロックの種類に応じたツールバーが表示されます。隣り合うブロックの入れ替え（並べ替え）はツールバーで行うか、リスト内でドラッグ＆ドロップします。

▼**画面5　ブロックのリスト表示**

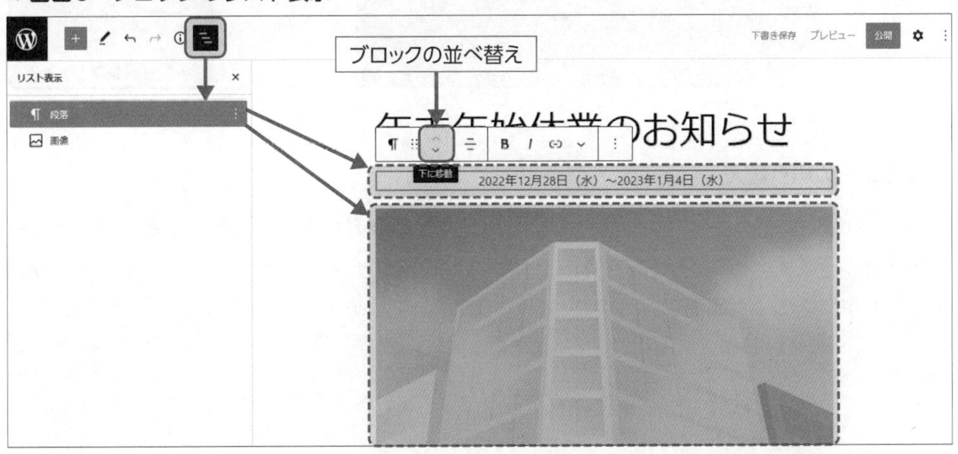

画面6のツールバーの右端のアイコンをクリックすると小さいメニューがポップアップします。❶「追加設定を表示」をクリックすると右側にブロックの設定欄が表示されます。❷文字の色やブロックの背景色、画像の大きさなど、ブロックの種類に応じた詳細な設定が行えます。❸ブロックの削除はここから行います（画面6）。

▼画面6　ブロックの追加設定

プレビューの切り替え

画面7の❶画面右上の「プレビュー」をクリックして❷デバイスを選択すると、プレビューが切り替わります。PCでページを作成しつつスマートフォンやタブレットでの見え方を確認することができます（画面7）。

▼画面7　ページのプレビュー

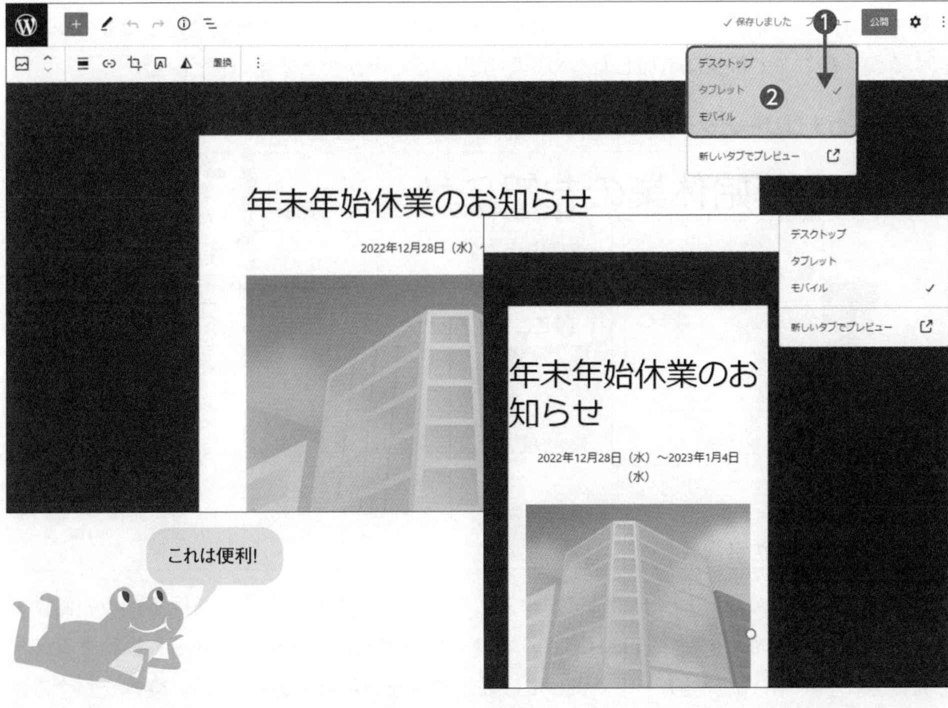

パーマリンクの変更

画面右上の歯車アイコンをクリックして「投稿」タブに切り替えると、ページの設定欄が表示されます。「概要」の中にあるURLをクリックすると、パーマリンクを変更できます（画面8）。

▼画面8　パーマリンクの変更

カテゴリーとタグの割り当て

❶カテゴリーとタグは［投稿 > カテゴリー］［投稿 > タグ］の画面で登録したものから選択するか、❷ここで新規に追加したものを割り当てることができます（画面9）。

▼画面9　カテゴリーとタグの割り当て

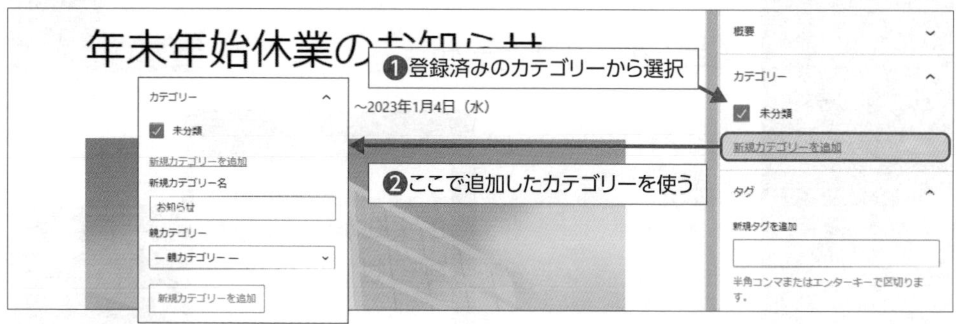

アイキャッチ画像の登録

アイキャッチ画像とは、ページにアクセスしたユーザーの興味を惹きつけるための画像です。アイキャッチ画像を登録しておくと、ブログ投稿の一覧ページや、SNSで投稿をシェアしたときに表示されます（テーマによっては表示されない場合もあります）。❶❷登録する画像はメディアライブラリにアップロードした画像から選択します（画面10）。

▼画面10　アイキャッチ画像の登録

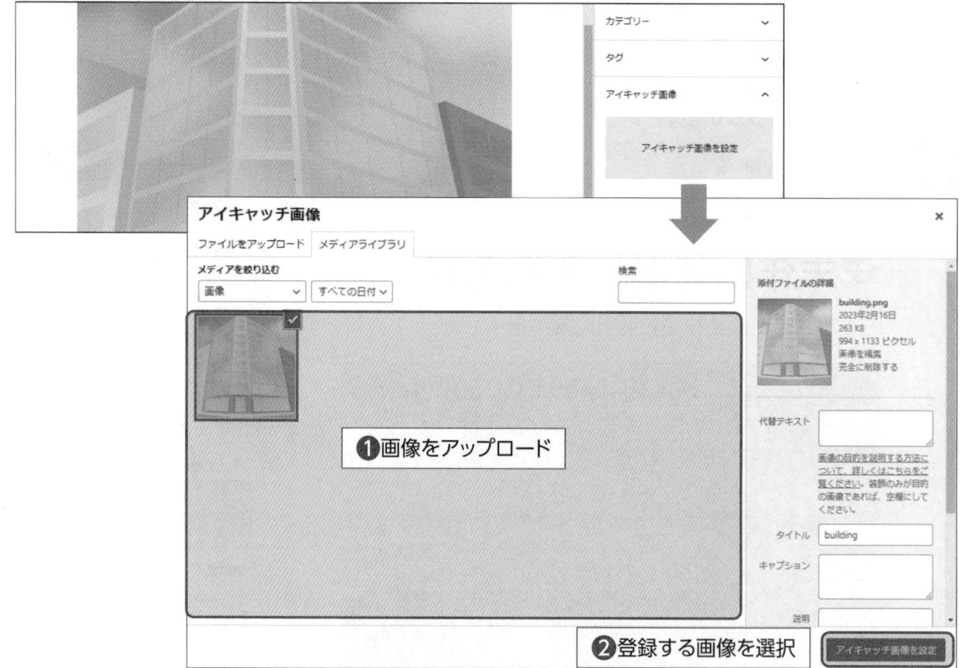

メディアライブラリの使い方は138ページで解説します。

抜粋とディスカッションの設定

❶抜粋にはページの概要説明を入力します。抜粋に入力した内容は、Google等の検索結果に表示されることがあります。❷ディスカッションのコメント欄にチェックをつけると、投稿ページのテンプレートにコメント欄のブロックが配置されている場合にコメント欄が表示され、ユーザーからの書き込みを受け付けることができます。チェックを外すとコメント欄が非表示になります（画面11）。

▼画面11　抜粋とコメント欄

ポイント　パーマリンクの書式

投稿のパーマリンクは、WordPressの基本設定（175ページ）で書式が決まります。書式によってはスラッグの部分を変更することができません。

カテゴリーの登録

管理画面のメニューから［投稿 > カテゴリー］をクリックすると、カテゴリーの登録画面が開きます（画面12）。❶カテゴリーの新規追加と❷編集（名前やスラッグの修正）を行うことができます。

▼画面12　カテゴリーの登録画面

スラッグはカテゴリーのページのURLに影響しますので、最初に決めたスラッグはなるべく変更しないように気を付けましょう。

また、説明欄にカテゴリーの説明を登録しておくと、テーマによってはカテゴリーのページなどに表示されることがあります。

タグの登録

管理画面のメニューから［投稿 > タグ］をクリックすると、タグの登録画面が開きます（画面13）。❶タグの新規追加と❷編集（名前やスラッグの修正）を行うことができます。

▼画面13　タグの登録画面

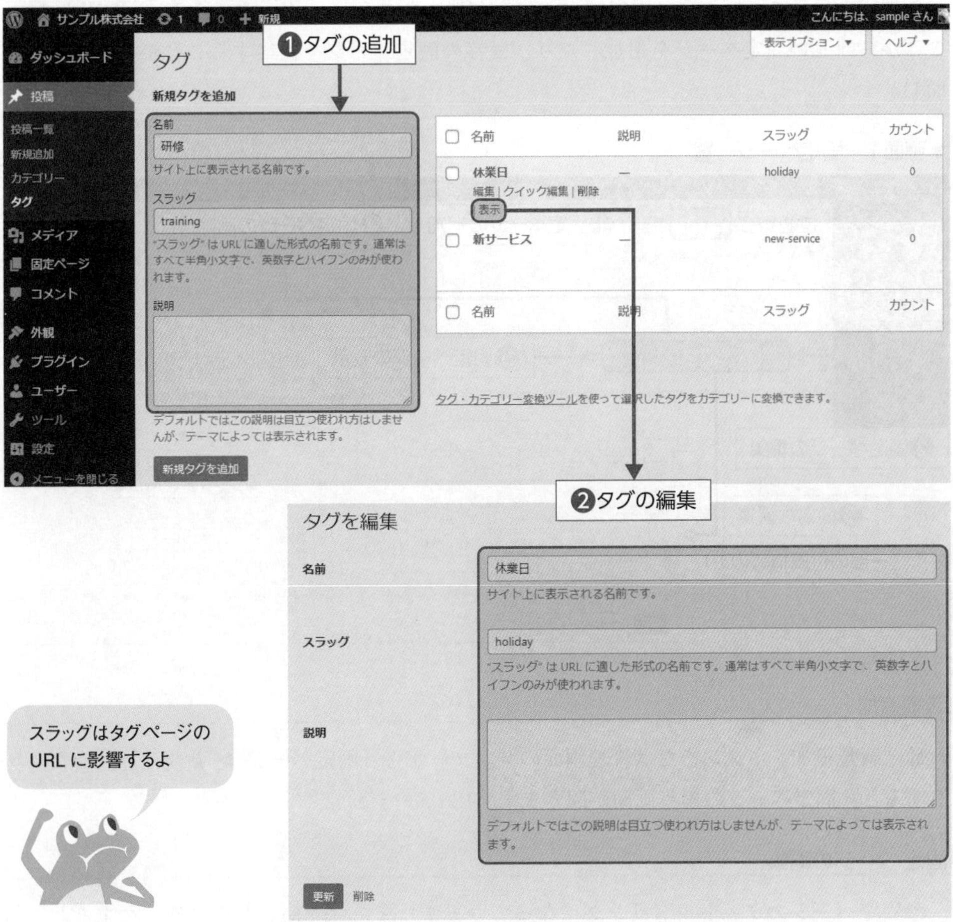

スラッグはタグページの URL に影響するよ

スラッグはタグのページのURLに影響しますので、最初に決めたスラッグはなるべく変更しないように気を付けましょう。

ポイント　一度決めたスラッグは変更しないほうがよい

他のサイトからリンクを張られたページのスラッグを変更すると、リンク元のサイトからリンクをクリックしても自分のサイトに移動できなくなります（いわゆるリンク切れの状態）。せっかく張ってもらったリンクの意味が失われてしまいますので、スラッグは後から変更することがないように最初によく考えて決めましょう。カテゴリー名やタグ名（投稿や固定ページならタイトル）を英単語で構成したスラッグが適切です。

固定ページ

固定ページ一覧

管理画面のメニューから［固定ページ］をクリックすると、固定ページの一覧が開きます。ここから新しい固定ページを追加したり、既存の固定ページを編集することができます（画面1）。

▼画面1　固定ページ一覧

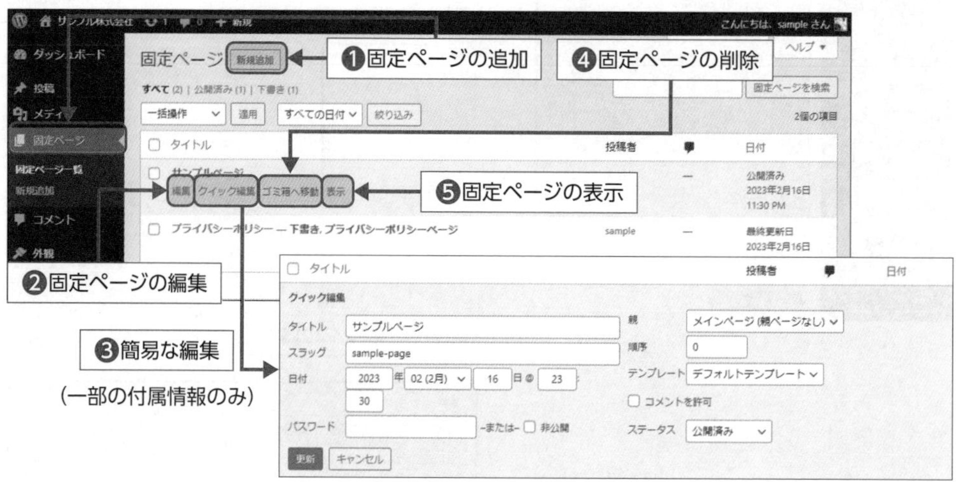

新規追加

❶「新規追加」ボタンまたは管理画面のメニューから［固定ページ ＞ 新規追加］をクリックすると、固定ページの編集画面が開きます（136ページ）。

固定ページの編集

❷固定ページのタイトル（リンクになっています）または「編集」をクリックすると、固定ページの編集画面が開きます（136ページ）。

クイック編集

❸「クイック編集」をクリックすると、編集画面へ移動せずにその場で簡易な編集（固定ページのタイトルやスラッグの修正など）が行えます。固定ページの内容を編集したいときはクイック編集ではなく「編集」から行います。

固定ページの削除と復元

❹「ゴミ箱へ移動」をクリックすると、固定ページがゴミ箱に移動してサイトに表示されなくなりますが、「復元」をクリックすると元に戻せます。「完全に削除する」をクリックするとデータが完全に消えてしまいますので、元に戻せません（図1）。

図1 固定ページの削除と復元

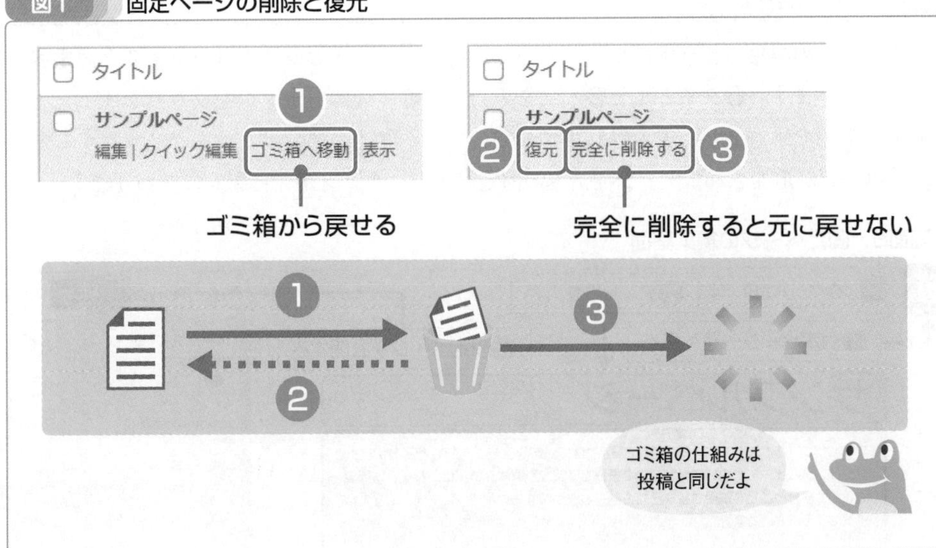

固定ページの表示

画面1の❺「表示」をクリックすると、サイトの固定ページに移動します（画面2）。編集画面に戻るには、画面上部の「固定ページを編集」をクリックします。

▼画面2　固定ページの表示

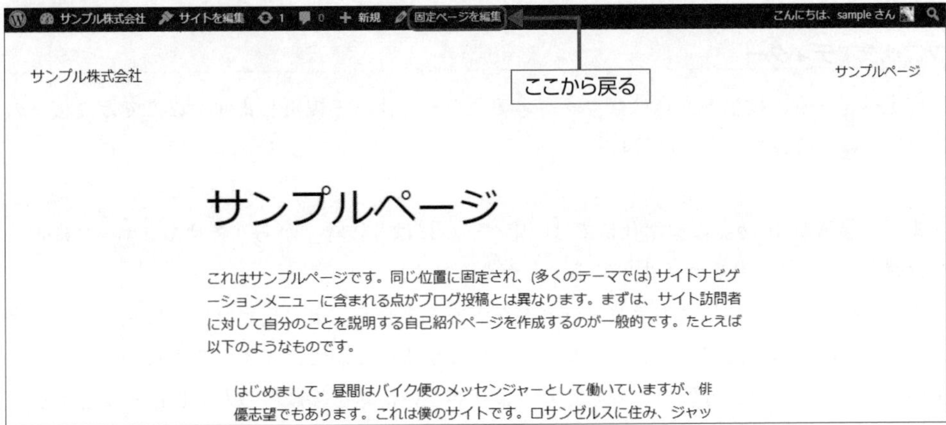

ポイント　編集と確認をスムーズに行うには？

Windowsなら Shift キー、Macなら Command キーを押したまま❺の「表示」をクリックすると、元の画面を残したまま新しいタブでリンク先（サイトの固定ページ）が開きます。元のタブでページを更新するたびに新しいタブをリロード（再読み込み）すれば、編集画面と公開ページを何度も行き来しなくて済み、スムーズに編集と確認が行えます。

固定ページの編集画面

固定ページの編集を行う画面です（画面3）。❶左上のアイコンをクリックすると固定ページ一覧に戻ります。❷タイトルと❸本文を入力して❹「公開」ボタンをクリックすると「公開してもよいですか？」と表示されますので、もう一度「公開」ボタンをクリックするとサイトにページが追加されます。公開済みの固定ページはボタンが「更新」に変わります。

▼画面3　固定ページの編集画面

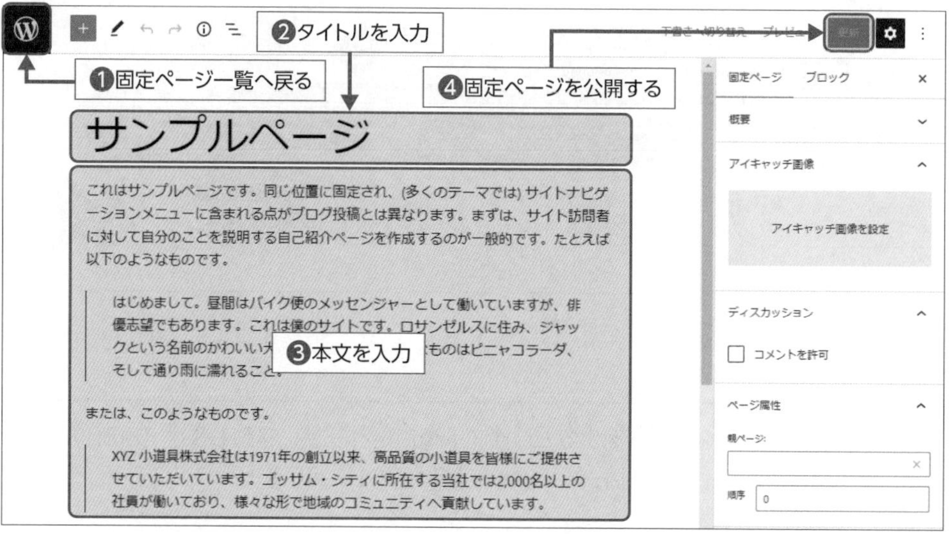

ブロックエディター

固定ページも、投稿と同様にブロックエディターを使って編集します。ここでは投稿との違いについて解説します（画面4）。

まず、❷WordPressの標準仕様では固定ページには「抜粋」がありません（テーマによっては固定ページでも抜粋が入力できることがあります）。

また、❶固定ページにはカテゴリーとタグがありません。その代わりに、❸親ページを指定することによって固定ページ同士を親子関係にすることができます。情報量の多いページをいくつかのページに分けて整理したり、より詳しい情報を掲載するためにページを追加したいときに使います（図2）。このような関係性はカテゴリーでもタグでも表現できない固定ページだけの性質です。

ポイント　投稿と固定ページの違い

- 投稿は一覧表示が可能（ブログインデックスページ192ページ）（固定ページはできない）
- 投稿はカテゴリーとタグを設定できる（固定ページはできない）
- 固定ページは親子関係を設定できる（投稿はできない）
- 固定ページはカスタムテンプレート（187ページ）を作成できる（投稿はできない）

▼画面4　投稿と固定ページの違い

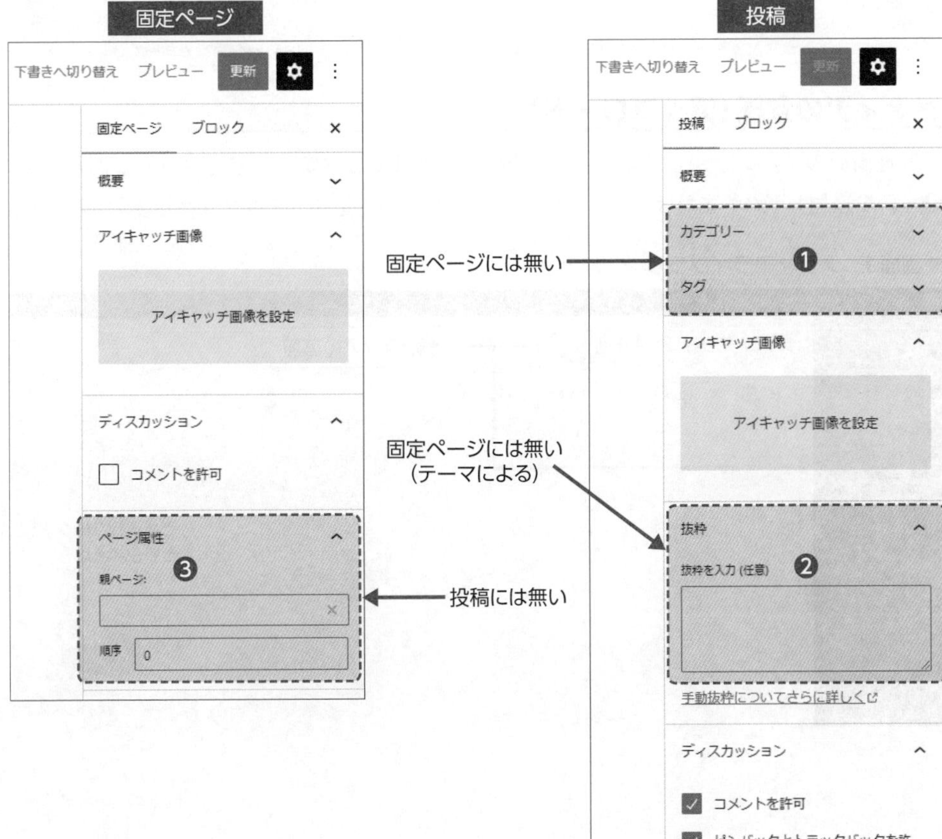

図2　固定ページの親子関係

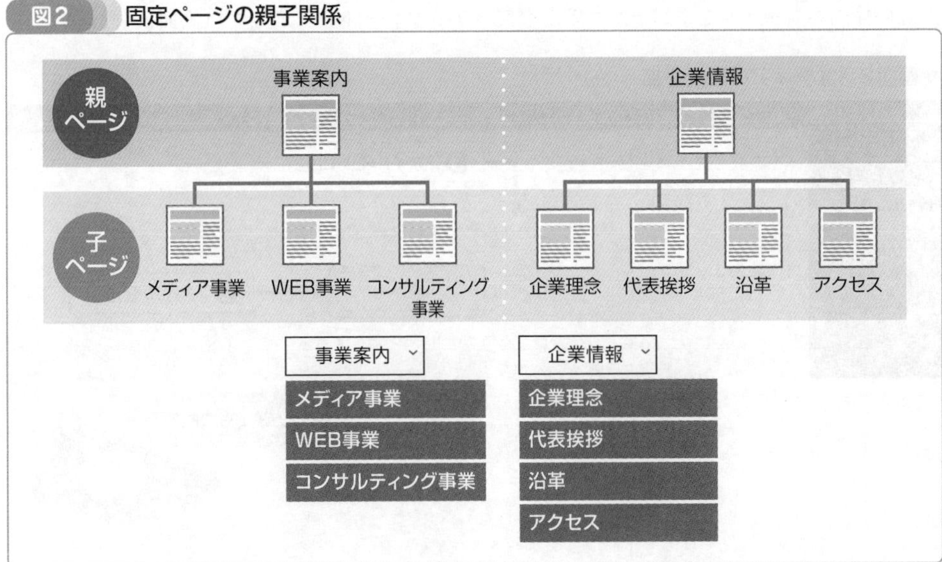

4-5 メディアライブラリ

メディアの登録（アップロード）

管理画面のメニューから［メディア］をクリックするとメディアライブラリが開きます。❶「新規追加」ボタンまたはメニューの［メディア > 新規追加］をクリックします（画面1）。

▼画面1　メディアライブラリ

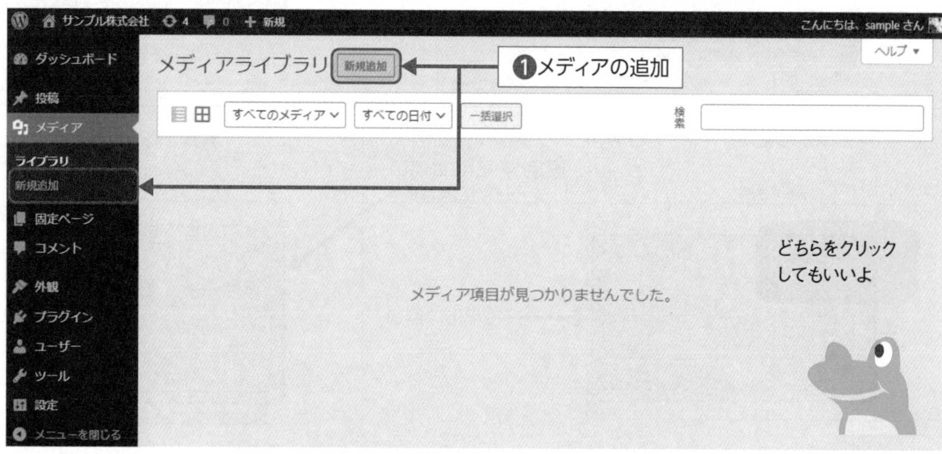

メディアのアップロード

❷画面中央の「ファイルを選択」ボタンをクリックしてPC内のファイルを選択するか、❸点線の枠内へファイルをドロップすると登録（アップロード）できます（画面2、画面3）。

▼画面2　メディアの新規追加

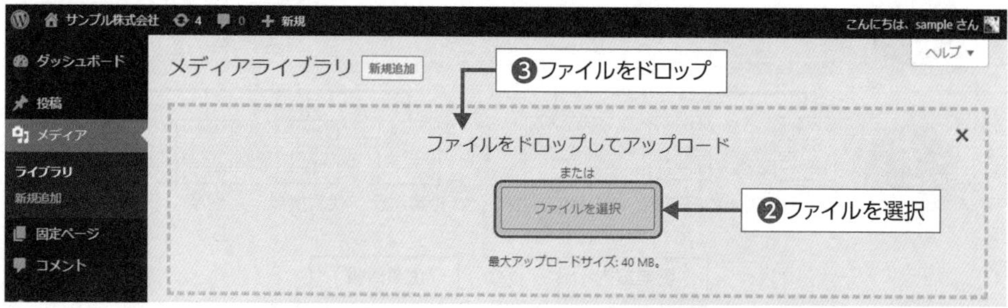

▼画面3　2通りのアップロード方法

ポイント　同じファイルをもう一度アップロードしたいとき

同じファイルをもう一度アップロードすると、ファイルが上書きされるのではなく自動的にファイル名の後ろに「-1.jpg」や「-2.png」のように番号がついた別ファイルとしてアップロードされます。アップロードをやり直したいときは元のファイルをメディアライブラリから削除してから新しいファイルをアップロードしましょう。

アップロードできるメディアの種類

メディアライブラリに登録（アップロード）できるメディアの種類は次のとおりです（表1）。

▼表1　アップロードできるメディアの種類

メディアの種類	ファイルの種類
画像	.gif、.heic、.jpeg、.jpg、.png、.svg、.webpなど
文書	.doc、.docx、.key、.odt、.pdf、.ppt、.pptx、.pps、.ppsx、.xls、.xlsxなど
音声	.mp3、.m4a、.ogg、.wavなど
動画	.avi、.mpg、.mp4、.m4v、.mov、.ogv、.vtt、.wmv、.3gp、.3g2など

ポイント　アップロードの制限について

ローカルサーバーやレンタルサーバー、ブラウザなどのセキュリティポリシーによってはアップロードできないメディアや、一度にアップロードできるファイルの容量が制限されている場合があります。

メディアの挿入

画像をページに挿入するには、❶［+］アイコンをクリックしてブロックの選択画面を呼び出します。❷「画像」ブロックを選択すると、ページにブロックが配置されます（画面4）。

▼画面4　画像ブロックの配置

❸次に画像の挿入方法を選択します。メディアライブラリに登録した画像を使う場合は「メディアライブラリ」を選択します。まだ登録していない画像をこの場でアップロードして使う場合は「アップロード」を選択します（画面5）。

▼画面5　挿入方法の選択

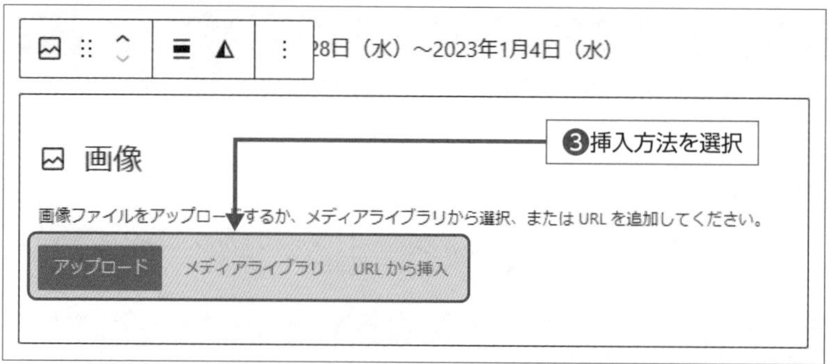

ここではメディアライブラリを選択します。❹登録済みのメディアの中から使いたい画像をクリックして、❺「選択」ボタンをクリックします（画面6）。

▼画面6　メディアの選択

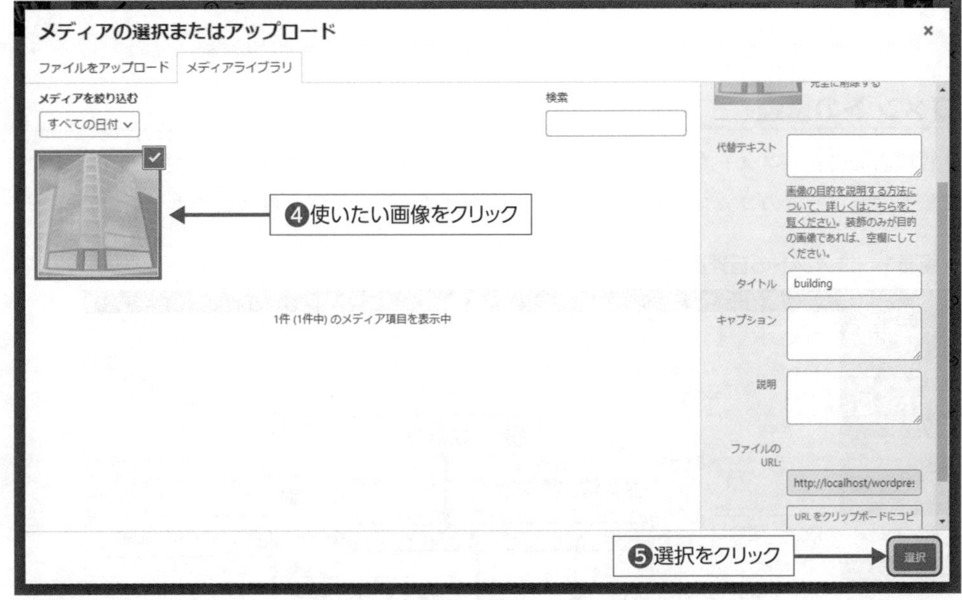

画像が挿入できました（画面7）。

▼画面7　画像の挿入

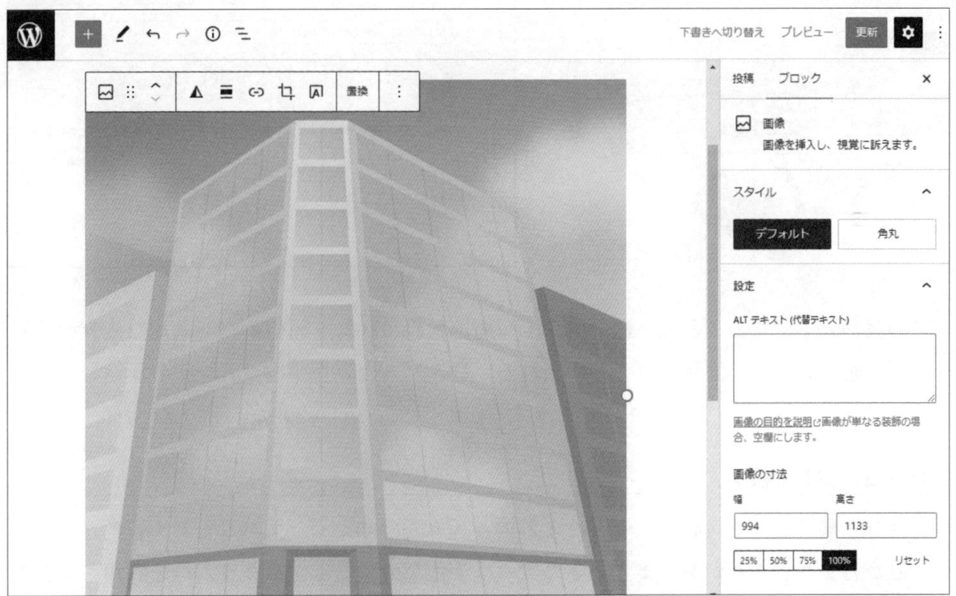

画像を直接配置するのではなく、ブロックを配置してから画像を選ぶよ

4-6 コメント

コメントの管理

管理画面の左メニューから［コメント］をクリックするとコメントの一覧画面が開きます。投稿や固定ページのコメント欄から書き込まれたコメントを管理する画面です（画面1）。

▼画面1　コメントの管理画面

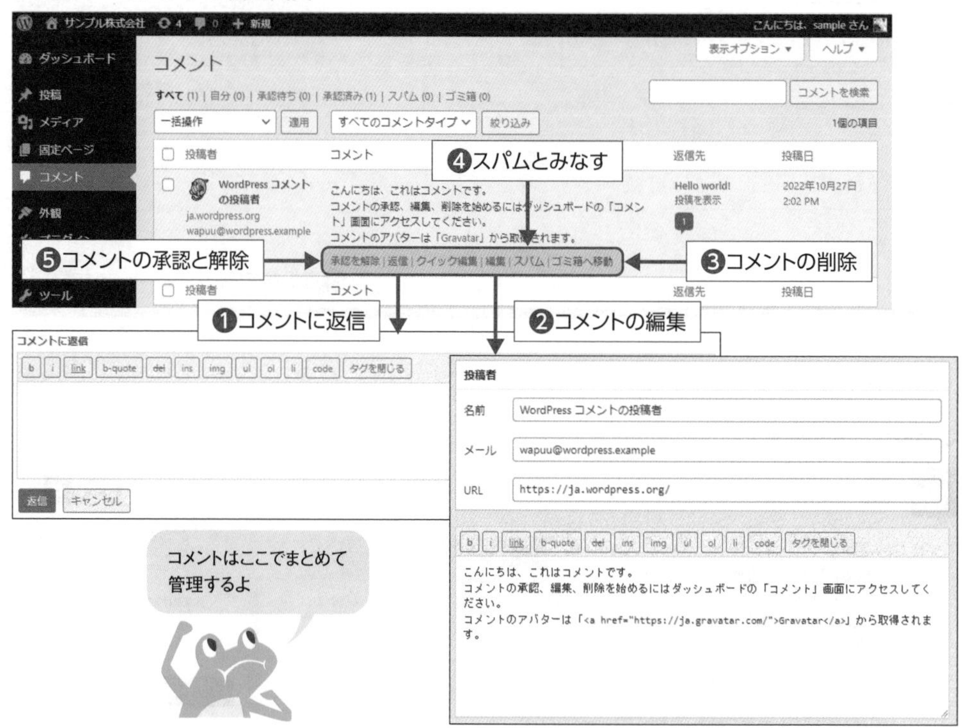

この画面からできることは、❶コメントへの返信❷コメントの編集（不適切な内容の修正や削除）❸コメントの削除（ゴミ箱に入れる）❹スパムとみなす❺コメントの承認と承認の解除です。

スパムコメントの扱い

コメント欄には、正当なユーザーによる書き込みだけでなく、スパム行為を目的とした書き込みが行われることがあります。その多くは手作業ではなくプログラム等を利用して自動化された行為です。そのため、コメントを削除しても再び書き込まれ、根本的な解決につながりません。そこで、明らかに怪しいコメント（名前も内容も全て英語や見知らぬ言語で書かれている、でたらめなメールアドレス、サイトに関係のないリンクが書き込まれている、など）を見つけたら❹「スパム」をクリックして「このコメントはスパムである」というマークをつけます。スパムとみなしたコメントはスパムに分類され、以後、同じ送信元から書き込まれたコメントは自動的にスパムに分類され、サイトには表示されなくなります（図1)。

図1 スパムコメント

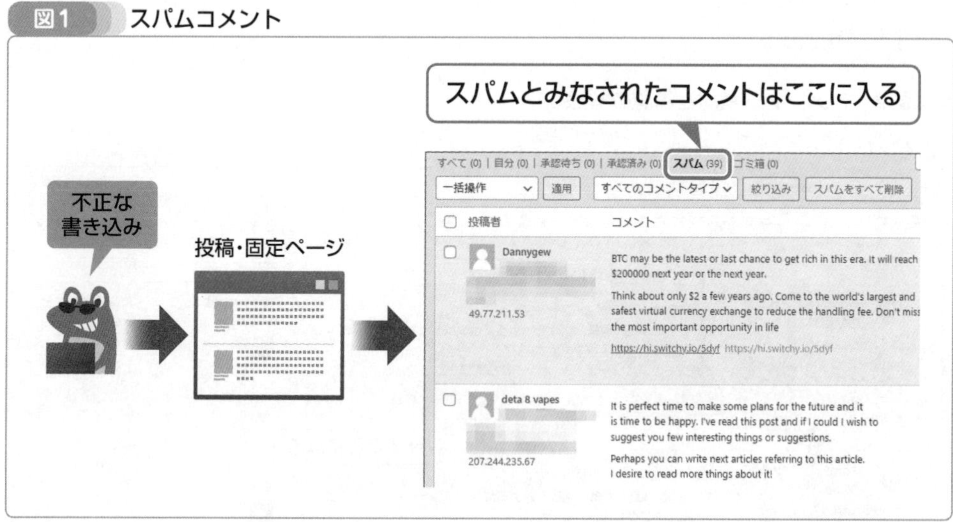

ただし、攻撃者はメールアドレスやIPアドレスを変えて（別人のふりをして）書き込むことが多いので、一度スパムに分類したからといって安心はできません。Akismet Spam Protection（356ページ）やAdvanced Google reCAPTCHAなど、スパム防止を目的としたプラグインを利用するとスパムコメントを防ぐ効果が期待できます。

コメントスパムの危険性

サイトと無関係のメッセージや広告目的のリンクをプログラムによって大量に書き込む行為をコメントスパムと呼びます。コメントもコンテンツの一部として評価されますので、コメントスパムが大量に公開されているサイトはGoogleによるウェブサイトの評価が下がり、検索順位に悪影響を及ぼすことがあります。検索順位のほかに次のような危険性があります。

- 本来の目的と無関係の内容が目につくことにより、閲覧者に不快感を与える危険性
- コメントのリンクをクリックした閲覧者が、詐欺など悪意のあるサイトへ誘導される危険性
- サーバーやネットワークに大きな負荷がかかり、サイトが閲覧しにくくなる危険性

プラグインなどを利用してコメントスパムからサイトを守りましょう。

コメントの承認と解除

❺WordPressの基本設定（173ページ）でコメントを承認制にしておくと、書き込まれたコメントは承認待ちの状態になり、サイトの管理者が承認するまでサイトには表示されなくなります（画面2）。

▼画面2　コメントの承認と承認の解除

コメント欄でユーザー同士が自由に交流するサイト以外は承認制にしておいたほうがよいでしょう。サイト全体でコメント欄を表示しない設定にすることもできます（173ページ）。

4-7 外観

テーマの管理

管理画面のメニューから［外観］をクリックすると、テーマの管理画面が開きます（画面1）。テーマの有効化（切り替え）や削除はこの画面で行います。

▼画面1　テーマの管理画面

❶テーマの追加（インストール）
❷テーマのカスタマイズ
❸テーマの有効化（切り替え）
❹テーマの削除
❺プレビュー

テーマの追加（インストール）

画面1の「新規追加」ボタンをクリックするとテーマの追加画面が開きます（画面2）。テーマを追加（インストール）する方法は2通りあります。テーマの配布・販売サイトから入手したテーマ（ZIPファイル）をアップロードする方法（画面3）と、WordPress.orgに登録されているテーマを管理画面から検索してインストールする方法（画面4）です。

▼画面2　テーマの追加画面

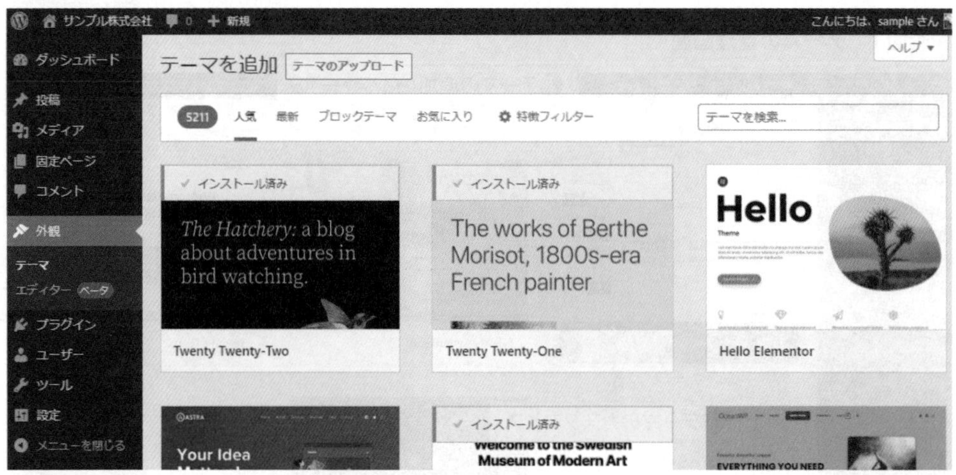

▼画面3　テーマのアップロード

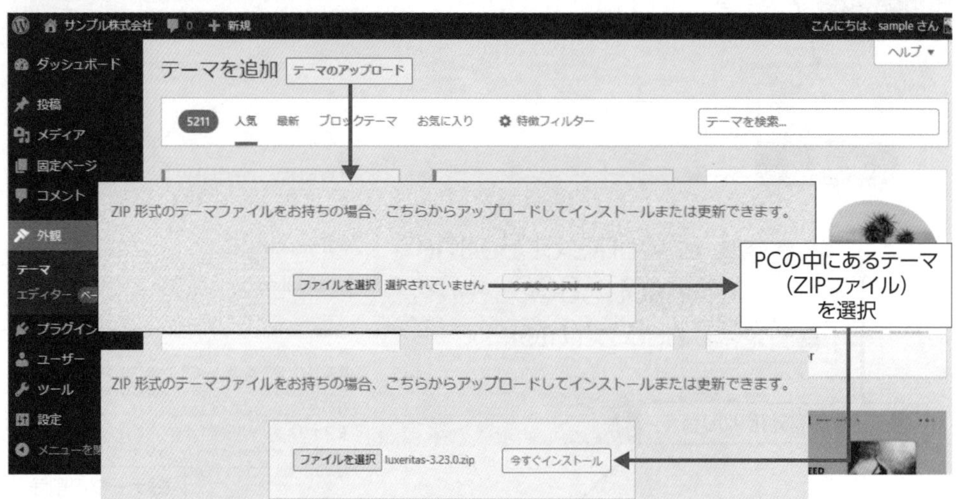

配布・販売サイトからテーマを入手する場合は、「複数サイトでの使用」「商用利用」「他人のサイトへの利用」などの可否について、利用規約をよく確認しましょう。お金を払って購入すれば何でも許可されているわけではありません。

▼画面4　テーマの検索

　あらかじめテーマの名前がわかっている場合は検索欄に名前を入れると出てきますが、サイトの機能やレイアウトから選びたいときは画面4の❶「特徴フィルター」ボタンをクリックすると検索条件が表示されますので、❷欲しい機能やレイアウトにチェックをつけて❸「フィルターを適用」ボタンをクリックすると、条件に合ったテーマを検索することができます。

テーマのカスタマイズ

画面1で有効化したテーマの「カスタマイズ」ボタンをクリックすると、テーマの外観や機能をカスタマイズする画面が開きます（画面5）。

▼画面5　テーマのカスタマイズ画面

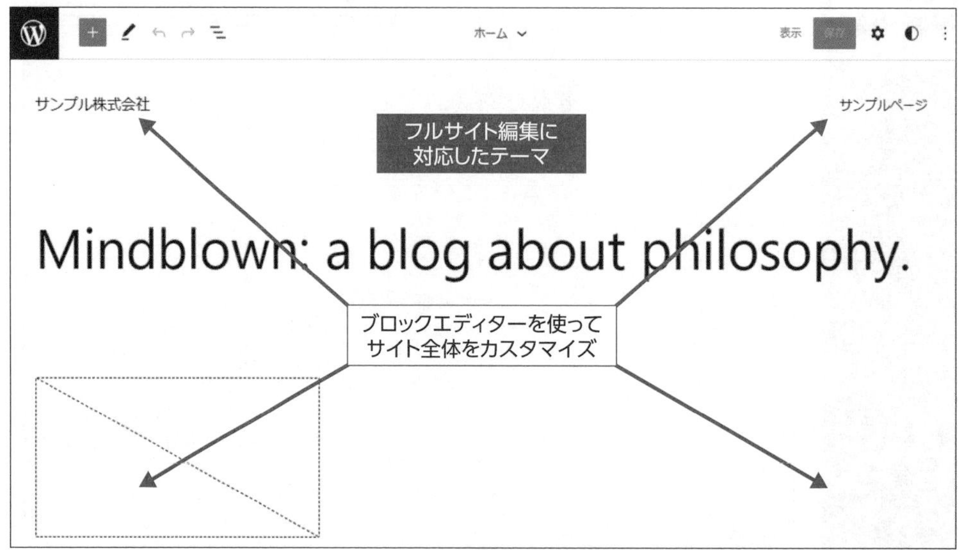

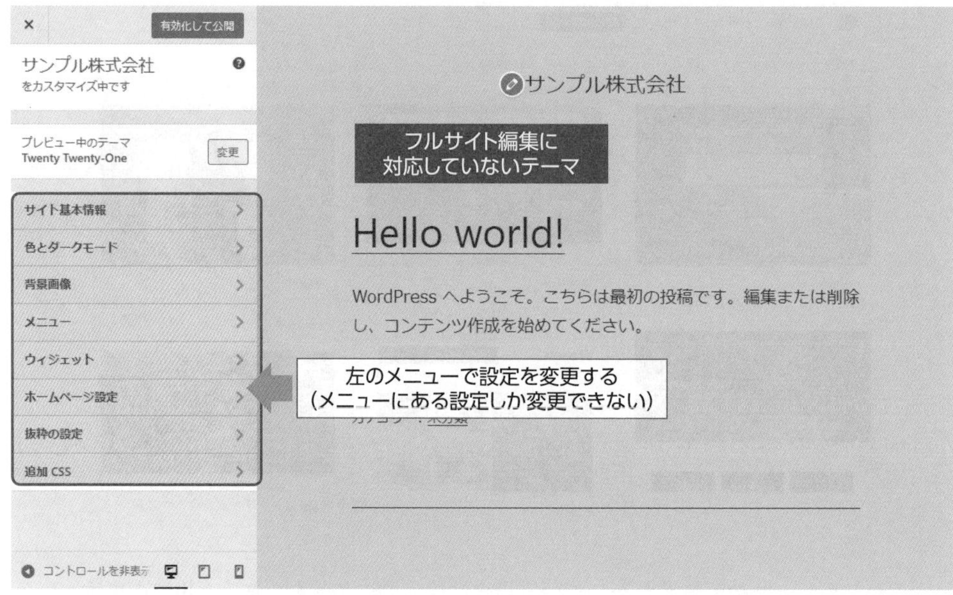

フルサイト編集（13ページ）に対応しているテーマと対応していないテーマは画面の構成が異なります。未対応のテーマは画面左のメニューにある設定しか変更できません（メニューの内容はテーマによって異なります）。

ライブプレビュー

画面1の「ライブプレビュー」ボタンをクリックすると、テーマを有効化していなくてもカスタマイズの画面が開きます（画面6）。（ライブプレビューに対応したテーマのみ）

▼画面6　ライブプレビュー画面

フルサイト編集に対応していないテーマの場合は、❶画面左のメニューから設定を変更すると右のプレビューに反映されます。❷「有効化して公開」ボタンをクリックすればそのテーマに切り替えることができます。

フルサイト編集に対応した日本製WordPressテーマ

管理画面から検索できる日本製の公式テーマはまだ多くありませんが、実用に十分耐えうるビジネスサイト向けのテーマ「X-T9」や、初の日本製ブロックテーマでモリサワ製のUDフォントを搭載して読みやすい「Cormorant」などがあります。

X-T9 - WordPress公式テーマ
https://wordpress.org/themes/x-t9/
Cormorant - WordPress公式テーマ
https://wordpress.org/themes/cormorant/

4-8 プラグイン

プラグインの管理

管理画面のメニューから［プラグイン］をクリックするとインストール済みプラグインの一覧画面が開きます（画面1）。

▼画面1　インストール済みプラグインの一覧画面

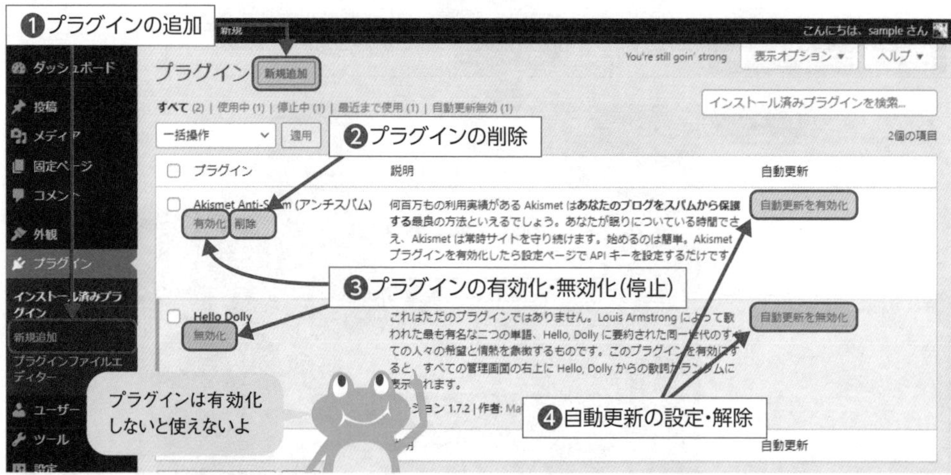

プラグインの追加

❶「新規追加」ボタンまたは管理画面のメニューから「プラグイン ＞ 新規追加」をクリックすると、プラグインの新規追加画面が開きます（151ページ）。

プラグインの有効化・無効化・削除

インストールしたばかりのプラグインは無効化されています（停止している状態）。❷プラグインが停止しているときは「有効化」が表示され、クリックするとプラグインの機能が有効化され、使用中の状態になります。プラグインが有効化されているときは「無効化」が表示され、クリックするとプラグインが無効化され、停止の状態になります。

❷停止しているプラグインは「削除」をクリックすると削除できます。有効化されている（使用中の）プラグインは「無効化」をクリックして停止すると削除できるようになります。

自動更新の設定・解除

プラグインはテーマやコアシステムに比べると新しいバージョンが利用できるようになるサイクルが短く、長期間アップデート（更新）を怠ったことが原因でサイトに不具合が生じる事例が後を絶ちません。❹「自動更新を有効化」をクリックすると、自動的に更新が行われるようになりますので、インストールしたプラグインはなるべく自動更新を設定しておくとよいでしょう。

自動更新は決まった時間になると実行されます。そのため、まだ更新の時間がきていないときは更新の案内が表示されることがありますが、「更新」をクリックするとすぐに更新されます（画面2）。

▼画面2　プラグインの手動更新

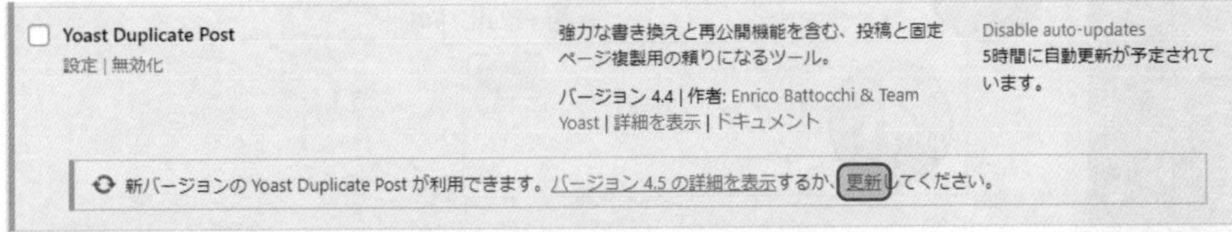

ポイント　自動更新を設定できないプラグイン

WordPress.orgに登録されていない非公式のプラグインや有料のプラグインは自動更新を設定できない場合があります（有料のライセンスを購入してライセンスキーを入力しないと更新できない、など）。

プラグインの新規追加（インストール）

テーマと同様に、プラグインを追加（インストール）する方法は2通りあります。プラグインの配布・販売サイトから入手したプラグイン（ZIPファイル）をアップロードする方法（画面3）と、WordPress.orgに登録されているプラグインを管理画面から検索してインストールする方法（画面4）です。

▼画面3　プラグインのアップロード

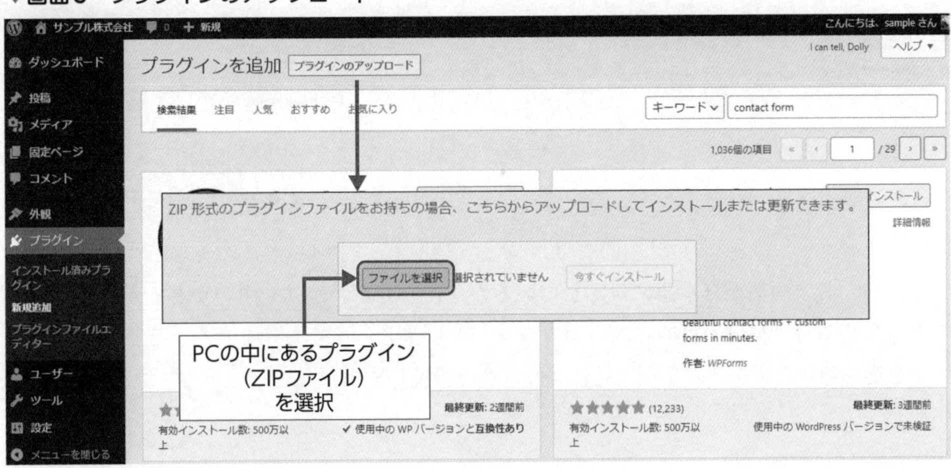

▼画面4　プラグインの検索

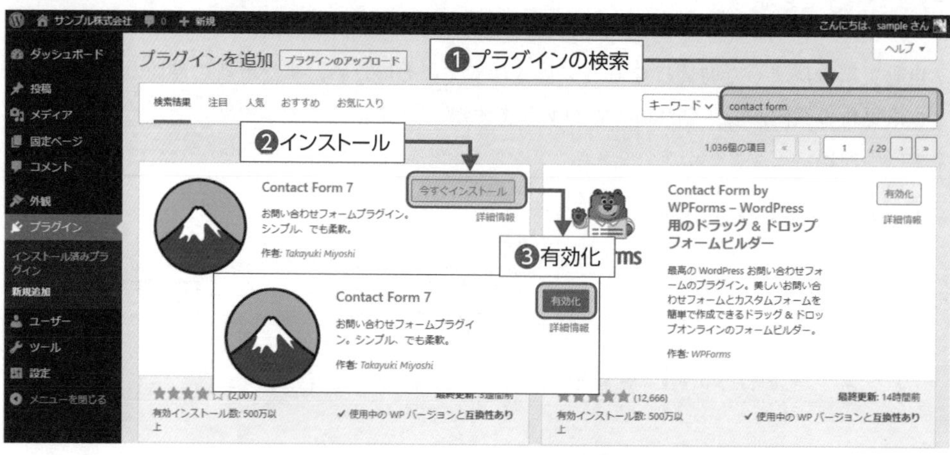

検索→インストール→有効化
の順番だよ

❶プラグインを検索して❷「今すぐインストール」ボタンをクリックするとインストールが始まり、インストールが終わると「有効化」ボタンに変わります。❸「有効化」ボタンをクリックすると有効化（プラグインが起動）されます。

プラグインの選び方

プラグインは世界中の有志が開発していますので、機能や名前の似たプラグインがたくさん存在します。たとえばサイトにメールフォームを設置できるプラグインを「contact form」というキーワードで検索すると、1000件以上のプラグインがヒットします（画面5）。

▼画面5　お問い合わせフォームの検索結果

しかし、設定画面が日本語に対応しているか、使い方がわかりやすいかどうか、といったことも含めると、自分の目的にあったプラグインは決して多くありません。そこで、プラグインを選ぶ際にどこをどのように見ればよいかを解説します。

プラグインを選ぶポイント

プラグインの「詳細情報」をクリックすると、詳細画面がポップアップしますので、右側の欄を見ましょう（画面6）。

▼画面6　プラグインの詳細画面

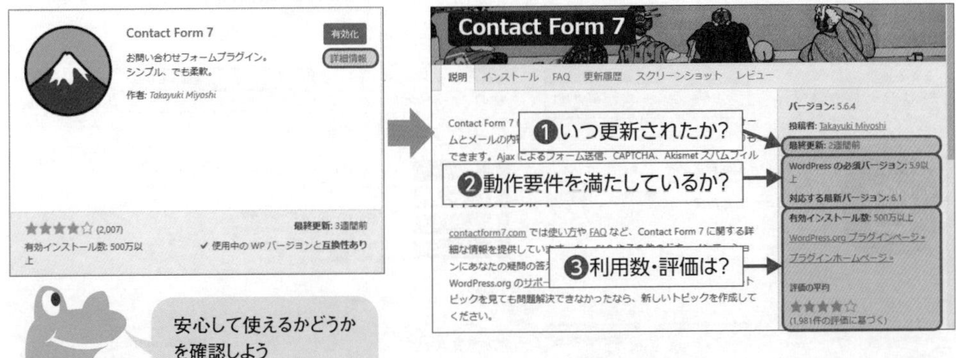

❶「最終更新」を見ると、いつプラグインが最後に更新されたかがわかります。きちんと作者がメンテナンスしているプラグインは、WordPressのコアシステムのアップデートに合わせてプラグインの修正が行われますので、比較的最近まで更新されています。逆に、何年もメンテナンスされていないプラグインは最新のWordPressでは正常に動かなかったりセキュリティの脆弱性が修正されていない可能性がありますので、使用を控えたほうがよいでしょう。

❷「WordPressの必須バージョン」「対応するPHPバージョン」は、プラグインが正常に動作するための最低条件です。レンタルサーバーでWordPressを利用している場合、WordPressをインストールした当時からPHPのバージョン（サーバーによっては変更できない場合があります）を変更しないまま放置していると、月日の経過に伴って多くのプラグインが動作要件を満たさなくなって不具合が発生する可能性が増していきます。WordPressもPHPも最新バージョンにした上で、動作要件を満たすプラグインを選びましょう。

❸「有効インストール数」「評価の平均、評価の件数」は、プラグインが多くのユーザーに支持されているかどうかを判断する指標になります。利用者が多いプラグインは、使い方やトラブル解決のノウハウがインターネット検索で見つかりやすいからです。

もっとザックリと比較するには、ここを見ます（画面7）。安全（緑）･注意（黄色）･危険（赤）で色分けしました。

▼画面7　プラグインの安全度

Contact Form 7
今すぐインストール
詳細情報
お問い合わせフォームプラグイン。シンプル、でも柔軟。
作者: Takayuki Miyoshi
★★★★☆ (1,981)
有効インストール数: 500万以上
最終更新: 2週間前
✓ 使用中の WP バージョンと互換性あり

Contact Form by WPForms – WordPress 用のドラッグ & ドロップフォームビルダー
今すぐインストール
詳細情報
The best WordPress contact form plugin. Drag & Drop online form builder that helps you create beautiful contact forms + custom forms in minutes.
作者: WPForms
★★★★★ (12,233)
有効インストール数: 500万以上
最終更新: 3週間前
使用中の WordPress バージョンで未検証

Forminator – お問合せフォーム、支払いフォーム、カスタムフォームビルダー
今すぐインストール
詳細情報
Best WordPress form builder plugin. Create contact forms, payment forms & order forms with 1000+ integrations.
作者: WPMU DEV
★★★★★ (1,136)
有効インストール数: 300,000+
最終更新: 1日前
✓ 使用中の WP バージョンと互換性あり

Contact Form 7 Database Addon – CFDB7
今すぐインストール
詳細情報
Contact Form 7 のメッセージを保存して管理しましょう。重要なデータを失うことはありません。それは軽量な Contact Form 7 データベースのプラグインです。
作者: Arshid
★★★★★ (1,610)
有効インストール数: 500,000+
最終更新: 20時間前
✓ 使用中の WP バージョンと互換性あり

Password Protect Staging
今すぐインストール
詳細情報
Quickly and eas...
作者: benlumley
★★★★★ (2)
有効インストール数: 100+
最終更新: 8年前
使用中の WordPress バージョンで未検証

XMPP Authentication
今すぐインストール
詳細情報
Allows users to...
作者: Jehan Hysseo
★★★★★ (1)
有効インストール数: 10+
最終更新: 7年前
使用中の WordPress バージョンで未検証

External Database Authentication Reloaded
今すぐインストール
詳細情報
A plugin that a...
作者: Joshua Parker
★★★★★ (2)
有効インストール数: 80+
最終更新: 7年前
使用中の WordPress バージョンで未検証

WP Require Auth
今すぐインストール
詳細情報
This plugin mak...
作者: Johnny Chadda
★★★★★ (1)
有効インストール数: 60+
最終更新: 9年前
使用中の WordPress バージョンで未検証

問題なく使用できていたプラグインが突然使えなくなることがあります。プラグインの名前で検索して公式サイトのダウンロードページを開くと、公開停止の理由が書かれています（画面8）。このような場合は似た機能のプラグインを探しましょう。

▼画面8　公開停止になったプラグイン

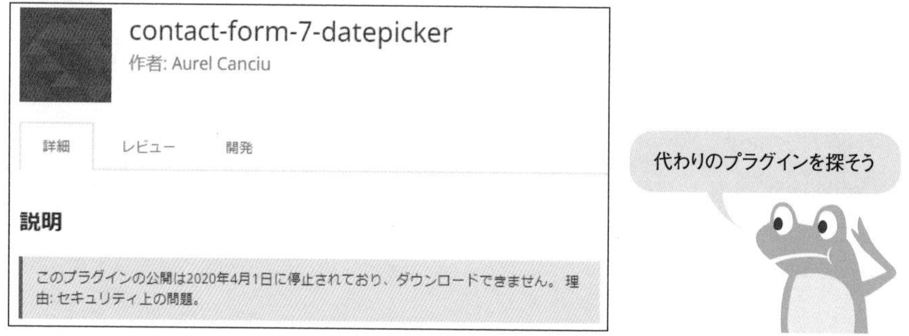

ユーザー

権限グループ

WordPressには5種類の権限グループがあり、全てのユーザーはいずれかの権限を持ちます（表1）。権限が高い順に並べると図のようになります（図1）。

▼表1　ユーザーの権限

権限グループ	できる範囲
管理者	WordPressのすべての機能を利用できる
編集者	他のユーザーを含むすべての投稿の編集・削除・公開ができる
投稿者	自分が作成した投稿のみ編集・削除・公開ができる。 メディアライブラリにアクセスできる。
寄稿者	自分が作成した投稿の編集はできるが公開はできない。 メディアライブラリにアクセスできない。
購読者	自分のプロフィール編集とサイトの閲覧しかできない

図1　権限グループ

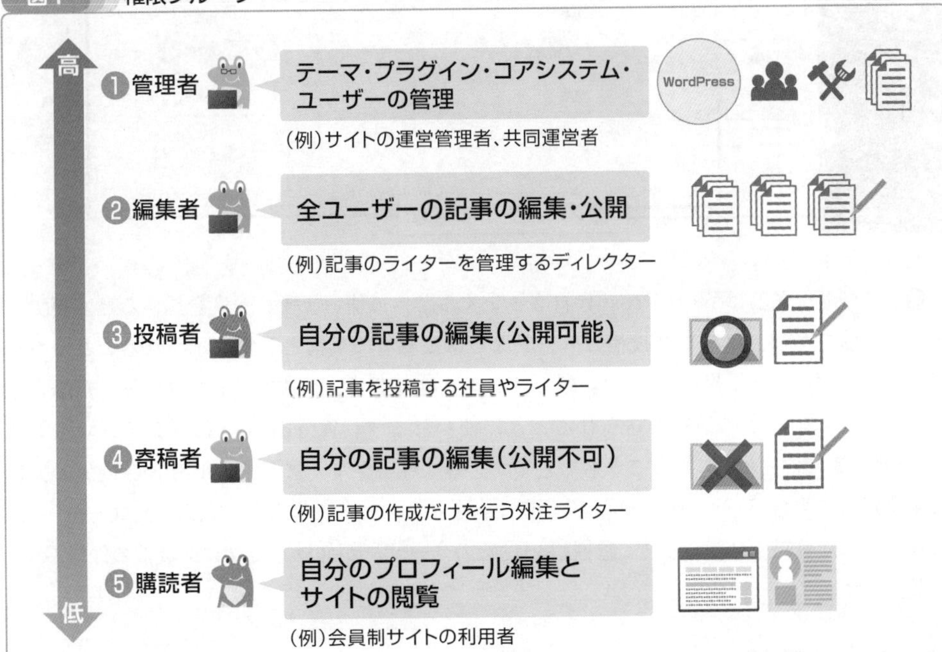

❶プラグインの設定やWordPressのアップデートなど、サイトの管理を行うユーザーには管理者の権限を割り当てます。何でもできる権限ですので、信頼できる人にだけ割り当てましょう。ブログの記事作成を外部のライターなどに委託する場合は、❹ライターに寄稿者の権限を割り当てて記事の作成だけ行ってもらい、❷編集者以上の権限を持つユーザーが記事の内容をチェックして公開を行います。ただし寄稿者は自分で画像をアップロードできませんので、❸画像の挿入も含めて記事を作成してもらいたい場合は投稿者の権限を割り当てます。

❺購読者は自分のプロフィール編集しか行えませんが、会員制のサイトなどでユーザー登録している人しか閲覧できないページを作りたい場合に、会員のユーザーに購読者の権限を割り当てます。

ユーザー一覧画面

管理画面のメニューから［ユーザー］をクリックすると、WordPressに登録されているユーザーの一覧画面が開きます（画面1）。❶ユーザーの追加と❷プロフィールの編集が行えます。

▼画面1　ユーザー一覧画面

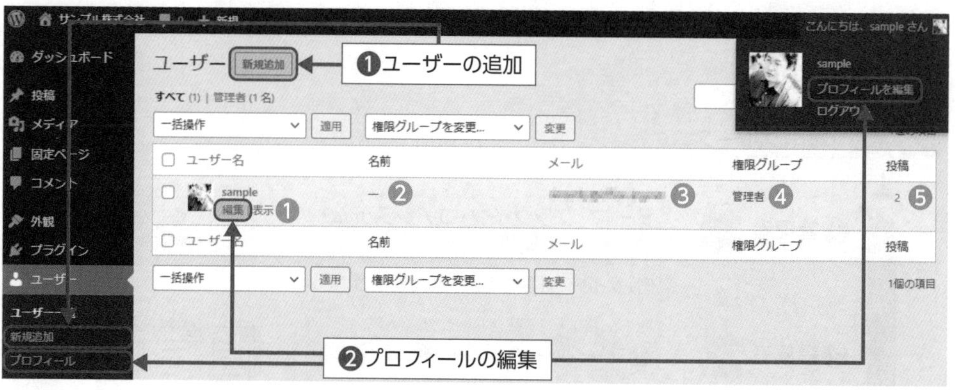

❶「ユーザー名」はWordPressにログインするときに使います。一度登録すると変更できません。❷「名前」はブログ投稿のページなどに投稿者の名前として表示されることがあります（テーマによって異なります）。❸「メール」はログインパスワードを再発行した場合などユーザーに何らかの通知が送られるときに使われます。WordPressにログインするとき「ユーザー名」の代わりに使うこともできます。❹「権限グループ」はWordPress内での操作権限を表します（155ページの表1）。WordPressをインストールするとき入力したユーザーは、管理者として登録されています。❺「投稿」はそのユーザーが作成したブログ投稿の件数（ページ数）です。

ユーザーの追加

画面1の「新規追加」ボタンまたは管理画面のメニューから［ユーザー ＞ 新規追加］をクリックすると、ユーザー登録の画面が開きます（画面2）。

▼画面2　ユーザー登録画面

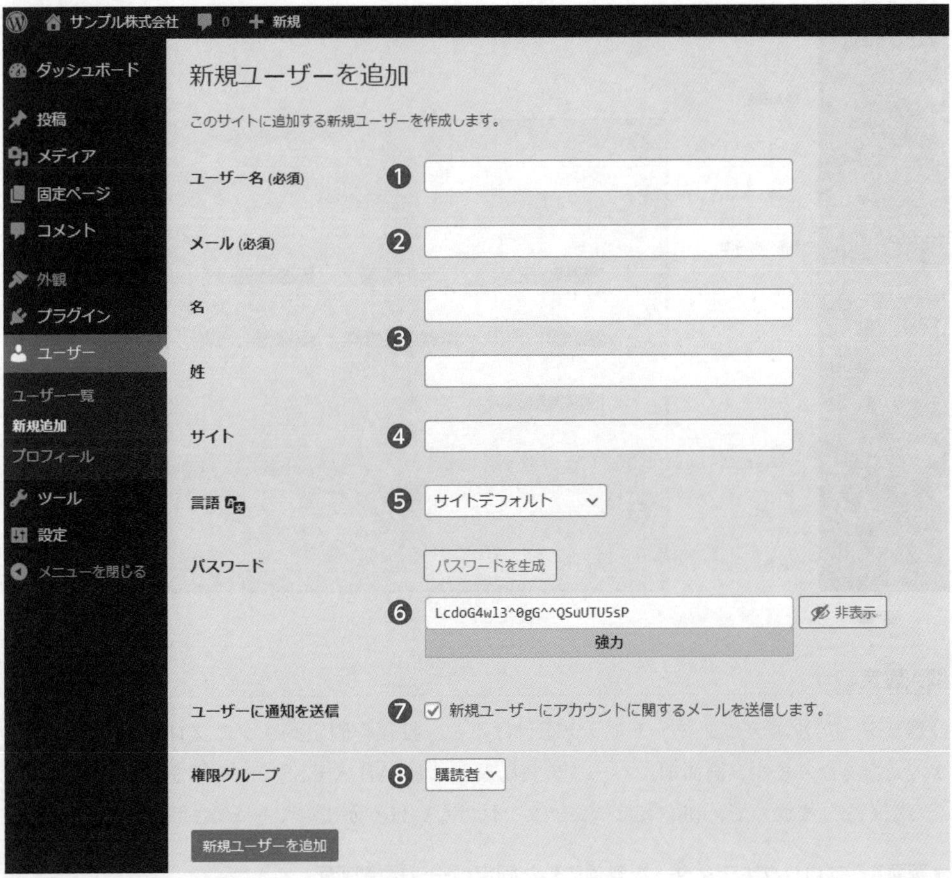

サンプル株式会社　0　新規

ダッシュボード
投稿
メディア
固定ページ
コメント
外観
プラグイン
ユーザー
ユーザー一覧
新規追加
プロフィール
ツール
設定
メニューを閉じる

新規ユーザーを追加

このサイトに追加する新規ユーザーを作成します。

ユーザー名 (必須)	❶	
メール (必須)	❷	
名	❸	
姓		
サイト	❹	
言語	❺	サイトデフォルト
パスワード		パスワードを生成
	❻	LcdoG4wl3^0gG^^QSuUTU5sP　非表示　強力
ユーザーに通知を送信	❼	新規ユーザーにアカウントに関するメールを送信します。
権限グループ	❽	購読者

新規ユーザーを追加

❶ユーザー名…ログインするとき使うユーザー名です。

❷メール…メールアドレスです（ログインするときユーザー名の代わりに使えます)。

❸名・姓…ブログ投稿のページで投稿者の名前として表示することができます。

❹サイト…ユーザーのウェブサイトのURLを登録します。テーマによってはプロフィールページに表示されることがあります。

❺言語…ユーザーの管理画面をどの言語で表示するかを選択します（日本語、英語など)。

❻パスワード…ログインするとき使うパスワードです。

❼通知を送信…ユーザーを登録した際に本人のメールアドレス宛に通知を送るかどうかを指定します。

❽権限グループ…WordPress内での操作権限を選択します。

プロフィールの編集

画面1の「ユーザー名」、「編集」、画面右上の「プロフィールを編集」のいずれかをクリックすると、ユーザーのプロフィール編集画面が開きます（画面3)。

▼画面3　プロフィール編集画面（個人設定）

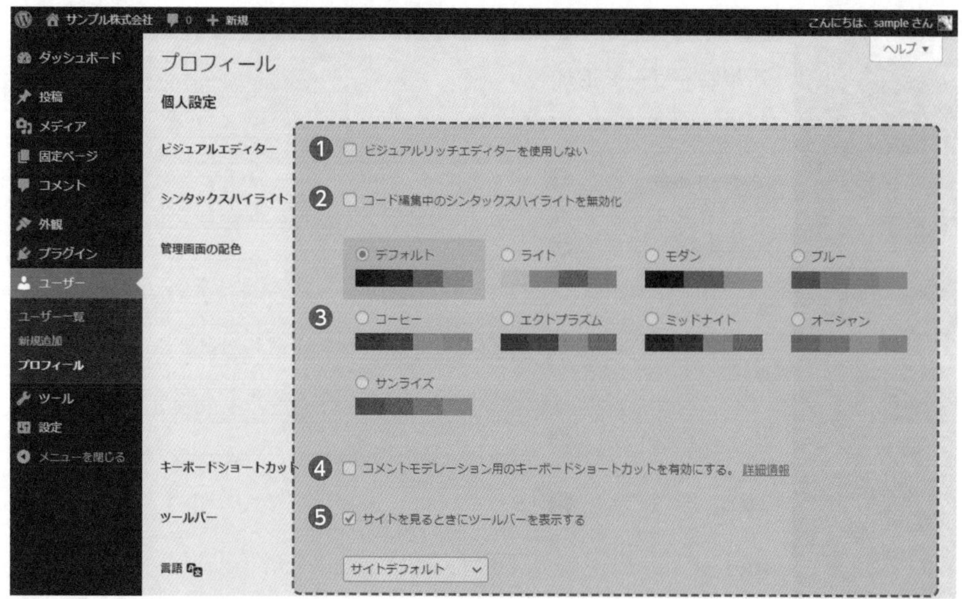

個人設定

❶ビジュアルエディター…チェックを付けると、投稿や固定ページでブロックエディターが使えなくなります（画面4）。ページの装飾などはHTMLやCSSでコードを記述しなければならなくなりますので、初心者はチェックを付けないほうがよいでしょう。

▼画面4　ブロックエディターを無効にした固定ページ編集画面

下書

サンプルページ

```
<!-- wp:paragraph -->
<p>これはサンプルページです。同じ位置に固定され、(多くのテーマでは) サイトナビゲーションメニューに含まれる点がブログ投稿とは異なります。まずは、サイト訪問者に対して自分のことを説明する自己紹介ページを作成するのが一般的です。たとえば以下のようなものです。</p>
<!-- /wp:paragraph -->
```

❷シンタックスハイライト…チェックを付けるとテンプレートの編集画面（167ページ）で要素ごとに色が付いてわかりやすくなります（画面5）。

▼画面5　シンタックスハイライト

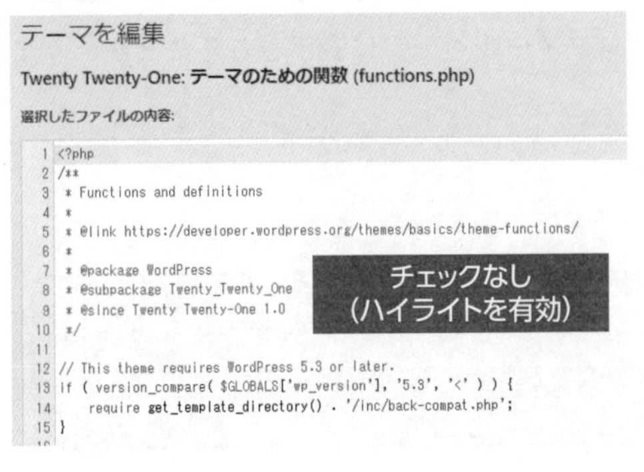

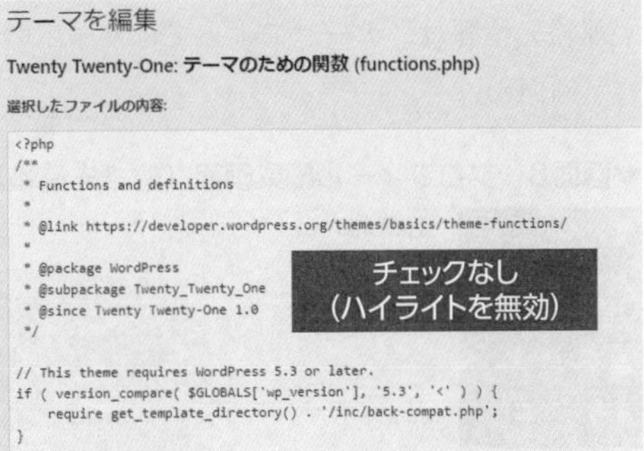

❸管理画面の配色…ユーザーごとに管理画面の配色を指定することができます。

❹キーボードショートカット…チェックを付けると、旧式のエディター（クラシックエディター）で見出しやリンクの挿入などがショートカットキーで行えるようになります。

❺ツールバー…チェックを付けると、WordPressにログインしたままサイトを開くと画面の上側にツールバーが表示され、編集画面への移動やログアウトなどが行えます（画面6）。

▼画面6　ツールバー

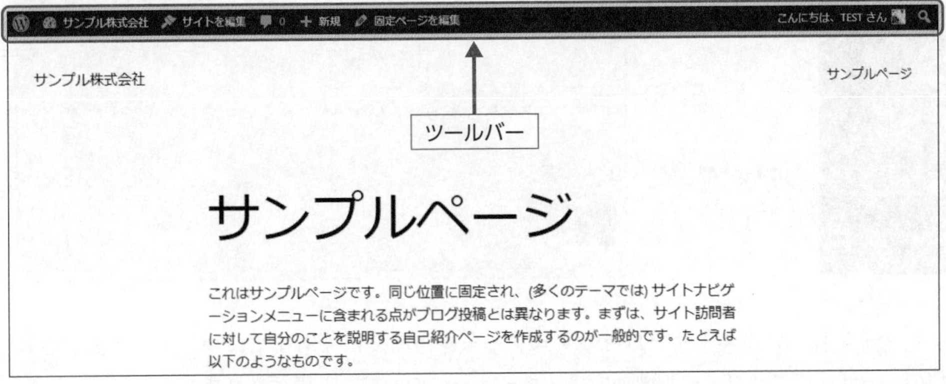

名前

❻ニックネーム…「ユーザー名」や「名・姓」の代わりに、ブログ投稿のページで投稿者の名前として表示することができます（画面7）。

▼画面7　プロフィール編集画面（名前）

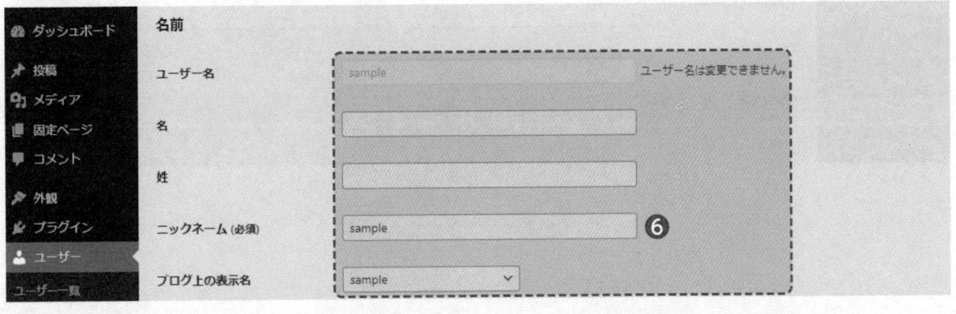

連絡先情報

連絡先情報は、テーマによってはサイトのプロフィールページに表示されることがあります（画面8）。

▼画面8　プロフィール編集画面（連絡先情報）

あなたについて

プロフィールの写真と自己紹介文は、テーマによってはサイトのプロフィールページに表示されることがあります（画面9）。

▼画面9　プロフィール編集画面（あなたについて）

ログインしているユーザー自身のプロフィール画面では「あなたについて」と表示され、他のユーザーのプロフィール画面では「ユーザーについて」と表示されます。

アカウント管理

パスワードの再設定とログアウトが行えます（画面10）。

▼画面10　プロフィール編集画面（アカウント管理）

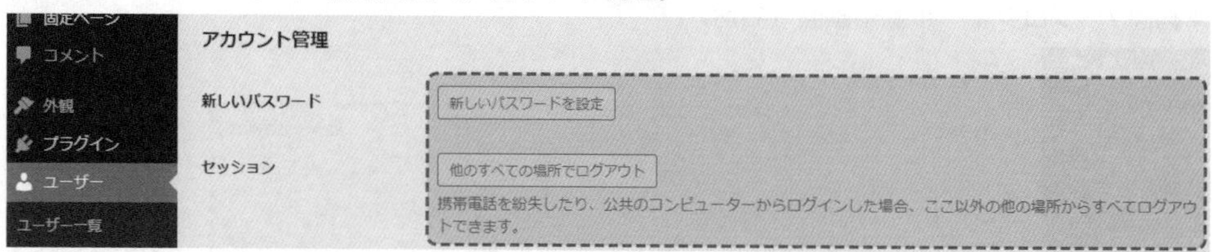

ツール

ツール

管理画面のメニューから［ツール］をクリックすると、各種ツールを利用できる画面が開きます（画面1）。カテゴリーとタグを相互に変換するツールしかありませんが、将来増えるかもしれません。

▼画面1　カテゴリーとタグの変換ツール

サンプル株式会社　0　＋ 新規　こんにちは、sample さん

ダッシュボード
投稿
メディア
固定ページ
コメント
外観
プラグイン
ユーザー
ツール
利用可能なツール
インポート
エクスポート
サイトヘルス 1
個人データのエクスポート
個人データの消去
テーマファイルエディター
プラグインファイルエディター

ツール　ヘルプ ▼

カテゴリーとタグの変換ツール

カテゴリーをタグに、またはタグをカテゴリーに変換するには、「インポート」画面のカテゴリーとタグの変換ツールをご利用ください。

インポート

WordPress は別のシステムの投稿やコメントをこのサイトにインポートできます。作業を始めるには下方からインポート元のシス

Blogger 今すぐインストール | 詳細	Blogger ブログから投稿やコメント、ユーザーをインポートします。
LiveJournal 今すぐインストール | 詳細	LiveJournal から API を利用して投稿をインポートします。
Movable Type と TypePad 今すぐインストール | 詳細	Movable Type または TypePad ブログから投稿とコメントをインポートします。
RSS 今すぐインストール | 詳細	RSS フィードから投稿をインポートします。
Tumblr 今すぐインストール | 詳細	Tumblr から API を利用して投稿とメディアファイルをインポートします。
WordPress 今すぐインストール | 詳細	WordPress エクスポートファイルから投稿、ページ、コメント、カスタムフィール
カテゴリーとタグの変換ツール 今すぐインストール | 詳細	選択した既存のカテゴリーをタグに、タグをカテゴリーに変換します。

❶変換ツールをインストール

カテゴリー・タグ変換ツール インポーターの実行	既存のカテゴリーをタグに変換します。または既存のタグをカテゴリーに変換します。

❷インポーターを実行

Categories, Tags and Formats Converter

Categories　Tags　Formats

こんにちは！このコンバーターは既存のカテゴリーを選択してタグに変換します。…クをして、変換ボタンをクリックしてください。

注意: 親カテゴリーを変換すると、その子カテゴリーの階層関係設定が削除され、…

☑ お知らせ (1)
☐ 未分類 (1)

Convert Categories

❸「カテゴリー→タグ」「タグ→カテゴリー」を選択

❹チェックをつけて変換を実行

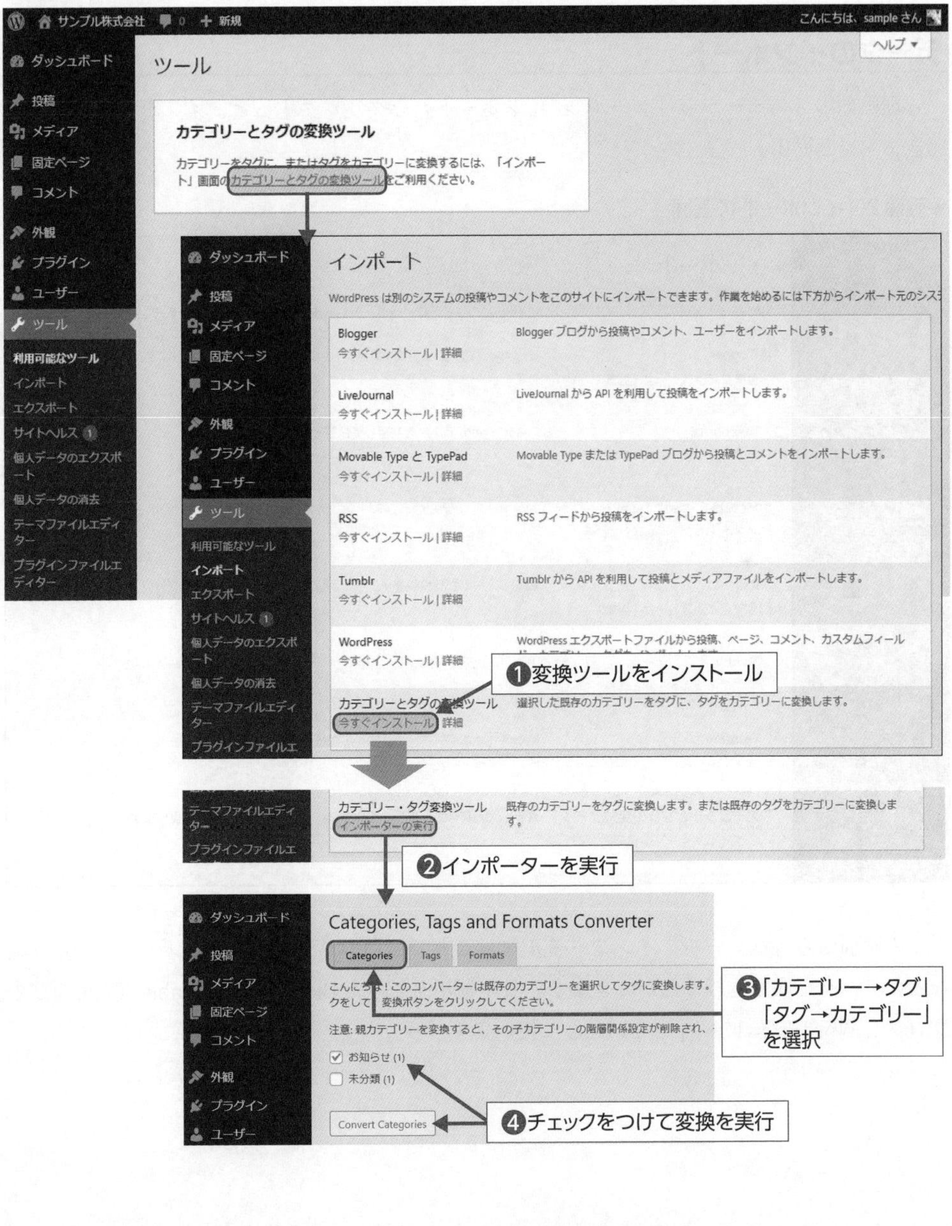

画面1の❶「変換ツールをインストール」をクリックすると、ツールがインストールされます。❷「インポーターの実行」をクリックすると、ツールの画面が表示されます。

❸カテゴリーをタグに変換したいときは「Categories」タブをクリックします。タグをカテゴリーに変換したいときは「Tags」タブをクリックします。

❹変換したいカテゴリー（またはタグ）にチェックをつけてボタンをクリックすると変換が行われます。

多くの記事を投稿したブログで、カテゴリーとタグを整理（よく記事が読まれているタグをカテゴリーに変更するなど）したいときに便利なツールです。

データのインポート

管理画面のメニューから［ツール ＞ インポート］をクリックすると、インポートの画面が開きます（画面2）。

▼画面2　インポートの画面

この画面から各種ツールをインストールすることで、別のWordPressやシステムから投稿などのデータを取り込むことができます。長年運用してきたBloggerやMovable Typeなどのブログを WordPressに移行したいときに使います。

データのエクスポート

管理画面のメニューから［ツール > エクスポート］をクリックすると、エクスポートの画面が開きます（画面3）。

▼画面3　エクスポートの画面

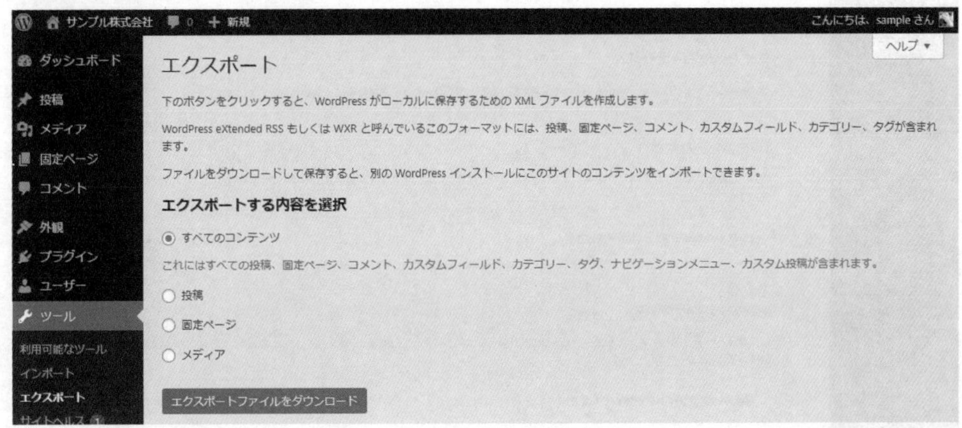

この画面では、投稿・固定ページ・メディアのデータをファイルに保存することができます。保存したファイルは、インポートの画面を使って別のWordPressに取り込むことができますが、サイトのデザインやテンプレート、プラグイン、テーマをカスタマイズした内容などは含まれません。あくまでも記事の内容だけです。

サイトヘルス

管理画面の左メニューから［ツール > サイトヘルス］をクリックすると、サイトヘルスの画面が表示されます（画面4）。この画面には、セキュリティ上のリスクやサイトのパフォーマンスなどWordPressの設定に関する注意が表示されますので、可能な限り対処を行いましょう。

表示される内容はサイトの環境によって異なり、サーバーの性能など簡単に改善できないこともありますが、次の内容はすぐに改善できます。

・WordPressを最新バージョンに更新する
・停止中のプラグインを削除する
・停止中のテーマを削除する

テーマの削除はメニューの［外観 > テーマ］（145ページ）、プラグインの削除は［プラグイン > インストール済みプラグイン］（150ページ）から行います。

▼画面4　サイトヘルスの画面

ポイント　停止中のテーマやプラグインを削除したほうがよい理由

使わないものをサーバーに置いておくと、セキュリティ事故が起きたときマルウェア（悪意のあるプログラム）の隠し場所に利用され、被害が大きくなる可能性があります。

個人データのエクスポート

管理画面のメニューから［ツール ＞ 個人データのエクスポート］をクリックすると、個人データのエクスポート画面が表示されます（画面5）。

▼画面5　個人データのエクスポート画面

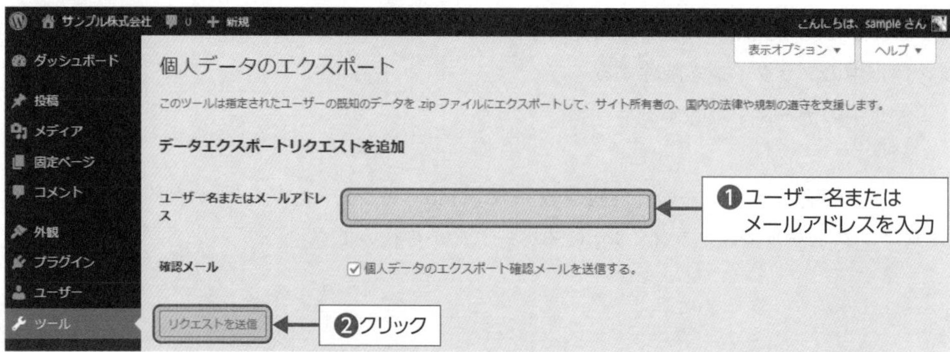

この画面では、WordPressとプラグインによって収集されたユーザーの個人データをZIP形式のファイルでダウンロードすることができます。

画面5で❶個人データをエクスポートしたいユーザー名またはメールアドレスを入力して❷「リクエストを送信」ボタンをクリックすると、エクスポートの実行を促すメールが届きます。❸ユーザーがメールのリンクをクリックすると確認が完了し、管理画面から個人データをダウンロードできるようになります（画面6）。

▼画面6　個人データのダウンロード

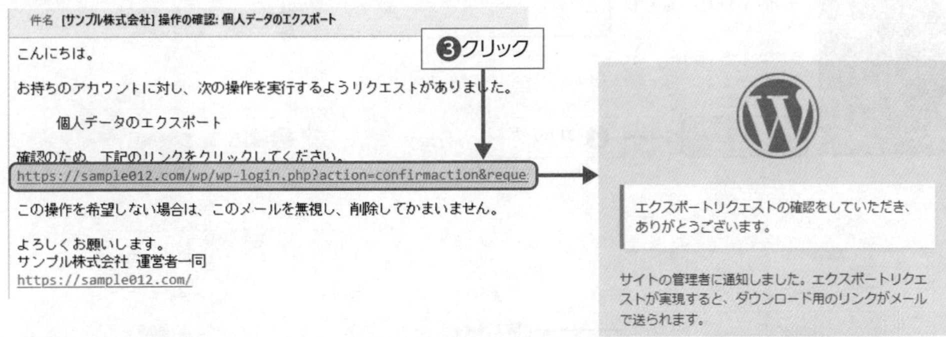

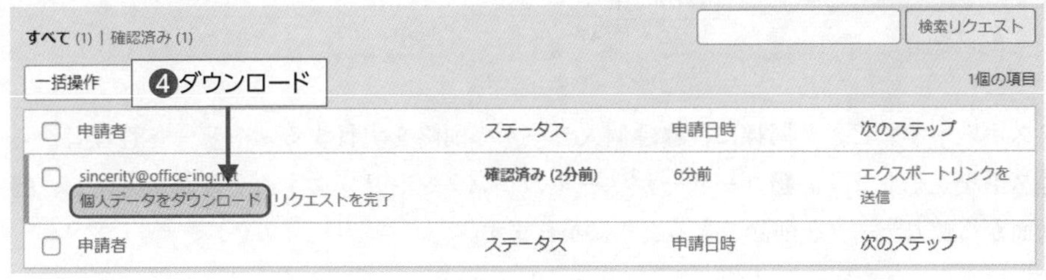

❹「個人データをダウンロード」をクリックすると、ユーザーのプロフィール情報や、ユーザーがアップロードした画像のリンクなどが記載されたHTMLファイルがダウンロードされます（画面7）。

▼画面7　ダウンロードした個人データ

ユーザー

ユーザーのプロフィールデータ。

ユーザー ID	[illegible]
ユーザーのログイン名	[illegible]
ユーザーのニックネーム	[illegible]
ユーザーのメールアドレス	[illegible]

個人データの削除

個人データを削除するには、［ツール ＞ 個人データの削除］から行います（画面8）。

▼**画面8　個人データの削除**

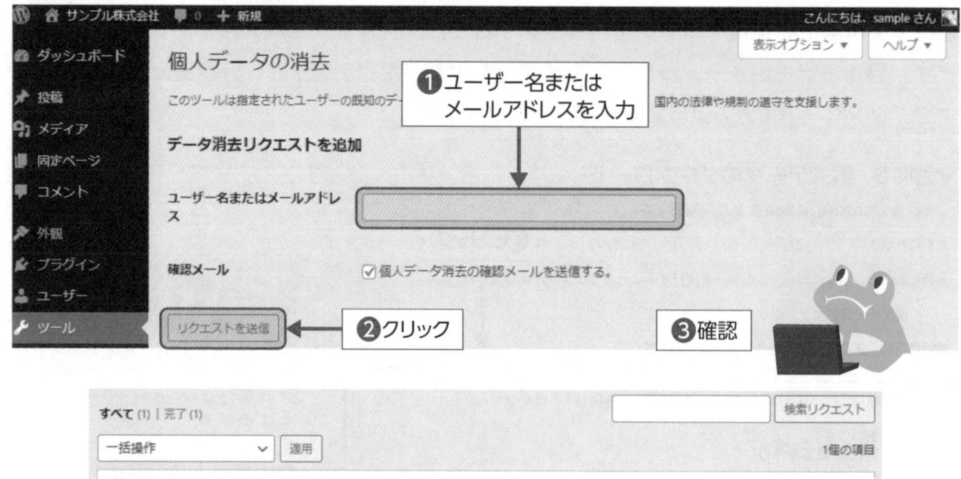

エクスポートするときと同様に、❶❷個人データの削除を実行するユーザーへ管理者からリクエストを送信します。❸ユーザーがメールのリンクをクリックすると確認が完了し、❹管理画面から個人データを削除できるようになります。

コラム

個人データのエクスポートや削除は何のため？

国際的なプライバシー規則や日本国内の法律（個人情報保護法など）により、サイトがどのような個人情報を収集・共有しているかをユーザーのリクエストに応じて開示し、ユーザー自身が個人情報の複製・削除を行える手段を提供することが求められる場合があります。個人データのエクスポートや削除はそのための機能です。

ただし、プラグインやサーバーの設定で行ったバックアップデータに含まれる個人情報はエクスポートと削除の対象外ですので、ユーザーの個人情報がサイトから削除されてもサイト管理者がバックアップデータを復元すれば元に戻ってしまいます。サイト管理者には、バックアップデータの扱いについてユーザーの意思を尊重することが求められます。

テーマファイルエディター

フルサイト編集に対応したテーマを有効化している場合、メニューに［ツール > テーマファイルエディター］が表示されます。クリックすると、テーマのテンプレートファイルやスタイルシート（CSS）を編集する画面が開きます（画面9）。

▼画面9　テーマファイルの編集画面

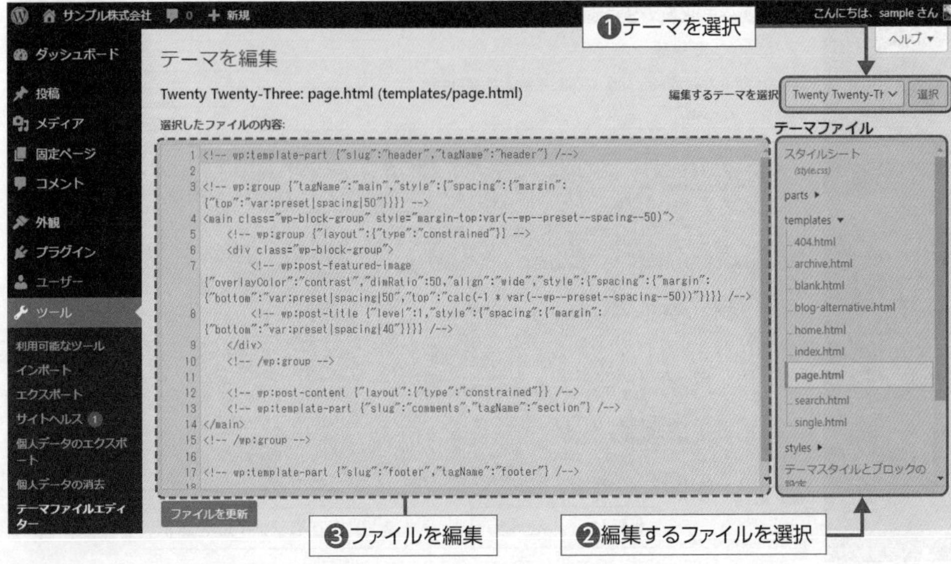

❶❷編集したいテーマとファイルを選択し、❸のエディターでファイルの内容を編集することができます。

ポイント　テンプレートの直接編集は非推奨！

テンプレートを編集してPHPの文法を間違えたりインターネットで見つけたコードを不用意に貼り付けると、サイトが表示されなくなったり、編集するファイルによってはWordPressにログインできなくなったり、ブロックエディターが開けなくなったりします。

また、テーマをアップデート（更新）するとテンプレートファイルは全て最新版のファイルに置き換わりますので、編集していた内容は元に戻ってしまいます。フルサイト編集に対応したテーマを使う場合は、なるべくブロックエディターでカスタマイズしましょう。ブロックエディターで編集した内容はテンプレートファイルに直接書き込まれるのではなくデータベースに保存されますので、テーマを更新してもカスタマイズした内容が消えないからです。

プラグインファイルエディター

フルサイト編集に対応したテーマを有効化している場合、メニューに［ツール > プラグインファイルエディター］が表示されます。クリックすると、インストールしているプラグインのプログラムを編集する画面が開きます（画面10）。

▼画面10　プラグインの編集画面

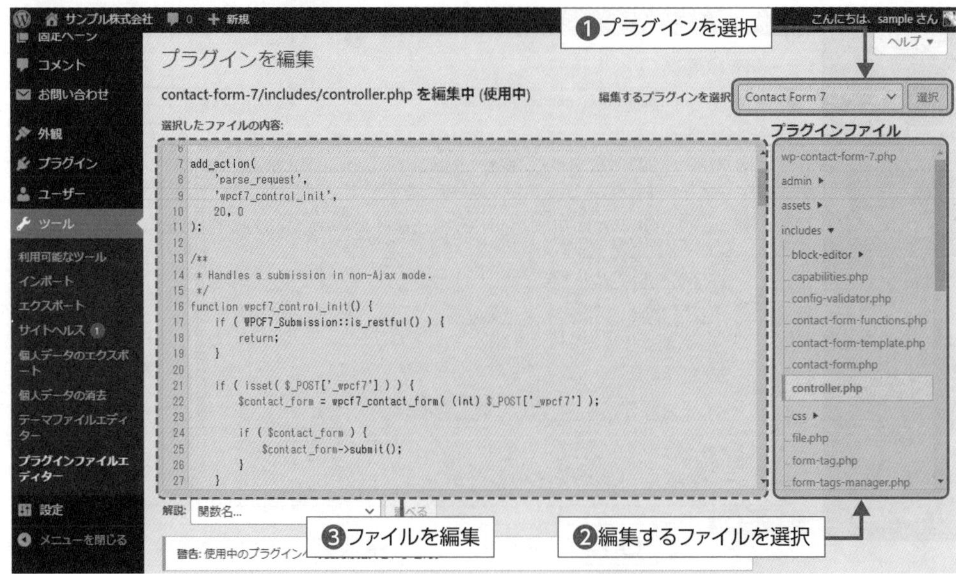

プログラミング経験者
向けの画面だよ

❶❷編集したいプラグインとファイルを選択し、❸のエディターでファイルの内容を編集することができます。

ポイント　プラグインの直接編集は非推奨！

テーマと同じ理由で、プラグインのファイルを直接編集することはお勧めできません。プラグインを更新（アップデート）すると、編集した内容は元に戻ってしまうからです。プログラムを無理やり変更しなければ欲しい機能が得られない場合は、目的に合ったプラグインを探して取り替えることを検討しましょう。

設定

一般設定

管理画面のメニューから［設定］をクリックすると、一般設定の画面が開きます（画面1）。ここでは、サイトのタイトルやキャッチフレーズ、サイトのアドレスなどが設定できます。

▼画面1　一般設定

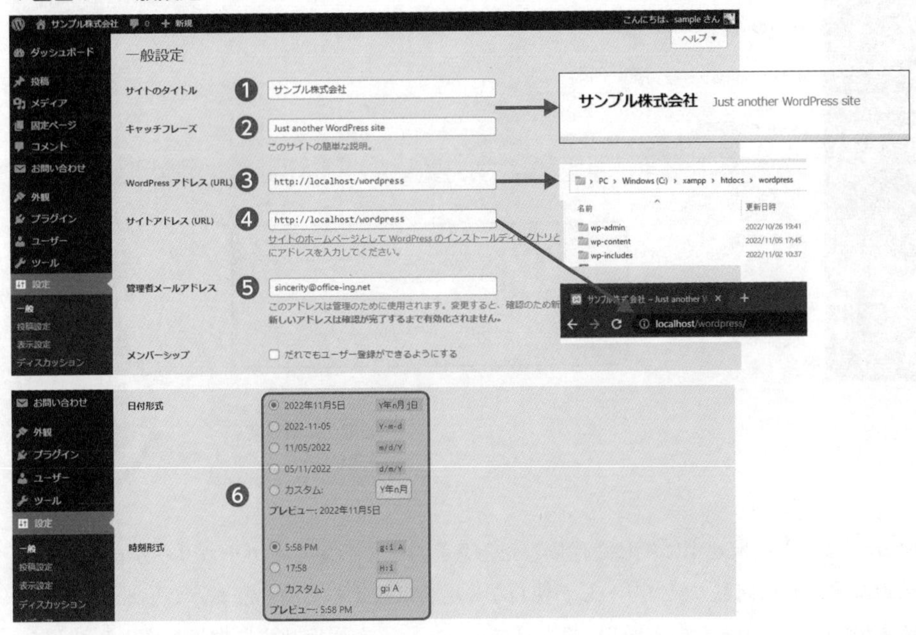

❶サイトのタイトルは通常、サイトの上部に表示されますが、フルサイト編集に対応したテーマなら、画像に置き換えてロゴマークを掲載することもできます。

❷キャッチフレーズは通常、サイトのタイトルの近くに表示されますが、デフォルトではキャッチフレーズを表示しないテーマもあります。

❸WordPressアドレス（URL）はWordPressをインストールした場所を指します。間違った場所に書き換えるとWordPressが起動しなくなりますので、注意しましょう。

❹サイトアドレス（URL）はWordPressをインストールした場所とは異なるアドレスでサイトを公開したい場合に変更します。

❺管理者メールアドレスにはWordPressのコアシステムやプラグインから様々な通知が届きます（更新の案内、障害発生時の通知、ログインを検知した場合の通知など）。

これらのほかに、サイト上から不特定多数のユーザー登録を許可するかどうかや、その場合の権限グループ、管理画面の言語（日本語、英語など）や、❻サイトに表示される日時の形式などが設定できます。

投稿設定

管理画面のメニューから［設定 > 投稿設定］をクリックすると、投稿設定の画面が開きます（画面2）。ここでは、投稿のカテゴリーやフォーマットの初期設定、メールから投稿する場合のメールサーバー情報の設定が行えます。

▼画面2　投稿設定

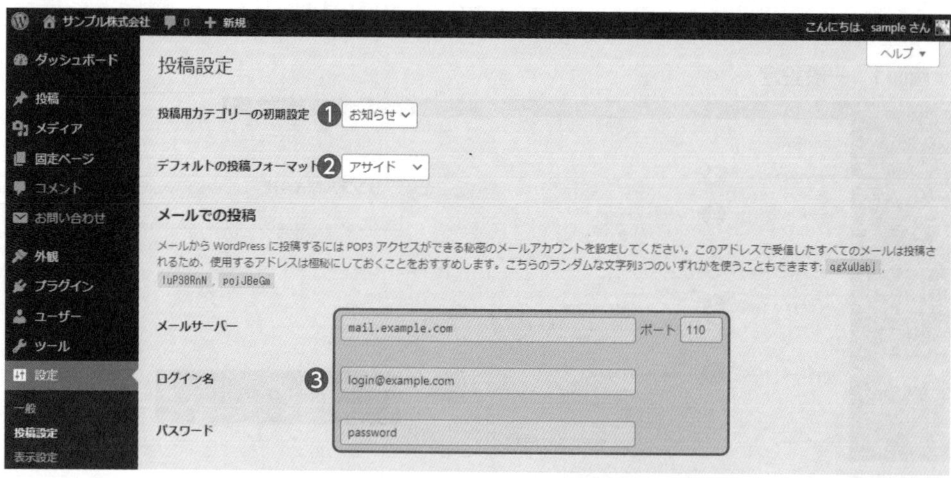

❶カテゴリーを選択せずに投稿を作成したとき、ここで設定したカテゴリーが自動的に割り当たります。常に同じカテゴリーしか使わない場合は設定しておくとよいでしょう。

❷投稿画面（126ページの画面3）で投稿フォーマットを選択せずに投稿を作成したとき、ここで設定した投稿フォーマットが自動的に割り当たります。常に同じ投稿フォーマットしか使わない場合は設定しておくとよいでしょう。テーマによっては、投稿フォーマットごとにテンプレートが分かれており、投稿フォーマットに応じてページの見た目が変わることがあります。

❸メールサーバーとメールアカウントを設定すると、管理画面を使わずにメールから投稿を作成することができます。

ポイント　メールでの投稿はセキュリティリスクが伴う

メールでの投稿にはXML-RPCという通信方法が使われます。XML-RPCは不正アクセスの手段として悪用されることが多く、攻撃が成功するとユーザーの情報が盗まれたりサイトの改ざん（被害を拡大するコードの挿入など）が行われる可能性があります。メールでの投稿を使わない場合は、XML-RPCを利用する通信経路を完全に閉じてしまうことを強く推奨します（プラグインを利用した方法を333ページで解説します）。

表示設定

管理画面のメニューから［設定 > 表示設定］をクリックすると、表示設定の画面が開きます（画面3）。ここでは、サイトのトップページの表示方法や、1ページに表示するブログ投稿の最大件数などを設定できます。

▼画面3　表示設定

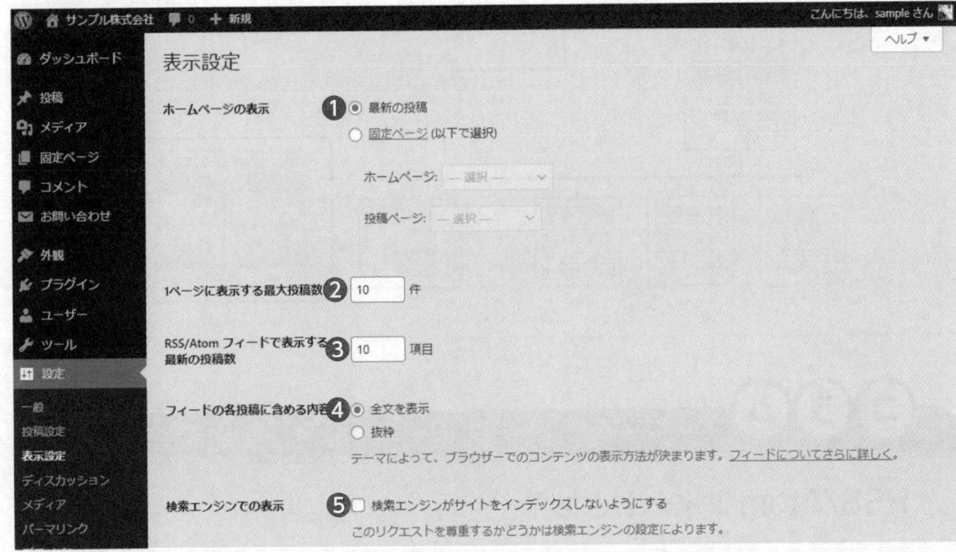

❶「最新の投稿」を選択すると、サイトのトップページがブログ投稿の一覧になり、最新の投稿が1ページにつき❷で設定した数だけ表示されます。「固定ページ」を選択すると、「ホームページ」に選択した固定ページがサイトのトップページになります。このとき、「投稿ページ」に別の固定ページを選択すると、選択したページにブログ投稿の一覧が表示されます。

❸WordPressが配信しているRSS/Atomフィード（172ページ）に最大何件まで投稿を含めるか、❹投稿の全文を含めるのか抜粋だけを含めるかを設定します。

❺チェックをつけると、インターネット検索システムのロボットがサイトを巡回するのを防ぐことができます。構築途中やテスト用のサイトでインターネット検索に載せたくないときはチェックをつけましょう。逆に、サイトを公開するときは忘れずにチェックを外しましょう。

ホームページにブログを追加するには？

サイト全体をブログにするのではなく、ホームページ風のトップページとは別にブログを併設したい場合、次のようにします。

トップページを固定ページで作成して❶の「ホームページ」に割り当てます。それとは別に、空の固定ページを作成して❶の「投稿ページ」に割り当てます。すると、投稿ページに割り当てた固定ページがブログ投稿の一覧になり、ブログがついたホームページになります（図1）。

図1 ブログを併設したホームページ

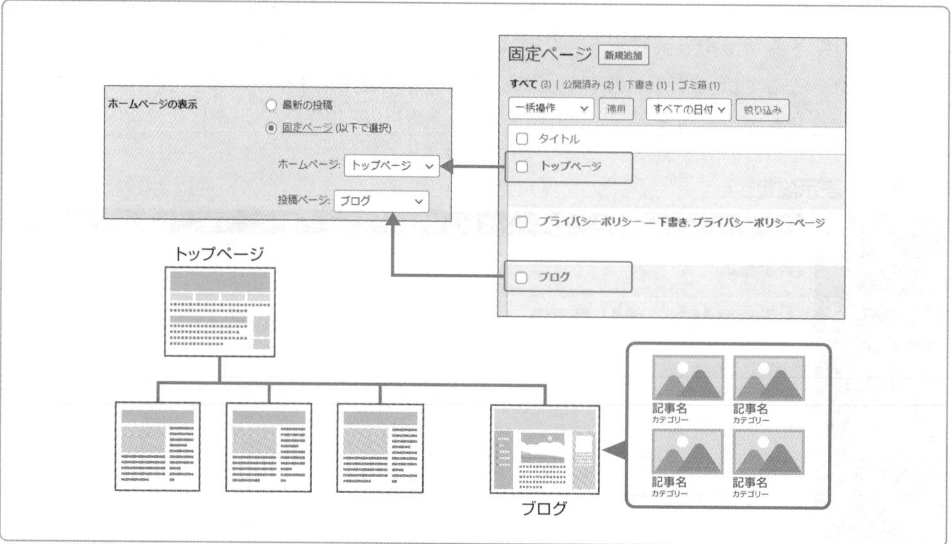

コラム

RSS/Atomフィードとは？

RSS/Atomフィードとは、ニュースサイトなどが配信している更新情報や記事の概要のことです。RSSを受信すれば、ブログの最新記事を読むためにわざわざサイトにアクセスしなくても済むというメリットがあります。「feedly」「QuiteRSS」などのRSS購読ツールを利用すると、配信された最新情報の中から中から欲しいものだけを購読すればよいので、無駄が省けます。

WordPressは自動的にフィードを配信しており、サイトのアドレスの後ろに「/feed」をつけてアクセスすると、フィードの生データを見ることができます（画面）。

▼画面　WordPressのフィード

localhost/wordpress/feed/


```
<?xml version="1.0" encoding="UTF-8"?><rss version="2.0"
	xmlns:content="http://purl.org/rss/1.0/modules/content/"
	xmlns:wfw="http://wellformedweb.org/CommentAPI/"
	xmlns:dc="http://purl.org/dc/elements/1.1/"
	xmlns:atom="http://www.w3.org/2005/Atom"
	xmlns:sy="http://purl.org/rss/1.0/modules/syndication/"
	xmlns:slash="http://purl.org/rss/1.0/modules/slash/"
	>

<channel>
	<title>サンプル株式会社</title>
	<atom:link href="http://localhost/wordpress/feed/" rel="self" type="application/rss+xml" />
	<link>http://localhost/wordpress</link>
	<description>Just another WordPress site</description>
	<lastBuildDate>Wed, 02 Nov 2022 12:02:00 +0000</lastBuildDate>
	<language>ja</language>
	<sy:updatePeriod>
	hourly	</sy:updatePeriod>
	<sy:updateFrequency>
	1	</sy:updateFrequency>
	<generator>https://wordpress.org/?v=6.1</generator>
	<item>
		<title>年末年始休暇のお知らせ</title>

<link>http://localhost/wordpress/2022/11/01/%e5%b9%b4%e6%9c%ab%e5%b9%b4%e5%a7%8b%e4%bc%91%e6%9a%87%e3%81%ae%e3%81%8a%e7%9f%a5%e3%82

<comments>http://localhost/wordpress/2022/11/01/%e5%b9%b4%e6%9c%ab%e5%b9%b4%e5%a7%8b%e4%bc%91%e6%9a%87%e3%81%ae%e3%81%8a%e7%9f%a5%e
omments>

		<dc:creator><![CDATA[sample]]></dc:creator>
		<pubDate>Tue, 01 Nov 2022 12:19:24 +0000</pubDate>
				<category><![CDATA[お知らせ]]></category>
		<guid isPermaLink="false">http://localhost/wordpress/?p=20</guid>

					<description><![CDATA[2022/12/28～2023/01/03]]></description>
										<content:encoded><![CDATA[
<p class="has-text-align-center"><strong>2022/12/28～2023/01/03</strong></p>
```

外部に配信される投稿の内容

ディスカッション

管理画面のメニューから［設定 > ディスカッション］をクリックすると、ディスカッションの設定画面が開きます（画面4）。ここでは、コメントに関する設定を行います。

▼画面4　ディスカッションの設定

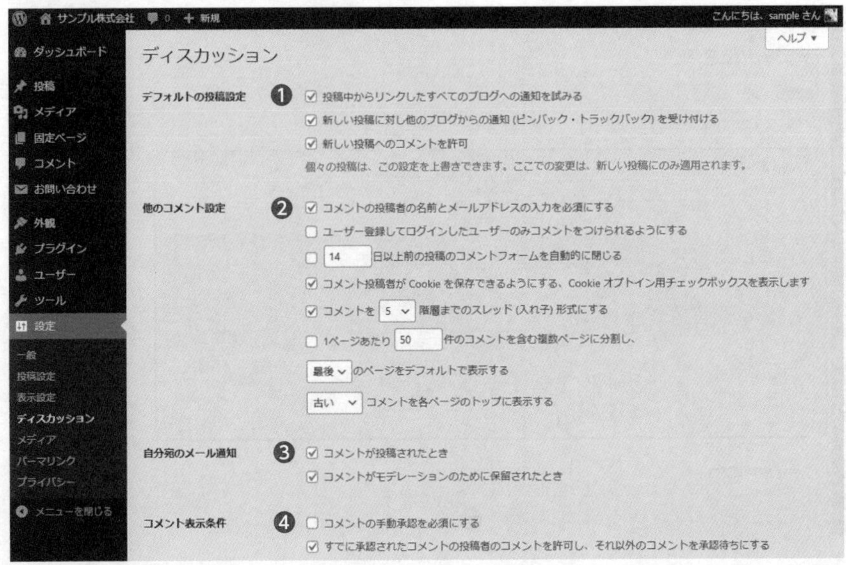

❶「新しい投稿へのコメントを許可」にチェックをつけると、新しい投稿にコメント欄がつきます。チェックを外すと新しい投稿にコメント欄がつきません。この設定は、既に作成済みの投稿には反映されませんので、投稿の編集画面から手動でチェックを行う必要があります（画面5）。

❷「コメントの投稿者の名前とメールアドレスの入力を必須にする」にチェックをつけると、匿名でのコメントができなくなります。トラブル防止のためチェックをつけておくことを推奨します。

❸自分の投稿にコメントが書き込まれたときメールで通知を受け取るかどうかを指定します。「モデレーションのために保留」というのは、❹で管理者が承認するまでコメントが公開されない設定（承認制）にした場合に、管理者がコメントを保留扱いにすることを指します。

▼画面5　コメント欄の手動設定

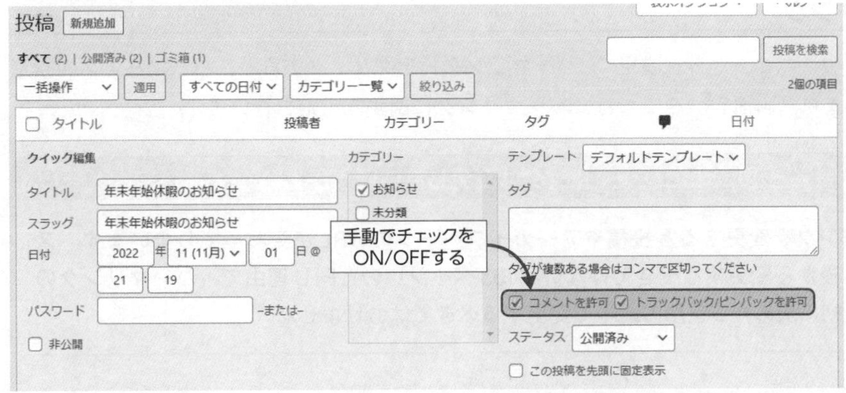

メディア

管理画面のメニューから［設定 > メディア］をクリックすると、メディアの設定画面が開きます（画面6）。ここでは、メディアライブラリに関する設定を行います。

▼画面6　メディアの設定

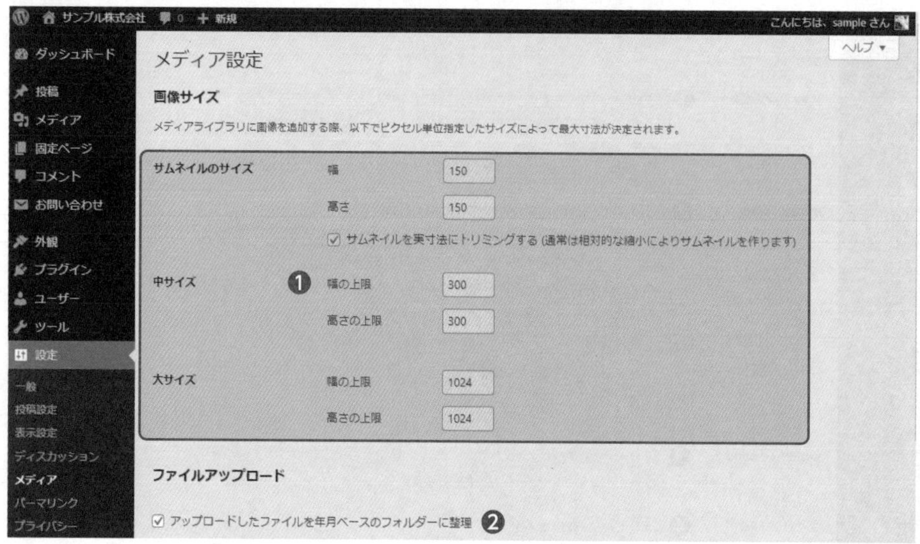

メディアライブラリに画像をアップロードすると、元の画像ファイルとは別に、いくつかのサイズに変更された画像ファイルがサーバー内へ自動的に生成されます。同じ画像でも、設置する場所の広さに応じてWordPressが適切なサイズの画像を選んで表示してくれます。

❶では、「サムネイル」「中」「大」の3種類のサイズを変更することができます。サイトのパフォーマンスを最適化したいとき調整するとよいでしょう。

また、初期設定の「年月ベースのフォルダーに整理」では、アップロードしたメディアはアップロードした年月に応じたフォルダに分かれてサーバー内に保存されます。❷のチェックを外すと、それ以降にアップロードしたメディアは全て同じフォルダに保存されるようになります。

パーマリンク

管理画面のメニューから［設定 > パーマリンク］をクリックすると、パーマリンクの設定画面が開きます（画面7）。ここでは、パーマリンクに関する設定を行います。

ポイント　一度決めたパーマリンクは変更しないほうがよい

パーマリンクを変更すると投稿やアーカイブページのURLが変わってしまいます。スラッグを後から変更するべきではない（133ページ）のと同じ理由で、パーマリンクの書式は最初に決めたら運用の途中で変更するべきではありません。

▼画面7　パーマリンクの設定

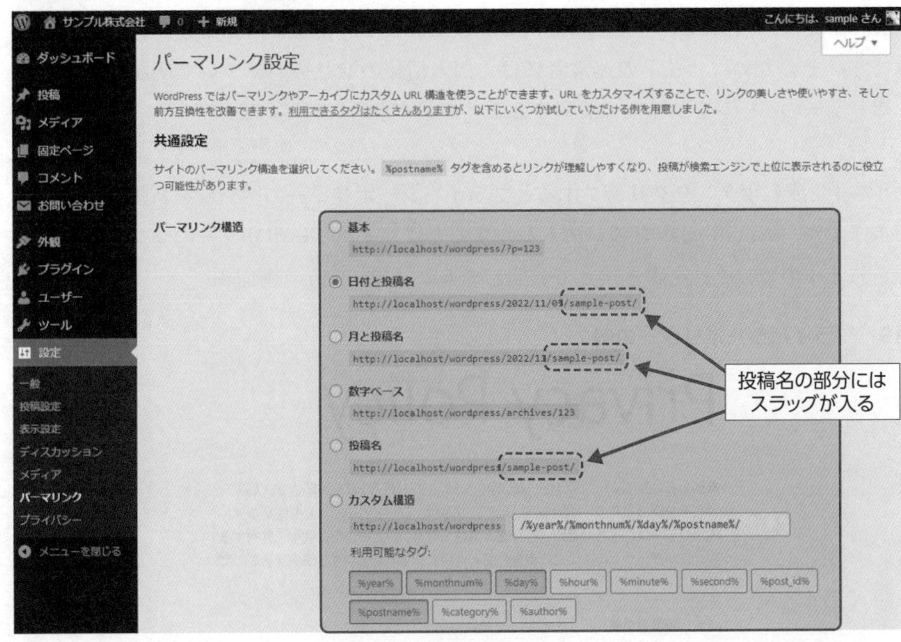

「sample-post」の部分には投稿名（投稿のスラッグのこと）が入ります。投稿名を含む設定にしておくと、投稿や固定ページの編集画面でスラッグを編集できるようになります。

プライバシー

管理画面のメニューから［設定 > プライバシー］をクリックすると、プライバシーの設定画面が開きます（画面8）。ここでは、サイトのプライバシーに関する設定を行います。

▼画面8　プライバシーの設定

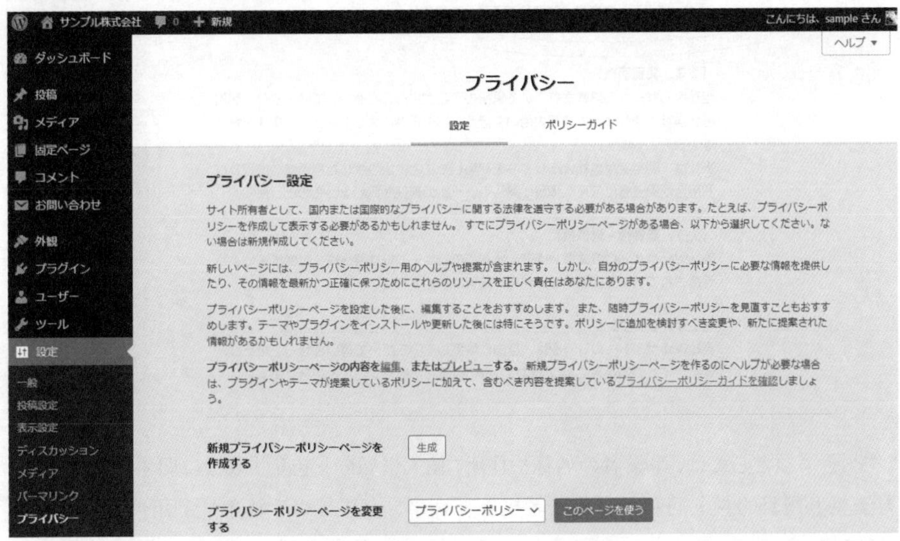

ウェブサイトによっては、お問い合わせページのように個人情報を直接送信するページだけでなく、アクセス解析のツールを設置することによって間接的な情報収集が行われる場合があります。そのため、サイトの運営者には、個人情報の取り扱いについて明記したプライバシーポリシーのページをサイトに設置することが強く求められています。

画面8の「生成」ボタンをクリックするとプライバシーポリシーのページを新規作成することができますが、WordPressをインストールするとプライバシーポリシーのサンプルページが登録されますので、それを書き換えて公開してもよいでしょう（画面9）。

▼画面9　プライバシーポリシーの例

Privacy Policy

株式会社○○（以下、「当社」という。）は，ユーザーの個人情報について以下のとおりプライバシーポリシー（以下、「本ポリシー」という。）を定めます。本ポリシーは、当社がどのような個人情報を取得し、どのように利用・共有するか、ユーザーがどのようにご自身の個人情報を管理できるかをご説明するものです。

【1．事業者情報】
法人名：株式会社○○
住所：○○
代表者：○○

【2．個人情報の取得方法】
当社はユーザーが利用登録をするとき、氏名・生年月日・住所・電話番号・メールアドレスなど個人を特定できる情報を取得させていただきます。
お問い合わせフォームやコメントの送信時には、氏名・電話番号・メールアドレスを取得させていただきます。

【3．個人情報の利用目的】
取得した閲覧・購買履歴等の情報を分析し、ユーザー別に適した商品・サービスをお知らせするために利用します。また、取得した閲覧・購買履歴等の情報は、結果をスコア化した上で当該スコアを第三者へ提供します。

【4．個人データを安全に管理するための措置】

【12．免責事項】
当社Webサイトに掲載されている情報の正確性には万全を期していますが、利用者が当社Webサイトの情報を用いて行う一切の行為に関して、一切の責任を負わないものとします。
当社は、利用者が当社Webサイトを利用したことにより生じた利用者の損害及び利用者が第三者に与えた損害に関して、一切の責任を負わないものとします。

【13．著作権・肖像権】
当社Webサイト内の文章や画像、すべてのコンテンツは著作権・肖像権等により保護されています。無断での使用や転用は禁止されています。

【14．リンク】
当社Webサイトへのリンクは、自由に設置していただいて構いません。ただし、Webサイトの内容等によってはリンクの設置をお断りすることがあります。

掲載すべき事項としては、事業者の名称や住所、個人情報の「定義」「取扱に関する基本方針」「取得方法」「利用目的」「共同利用」「第三者提供」「開示、訂正等の手続き」「利用停止」「相談や苦情の連絡先」「SSLセキュリティ」「Cookieの取り扱い」などがあります。

第5章

フルサイト編集の基本

本章では、公式テーマTwenty Twenty-Threeを使ったフルサイト編集の実践的な方法を解説します。レイアウトの作り方やブロックの使い分け方を学んで、第6章で実際に会社のホームページを作成して行く際の知識を蓄えましょう。

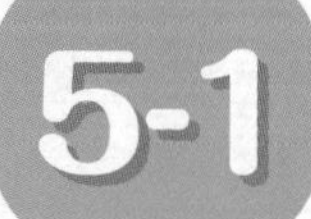

5-1 テンプレートの種類

ページとテンプレートの対応関係

次の図は、一般的なテンプレートの構造です（図1）。

図1 一般的なテンプレートの構造

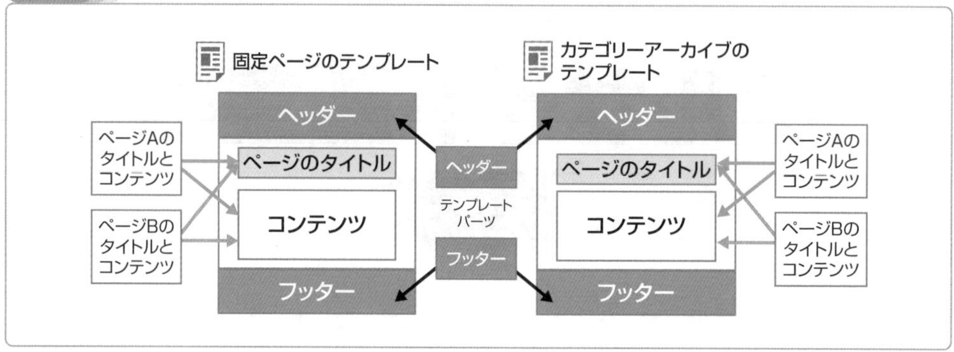

ヘッダーとフッターはテンプレートパーツ（195ページ）として共通化されていますので、どのテンプレートに配置しても同じ内容が表示されます。一方、コンテンツが入る部分にはそのテンプレートを使うページごとに個別の内容が表示されます。たとえばページAにアクセスしたときはページAのコンテンツが表示され、ページBにアクセスしたときはページBのコンテンツが表示されます。

WordPressでは、図1のようなテンプレートをページの種類ごとに作成して割り当てることができます。次の図は、一般的なテーマで会社サイトを作成した場合の、テンプレートとページの対応関係を表しています（図2）。

図2 テンプレートとページの対応関係

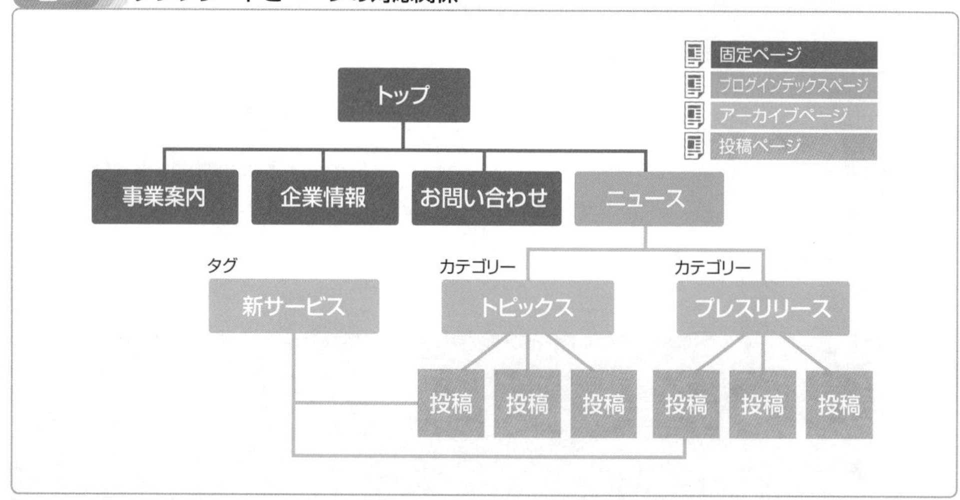

このサイトには固定ページが4つありますが、4つともテンプレートが同じですので、コンテンツの部分以外のレイアウトは全く同じになります（図3）。

図3 同じテンプレートが割り当たるページ

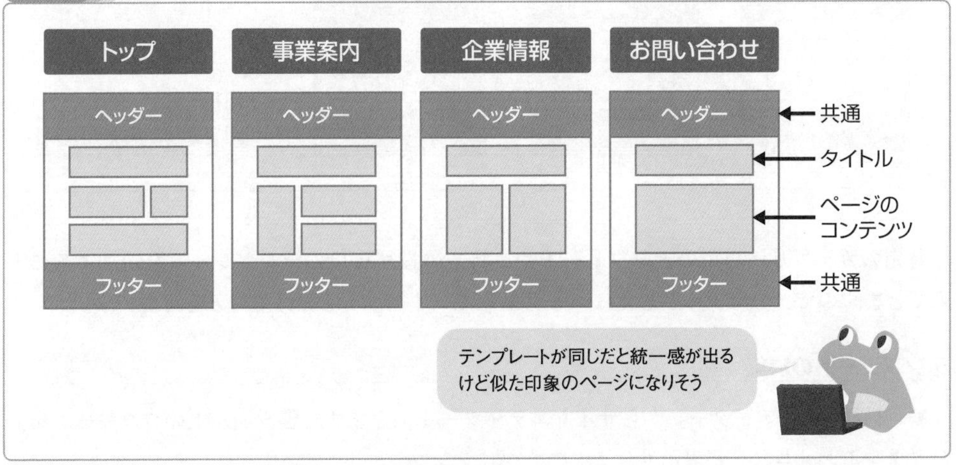

このままでもサイトを作ることはできるのですが、一般的にサイトのトップページはその他の固定ページとはレイアウトを大きく変えることが多いので、このままでは柔軟な変更が困難です。

そこで、トップページ専用のテンプレートを追加すれば、トップページだけタイトルを無くしたり幅を広げたりして、他の固定ページのレイアウトに影響されることなく自由度の高いカスタマイズが可能になります（図4）。

図4 トップページのテンプレートを分ける

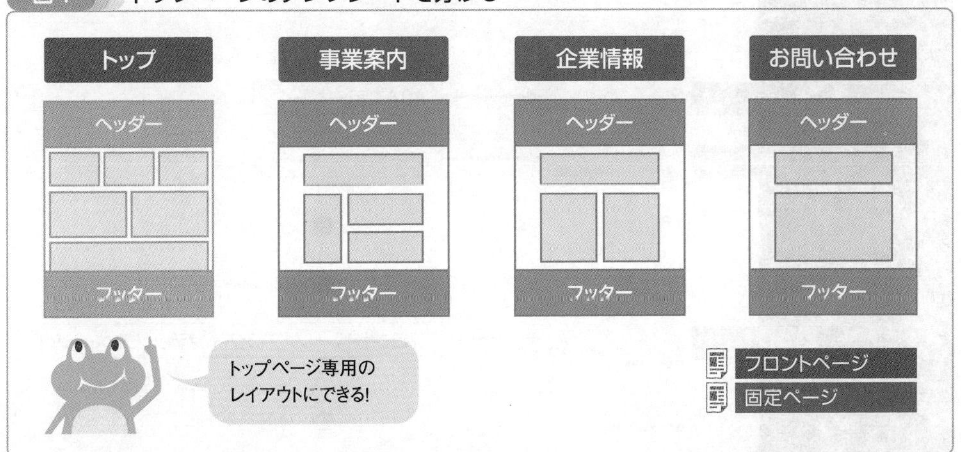

また、カテゴリーもタグもどちらも同じ「アーカイブ」というテンプレートが割り当たっていますが、カテゴリー専用のテンプレートやタグ専用のテンプレートを追加することで、レイアウトを分けることができます（図5）。

図5 カテゴリーとタグのテンプレートを分ける

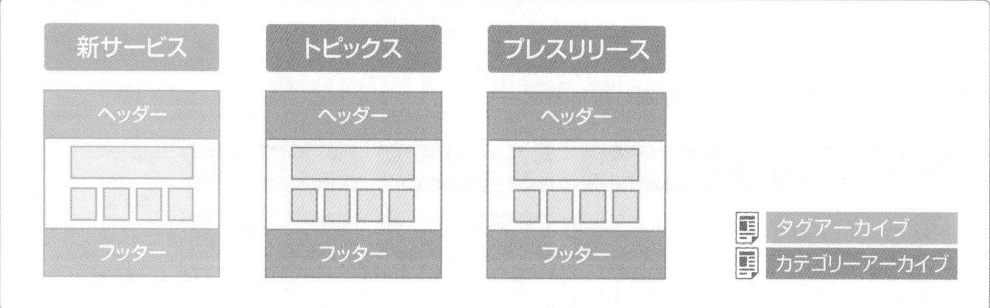

特定のカテゴリー専用のテンプレートや、特定の投稿専用のテンプレートを追加することもできますので、分けようと思えばページ単位でレイアウトを分けることも可能です。

テンプレートの編集

❶［外観 > エディター］からサイトエディターを開きます。❷画面左上のロゴマークをクリックするとメニューが表示されますので、❸「テンプレート」をクリックします。すると、テーマに登録されているテンプレートの一覧画面が開きます（画面1）。

▼画面1 テンプレート一覧画面（公式テーマTwenty Twenty-Threeの場合）

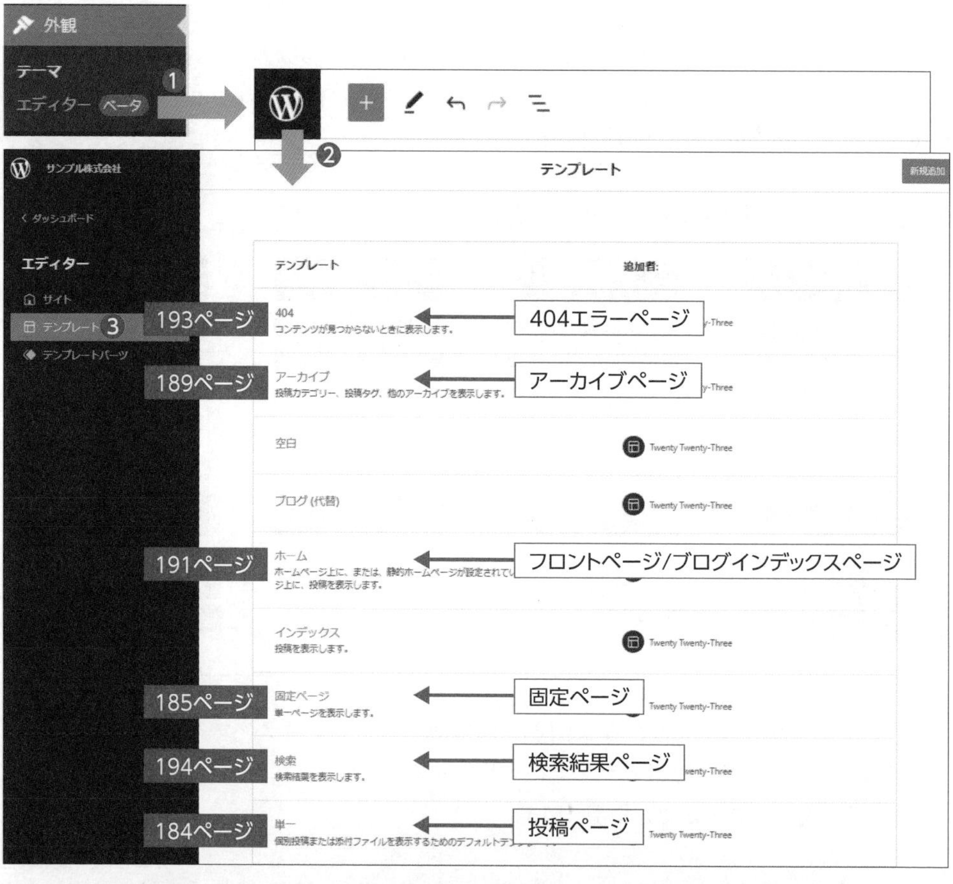

193ページ　404　404エラーページ
189ページ　アーカイブ　アーカイブページ
191ページ　ホーム　フロントページ/ブログインデックスページ
185ページ　固定ページ　固定ページ
194ページ　検索　検索結果ページ
184ページ　単一　投稿ページ

この画面からテンプレートの編集が行えます。第6章でカスタマイズした後の編集画面は次のようになります（画面2）。

▼画面2　固定ページのテンプレート編集画面

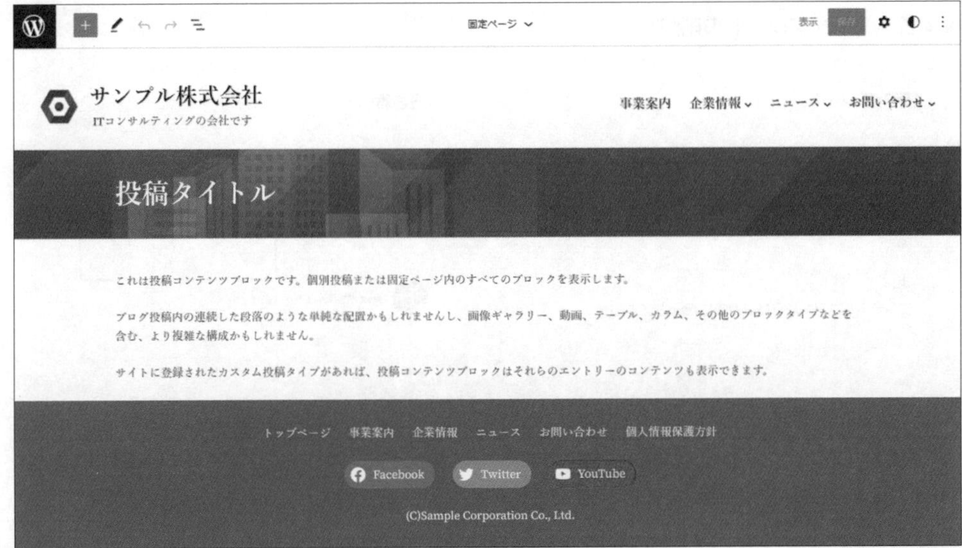

テンプレートの追加

テンプレートを追加するには、テンプレート一覧画面右上の「新規追加」ボタンをクリックします。このとき、固定ページやカテゴリーのように該当するページが複数存在するテンプレートは、全てのページに割り当てるのか、特定のページだけに割り当てるのかを選択することができます（画面3）。

▼画面3　カテゴリーのテンプレート追加画面

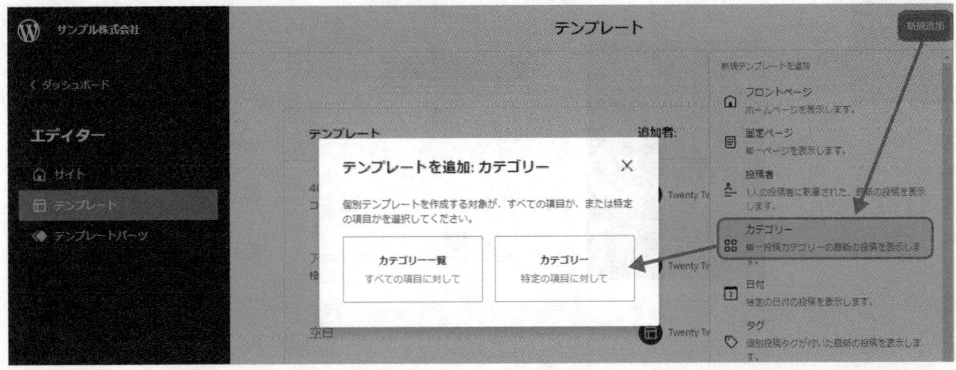

「カテゴリー」をクリックするとカテゴリーの選択画面が表示され、そこで選択したカテゴリー専用のテンプレートが追加されます。たとえば「トピックス」を選択すると図5のトピックスとプレスリリースのレイアウトを分けることができます。

テンプレートの削除

追加したテンプレートを削除するには、テンプレートの右側のアイコンをクリックして「削除」をクリックします（画面4）。

▼画面4　テンプレートの削除

ただし、テーマに最初から登録されているテンプレートは削除できません。

編集するテンプレートの切り替え

編集するテンプレートを切り替えるには、❶サイトエディター左上のロゴマークをクリックします。するとメニューが出てきますので、❷「テンプレート」をクリックしてテンプレート一覧画面に戻り、❸編集したいテンプレート名をクリックします（画面5）。

▼画面5　編集するテンプレートの切り替え

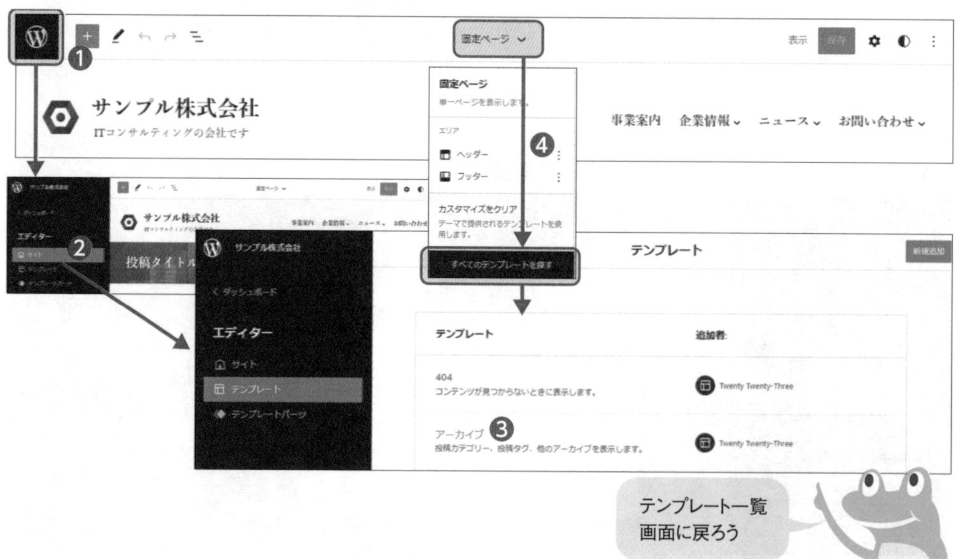

もしくは、サイトエディター上部のテンプレート名の▼マークをクリックするとメニューが表示されますので、❹「すべてのテンプレートを探す」をクリックしてもテンプレート一覧画面に戻ります。

テンプレート階層図（テンプレートの優先順位）

ページを表示するときに使われる（割り当たる）テンプレートにはWordPress独自の優先順位があり、優先順位のルールを表した図を**テンプレート階層図**と呼びます（図6）。私たちはテンプレート階層図に則ったテンプレートをテーマに追加することによって、ページとテンプレートの対応関係を柔軟にコントロールすることができます。

図6 テンプレート階層図（簡易版）

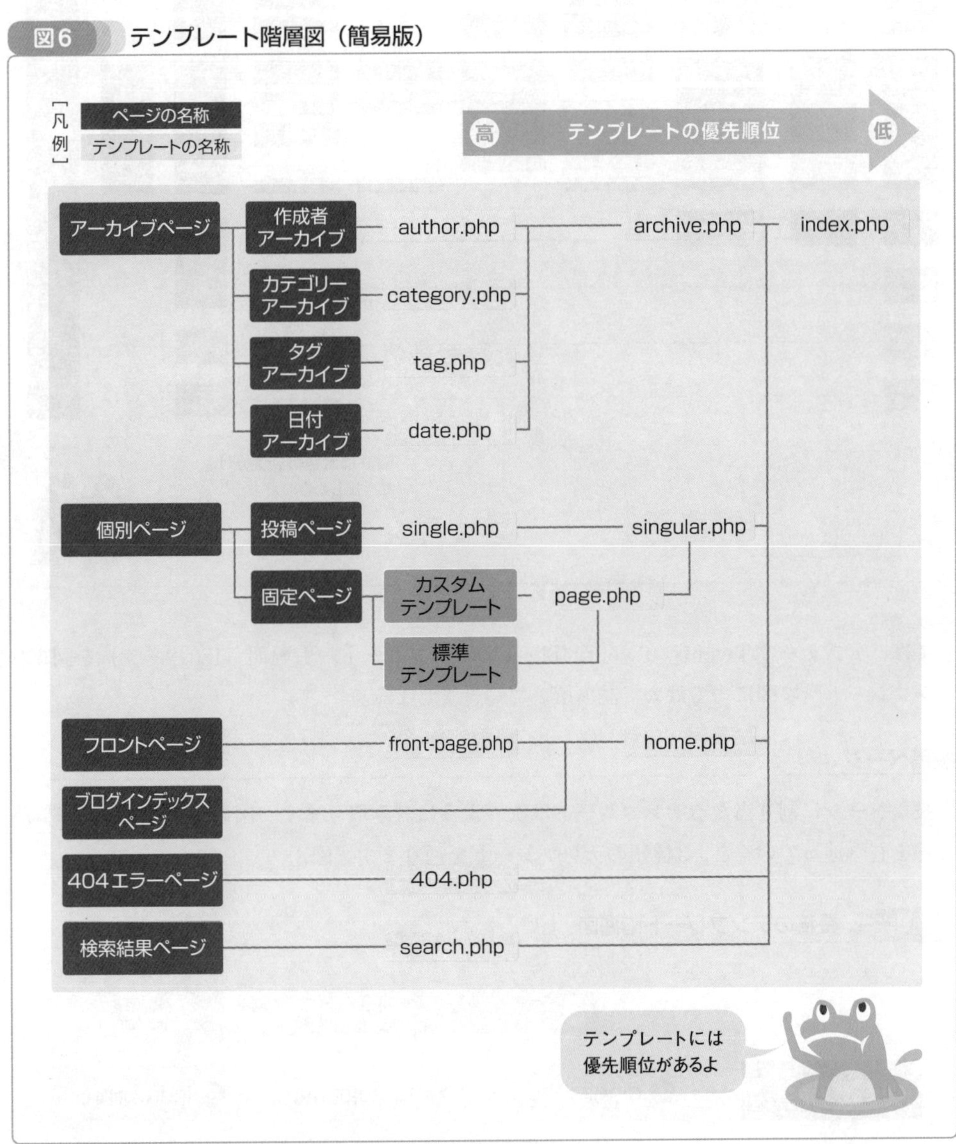

投稿と固定ページだけで作成するシンプルなサイトなら、この図を理解しておけば十分です。厳密なルールはもう少し細かいのですが、参考程度に眺めてみてください（図7）。

図7 厳密なテンプレート階層図

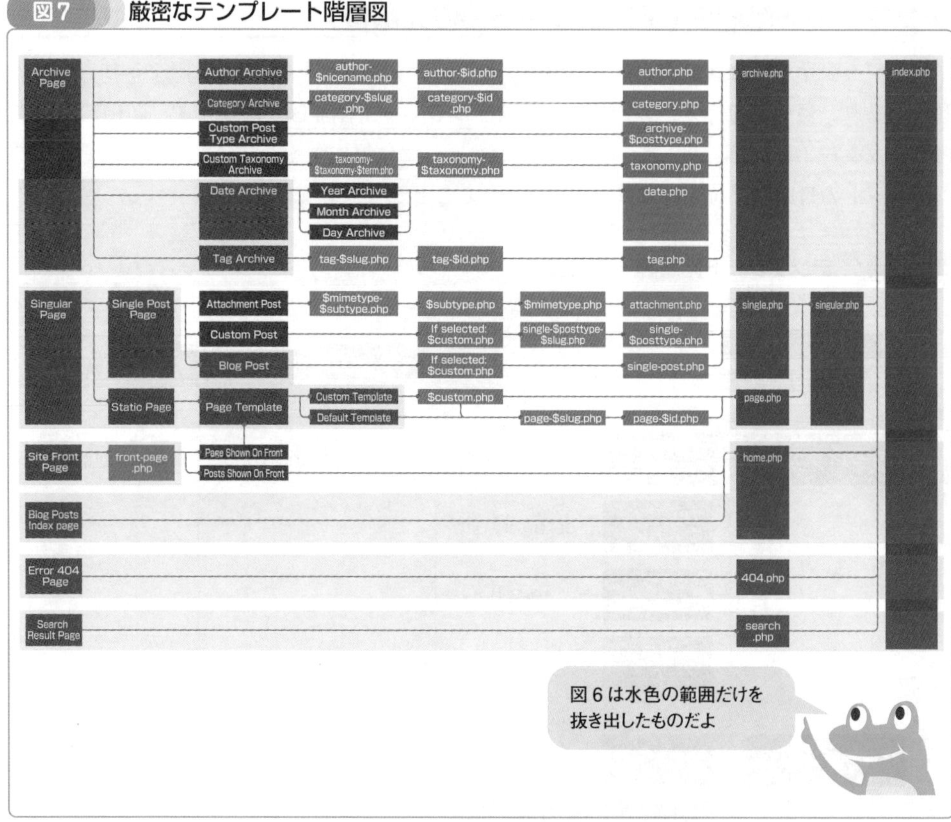

では、公式テーマTwenty Twenty-Threeのテンプレート一覧画面（180ページ）を図6のテンプレート階層図に当てはめて読み解いていきましょう。

投稿ページ

投稿ページに割り当たるテンプレートは次のように読み取ります。図6の「投稿ページ」から線を右へ辿っていくと、3種類のテンプレートを通ります（図8）。

図8 投稿のテンプレート階層図

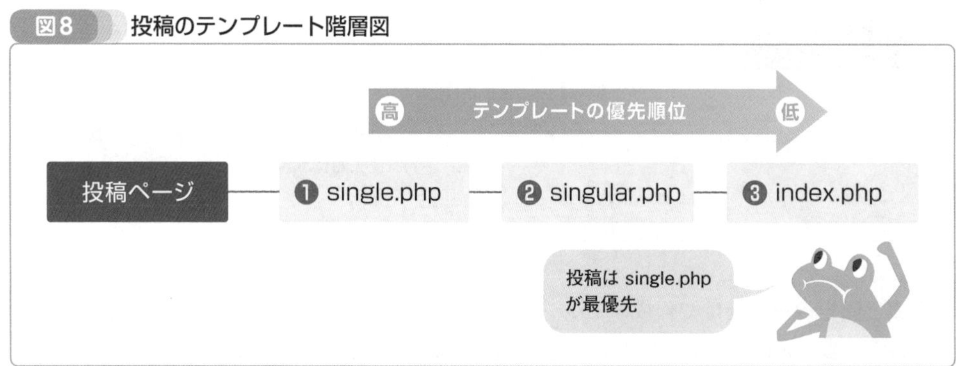

優先順位が高い順に、❶single.php→❷singular.php→❸index.phpとなっています。この順番は、投稿ページを表示するときに使われるテンプレートの優先順位を表しています。もしもテーマに❶が登録されていれば❶が使われます。❶が登録されていない場合は、次に優先順位が高い❷が使われます。❶も❷も登録されていない場合は❸が使われます。このように、**テーマに登録されているテンプレートのうち、最も優先順位が高いテンプレート**が割り当たります。180ページの「単一」テンプレートは❶に相当しますので、「単一」テンプレートをカスタマイズすれば投稿ページに反映されます（画面6）。

▼**画面6　投稿ページのテンプレート作成例（single.php）**

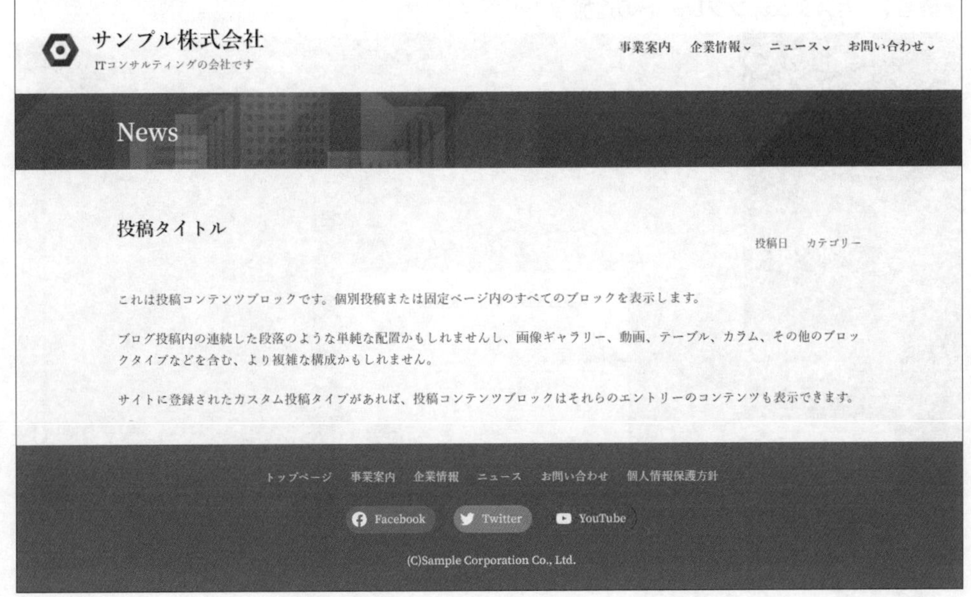

固定ページ

固定ページのテンプレート階層図は、カスタムテンプレートと標準テンプレートに分岐し、3種類のテンプレートを通ります（図9）。

図9　固定ページのテンプレート階層図

優先順位が高い順に、❶カスタムテンプレート→❷page.php→❸singular.php→❹index.phpとなっています。❶を割り当てた固定ページには❶が使われ、それ以外の固定ページは標準テンプレート（❷❸❹）が候補になります。テーマに❷が登録されていれば❷が使われ、❷が登録されていない場合は次に優先順位が高い❸が使われます。❷も❸も登録されていない場合は❹が使われます。

カスタムテンプレートは、指定した固定ページに最優先で割り当てることができるテンプレートで、テンプレート一覧画面から追加することができます（画面7）。

▼画面7　カスタムテンプレートの追加

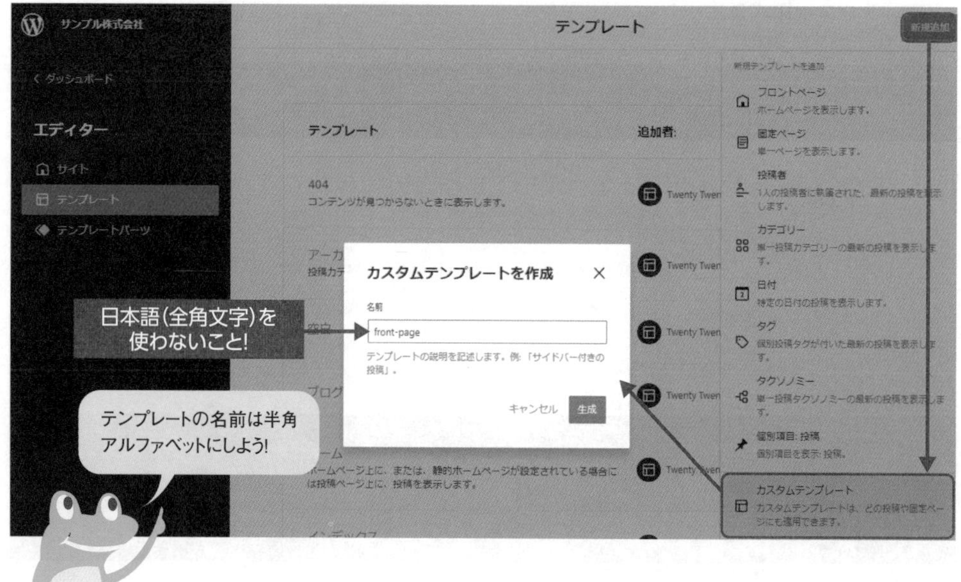

ポイント　カスタムテンプレートの名前は日本語禁止

カスタムテンプレートの名前に日本語（マルチバイト文字）を使うと、削除できなくなり、テンプレート一覧画面にずっと残り続けてしまいます。この不具合は、カスタムテンプレートのファイル名に含まれるマルチバイト文字がURLエンコードされてWordPressが認識できなくなるために発生する現象です。カスタムテンプレートの名前は半角アルファベットを使いましょう。

カスタムテンプレートを追加すると、固定ページの「テンプレート」で選択できるようになります（画面8）。

▼画面8　カスタムテンプレートの割り当て

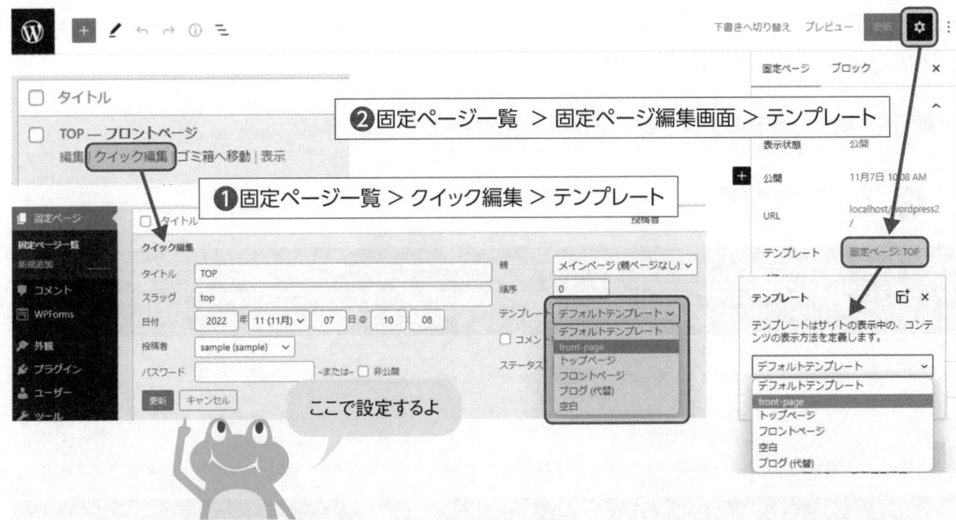

固定ページに割り当てるテンプレートは、❶固定ページ一覧のクイック編集と❷固定ページ編集画面のどちらからでも選択できます。

カスタムテンプレートを利用すると、特定のページだけを「サイドバー付きの固定ページ」「ヘッダーもフッターも付いていない固定ページ」などにすることができます（図10）。

図10　カスタムテンプレートの用例

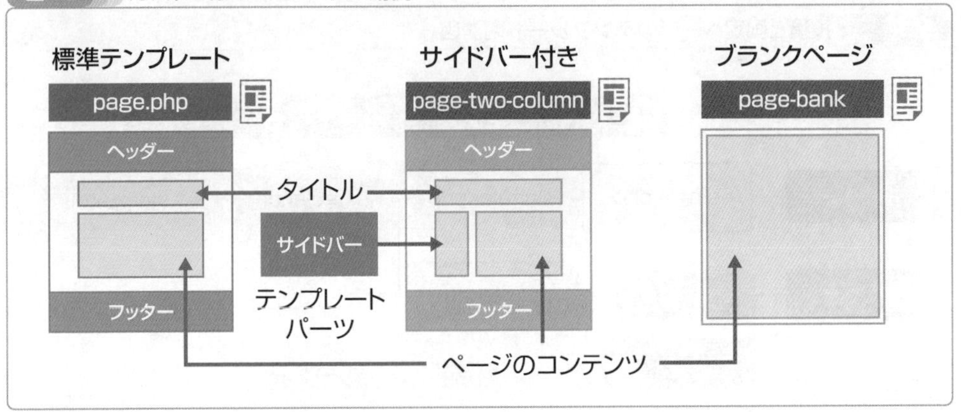

カスタムテンプレートを割り当てていない固定ページ（画面8の「デフォルトテンプレート」を選択）には標準テンプレート（図9の❷❸❹いずれか）が優先順位に従って割り当たります。そのため、固定ページで最もよく使うレイアウトを標準テンプレートで作成し、特定の固定ページだけに割り当てるレイアウトをカスタムテンプレートで作成するとよいでしょう。

テンプレート一覧画面（180ページ）の「固定ページ」テンプレートは図9の❷（page.php）に相当しますので、「固定ページ」テンプレートをカスタマイズすれば標準テンプレートの固定ページに反映されます（画面9）。

▼画面9　固定ページのテンプレート作成例（page.php）

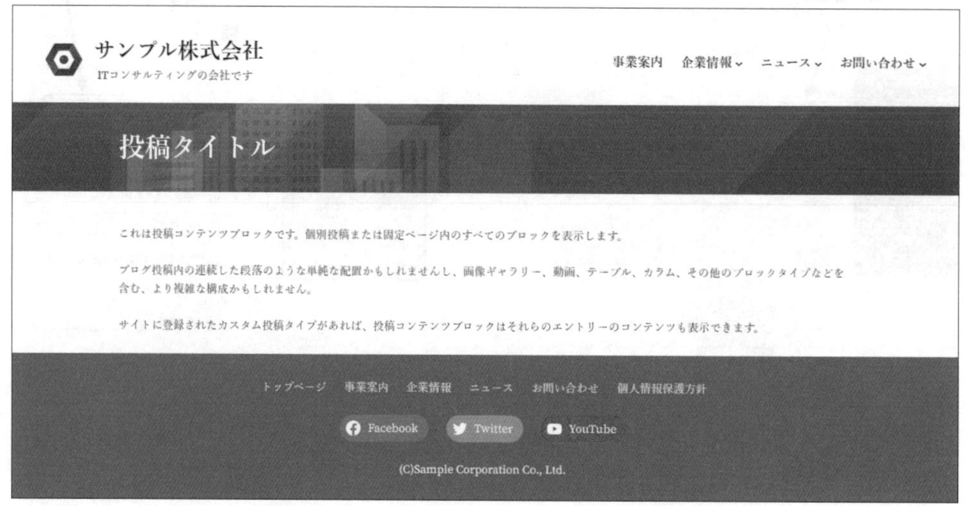

多くのテーマでは「single.php」と「page.php」の両方が最初から登録されていますので、これらのテンプレートをカスタマイズすることで、投稿と固定ページのレイアウトを分けることができます（図11）。

図11　投稿と固定ページのテンプレート階層図

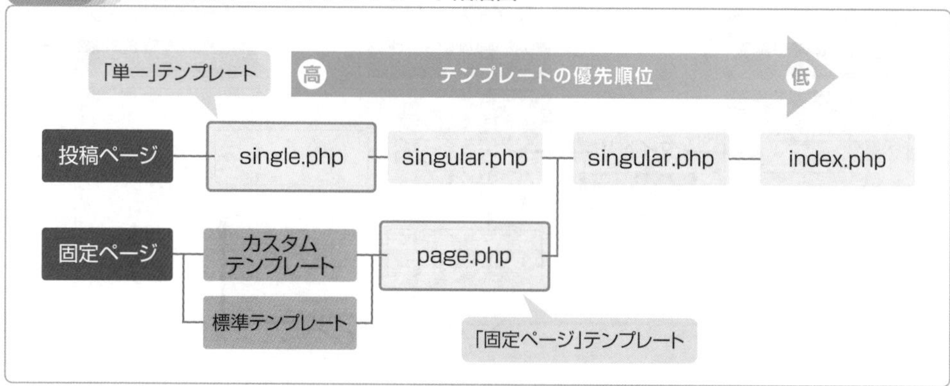

たとえば、投稿ページでは本文の上にページのタイトルと日付とカテゴリーを表示し、固定ページではページのタイトルをヘッダーの真下に表示して日付を表示しない、といったカスタマイズができます（画面10）。

▼画面10 投稿と固定ページのレイアウトを分ける

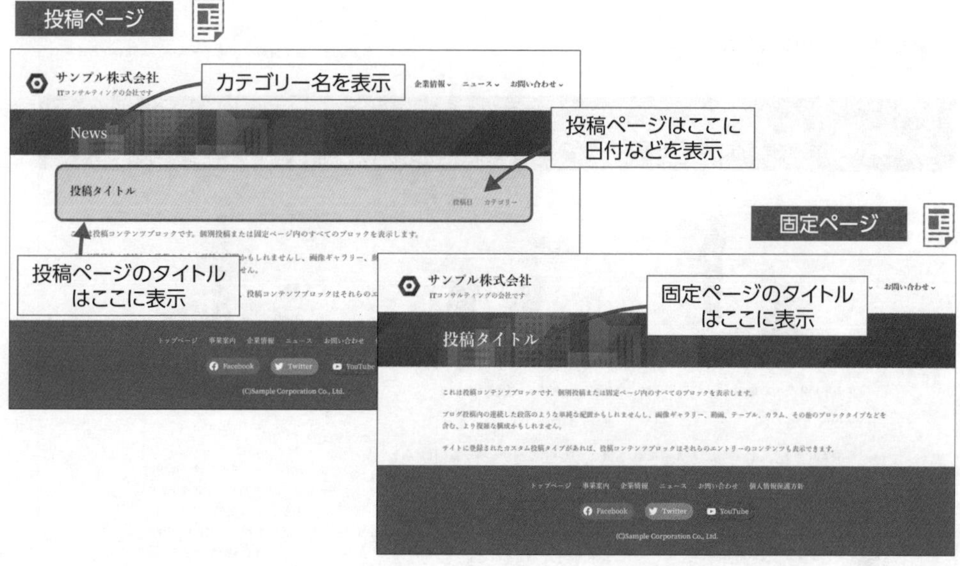

アーカイブページ

アーカイブページとは、**同じグループに属する投稿をまとめて表示する一覧ページの総称**です。グループの分け方には、投稿者（投稿を作成したユーザー）、カテゴリー、タグ、日付（投稿を作成した日付）などがあります。第1章で解説したカテゴリーページとタグページは、アーカイブページの一種です（図12）。

図12 アーカイブページのテンプレート階層図

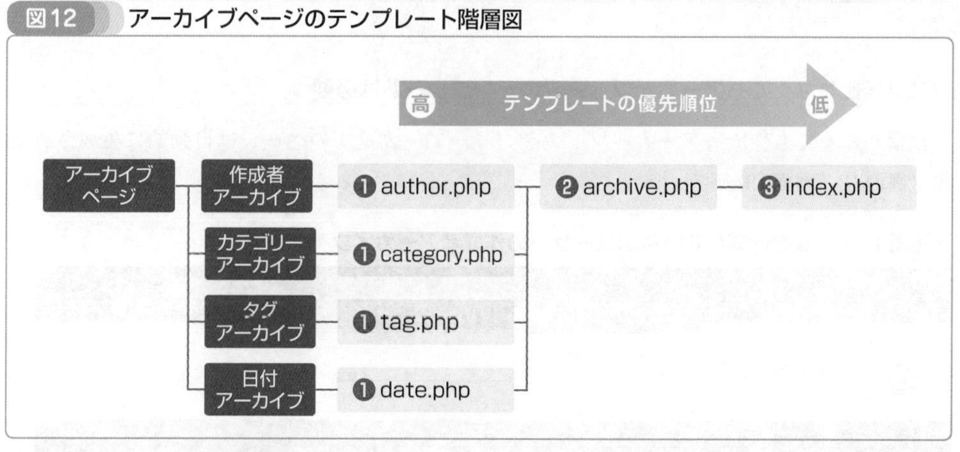

テンプレートの優先順位は❶（アーカイブの種類に応じたテンプレート）→❷archive.php→❸index.phpです。一般的な傾向として、多くのテーマには❷が登録されていますが❶は登録されていない場合が多いです。そのため、カテゴリーアーカイブもタグアーカイブも同じレイアウトで表示されます。典型的なアーカイブページのテンプレート作成例を示します（画面11）。

▼画面11　アーカイブページのテンプレート作成例（archive.php）

ブログを使わなくてもアーカイブページのテンプレートは必要

投稿がなくても作成者アーカイブとカテゴリーアーカイブのページは自動的に生成されます（画面12、画面13）。

▼画面12　投稿を作成していないユーザーの作成者アーカイブ

▼画面13　投稿が存在しないカテゴリーアーカイブ

WordPressには最初から「未分類」というカテゴリーが登録されています。このカテゴリーは削除することができません。そのため、ブログを使わないサイトでも、「未分類」のカテゴリーアーカイブは自動的に生成されています。

最低限、アーカイブのテンプレートにはヘッダーとフッターを配置して、ページにアクセスされても見た目に違和感がないようにしておきましょう。

ブログインデックスページ

ブログインデックスページはブログの最新記事がまとめて表示されるページです（画面14）。テンプレート階層図はとてもシンプルです（図13）。

図13　ブログインデックスページのテンプレート階層図

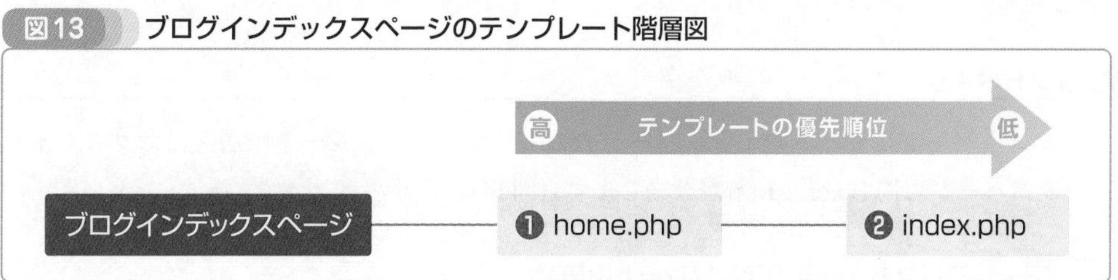

テンプレートの優先順位は❶home.php→❷index.phpです。テンプレート一覧画面（180ページ）の「ホーム」テンプレートは❶に相当しますので、「ホーム」テンプレートをカスタマイズすればブログインデックスページに反映されます。

図2（178ページ）の場合、「ニュース」がブログインデックスページです（画面14）。レイアウトはアーカイブと同じですが、カテゴリーやタグに関係なく全ての投稿から最新記事を表示する点と、ページのタイトルが入る部分にカテゴリーやタグの名前ではなく固定のテキスト「News」を表示する点が異なります。そのため、アーカイブとは別にブログインデックスページのテンプレートを作成する必要があります。

▼画面14　ブログインデックスページのテンプレート作成例（home.php）

フロントページ

フロントページはサイトのトップページのことです。テンプレート階層図にはブログインデックスページと同じhome.phpが登場します（図14）。

図14　フロントページのテンプレート階層図

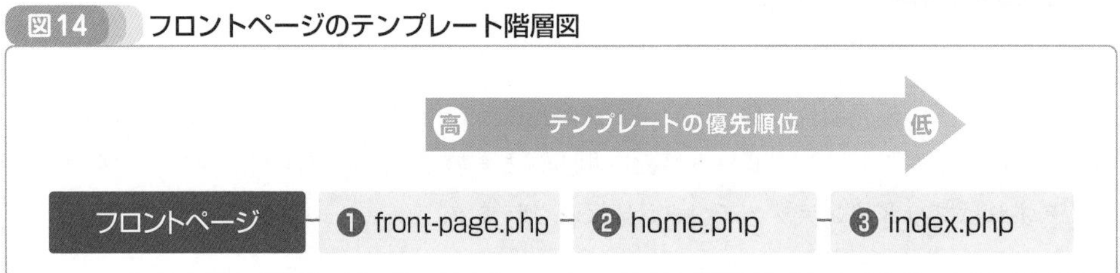

❶が登録されていないブログ向けのテーマでは、フロントページにブログインデックスページと同じテンプレート❷が割り当たりますので、フロントページが最新記事の一覧になります。❶を追加すると、フロントページとブログインデックスページを分けることができます（図15）。

図15 ブログとトップページの分離

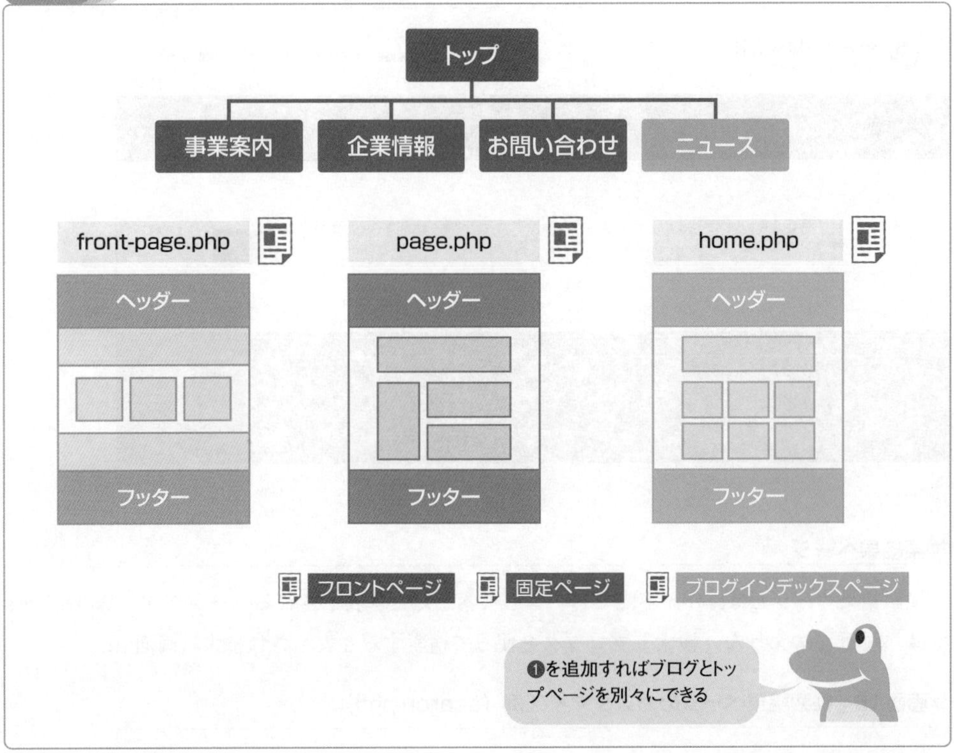

トップ
事業案内
企業情報
お問い合わせ
ニュース

front-page.php
ヘッダー
フッター

page.php
ヘッダー
フッター

home.php
ヘッダー
フッター

フロントページ
固定ページ
ブログインデックスページ

❶を追加すればブログとトップページを別々にできる

404エラーページ

404エラーページとは、削除済みのページにアクセスされたり間違ったURLにアクセスされた場合に表示されるページのことです。テンプレートの優先順位は❶404.php→❷index.phpです。テンプレート一覧画面（180ページ）の「404」テンプレートは❶に相当しますので、「404」テンプレートをカスタマイズすれば404エラーページに反映されます（図16）。

図16 404エラーページのテンプレート階層図

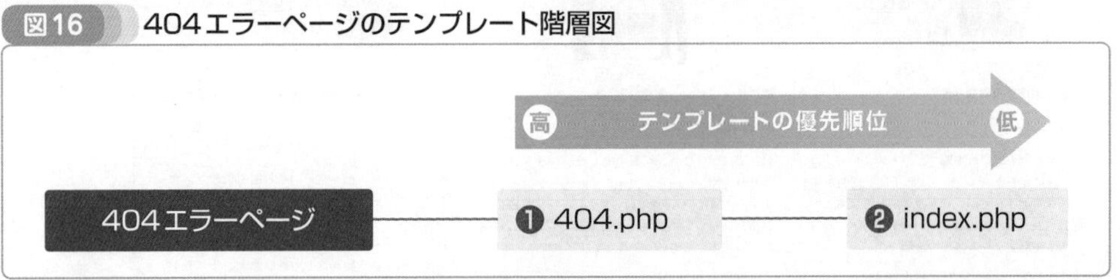

404エラーページのテンプレートには、ユーザーが探していたページに移動できるように検索ボックスを配置したりトップページに戻るリンクを配置するのが一般的です（画面15）。

▼画面15　404エラーページのテンプレート作成例（404.php）

検索結果ページ

検索結果ページとは、サイト内でページを検索したとき表示されるページです。WordPressでは、画面15のような「検索」ブロックを使って検索すると表示されます（画面16）。

▼画面16　検索結果ページのカスタマイズ例（search.php）

テンプレートの優先順位は❶search.php→❷index.phpです（図17）。テンプレート一覧画面（180ページ）の「検索」テンプレートは❶に相当しますので、「検索」テンプレートをカスタマイズすれば検索結果ページに反映されます。

図17 検索結果ページのテンプレート階層図

検索結果を表示するエリアは、「投稿テンプレート」ブロックを「クエリーループ」ブロックの中に入れると作成できます。「クエリーループ」は、指定した条件に該当するブロックを繰り返して並べることができる特別な機能を持ったブロックです。これを使うことで、検索ワードに該当するページだけを並べて表示することができます（画面17）。

▼画面17 検索結果を表示するエリア

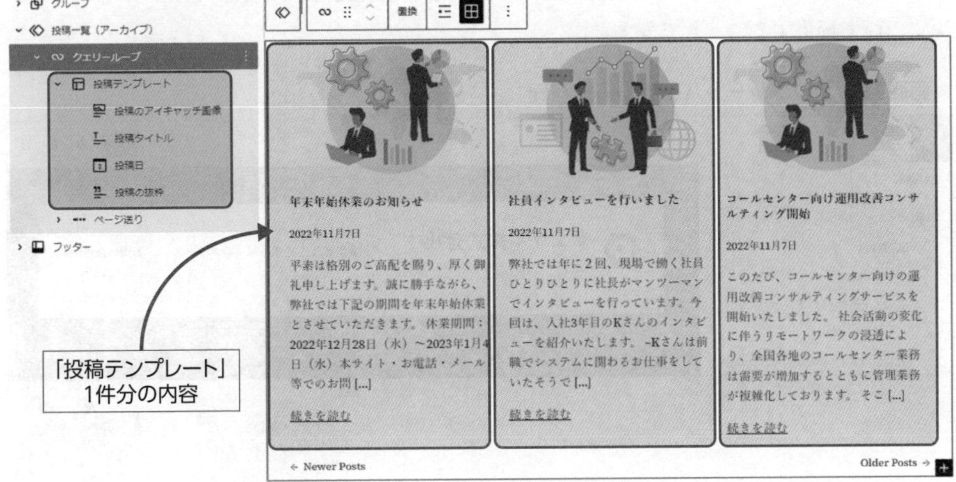

テンプレートパーツ

テンプレートパーツとは、テンプレートの一部に名前をつけて再利用できるようにしたものです。一般的なテーマではヘッダーとフッターがテンプレートパーツとして登録されています。

テンプレートパーツの追加と編集

［外観 > エディター］からサイトエディターを開きます。左上のロゴマークをクリックするとメニューが表示されますので、「テンプレートパーツ」をクリックします。すると、テーマに登録されているテンプレートパーツの一覧画面が開きます（画面18）。

▼画面18　テンプレートパーツの一覧画面

この画面からテンプレートパーツの編集と新規追加が行えます（画面19）（テンプレートの編集画面で編集することもできます）。

▼画面19　テンプレートパーツの編集画面

テンプレートの
一部を共通化

テンプレートパーツを追加すると、通常のブロックと同じようにテンプレートの編集画面で使えるようになります（投稿や固定ページの編集画面では使えません）。たとえば画面17のように投稿テンプレートを繰り返し表示する「クエリーループ」ブロックをテンプレートパーツにしておくと、アーカイブページのテンプレートをカテゴリーアーカイブ、タグアーカイブ、投稿者アーカイブなど個別に分けた場合にブロックの一覧からテンプレートパーツを呼び出すだけで簡単に再利用できます（画面20）。

▼画面20　テンプレートパーツの再利用

テンプレートパーツの内容を変更すると、そのパーツを配置している全てのテンプレートに反映されます。たとえばアーカイブのテンプレートを編集しているときヘッダーのロゴを削除して保存すると、投稿や固定ページのテンプレートからもロゴが消えてしまいます（画面21）。

▼画面21　テンプレート編集画面でパーツを編集

5-2 サイト全体の基本スタイル

基本スタイルとは？

基本スタイルとは、ブロックを配置したとき最初から適用されるデザインです。基本スタイルを設定せずにテンプレートやページに配置するブロックにひとつひとつスタイルを設定してもよいのですが、サイトのデザインに合わせて基本スタイルを設定しておくと、サイトの見た目に統一感を持たせることができます（画面1）。

▼画面1　スタイルの統一

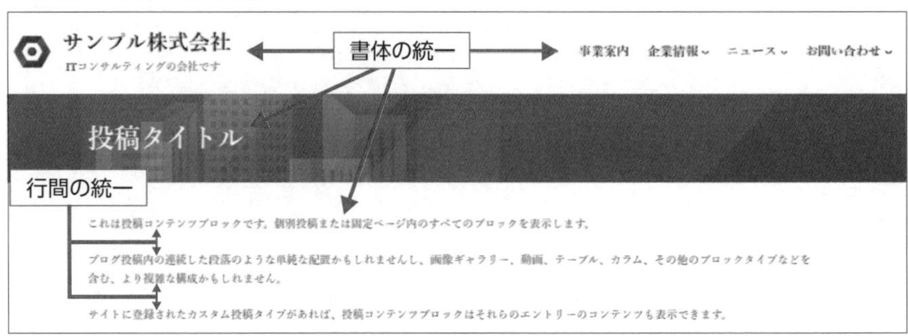

基本スタイルの設定欄

テンプレート編集画面右上の「スタイル」アイコンをクリックすると、基本スタイルの設定欄が表示されます。ここでは、文字の大きさや書体、色、コンテンツの表示幅、ブロックなどの基本スタイルを設定することができます（画面2）。

▼画面2　基本スタイルの設定欄

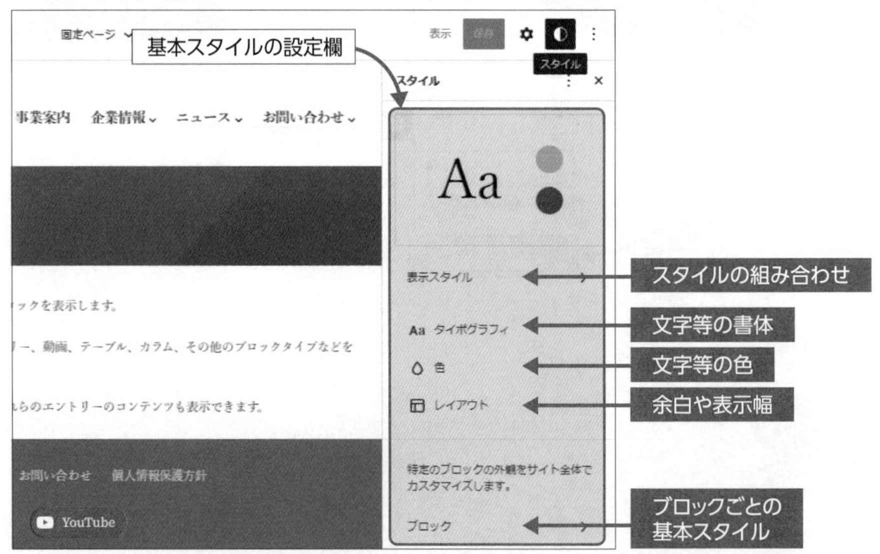

基本スタイルの設定方法

基本スタイルの設定方法を見ていきましょう。

表示スタイル

「表示スタイル」をクリックすると、テーマに最初から用意されているスタイルの組み合わせを選ぶことができます（画面3）。選択できる組み合わせはテーマによって異なります。

▼画面3　表示スタイル（公式テーマTwenty Twenty-Threeの場合）

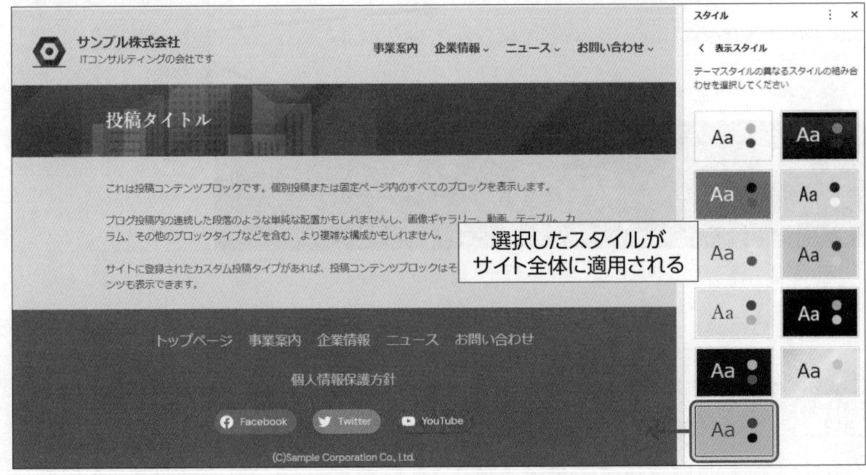

タイポグラフィ

サイトに表示されるテキスト（文字）、リンク、見出し、ボタンの基本スタイルを設定することができます（画面4）。選択できるフォントはテーマによって異なります。

▼画面4　タイポグラフィの基本スタイル（公式テーマTwenty Twenty-Threeの場合）

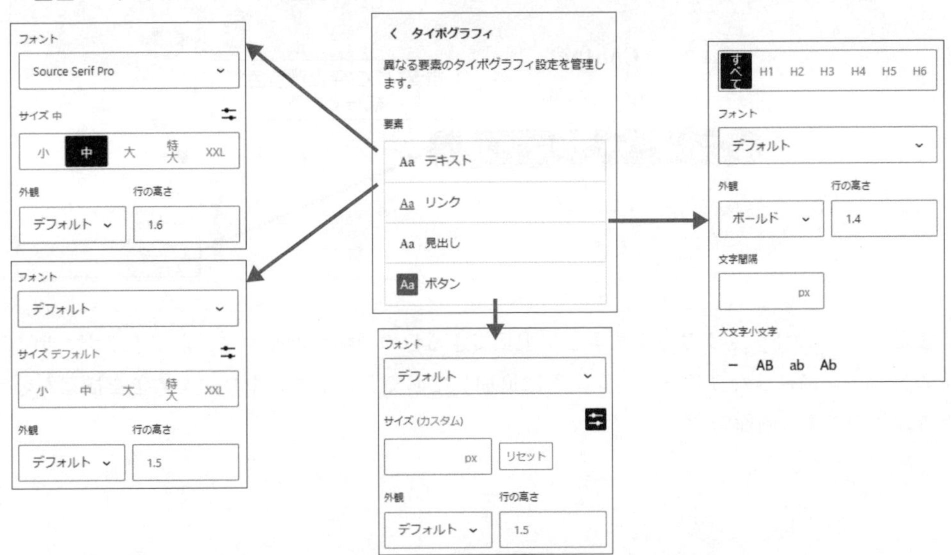

第6章で作成するサイトでは、文字を明朝体のフォントで統一します（画面5）。

▼画面5　テキストを明朝体のフォントで統一（公式テーマTwenty Twenty-Threeの場合）

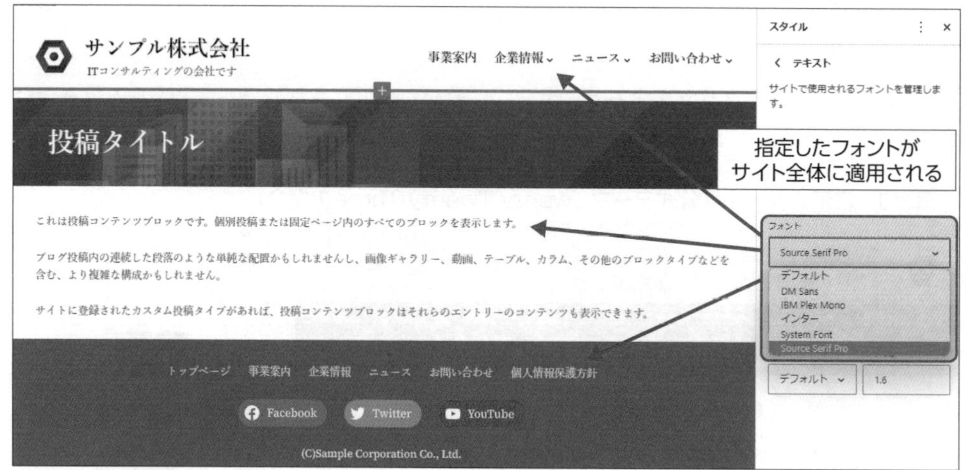

色

サイトに表示されるテキスト（文字）、リンク（通常の色と、マウスカーソルを乗せたときの色）、見出し、ボタン（文字と背景）の基本カラーを設定することができます。たとえばボタンの基本カラーを設定しておくと、テンプレートやページに「ボタン」ブロックを配置したとき基本カラーが適用されます（画面6）。

▼画面6　基本カラーの設定例（公式テーマTwenty Twenty-Threeの場合）

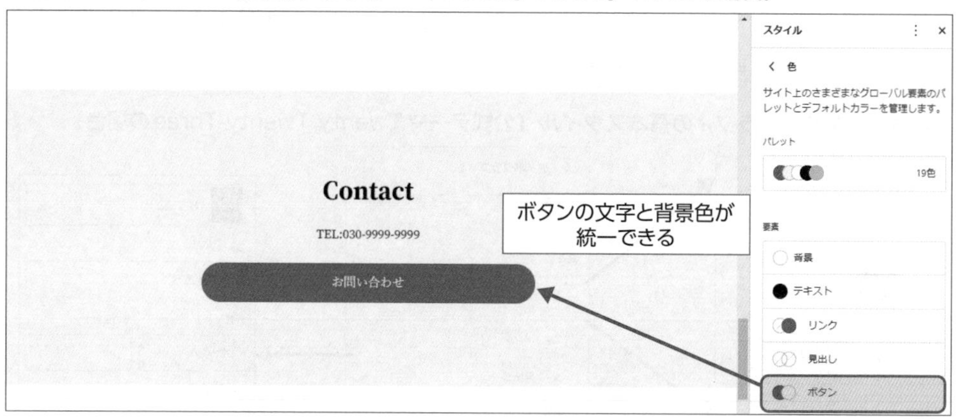

また、「パレット」をクリックすると、選択できる色の種類を増やすことができます。サイトのデザインに合ったカラーをパレットに追加しておくと、ボタンやリンクの色を揃えたいときに便利です（画面7）。

▼画面7　カスタムカラーの追加

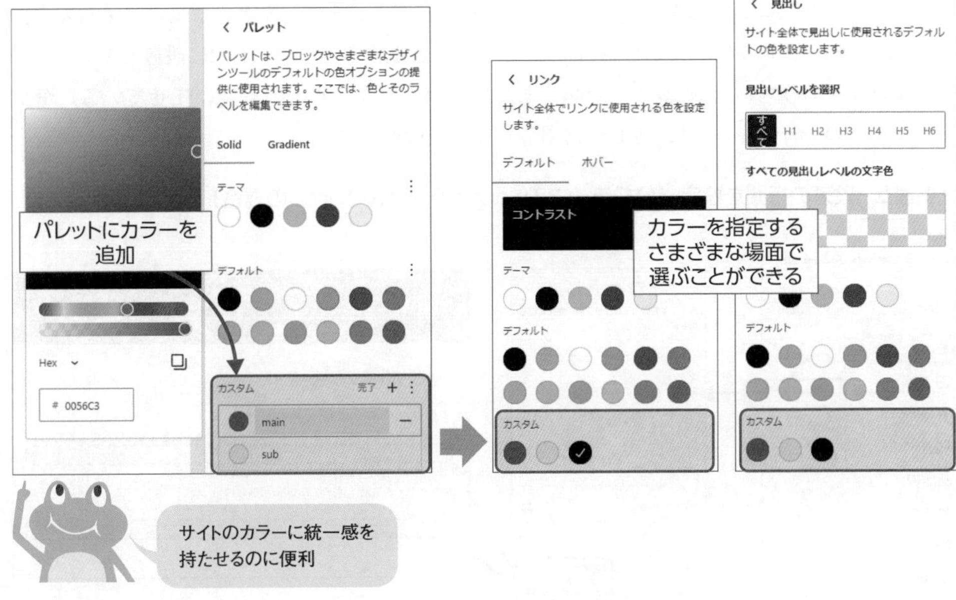

レイアウト

コンテンツエリアの表示幅と、エリアの内側につける余白の広さ、エリアの中に配置するブロック同士の間隔の初期値を設定することができます（画面8）。

▼画面8　レイアウトの設定（公式テーマTwenty Twenty-Threeの場合）

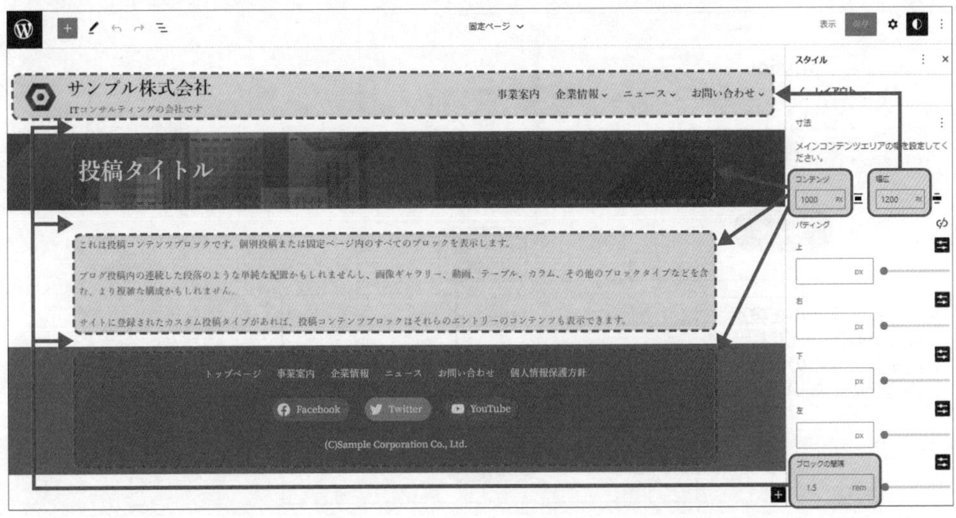

テーマによっては、ヘッダーやフッターに「幅広」のサイズが適用されます。画面8はコンテンツエリアに1000px、ヘッダーに1200px（幅広の設定値）が適用されています。

ブロック

ブロックの種類ごとに基本スタイルを設定することができます。たとえば文章を入れる「段落」ブロックの基本スタイルで「行の高さ」を「2」に設定すると、サイト内に設置している「段落」ブロックのうち、「行の高さ」を指定していない（デフォルトの設定に任せている）全てのブロックの「行の高さ」に「2」が適用されます（画面9）。

▼画面9　段落の行間を設定（公式テーマTwenty Twenty-Threeの場合）

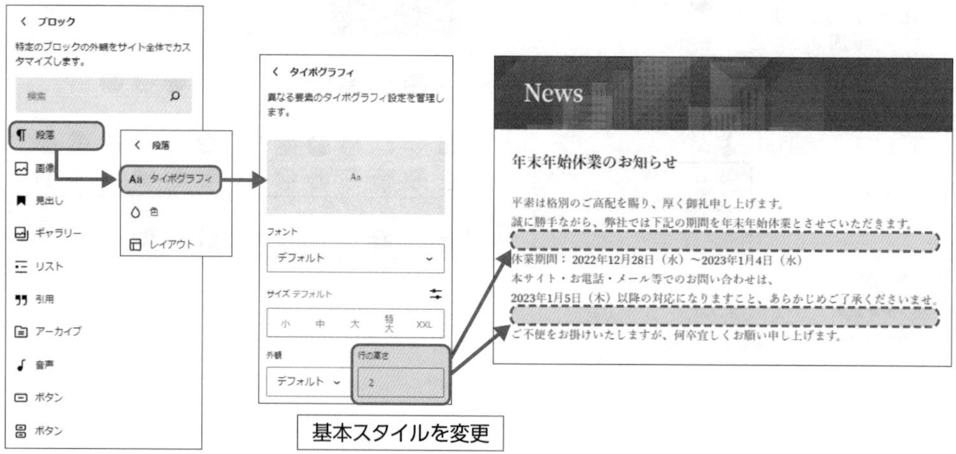

逆に、テンプレートやページ内に配置したブロックにスタイルを設定した場合は、個別のスタイルが優先されますので、基本スタイルの影響を受けません（画面10）。

▼画面10　個別のスタイルは基本スタイルに優先される

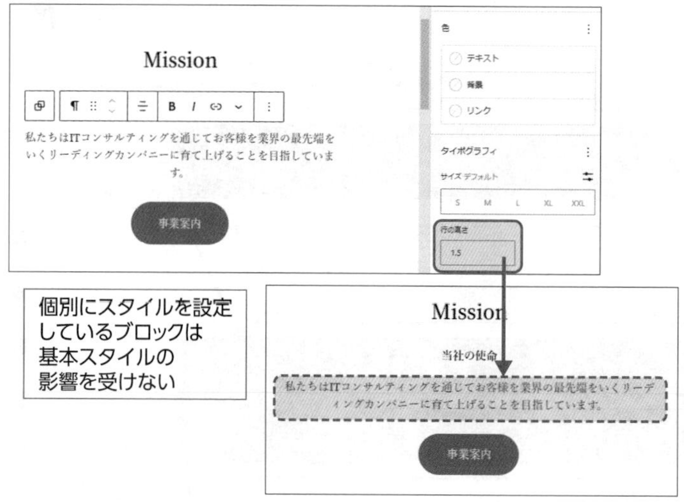

慣れないうちは、サイト全体の基本スタイルとブロックごとの基本スタイルの両方を設定すると、どちらのスタイルが適用されているのか分かりにくくなるかもしれませんので、サイト全体の基本スタイルだけを変更して見た目を調整するとよいでしょう。

5-3 レイアウトの作成方法

レイアウトの基本

ブロックを思い通りの場所にレイアウトする方法を学んでいきましょう。マウスでブロックを自由に動かせるなら何も難しいことはありませんが、ウェブサイトはそのような作り方ができません。次の図を見てください。ウェブサイトは大小さまざまな大きさのブロックを敷き詰めるようにしてレイアウトされています。これはWordPressに限ったことではなく、全てのウェブサイトに共通する仕組みです（画面1）。

▼画面1　ページはブロックで構成されている

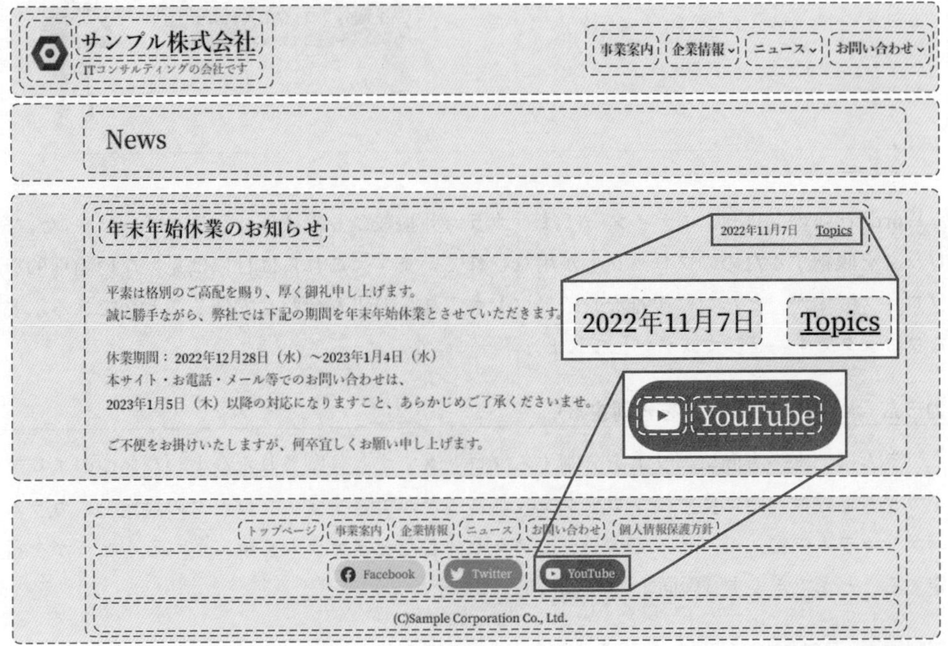

ページの構成要素を四角形に分けて考えるんだね

たとえばヘッダーには「ロゴ」「サイト名」「キャッチフレーズ」「ナビゲーション」の4つのコンテンツが見えますが、実際に必要とされるブロックは4つだけではありません。ロゴとサイト名とキャッチフレーズを左に寄せて、ナビゲーションを右に寄せるためには、ロゴとサイト名とキャッチフレーズを1個のブロックの中に入れて、そのブロックを左に寄せるといった考え方をします（図1）。

図1 ブロックの中にブロックを入れる

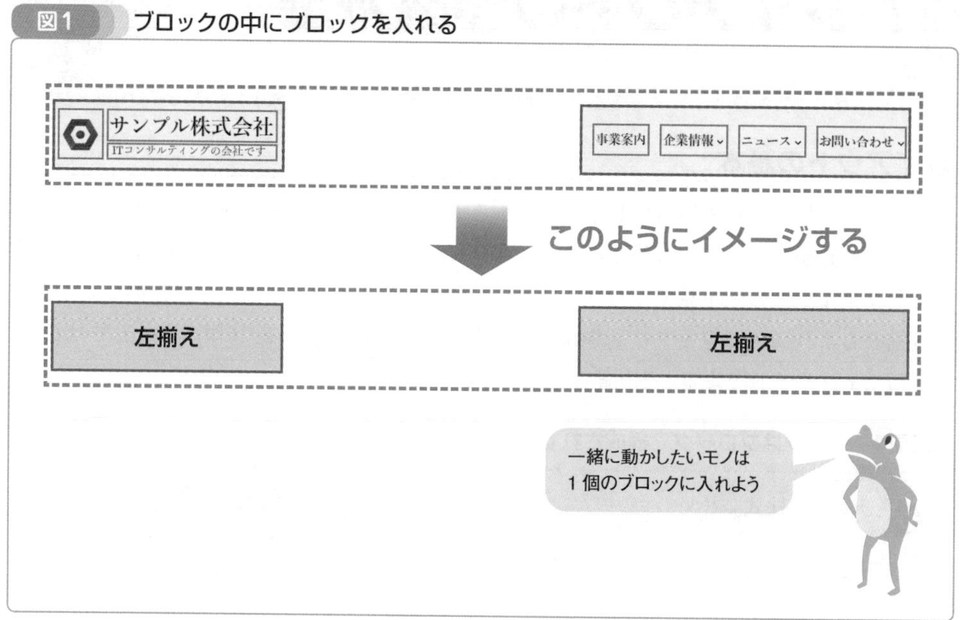

WordPressのブロックエディターには、「カラム」「横並び」「縦積み」「グループ」といった「ブロックを収納するためのブロック」が用意されています。これらは目には見えない論理的なブロックですが、どんなに複雑なレイアウトもこれらの組み合わせで作ることができる重要なブロックです。ぜひマスターしましょう。

カラム（水平方向にエリアを分割する）

カラムは、水平方向にエリアを分割するブロックです。分割されたひとつひとつのエリアをカラムと呼び、中に任意のブロックを入れることができます。ブロックの設定で、カラムの数、カラムの幅、モバイルでページにアクセスしたときカラムを縦に並べるかどうかを指定することができます（画面2、画面3）。

▼画面2　カラム

▼画面3　モバイルで縦に並べる

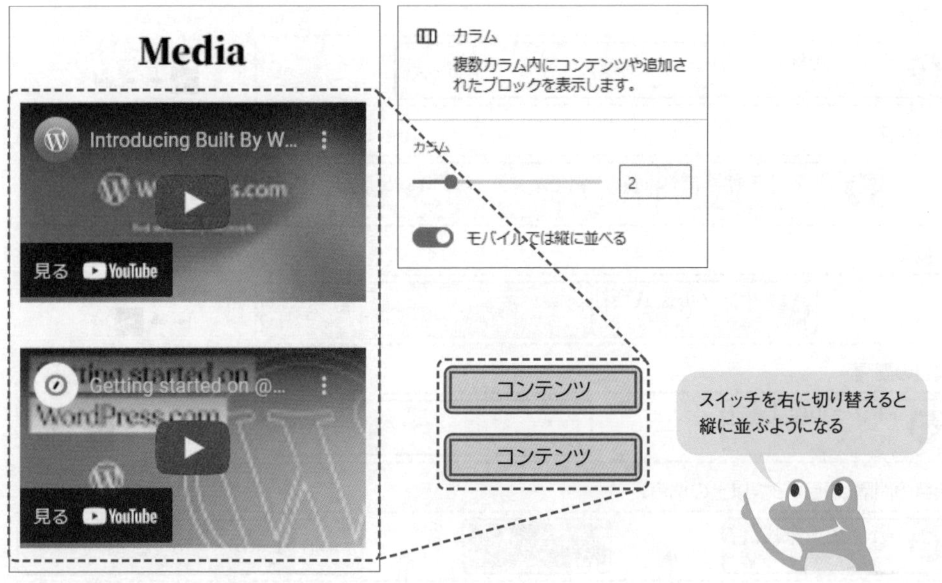

横並び（ブロックを水平に並べる）/ 縦積み（ブロックを垂直に並べる）

横並びブロックの中に入れたブロックは水平に、縦積みブロックの中に入れたブロックは垂直に並びます。カラムのようにエリアを分割しなくても、ブロックを入れた順に並んでいきます（画面4）。

▼画面4　横並び

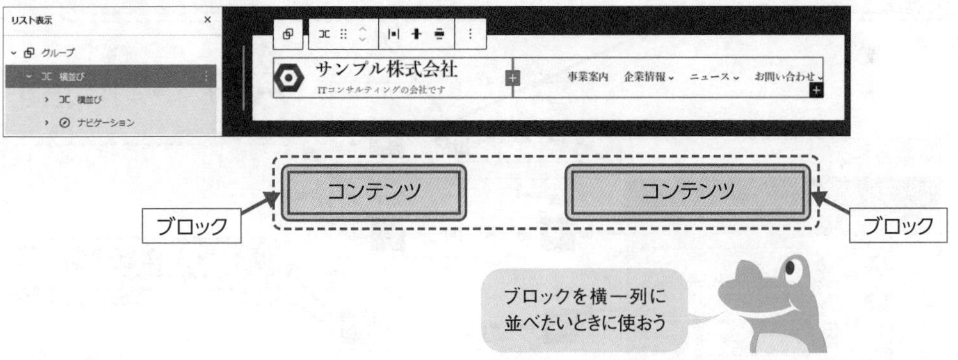

ブロックの設定で、中に入れたブロックの配置方法（左揃え、中央揃え、右揃え、項目の間隔）を指定することができます。「項目の間隔」を選択すると、ブロックがエリアの両端に揃い、ブロックが3個以上ある場合は余白が等間隔になるように並びます（画面5）。

▼画面5　コンテンツの配置方法

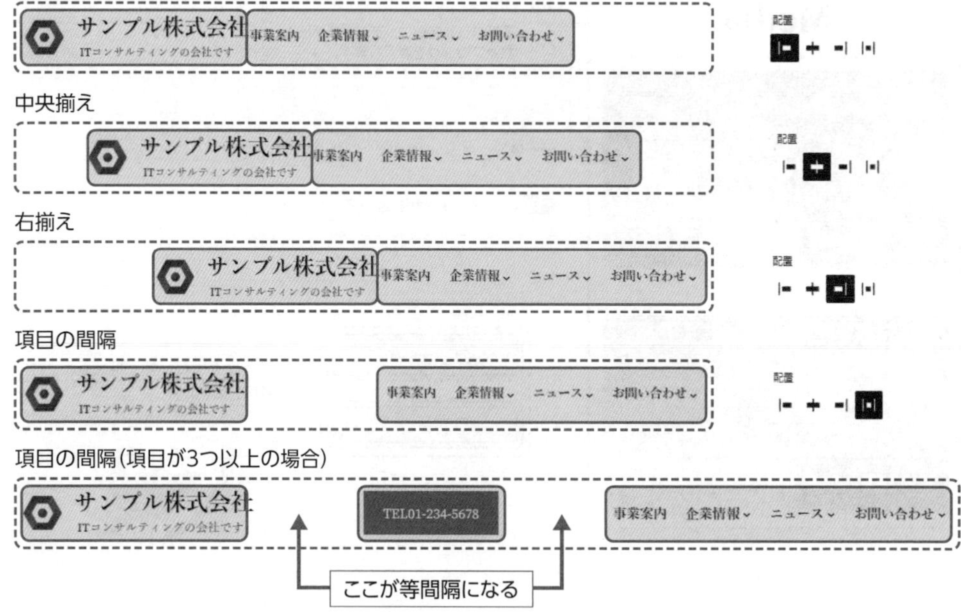

画面4では、横並びと縦積みを入れ子にして組み合わせています（画面6）。

▼画面6　横並びと縦積みの組み合わせ

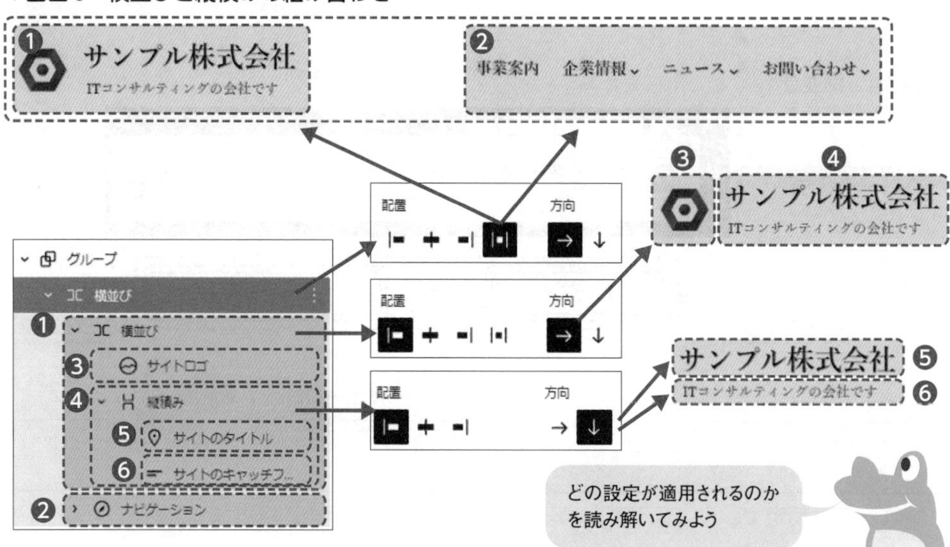

ブロックの配置方法は、横並び（または縦積み）のすぐ内側に置かれたブロックだけに適用されます。そのため、「項目の間隔」は❶❷だけに適用され、❶の内側に置かれた❸❹は影響を受けません。❸❹の配置方法は❶の横並びブロックの設定で決まります。同様に、❺❻の配置は❹の縦積みブロックの設定で決まります。

余白の設定

全てのブロックは、「コンテンツ」「パディング」「ボーダー」「マージン」と呼ばれる4つの領域を持っています（図2）。これをボックスモデルと呼びます。

図2　ボックスモデル

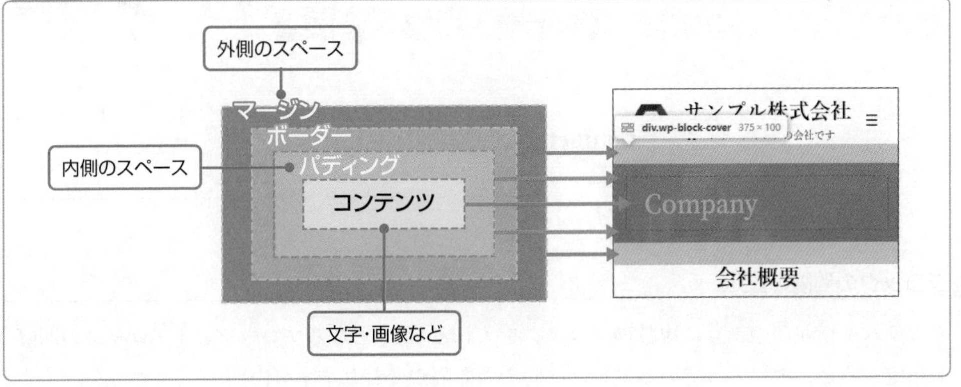

パディングは、ブロックの境界線（ボーダー）とコンテンツとの間にある内側のスペースです。一方、マージンは隣接するブロックとの間にあるスペースです。ブロック同士の間隔を設定するには、パディングとマージンを適切に使い分けることが重要です。縦積みブロックを例として解説します。

パディングの設定

ブロックにパディングを設定すると、**ブロックの内側**にスペースが生まれます（画面7）。

▼画面7　パディングの例

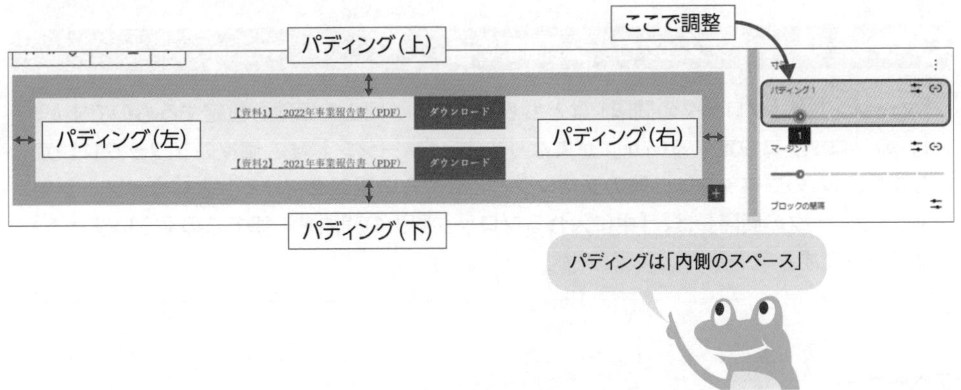

マージンの設定

マージンを設定すると、**ブロックの外側**にスペースが生まれます。その結果、隣り合うブロックとの間に距離が空きます（画面8）。

▼画面8　マージンの例

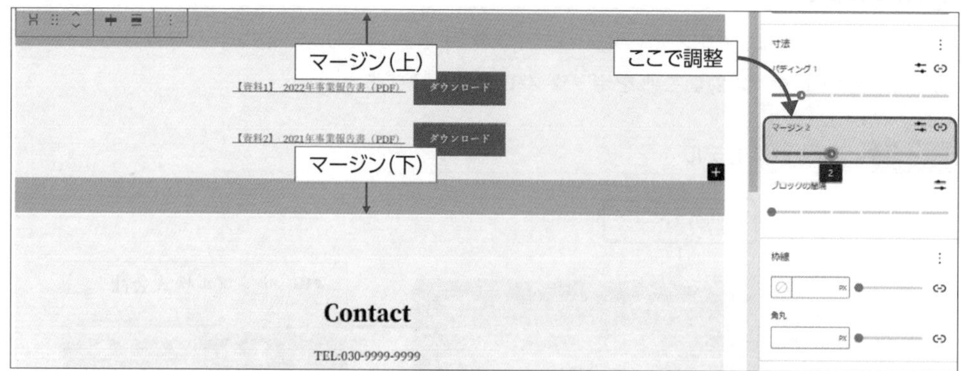

ブロックの間隔の設定

カラムや横並びのように複数のブロックを入れる「親」となるブロックに「ブロックの間隔」を指定すると、中に入っているブロック同士の間隔が変わります（画面9）。

▼画面9　ブロックの間隔

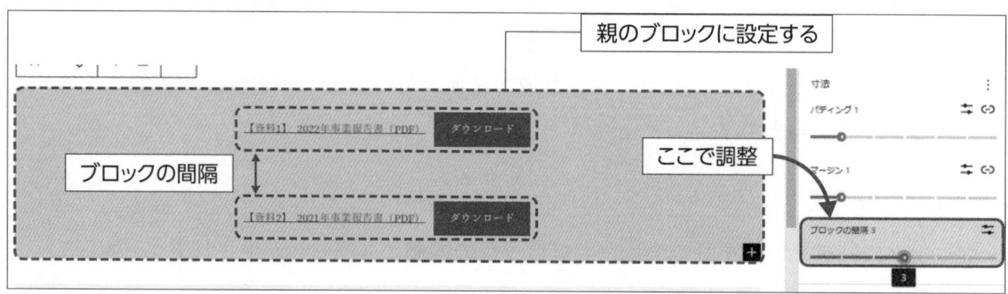

ポイント　マージンとブロックの間隔の違い

「マージン」と「ブロックの間隔」はどちらもブロック同士の距離を設定するものですが、「どのブロックに設定するのか」が異なります。「マージン」は、個々のブロックに設定します。「このブロックは、隣のブロックとこのくらい距離を空ける」というイメージです。「ブロックの間隔」は、「中に入れるブロック同士の間隔を一律でこのくらい空ける」イメージです。

スペーサー

スペーサーは四角形の領域しか持たないスペース専用のブロックです。ブロックとブロックの間に配置して、上下に距離を空けたい場面で使います。余白の大きさは、ブロックの設定の「高さ」で指定します（画面10）。

▼画面10　スペーサー

ポイント　スペーサーは垂直方向の余白のみ

スペーサーは垂直方向の余白しか設定することができません。左右に並んだブロックとブロックの間に配置しても、水平方向に余白を設けることはできません。

決まった幅の中にコンテンツを収める

多くのブロックは、そのまま配置すると画面の両端まで広がってしまいます（画面11）。

▼画面11　ブロックの性質

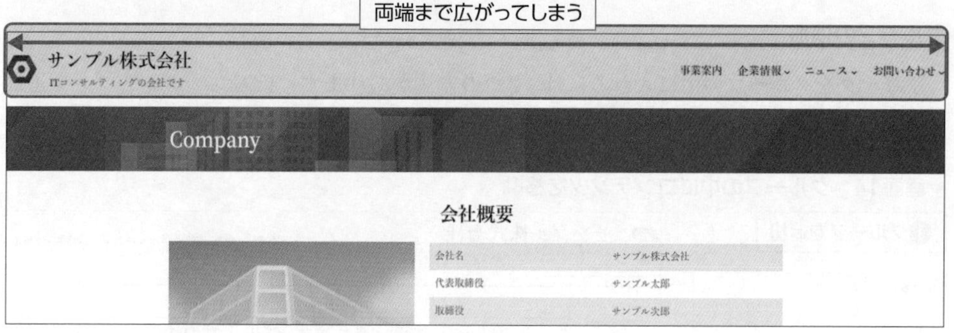

これを、決まった横幅に収まるようにレイアウトするには、ブロックの設定にある「インナーブロック」を有効化します。インナーブロックが使えないブロックは、「グループ」の中に入れて、グループのインナーブロックを有効化します。たとえばヘッダーの場合、ヘッダーのコンテンツ全体を1つの「グループ」の中に入れ、次に、グループの設定を開いて「コンテント幅を使用するインナーブロック」にチェックをつけ、配置を「中央揃え」にします。（画面12）。

▼画面12　インナーブロックの使用例

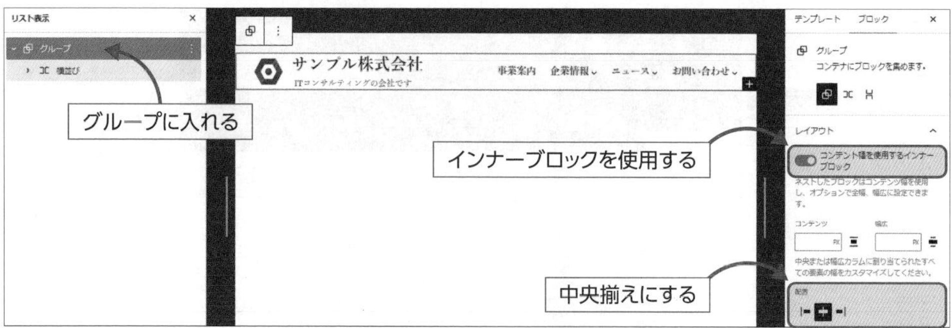

すると、グループの幅に制限がかかり、コンテンツが中央揃えになります（画面13）。

▼画面13　インナーブロックでコンテンツを中央揃え

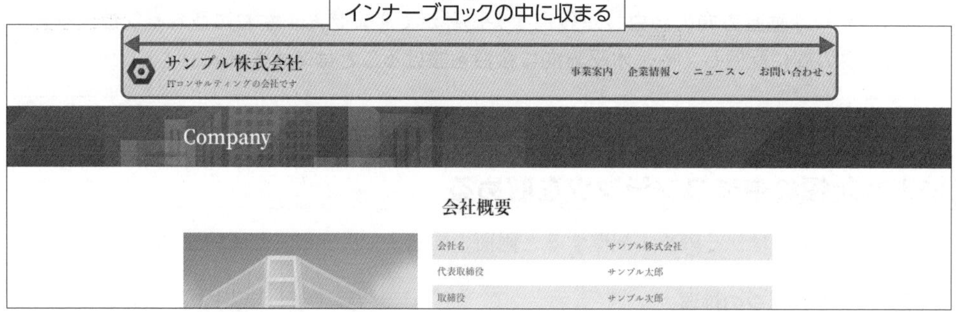

グループの追加

ブロックをグループの中に入れるには、2つの方法があります。1つは、「グループ」を追加してからブロックをグループの中に移動する方法です（画面14）。

▼画面14　グループの中にコンテンツを移動

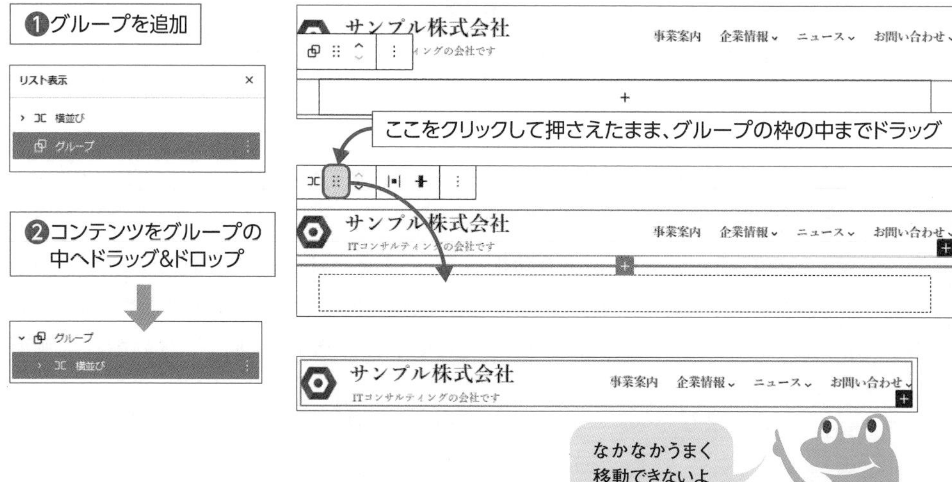

この方法は、リスト表示を見ながら行っても狙い通りの場所へ移動するのが難しいため、おすすめしません。

もう1つの方法は、ブロックをまとめて選択して一気にグループ化する方法です。まず、リスト表示を開きます。次に、❶同じグループにしたいブロックを Shift キーを押したまま続けてクリックしていくと、まとめて選択した状態になります。この状態で、❷ブロックの設定を開いて❸「グループ化」をクリックすると、選択しているブロックがグループ化されます（画面15、画面16）。グループを解除したいときは、❹「グループの解除」をクリックします。

▼画面15　グループ化の例（ブロックが1個だけの場合）

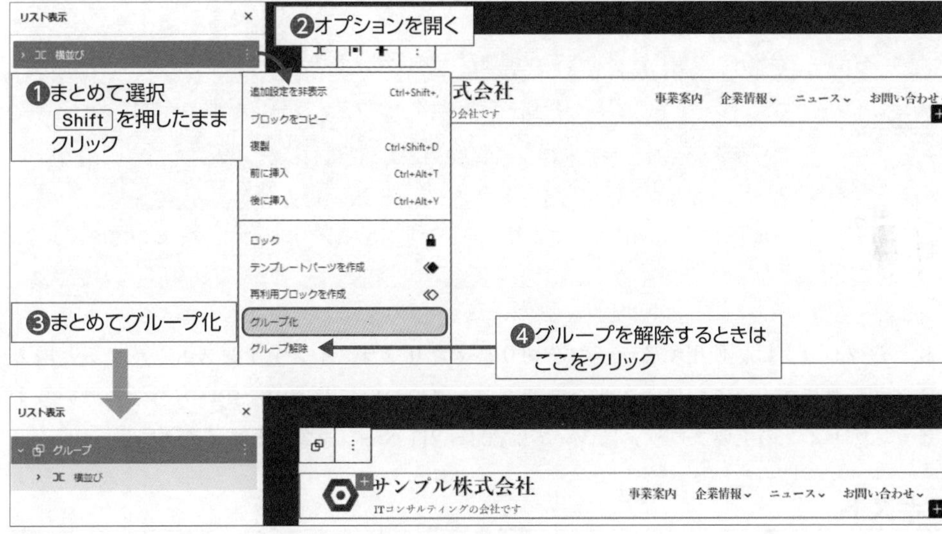

▼画面16　グループ化の例（ブロックが2個以上の場合）

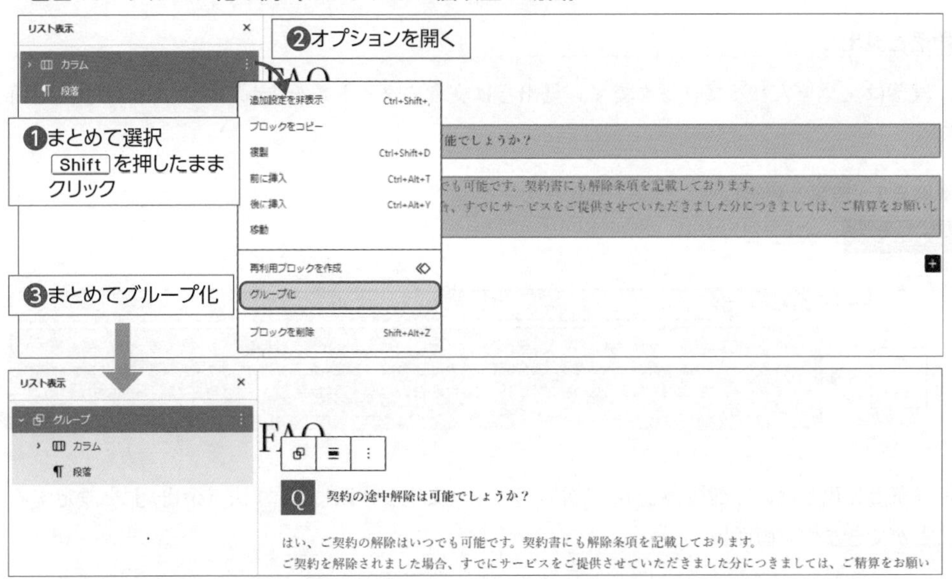

5-4 ブロックの使い分け

ブロックの種類

WordPressが標準で提供しているブロックは、次のように分類されます（表1）。

▼表1　ブロックのカテゴリー

分類	ブロックの種類
テキスト	文字（テキスト）
メディア	画像、音声、ファイル、動画など
デザイン	ボタン、カラム、グループ、横並び、縦積み、スペーサーなど
ウィジェット	カテゴリー一覧、最新の投稿一覧、検索ボックス、ソーシャルアイコンなど
テーマ	ナビゲーション、サイトのタイトル、ロゴ、投稿コンテンツ、アイキャッチ画像など
埋め込み	YouTube、Twitterなど各種ソーシャルメディアのコンテンツ、Googleマップなど一般的な埋め込みコンテンツ

使えるブロックは、使用するテーマを切り替えたりプラグインをインストールすると増えることがあります。ここでは、主要な標準ブロックについて基本的な使い方を学んでいきましょう。デザインの主要ブロックについては203～211ページを参照してください。

テキスト

テキストは文字を中心としたコンテンツを入れるブロックです。

段落と見出し

段落は文章を入れるブロックです。見出しは文章のタイトルを入れるブロックです（画面1）。

▼画面1　段落と見出し

ブロック

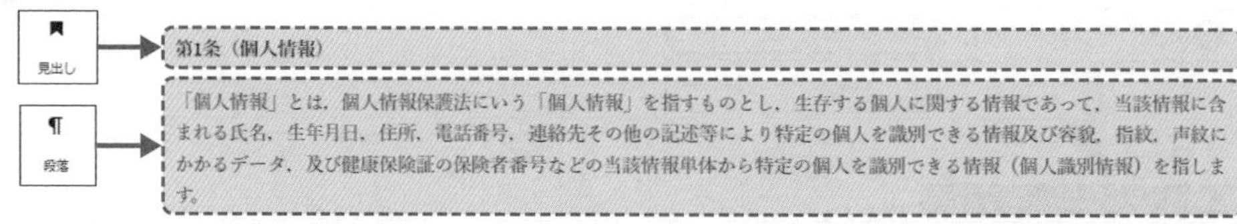

段落と見出しは、「配置」「色」「タイポグラフィ（文字の体裁）」、「寸法（余白）」を設定することができます（画面2）。

▼**画面2　段落ブロックの設定**

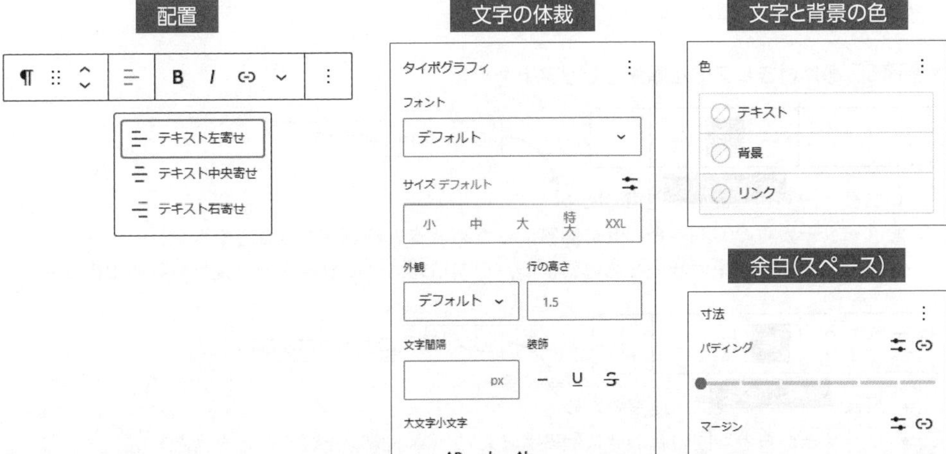

見出しは、これらに加えて「見出しレベル」を指定することができます。ページのタイトルがH1なら本文の見出しはH2～H6を使いましょう（画面3）。

▼**画面3　見出しレベルの設定**

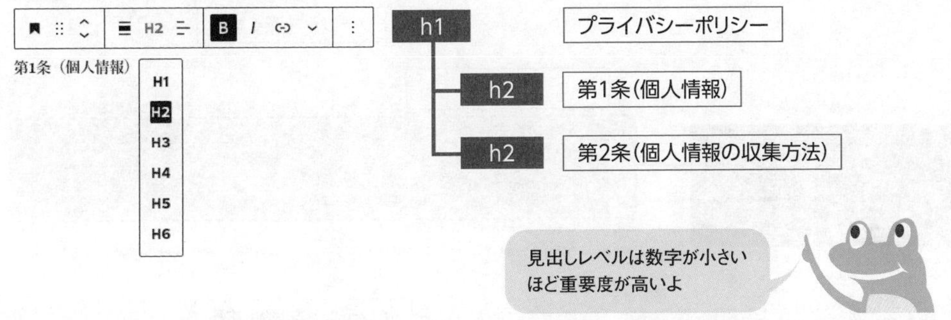

リスト

リストは、コンテンツを箇条書きで表すことが適している場合に使います（画面4）。

▼**画面4　リスト**

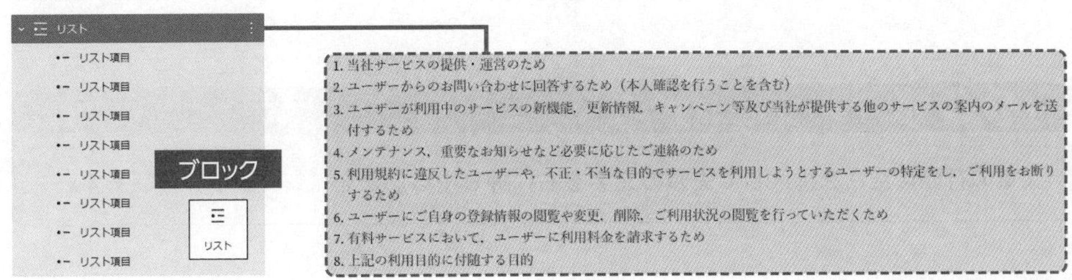

リスト項目に番号が付く「順序付きリスト」と、番号が付かない「順序なしリスト」を切り替えることができます（画面5）。

▼画面5　順序付きリストと順序なしリスト

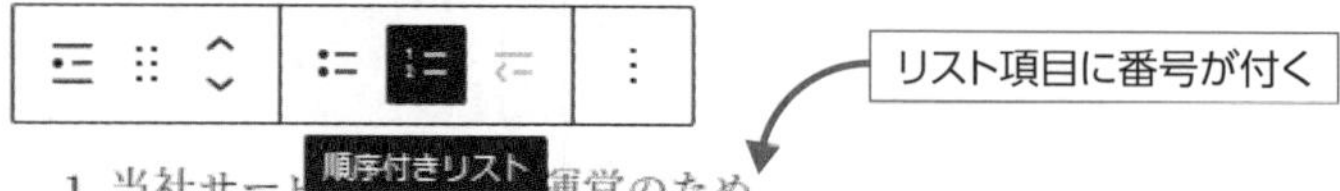

1. 当社サービスの提供・運営のため
2. ユーザーからのお問い合わせに回答するため（本人確認を行うことを含む）
3. ユーザーが利用中のサービスの新機能，更新情報，キャンペーン等及び当社が提供する

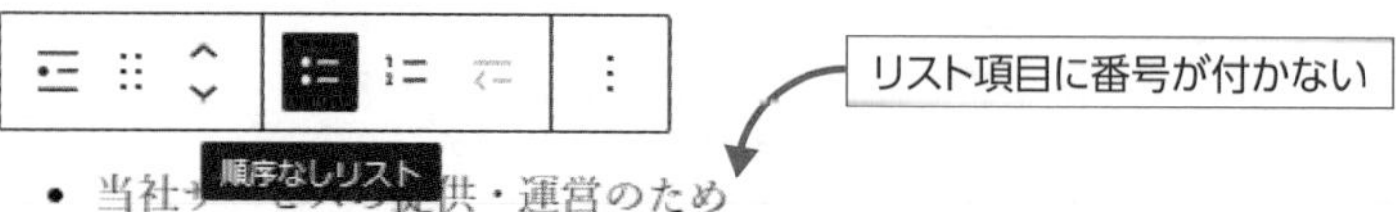

- 当社サービスの提供・運営のため
- ユーザーからのお問い合わせに回答するため（本人確認を行うことを含む）
- ユーザーが利用中のサービスの新機能，更新情報，キャンペーン等及び当社が提供する他

リストの項目を選択した状態で「インデント」をクリックすると、階層を下げることができます。階層を下げた項目は、新たなリストになります（画面6）。

▼画面6　リストの階層化

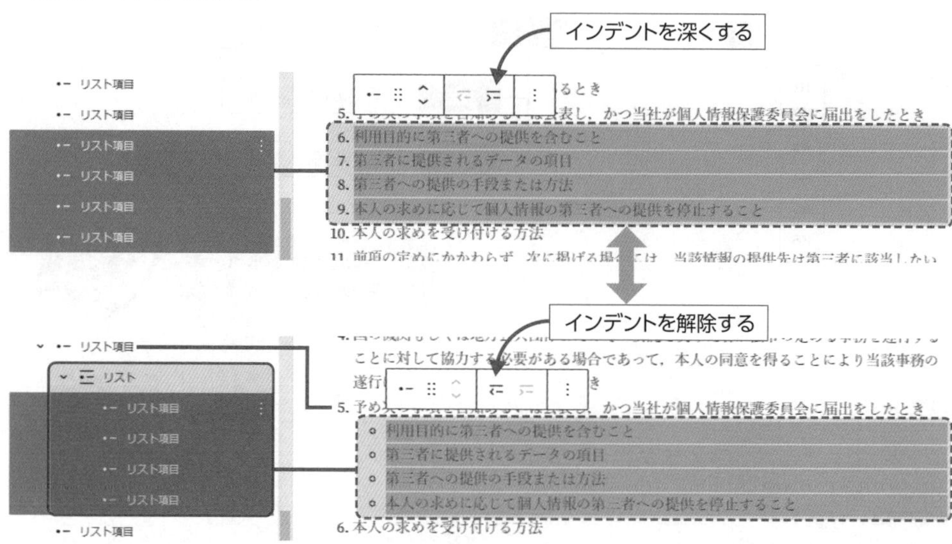

ポイント　インデントとは？

文章の行頭に空白を挿入して先頭の文字を右に押しやることをインデントと呼びます。

テーブル

テーブルは、表を挿入できるブロックです。枠のみの「デフォルト」と、交互に背景が付く「ストライプ」を選ぶことができます。また、プレビューでクリックしたセルを基準として、縦の行と横の列の挿入・削除が行えます（画面7）。

▼画面7　テーブル

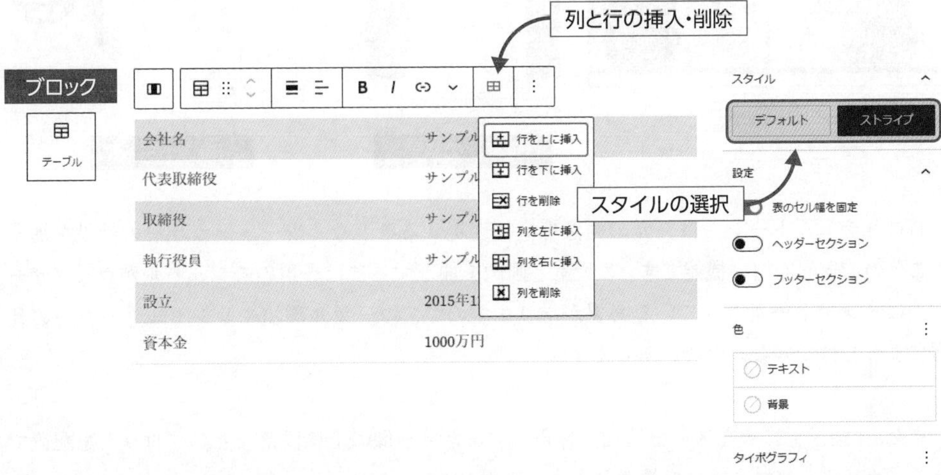

メディア

メディアのカテゴリーには、画像や動画などのメディアを挿入できるブロックがあります。メディアはメディアライブラリから選択するか、URLで指定することができます。

画像

画像を1つだけ配置できるブロックです（画面8）。

▼画面8　画像

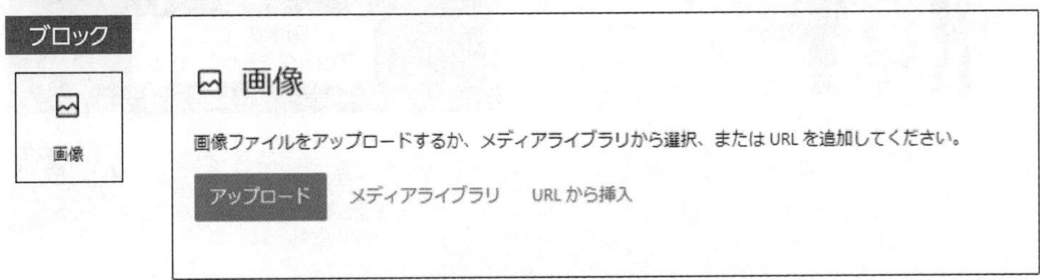

挿入した画像は、その場で「回転」「縦横比の変更」「拡大」「切り抜き」などの加工を行うことができます（画面9）。

▼画面9　画像の編集

特に「デュォトーン」は、元の画像を直接変更することなくツートンカラーの効果を加えることのできる面白い機能です。ただし、画像を加工するには専用のモジュールがウェブサーバーにインストールされている必要がありますので、ローカル環境やレンタルサーバーの仕様によってはできない場合があります。

また、「画像上にテキストを追加」を選択すると、画像の上に段落などのブロックを配置できる「カバー」ブロックに変換されます（画面10）。

▼画面10　カバーへの変換

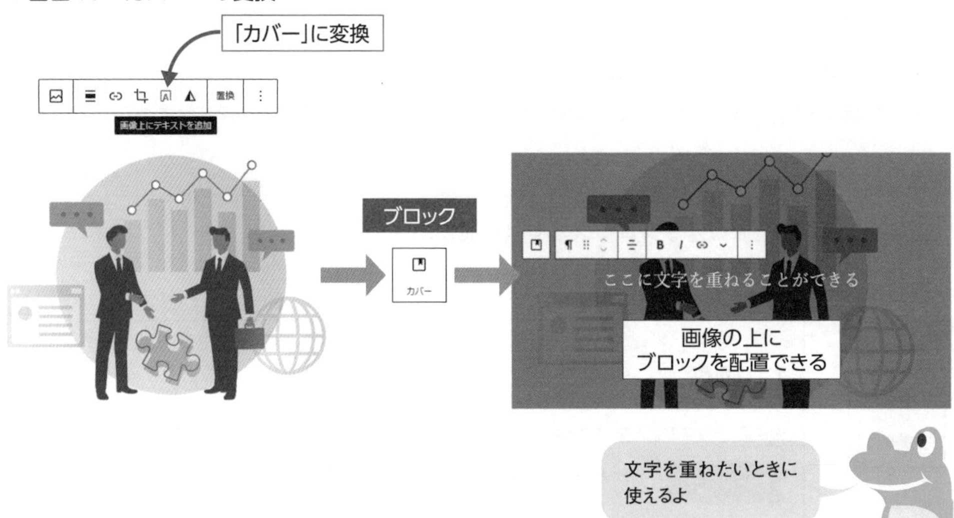

カバー

画像の上に別のブロックを重ねて配置できるブロックです。画像はブロックの背景になり、ブロックの設定で背景を固定（画面をスクロールしても背景だけ動かない）したり、画像がブロックよりも大きいとき、どの場所を中心として表示するかを指定することができます（画面11）。

▼画面11　カバーブロックの設定

画像が大きくてもはみ出したりしないよ

また、文字を読みやすくするために、画像に半透明のレイヤー（オーバーレイ）を重ねることができます。オーバーレイの色と透明度は色の設定から変更できます（画面12）。

▼画面12　背景画像にオーバーレイを重ねる

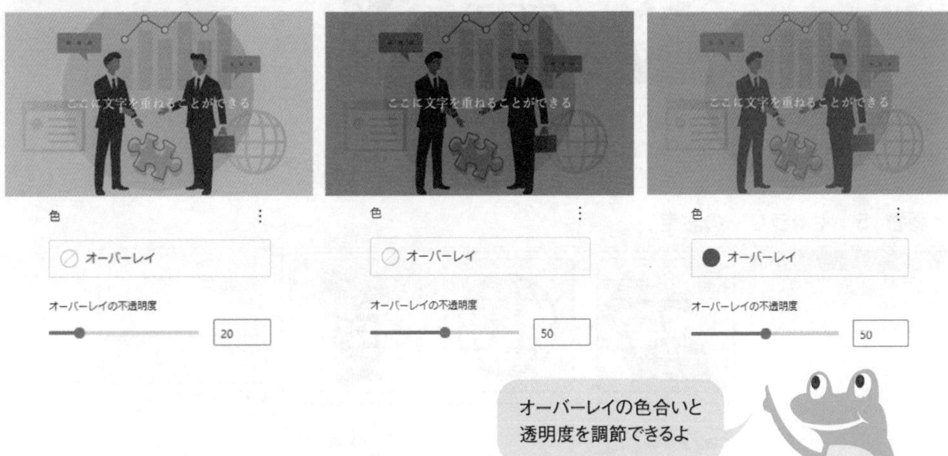

オーバーレイの色合いと透明度を調節できるよ

ギャラリー

画像をグリッド状に並べて表示できるブロックです（画面13）。

▼**画面13　画像の選択**

選択した画像は、ひとつひとつが「画像」ブロックとしてギャラリーの中に入ります（画面14）。

▼**画面14　ギャラリー**

1行に並べる枚数とカラムの間隔はブロックの設定欄で指定します（画面15）。

▼**画面15　ギャラリーの設定**

1行に収まらない場合は自動的に折り返します（画面16）。

▼画面16　モバイルでの折り返し

イベントの風景や商品のラインナップなど、たくさんの写真を一度に見せたい場面で使うとよいでしょう。

音声

mp3やwavなどの音声ファイルを挿入できるブロックです（画面17）。

▼画面17　音声

ブロック

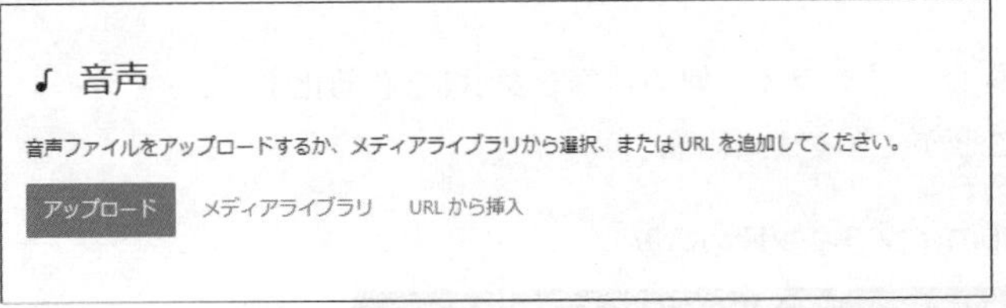

音声ファイルを挿入した場所には再生コントロールが表示されます。ブロックの設定で、「自動再生」「ループ」を選択することができます（画面18）。

▼画面18　再生コントロール

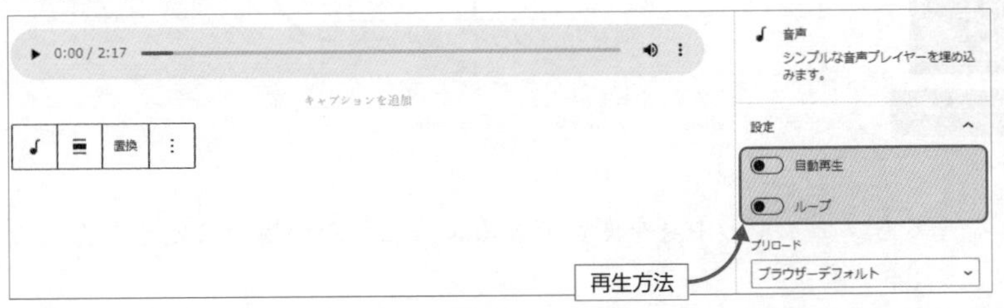

セミナーの講義内容や音楽作品のサンプルなどをサイト上で視聴できるようにしたい場合に便利です。

ファイル

PDFやエクセル、パワーポイントなどのファイルを挿入できるブロックです（画面19）。

▼画面19　ファイル

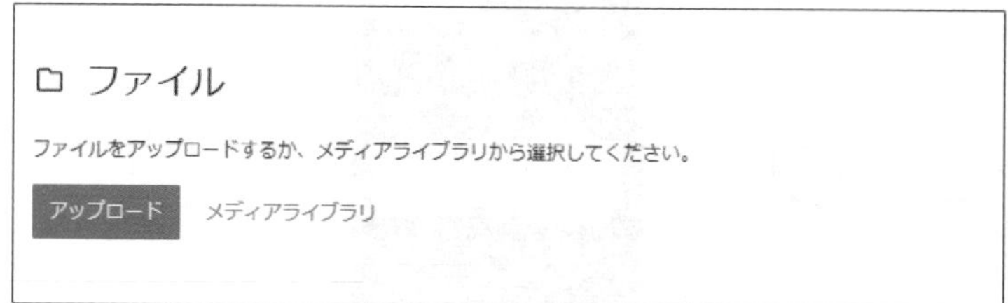

ブロックの設定で「ダウンロードボタンを表示」を有効化すると、ファイル名の隣にダウンロードボタンが表示され、サイトからファイルをダウンロードできるようになります（画面20）。

▼画面20　ファイルのダウンロード

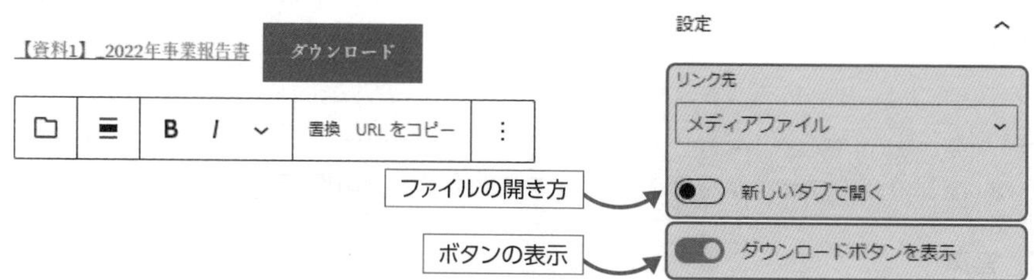

PDFファイルの場合、「インライン埋め込みを表示」を有効化すると、ファイルの内容をページに直接埋め込むことができます（画面21）。

▼画面21　ファイルのインライン埋め込み

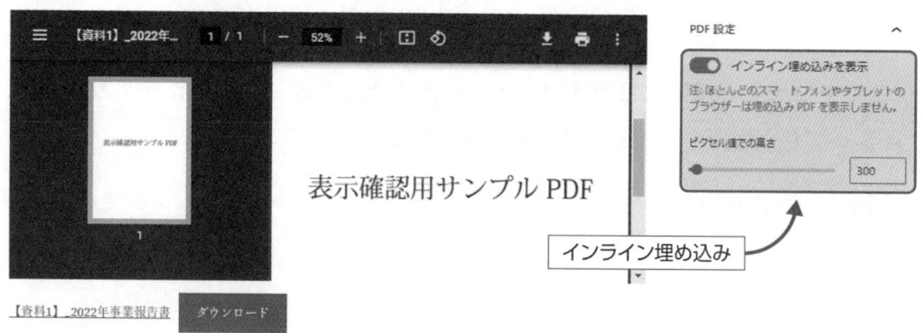

ダウンロードしなくてもファイルの中身を閲覧できるようにしたい場合に使うとよいでしょう。

メディアとテキスト

メディアとテキストを左右に並べて配置できるブロックです（画面22）。

▼**画面22　メディアとテキスト**

ブロックの設定で「モバイルでは縦に並べる」を有効化すると、メディアを左右どちらに配置していても、モバイルではメディアが常に上になります（画面23）。

▼**画面23　モバイルではメディアが上になる**

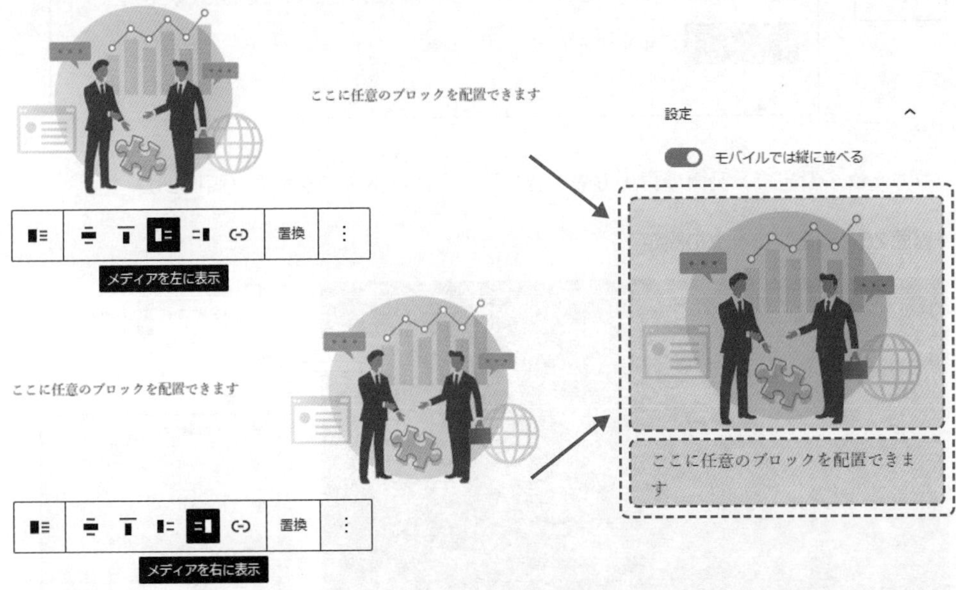

メディアの隣にはテキストだけでなく任意のブロックを入れることができます。たとえばメディア側にカタログの表紙を配置して、テキスト側に2ページ目以降のギャラリーとファイルのダウンロードボタンを配置するなど、幅広く応用できるブロックです（画面24）。

▼画面24　カタログへの応用

動画

動画を挿入できるブロックです（画面25）。

▼画面25　動画

ブロック

動画

動画

動画ファイルをアップロードするか、メディアライブラリから選択、または URL を追加してください。

アップロード　メディアライブラリ　URL から挿入

ブロックの設定で、動画の再生方法や読み込み方法を指定できます（画面26）。

▼画面26　動画ブロックの設定

「先読み」を「メタデータ」にすると、サムネイルや動画の長さなどの付属情報だけが読み込まれ、動画の内容は再生を開始するまで読み込まれません。「なし」にするとサムネイルも読み込まれませんので、ポスター画像を設定して何の動画なのかわかるようにしておきましょう（画面27）。

▼画面27　先読み

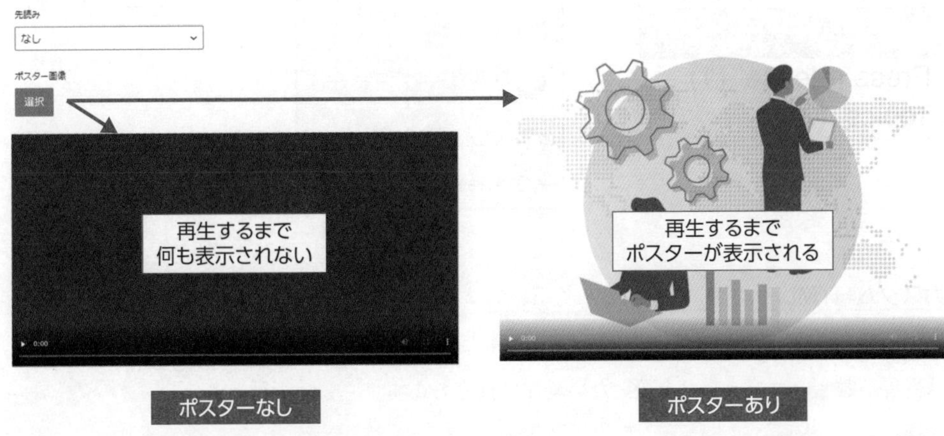

ポイント　自動再生できない動画

原則として「音が出る動画」はモバイルでは自動再生ができません。サイトにアクセスしただけで勝手に動画が再生されると、ユーザーにパケット通信費の負担を強制することになるからです。

ウィジェット

ウィジェットのカテゴリーには、最新の投稿一覧やソーシャルアイコンなど、ウェブサイトのサイドバーに配置するのに適したブロックがあります。

カテゴリー一覧

投稿のカテゴリーを全て表示するブロックです（画面28）。

▼画面28　カテゴリー一覧

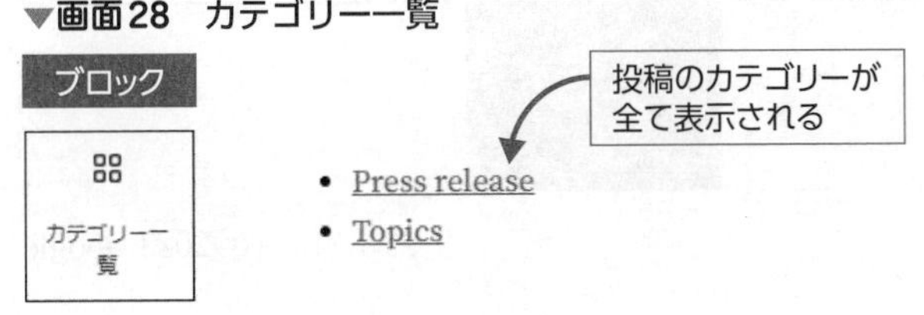

デフォルトはリスト風のスタイルですが、ブロックの設定でドロップダウンにしたり、カテゴリーに含まれている投稿数を表示することができます（画面29）。

▼画面29　ドロップダウン形式

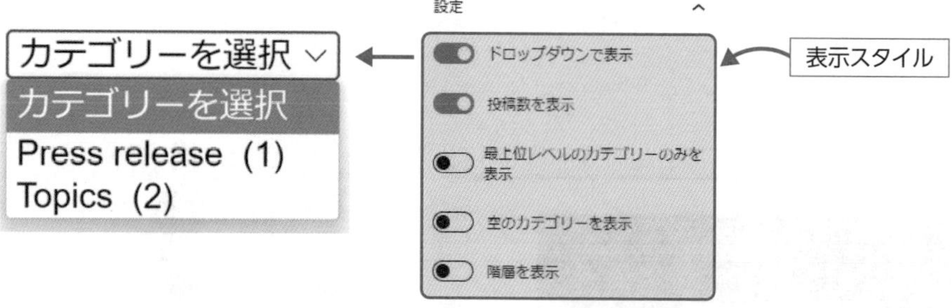

カスタムHTML

HTMLタグを直接記述できるブロックです（画面30）。あらかじめ用意されたブロックでは表現が難しいコンテンツを扱いたい場面で役立ちます。

▼画面30　カスタムHTML

ブロック

HTML
カスタム
HTML

HTML を入力…

例としてGoogleマップの埋め込みを示します。まず、Googleの地図検索にて場所を検索し、共有コードをコピーします（画面31）。

▼画面31　Googleマップの共有コードを取得

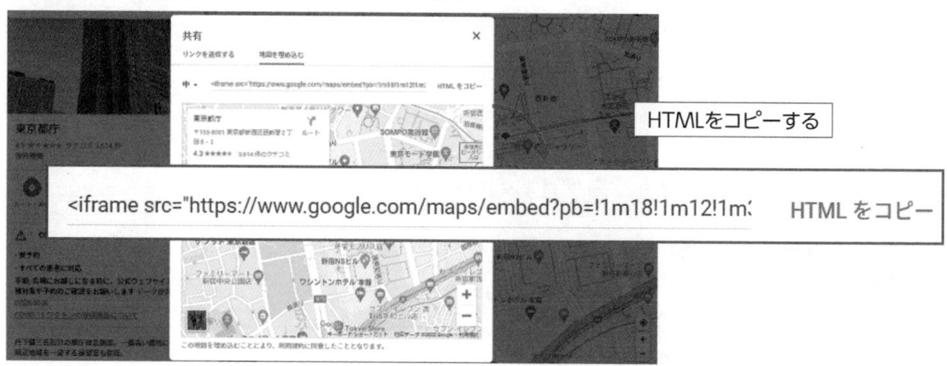

ⓒ2023 Google

コピーしたHTMLのコードをブロックに貼り付けて、プレビューをクリックします（画面32）。

▼画面32　Googleマップの埋め込み

```
<iframe src="https://www.google.com/maps/embed?
pb=!1m18!1m12!1m3!1d3240.4917624403424!2d139.68823773130998!3d35.689514415261165!2m3!1f0!2f0!3f0!3m2!
1i1024!2i768!4f13.1!3m3!1m2!1s0x60188cd4b71a37a1%3A0xf1665c37f38661e8!2z5p2x5Lqs6YO95bqB!5e0!3m2!1sja
!2sjp!4v1670721710355!5m2!1sja!2sjp" width="600" height="450" style="border:0;" allowfullscreen=""
loading="lazy" referrerpolicy="no-referrer-when-downgrade"></iframe>
```

ⓒ2023 Google

最新の投稿

ブログ投稿の一覧を表示できるブロックです。リスト表示とグリッド表示が選べます（画面33)。

▼画面33　最新の投稿

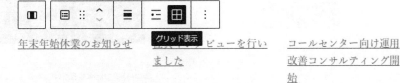

ブロック

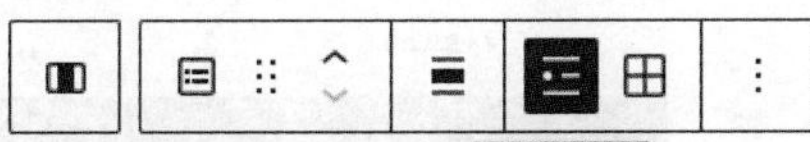

リスト表示

年末年始休業のお知らせ
社員インタビューを行いました
コールセンター向け運用改善コンサルティング開始

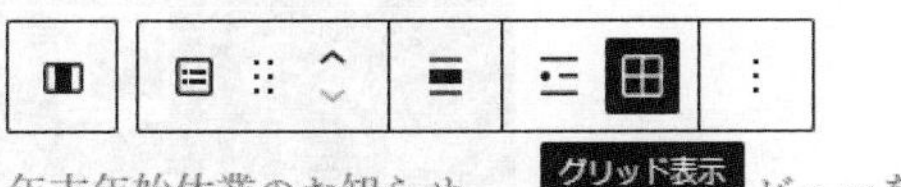

年末年始休業のお知らせ　社員インタビューを行いました　コールセンター向け運用改善コンサルティング開始

ブロックの設定で、投稿コンテンツ（本文）やアイキャッチ画像の有無、位置、並び順や最大表示件数などを指定することができます（画面34)。

▼画面34　アイキャッチ付きのグリッド表示

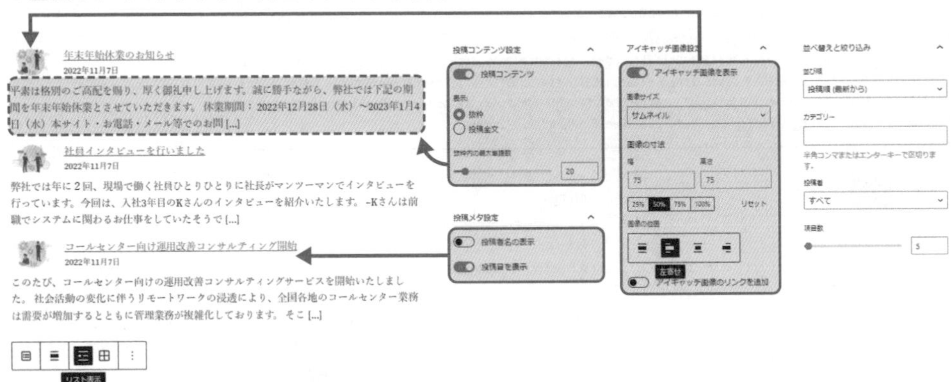

ショートコード

　ショートコードとは、スライドショーやお問い合わせフォームなど埋め込み型のコンテンツを扱うプラグインをインストールすると使えるようになる短いコードのことです。プラグインの設定画面からコピーしたショートコードをこのブロックに入れると、ページにアクセスしたとき具体的なコンテンツに置き換わって表示されます。

　スライドショーのプラグイン「Smart Slider3」のショートコードを貼り付けた例を示します（画面35）。

▼画面35　スライドショーの設置

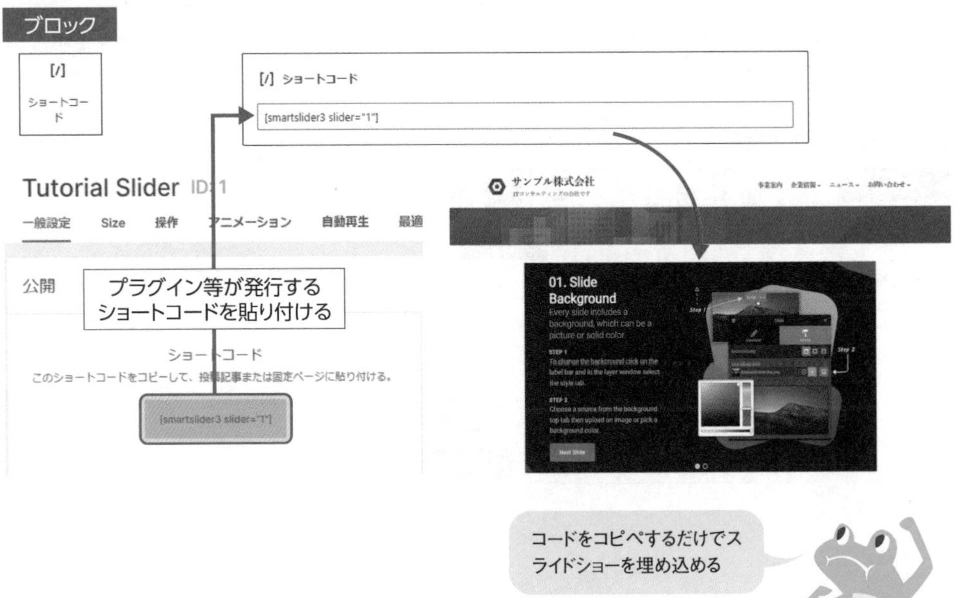

コードをコピペするだけでスライドショーを埋め込める

ソーシャルアイコン

ソーシャルメディアのアイコンを並べて表示できるブロックです（画面36）。

▼画面36　ソーシャルアイコン

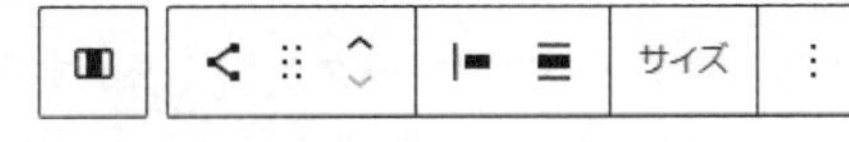

［+］アイコンをクリックするとソーシャルメディアの選択画面が表示されますので、挿入したいソーシャルメディアを選択します（画面37）。

▼画面37　ソーシャルメディアの選択

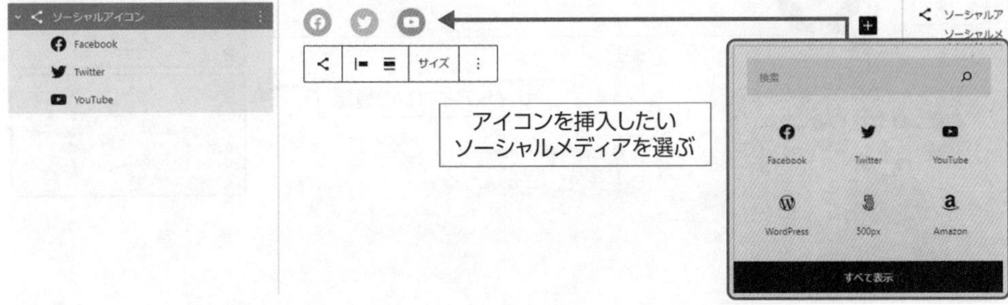

ブロックの設定で、アイコンのスタイルやラベルの表示有無などを指定することができます（画面38）。

▼画面38　表示スタイルの設定

テーマ

テーマのカテゴリーには、ナビゲーションやロゴなど、サイトの基本情報に関するブロックが多く含まれています。

サイトロゴ

メディアライブラリに登録した画像を、サイトのロゴマークとして表示するブロックです(画面39)。

▼画面39　サイトロゴ

ブロックの設定で「サイトアイコンとして使用する」を有効化すると、PCではブラウザのタブやブックマークのアイコンになり、スマートフォンではホーム画面のアイコンになります。また、「リンクを付ける」を有効化するとロゴがリンクになり、クリックするとサイトのトップページに移動します。

サイトのタイトル、サイトのキャッチフレーズ

管理画面の［設定 ＞ 一般設定］に登録されているタイトルとキャッチフレーズを表示するブロックです（画面40、画面41）。

▼画面40　サイトのタイトルとキャッチフレーズ

ブロック

サンプル株式会社
ITコンサルティングの会社です

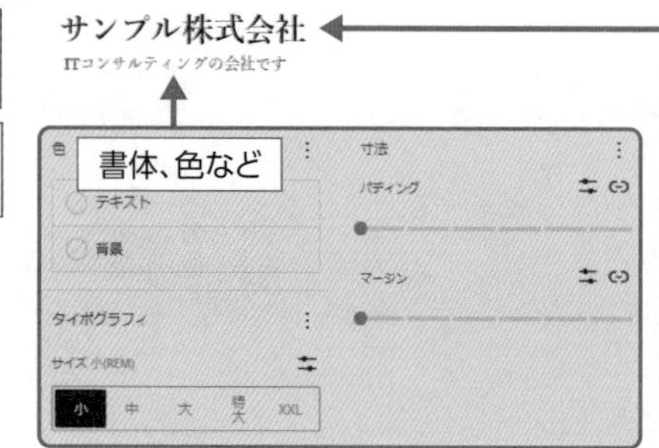

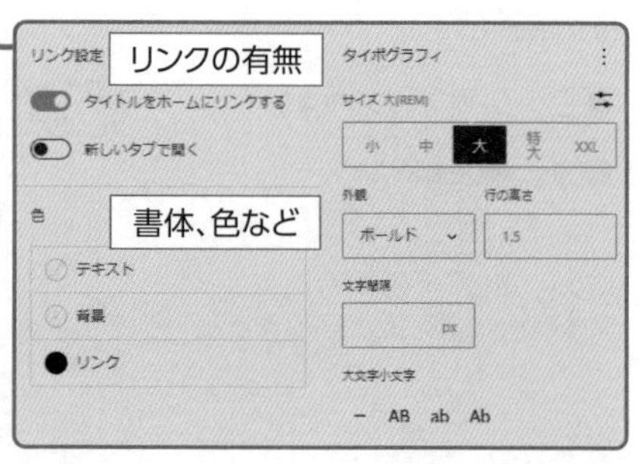

▼画面41 ［設定 > 一般設定］との対応関係

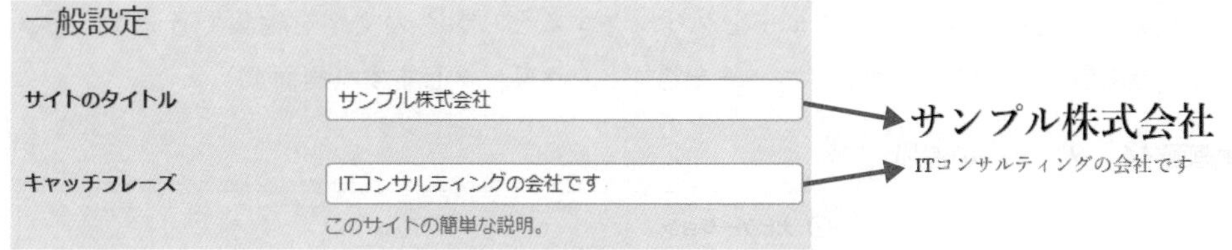

テキストを表示するブロックと同様に、ブロックの設定でタイポグラフィ（文字の体裁）を指定できるほか、サイトのタイトルは、クリックするとトップページに戻るかどうかを指定することができます。

ナビゲーション

サイトのナビゲーション（メニュー）を表示するブロックです（画面42）。

▼画面42 ナビゲーション

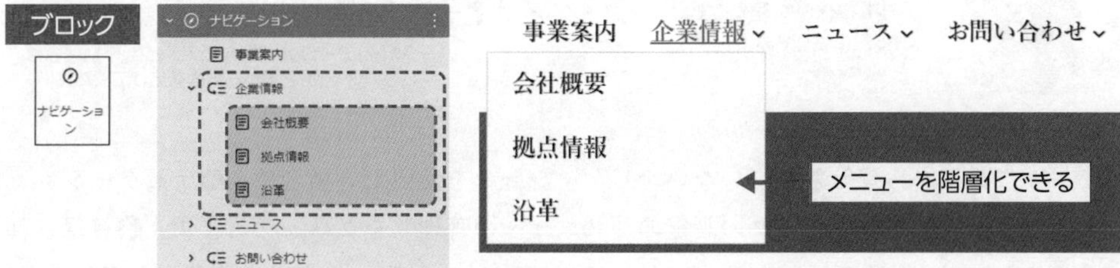

ブロックの設定で、モバイルのときだけメニューをアイコン化して折り畳み、アイコンをタップすると開くようにできます（画面43）。

▼画面43 メニューの折り畳み

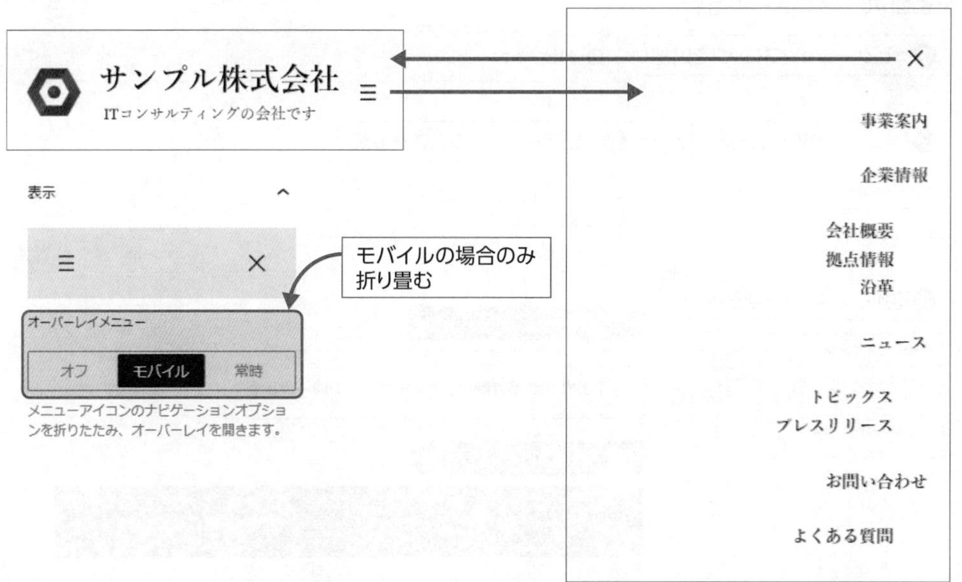

❶メニューを追加するには[+]アイコンをクリックして❷検索ボックスからリンク先のページを検索して選択します。メニューをクリックするとリンクの文字を編集できます。❸メニューを階層化するには「サブメニューを追加」をクリックします（画面44）。

▼画面44　メニューの追加

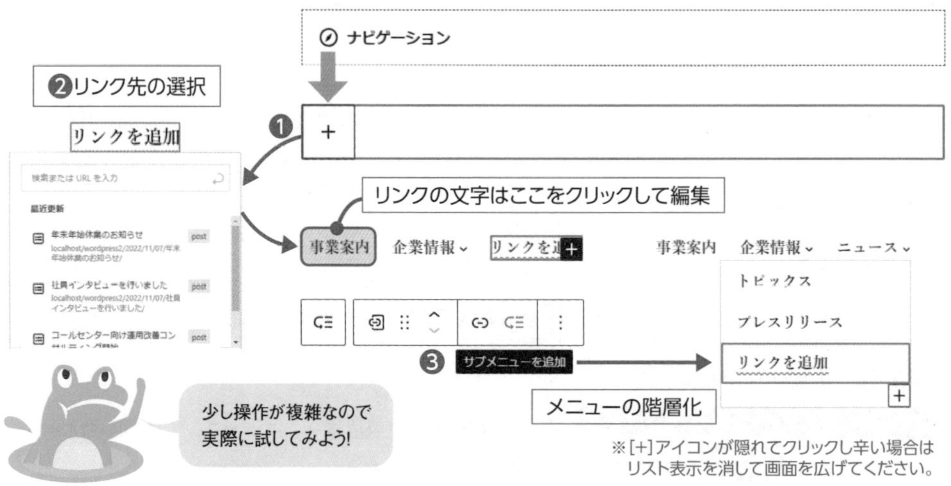

テーマに最初から登録されていないナビゲーションを使いたい場合は、❶ナビゲーションブロックを追加して❷ブロックの設定の「メニューの管理」をクリックします。❸登録されているメニューの一覧画面が表示されますので、新しいメニューの名前を新規で登録します。そうすると、❹メニュー選択のプルダウンに名前が出てきますので、それを選択します。

こうすることで、テーマに最初から登録されているメニューとは別に、オリジナルのメニューを追加することができます（画面45）。

▼画面45　メニューの追加

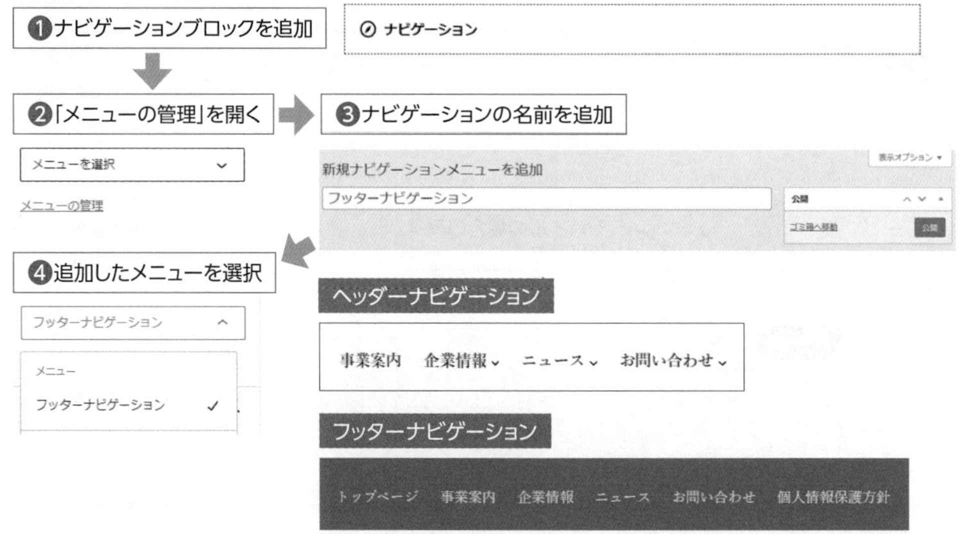

投稿一覧

投稿一覧は、最新の投稿一覧を表示するブロックです。レイアウトはパターンから選び、リスト表示とグリッド表示を切り替えることができます（画面46）。

▼画面46　投稿一覧

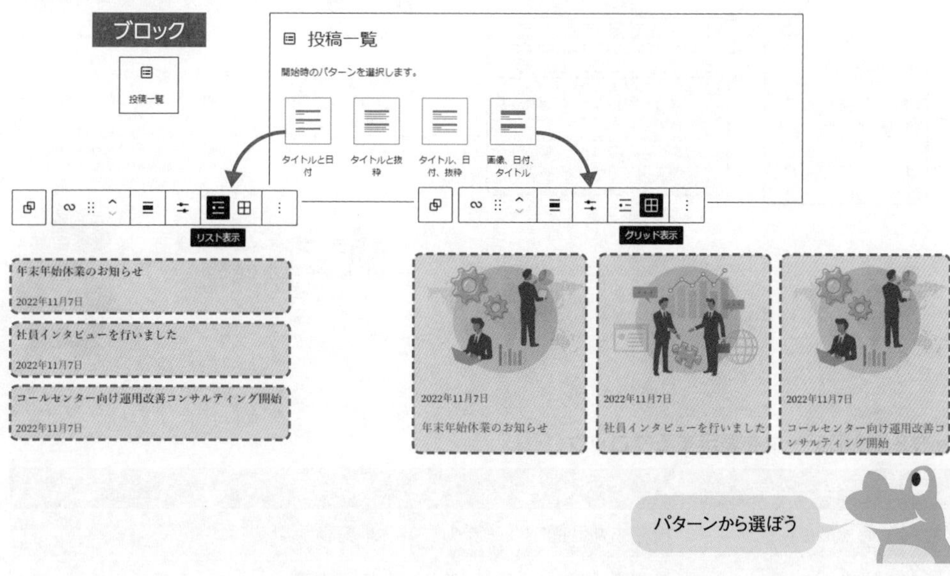

投稿一覧を配置すると、❶繰り返しを表す「クエリーループ」ブロックの中に、投稿1件分のテンプレートを表す「投稿テンプレート」ブロックが配置され、❷「クエリーループ」ブロックの設定に従って投稿テンプレートが繰り返し表示されます（画面47）。

▼画面47　クエリーループと投稿テンプレート

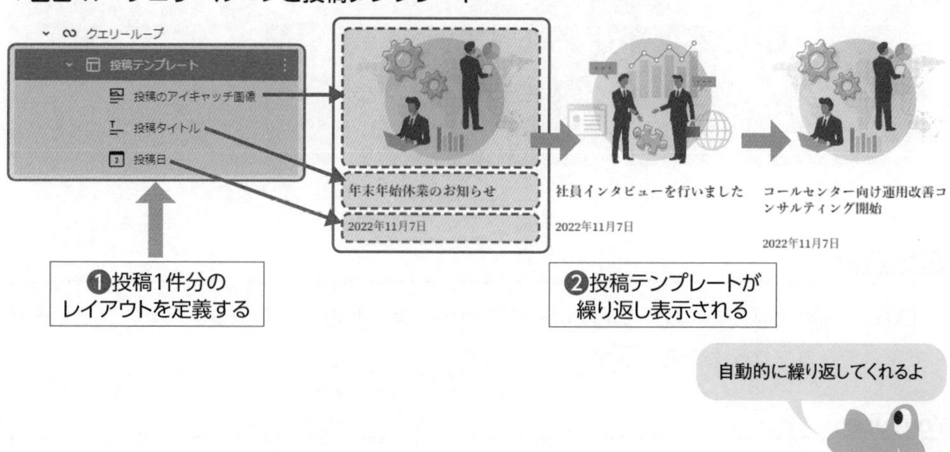

「投稿テンプレート」ブロックの中には、投稿に関するデータを表示するブロックを自由に配置することができます（画面48、表2）。

▼画面48　投稿テンプレートのカスタマイズ例

投稿テンプレートの中身は自由にレイアウトできるよ

▼表2　投稿データを表示するブロック

ブロック	説明
投稿タイトル	投稿または固定ページのタイトルを表示する
投稿の抜粋	投稿の抜粋（冒頭の一部分）を表示する
投稿コンテンツ	投稿または固定ページの内容（本文）を表示する
投稿のアイキャッチ画像	投稿にアイキャッチ画像が設定されていれば表示する
投稿者	投稿者の名前を表示する
投稿日	投稿日付を表示する
カテゴリー	投稿のカテゴリーを表示する
タグ	投稿のタグを表示する
続きを読む	投稿ページへのリンクを表示する

埋め込み

埋め込みのカテゴリーには、YouTubeやTwitterなど他のサイトからコンテンツを読み込んで表示できるブロックがあります。

YouTube

メディアライブラリの動画を挿入する「動画」ブロック（222ページ）と違って、YouTubeで公開されている動画を、URLを指定するだけで挿入できるブロックです（画面49）。

▼画面49　YouTubeブロック

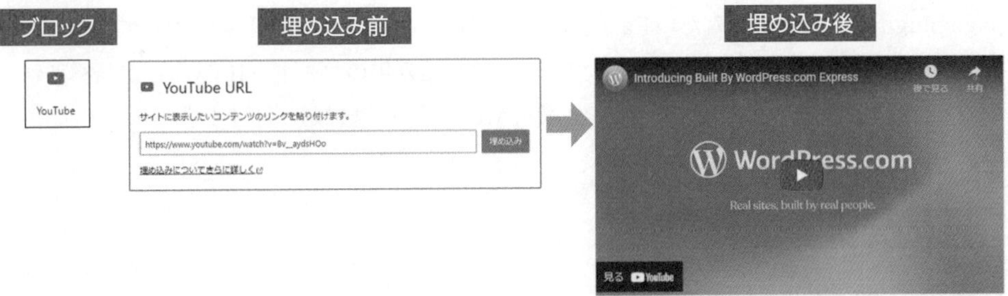

Twitter

Twitterのツイート（タイムライン）を挿入できるブロックです（画面50）。

▼画面50　Twitterブロック

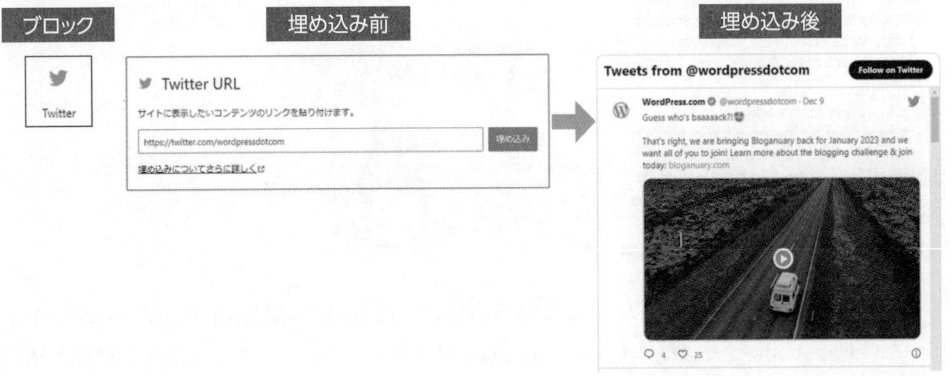

FacebookとInstagram

FacebookとInstagramはMETA社（旧Facebook社）がデータの提供を廃止したため、現在は埋め込むことができませんが、Facebookについては「カスタムHTML」ブロックを使った埋め込み方法があります（画面51）。

▼画面51　Facebookの埋め込み

❶ Facebookの開発者ツールを開きます（https://developers.facebook.com/docs/plugins/page-plugin/）。❷埋め込みたいFacebookページのURLやサイズなどを入力して、❸「コードを取得」ボタンをクリックします。すると、埋め込み用のコード（HTML）が発行されますので、❹コードをコピーして「カスタムHTML」ブロックに貼り付けます。

▼画面52　Facebookの埋め込み

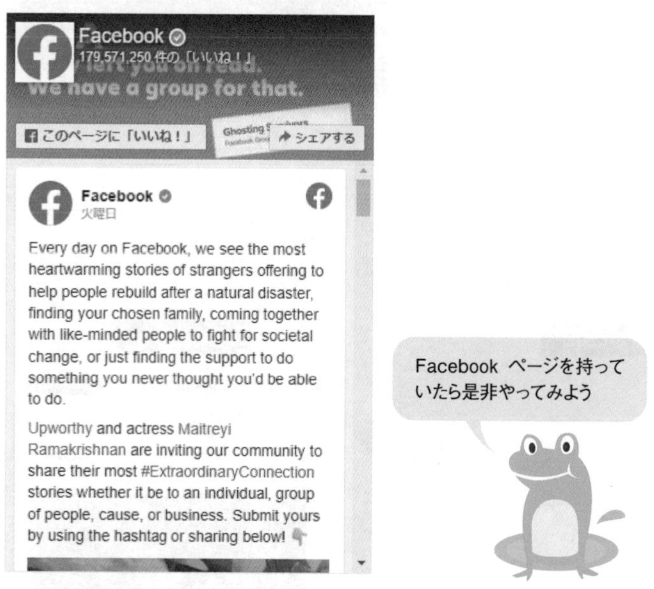

この方法でサイトに埋め込むことができるのは、公開範囲や年齢制限などの制限がかかっていないFacebookページだけです。Facebookの個人アカウントのタイムラインは埋め込むことができません。

ポイント　Facebookのタイムラインが表示されない場合

Facebookにログインしているブラウザで埋め込んだページを開くと、タイムラインが表示されない不具合が報告されています。ブラウザのシークレットモードで開くか、Facebookからログアウトすると表示されます。

5-5 再利用ブロック

再利用ブロックとは？

再利用ブロックとは、任意のページで同じブロックを共有できるようにしたものです。よく使う定型文やレイアウトを再利用ブロックにしておくと、投稿や固定ページの編集画面で通常のブロックと同じように挿入することができます（図1）。

図1 再利用ブロックのイメージ

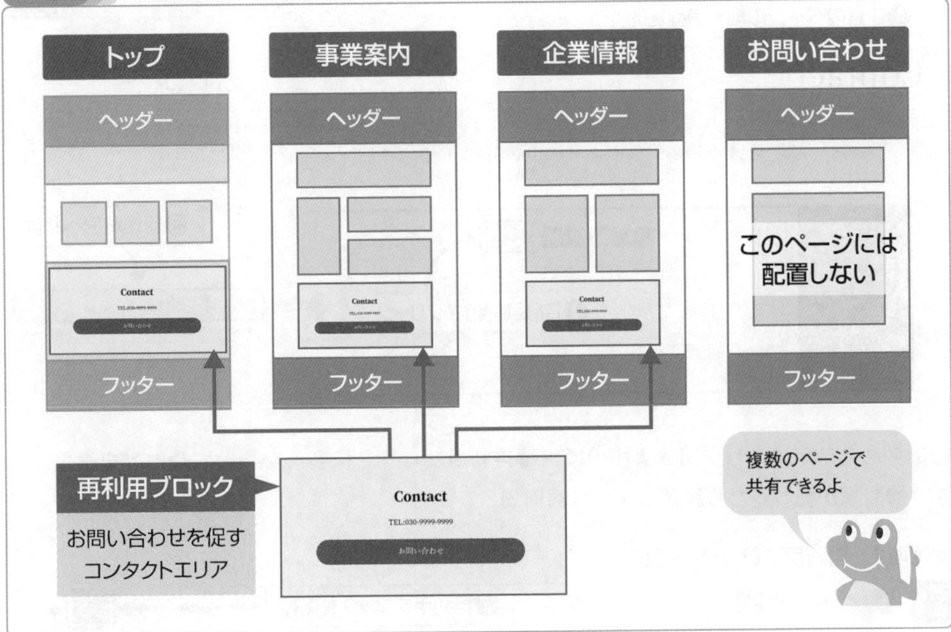

再利用ブロックの特徴

再利用ブロックには次のような特徴があります。

- テンプレートの中でもページの中でも使える。
- 通常のブロックを再利用ブロックに変換できる。
- 再利用ブロックを通常のブロックに変換できる。
- 再利用ブロックの内容を変更すると、その再利用ブロックを使用している全てのページに変更内容が一斉に反映される。
- 再利用ブロックを複製すると通常のブロックとして複製される。

再利用ブロックの作成

再利用ブロックは2通りの方法で作成できます。一つ目の方法は、再利用ブロックの管理画面を使う方法です。画面1のように❶任意のページの編集画面を開き、❷画面右上のオプションをクリックして❸「再利用ブロックの管理」をクリックします。❹すると再利用ブロックの管理画面が開きますので、「新規追加」をクリックします（画面1）。

▼画面1　再利用ブロックの新規追加

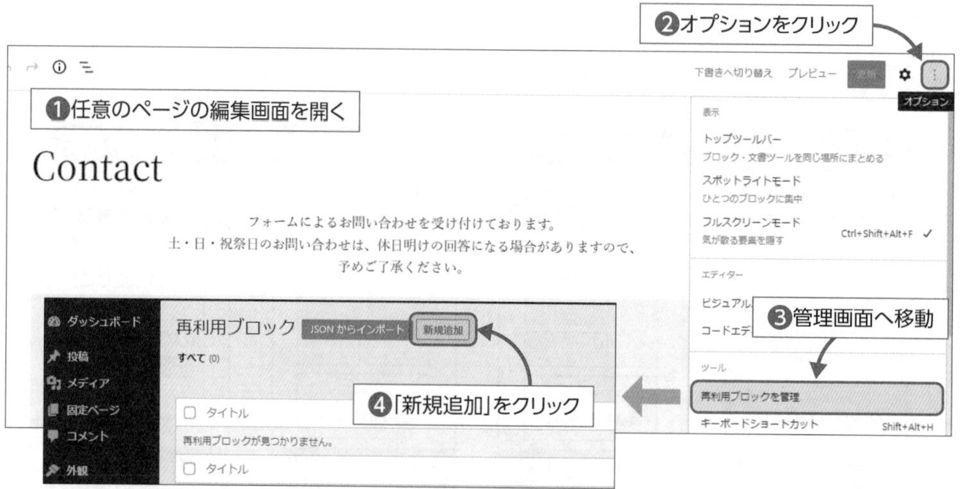

ブロックエディターが開きますので、❺再利用ブロックに名前をつけて❻内容を編集します。❼編集が終わったら保存します（画面2）。

▼画面2　再利用ブロックの編集

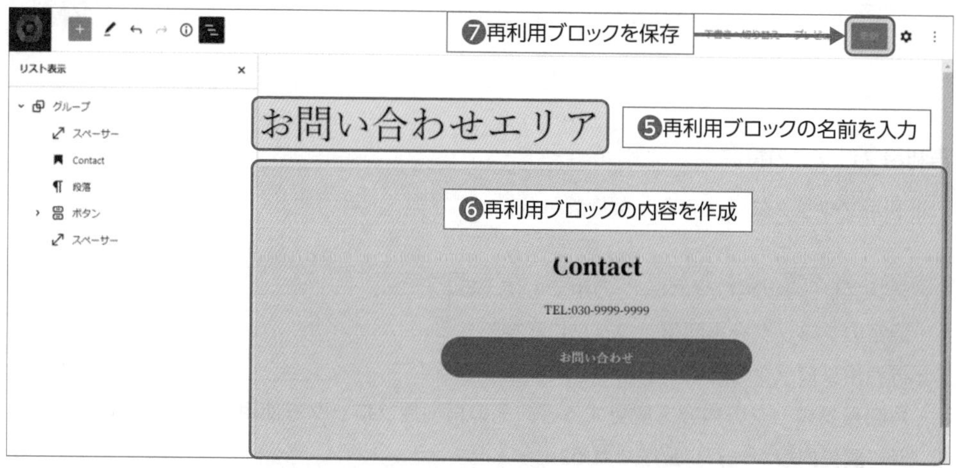

再利用ブロックを続けて作成する場合は、再利用ブロックの編集画面から❷→❸→❹と進むとスムーズです。

もう一つの方法は、通常のブロックを再利用ブロックに変換する方法です。❶通常のブロックのオプションを開いて❷「再利用ブロックを作成」をクリックし、❸名前を付けて保存すると再利用ブロックになります。通常のブロックに戻したいときは、再利用ブロックのオプションを開いて❹「通常のブロックへ変換」をクリックします（画面3）。

▼画面3　再利用ブロック⇔通常のブロック

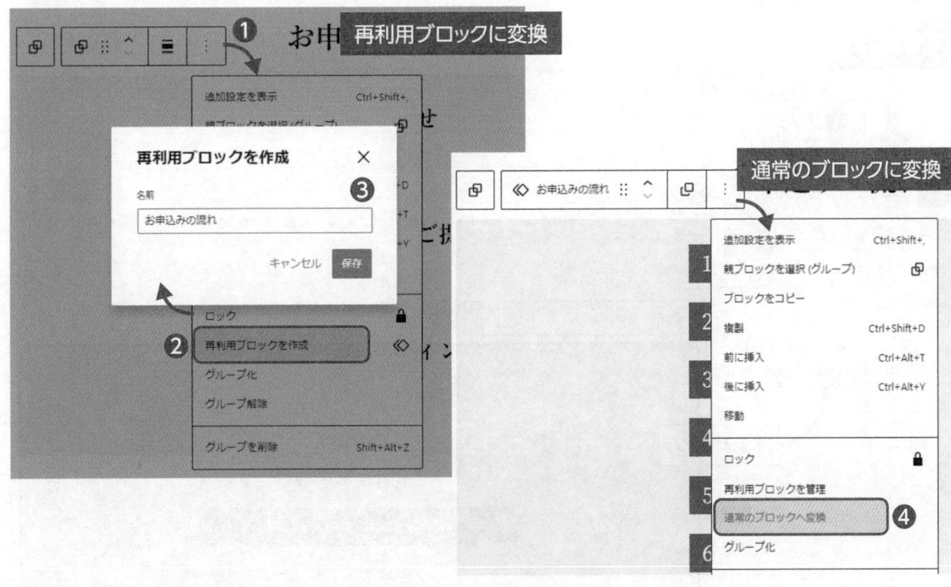

再利用ブロックを通常のブロックのテンプレートとして使う

全く同じではないけれど似たような内容を何度も作成する場合、基本となる内容を再利用ブロックとして登録しておいて、それを複製して通常のブロックに変換すれば、毎回1から作成する手間を省くことができます（図2）。

図2　求人内容の雛形に再利用ブロックを利用

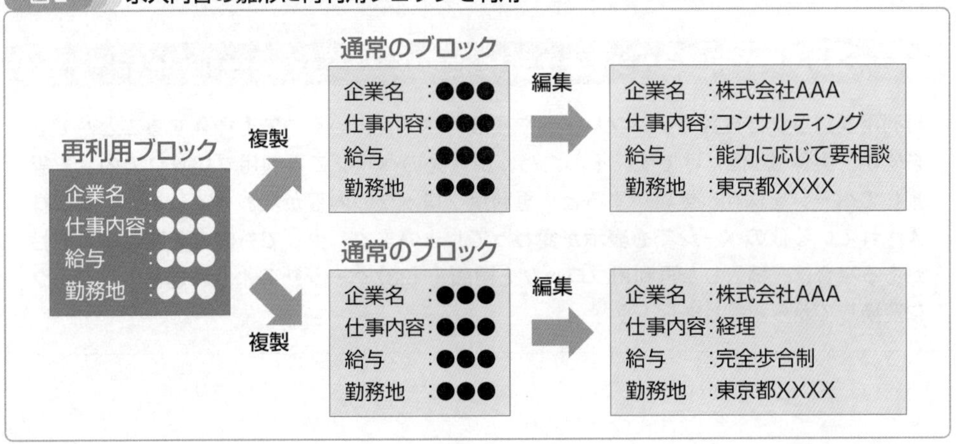

再利用ブロックの挿入

　ページやテンプレートの編集画面で❶ブロック挿入ツールを表示させて、❷「再利用可能」タブをクリックします。❸登録されている再利用可能ブロックが表示されますので、クリックすると挿入できます（画面4）。

▼画面4　再利用ブロックの挿入

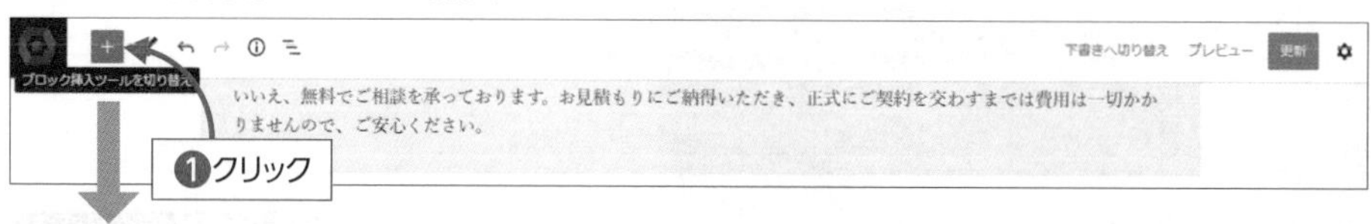

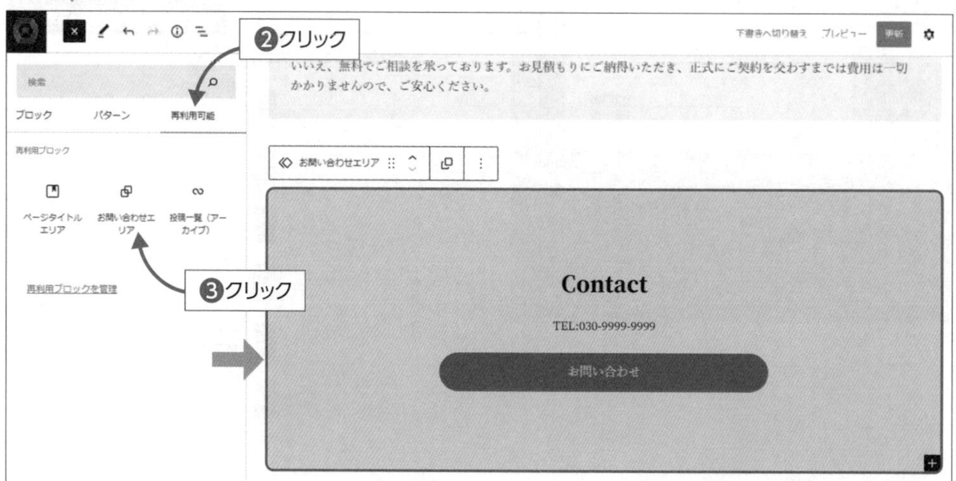

通常のブロックと同じように
呼び出せるよ

ポイント　再利用ブロックを使うときの注意点

再利用ブロックは複数のテンプレートや複数のページにいくつでも挿入することができますが、実体は1個だけです。そのため、挿入先のページで再利用ブロックの内容を編集してページを保存（更新）すると、再利用ブロックの内容が変わってしまい、既に挿入されている他のページでも表示が変わってしまいます。少しでも内容を変える可能性がある場合は、挿入した再利用ブロックを画面3（237ページ）のように通常のブロックに変換してから変更しましょう。

第 6 章

会社のホームページを作成しよう

本章では、公式テーマTwenty Twenty-Threeをカスタマイズして架空の会社サイトを作成します。まずはサイトの構造（ページのつながり）を書き出して、それをもとに必要なテンプレートを決定します。これまでに学んだ知識を総動員しますので、迷ったら適宜第2章～第5章に戻ってください。

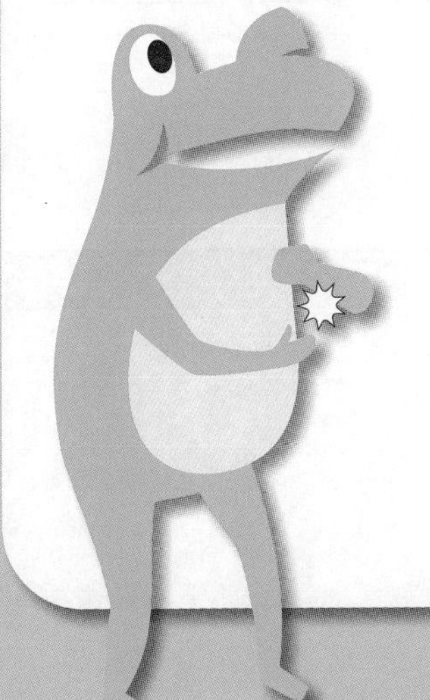

6-1 完成イメージと作成手順

サイトの構成と完成イメージ

架空のITコンサルティング会社「サンプル株式会社」のホームページを作成していきます。このサイトは次のようにページが分かれているものとします（図1）。ニュースはブログ投稿を使い、それ以外の下層ページは固定ページを使います。

図1 サイトの構造

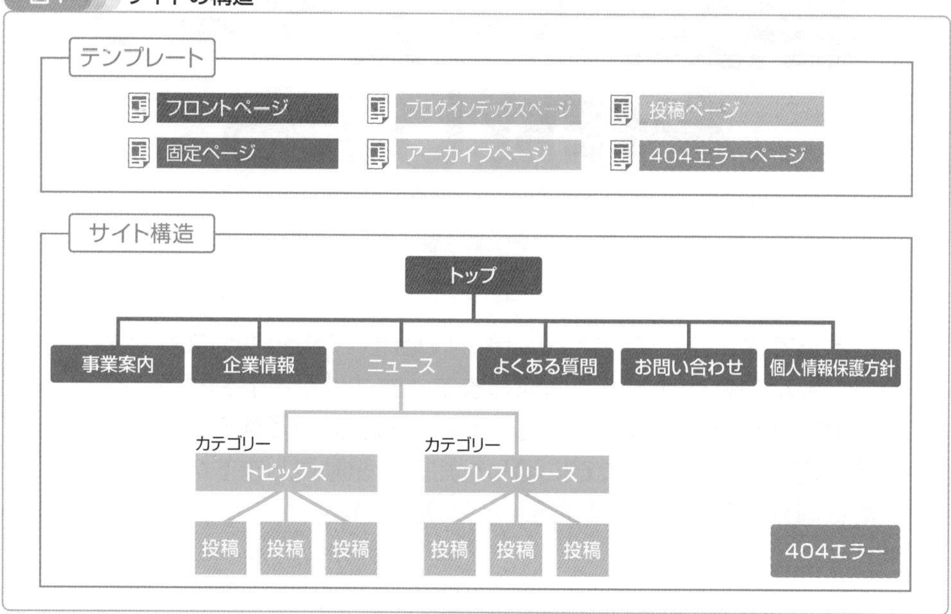

各ページに掲載する内容は次の通りです（表1）。

▼表1　各ページの掲載内容

ページ	掲載内容
トップページ	事業と会社の概要、お知らせ、メディア掲載事例
事業案内ページ	事業内容と申し込み手順
企業情報ページ	会社のプロフィール
ニュース一覧ページ	ニュースの記事一覧
ニュースのカテゴリーページ	カテゴリーごとの記事一覧
ニュースの記事ページ	記事のコンテンツ
よくある質問ページ	よくある質問とその回答

ページ	掲載内容
個人情報保護方針ページ	収集した個人情報の取り扱いを定めた規範
お問い合わせページ	お問い合わせを受け付けるメールフォーム
404エラーページ	存在しないURLにアクセスした場合に表示する内容

各ページの完成イメージを示します（画面1～画面10）。

トップページ

▼画面1　トップページの完成イメージ

ページ上部に画面幅いっぱいにメインビジュアルを配置し、ページ中程には最新のニュース記事へのリンクを表示します。

事業案内ページ

▼画面2　事業案内ページの完成イメージ

ページ上部にITコンサルティングのサービス概要と、サービスを活かせるシチュエーションを掲載します。ページ下部にはお問い合わせページへリンクするエリアを配置します。このエリアはトップページを含むほとんどのページに配置します。

他のページにも共通しますが、トップページ以外のページは、コンテンツを画面幅いっぱいまで広げるのではなく、固定幅に収めて左右中央に配置します。また、横に2列以上並んだコンテンツはモバイルでは縦一列に並べて表示します。

企業情報ページ

▼画面3　企業情報ページの完成イメージ

サンプル株式会社
ITコンサルティングの会社です

事業案内　企業情報⌄　ニュース⌄　お問い合わせ⌄

Company

会社概要

会社名	サンプル株式会社
代表取締役	サンプル太郎
取締役	サンプル次郎
執行役員	サンプル花子
設立	2015年12月
資本金	1000万円
従業員数	10名
所在地	〒160-0023　東京都新宿区西新宿2丁目20-10　サンプルタワー15F
連絡先	EMAIL: info@example.com
主要事業	ITコンサルティング
主要取引先	サンプルシステム株式会社
取引先銀行	サンプル銀行
ウェブサイト	https://sample.com

拠点情報

■東京本社

所在地	〒160-0023　東京都新宿区西新宿2丁目20-10　サンプルタワー15F
アクセス	都営地下鉄「都庁前駅」徒歩5分

沿革

- 2015　大阪府大阪市にて、サンプル株式会社を設立
- 2015　ITコンサルティング事業を開始
- 2016　事業拡大に伴い、東京都新宿区へ本社移転
- 2019　資本金を1000万円に増資
- 2021　Consulting Award 受賞
- 2022　コーポレートサイトをリニューアル

Contact

TEL:030-9999-9999

お問い合わせ

トップページ　事業案内　企業情報　ニュース　お問い合わせ　個人情報保護方針

Facebook　Twitter　YouTube

(C)Sample Corporation Co., Ltd.

ニュース一覧ページ/カテゴリーページ

▼画面4 ニュース一覧ページの完成イメージ

▼画面5 カテゴリーページの完成イメージ

この2つのページは同じレイアウトですが、カテゴリーページはページ上部にカテゴリー名を表示し、該当カテゴリーの記事だけを表示する点が異なります。ニュース一覧ページではカテゴリーに関係なく新しい順に記事を表示します。

ニュースの記事ページ

▼画面6　投稿ページの完成イメージ

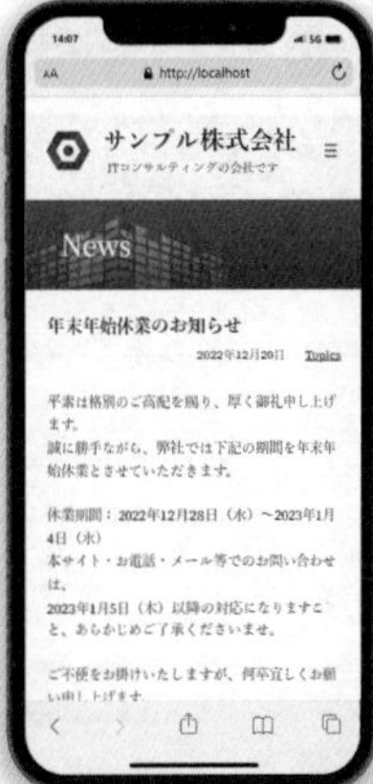

よくある質問ページ

▼画面7　よくある質問ページの完成イメージ

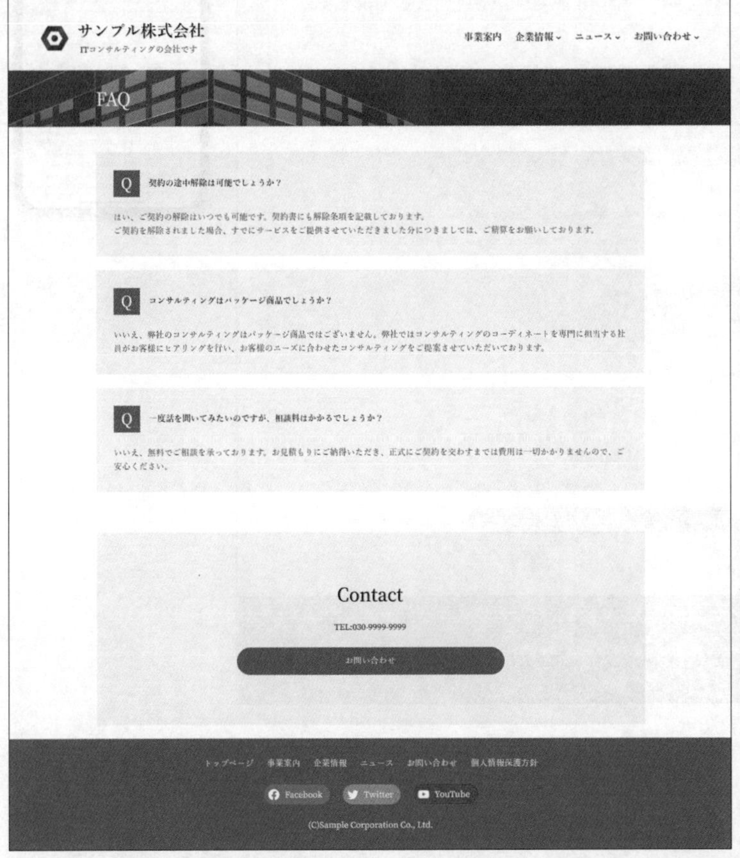

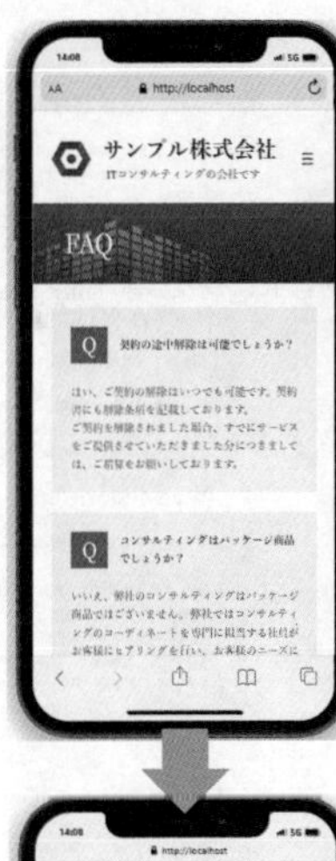

個人情報保護方針ページ

▼画面8　個人情報保護方針ページの完成イメージ

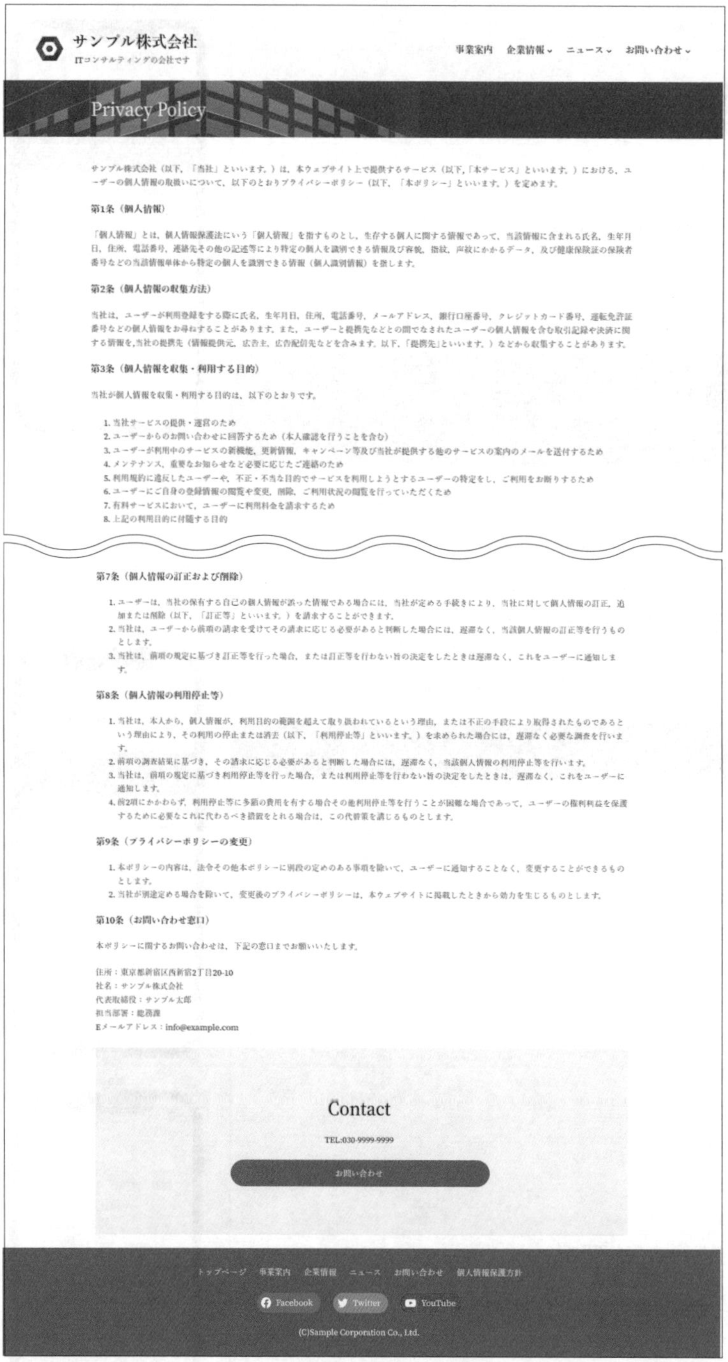

サンプル株式会社
ITコンサルティングの会社です

事業案内　企業情報　ニュース　お問い合わせ

Privacy Policy

サンプル株式会社（以下，「当社」といいます。）は，本ウェブサイト上で提供するサービス（以下,「本サービス」といいます。）における，ユーザーの個人情報の取扱いについて，以下のとおりプライバシーポリシー（以下，「本ポリシー」といいます。）を定めます。

第1条（個人情報）

「個人情報」とは，個人情報保護法にいう「個人情報」を指すものとし，生存する個人に関する情報であって，当該情報に含まれる氏名，生年月日，住所，電話番号，連絡先その他の記述等により特定の個人を識別できる情報及び容貌，指紋，声紋にかかるデータ，及び健康保険証の保険者番号などの当該情報単体から特定の個人を識別できる情報（個人識別情報）を指します。

第2条（個人情報の収集方法）

当社は，ユーザーが利用登録をする際に氏名，生年月日，住所，電話番号，メールアドレス，銀行口座番号，クレジットカード番号，運転免許証番号などの個人情報をお尋ねすることがあります。また，ユーザーと提携先などとの間でなされたユーザーの個人情報を含む取引記録や決済に関する情報を,当社の提携先（情報提供元，広告主，広告配信先などを含みます。以下，「提携先」といいます。）などから収集することがあります。

第3条（個人情報を収集・利用する目的）

当社が個人情報を収集・利用する目的は，以下のとおりです。

1. 当社サービスの提供・運営のため
2. ユーザーからのお問い合わせに回答するため（本人確認を行うことを含む）
3. ユーザーが利用中のサービスの新機能，更新情報，キャンペーン等及び当社が提供する他のサービスの案内のメールを送付するため
4. メンテナンス，重要なお知らせなど必要に応じたご連絡のため
5. 利用規約に違反したユーザーや，不正・不当な目的でサービスを利用しようとするユーザーの特定をし，ご利用をお断りするため
6. ユーザーにご自身の登録情報の閲覧や変更，削除，ご利用状況の閲覧を行っていただくため
7. 有料サービスにおいて，ユーザーに利用料金を請求するため
8. 上記の利用目的に付随する目的

第7条（個人情報の訂正および削除）

1. ユーザーは，当社の保有する自己の個人情報が誤った情報である場合には，当社が定める手続きにより，当社に対して個人情報の訂正，追加または削除（以下，「訂正等」といいます。）を請求することができます。
2. 当社は，ユーザーから前項の請求を受けてその請求に応じる必要があると判断した場合には，遅滞なく，当該個人情報の訂正等を行うものとします。
3. 当社は，前項の規定に基づき訂正等を行った場合，または訂正等を行わない旨の決定をしたときは遅滞なく，これをユーザーに通知します。

第8条（個人情報の利用停止等）

1. 当社は，本人から，個人情報が，利用目的の範囲を超えて取り扱われているという理由，または不正の手段により取得されたものであるという理由により，その利用の停止または消去（以下，「利用停止等」といいます。）を求められた場合には，遅滞なく必要な調査を行います。
2. 前項の調査結果に基づき，その請求に応じる必要があると判断した場合には，遅滞なく，当該個人情報の利用停止等を行います。
3. 当社は，前項の規定に基づき利用停止等を行った場合，または利用停止等を行わない旨の決定をしたときは，遅滞なく，これをユーザーに通知します。
4. 前2項にかかわらず，利用停止等に多額の費用を有する場合その他利用停止等を行うことが困難な場合であって，ユーザーの権利利益を保護するために必要なこれに代わるべき措置をとれる場合は，この代替策を講じるものとします。

第9条（プライバシーポリシーの変更）

1. 本ポリシーの内容は，法令その他本ポリシーに別段の定めのある事項を除いて，ユーザーに通知することなく，変更することができるものとします。
2. 当社が別途定める場合を除いて，変更後のプライバシーポリシーは，本ウェブサイトに掲載したときから効力を生じるものとします。

第10条（お問い合わせ窓口）

本ポリシーに関するお問い合わせは，下記の窓口までお願いいたします。

住所：東京都新宿区西新宿2丁目20-10
社名：サンプル株式会社
代表取締役：サンプル太郎
担当部署：総務課
Eメールアドレス：info@example.com

Contact

TEL:030-9999-9999

お問い合わせ

トップページ　事業案内　企業情報　ニュース　お問い合わせ　個人情報保護方針

Facebook　Twitter　YouTube

(C)Sample Corporation Co., Ltd.

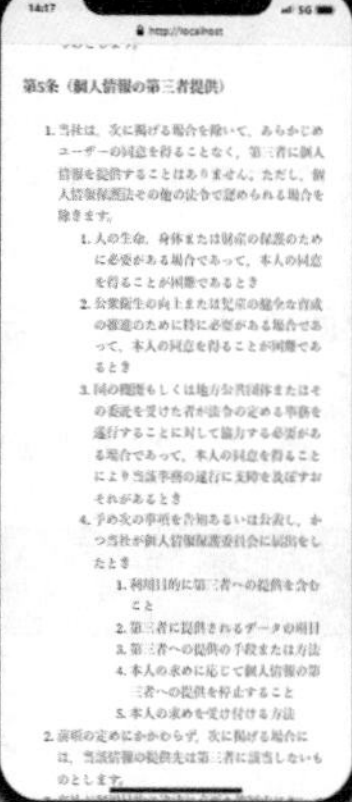

404エラーページ

▼画面9　404エラーページの完成イメージ

お問い合わせページ

▼画面10　お問い合わせページの完成イメージ

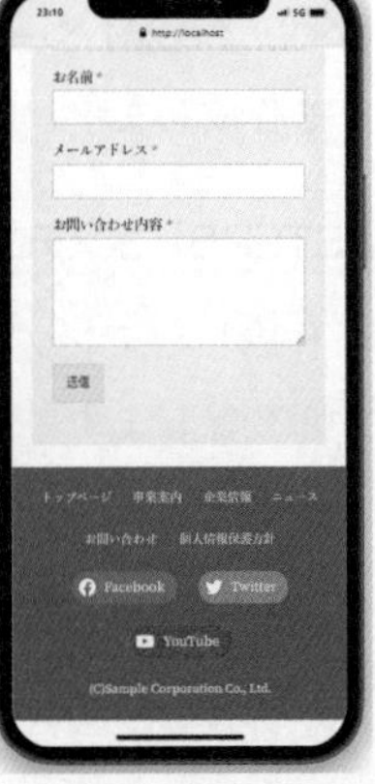

作成手順

効率よくサイトを作成できるように、次の5つのステップで行います。

【STEP1】サイトに使う素材（画像やテキスト）の用意

「本書の使い方」(4ページ) を参照して秀和システムのサポートページから素材をダウンロードしてください。ダウンロードしたデータを解凍すると、画像とテキストファイルが入っています（図2）。

図2 ダウンロードデータの中身

画像
サイトに掲載する画像
テキスト
サイトに掲載する文章

【STEP2】テーマのインストール

［外観 > テーマ］から公式テーマTwenty Twenty-Threeをインストールして有効化してください。

【STEP3】WordPressの初期設定（→6-2節249ページ）

パーマリンク構造の設定、固定ページの追加、カテゴリーの追加などを行います。

【STEP3】基本スタイルの設定（→6-3節252ページ）

フォントやカラーなど、テーマの基本スタイルを設定します。

【STEP4】テンプレートの作成（→6-4節255ページ）

複数のテンプレートやページに共通する部分をテンプレートパーツ（255ページ）や再利用ブロック（264ページ）として作成し、それから固定ページや投稿ページなど個別のテンプレートを作成します。作成対象のテンプレートは図1（240ページ）の6つです。

【STEP5】コンテンツの登録（→6-5節279ページ〜6-11節308ページ）

作成したテンプレートに当てはめて表示するコンテンツを、投稿や固定ページの編集画面から登録します。登録する画像やテキストは、ダウンロードデータを使います。

6-2 WordPressの初期設定

固定ページと投稿カテゴリーの追加

サイトのメニューは固定ページや投稿カテゴリーにリンクさせますので、テンプレートの作成よりも先に固定ページと投稿カテゴリーを追加しておく必要があります。

固定ページの追加

［固定ページ > 固定ページ一覧］に最初から登録されているページを全て削除して、以下のページを新規追加（スラッグの編集は134ページを参照）しましょう（画面1）。

▼画面1　固定ページの追加

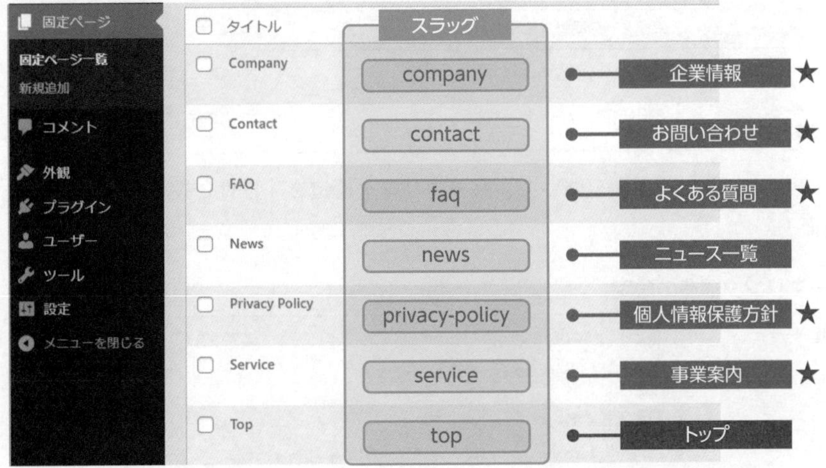

ページの内容（コンテンツ）は【STEP5】(6-5節279ページ以降）で追加しますので、今の段階ではタイトルだけ入力しておいてください。★マークのページはタイトルがそのままサイトに表示されるようにしますので、このとおりに登録してください。

投稿カテゴリーの追加

［投稿 > カテゴリー］の画面を開いて、「Topics」と「Press release」カテゴリーを追加（スラッグの編集は132ページを参照）しましょう（画面2）。

▼画面2　投稿カテゴリーの追加

一括操作 ∨　適用　　3個の項目

名前	説明	スラッグ	カウント
Press release	—	press-release	0
Topics	—	topics	0
未分類	—	uncategorized	1
名前	説明	スラッグ	カウント

WordPressの設定

次に、［設定］メニューからいくつかの重要な設定を変更しましょう。

サイト名とキャッチフレーズの登録

［設定 > 一般］の画面を開いて、サイトのタイトルを「サンプル株式会社」、キャッチフレーズを「ITコンサルティングの会社です」に変更しましょう（画面3）。

▼画面3　サイト名とキャッチフレーズ

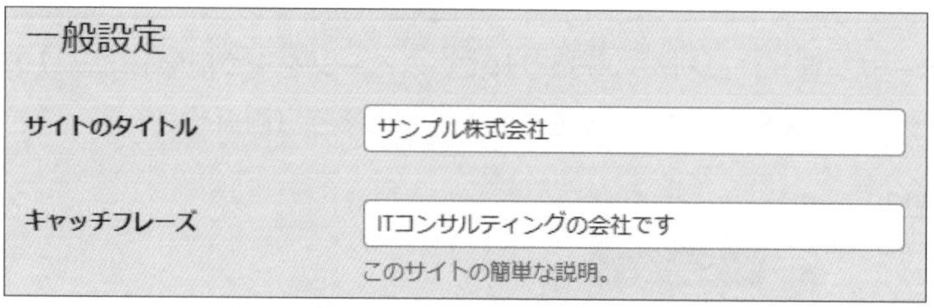

パーマリンク構造の設定

［設定 > パーマリンク］の画面を開いて、パーマリンク構造を「日付と投稿名」に変更しましょう（画面4）。

▼画面4　パーマリンク構造の設定

パーマリンク構造
基本
http://localhost/wordpress/?p=123
日付と投稿名
http://localhost/wordpress/2022/12/22/sample-post/

表示設定

［設定 > 表示設定］の画面を開いて、先ほど追加した固定ページの「Top」をホームページに、「News」を投稿ページに設定しましょう（画面5）。

▼画面5　ホームページの表示設定

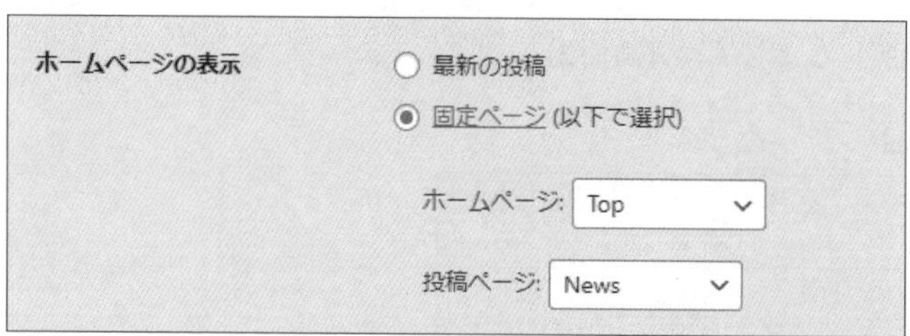

「ホームページの表示」という項目が表示されない場合は、249ページで追加した固定ページが下書きのままになっている可能性があります。固定ページ一覧に戻って確認しましょう。

これで、「Top」の固定ページがサイトのトップページになり、「News」の固定ページに最新の投稿一覧が表示されるようになります（171ページ）。

プライバシーポリシーの設定

［設定 > プライバシー］の画面を開いて、先ほど追加した固定ページの「Privacy Policy」をプライバシーポリシーのページに設定しましょう（画面6）。

▼画面6　プライバシーポリシーページの設定

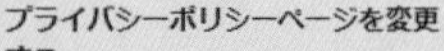

プライバシーポリシーページを変更する　Privacy Policy　このページを使う

WordPressを指定したバージョンに更新する方法

❶［プラグイン > 新規追加］から「WP Downgrade Specific Core Version」を検索してインストールと有効化を行います。次に、［設定 > WP Donwgrade］から設定画面を開き、❷変更先のバージョン番号を入力して設定を保存します。❸画面の案内に沿ってボタンをクリックしていくと、指定したバージョンに更新できます（画面）。

▼画面　指定したバージョンに戻す

WP Downgrade | Specific Core Version　有効化　詳細情報

バックエンドから直接、WordPress の目的のバージョンに自動的にダウングレードまたはアップデートを行うことができます。

❶プラグインのインストールと有効化

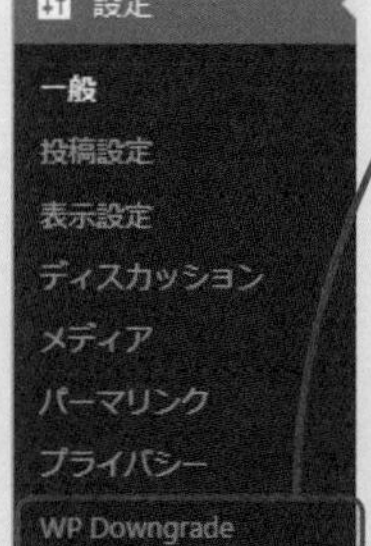

❷変更したいバージョン番号を入力して保存

WordPress ターゲット バージョン:　6.1.1

現在の WP バージョン:　6.2

WP へアップグレード/ダウングレードを適用するため 6.1.1 次へ進んでください: コアの更新.

本体 (コア) のアップ/ダウングレード

❸アップグレード/ダウングレードを実行

WordPress 6.2から WordPress 6.1.1-jaに手動更新できます:

バージョン 6.1.1-ja に更新　この変更を非表示にする

6-3 基本スタイルの設定

テーマの基本スタイル

フォントやカラーなどの基本スタイルを設定しましょう。ここで設定する内容は、全てのテンプレートやページに適用されるデフォルトのスタイルになります（個々のテンプレートやページでスタイルを変更するとそれらが優先されます）。

タイポグラフィ

［外観 > エディター］からサイトエディターを開いて画面右上のスタイルアイコンをクリックすると、スタイルの設定欄が表示されますので、「タイポグラフィ」の中にある「テキスト」と「見出し」の設定を変更しましょう。画面1のように、❶テキストのフォントを「Source Serif Pro」、❷見出しの外観（文字の太さ）を「ミディアム」に変更して、画面右上の「保存」ボタンで設定を保存しましょう。「Source Serif Pro」は明朝体のフォントです。

▼画面1　タイポグラフィの設定

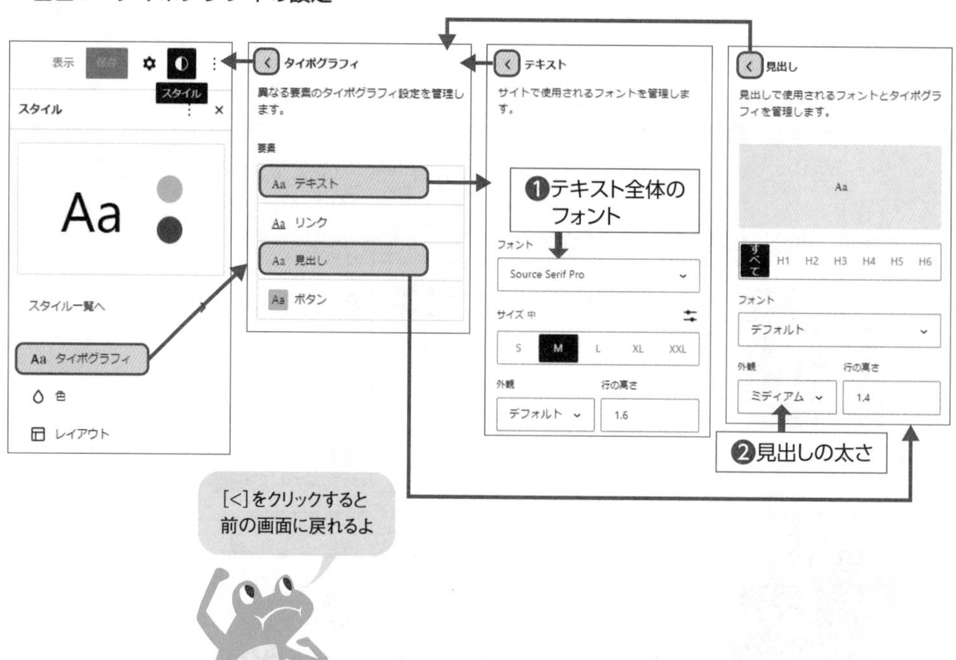

これでサイトに表示されるテキストが全て明朝体のフォントに統一され、見出しはレベル（H1～H6）に関わらず全て中くらいの太さ（ミディアム）に統一されます。

ポイント 「見出し」のフォントも「Source Serif Pro」にしなくていいの？

「テキスト」に設定したフォントは、サイト内のリンクや見出しなどあらゆるテキストに適用されるフォントの基本設定になります。「見出し」のフォントを変更せずに「デフォルト」を選択しておくと、「テキスト」に設定した内容が見出しにも引き継がれます。サイト全体のフォントを変更したいとき、ひとつひとつのブロックの設定を変更しなくても、「テキスト」のフォントだけを変更すればまとめて変更することができて便利です。

色

「色」の中にある「パレット」を開くと（画面2）、カラーパレットの編集欄が表示されます。カスタムの「+」マークをクリックして独自のカラーを2つ登録しましょう。登録するカラーコードは❶0056C3（濃いブルー：main）と❷F5F8FA（薄いブルー：sub）です。

▼画面2　パレットの設定

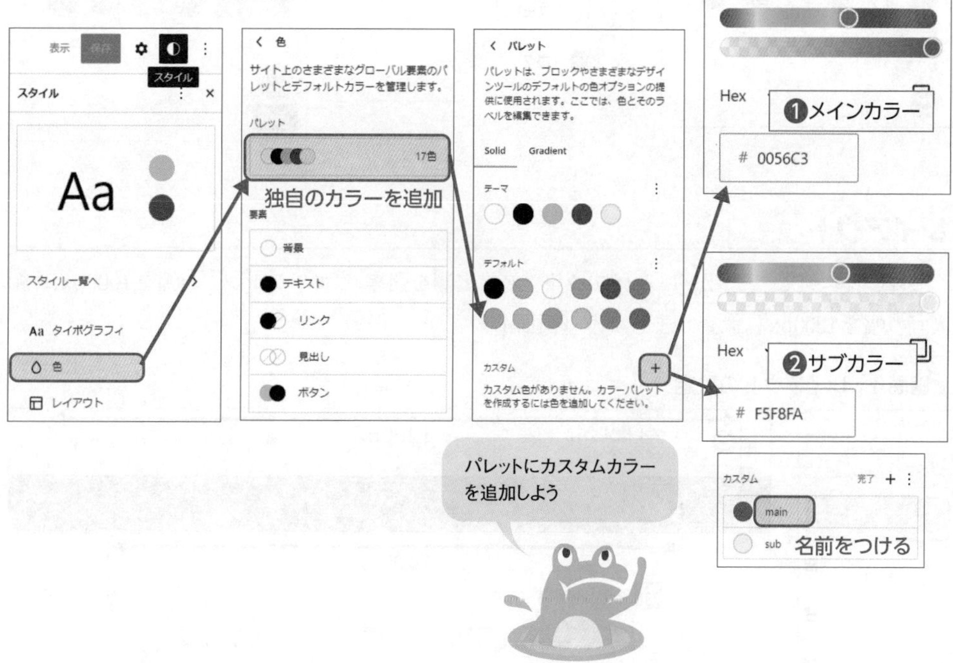

この2色は、ヘッダーやフッター、ボタンなど、サイト内で同じ色を使う場面で利用します。パレットの［<］マークをクリックして色の設定欄に戻り、要素の「リンク」をクリックしてリンクの設定欄を開いたら、❸ホバー（リンクにマウスカーソルを乗せたとき）の色にカスタムカラーの❶0056C3（濃いブルー：main）を設定しましょう（画面3）。

▼画面3　リンクの色設定

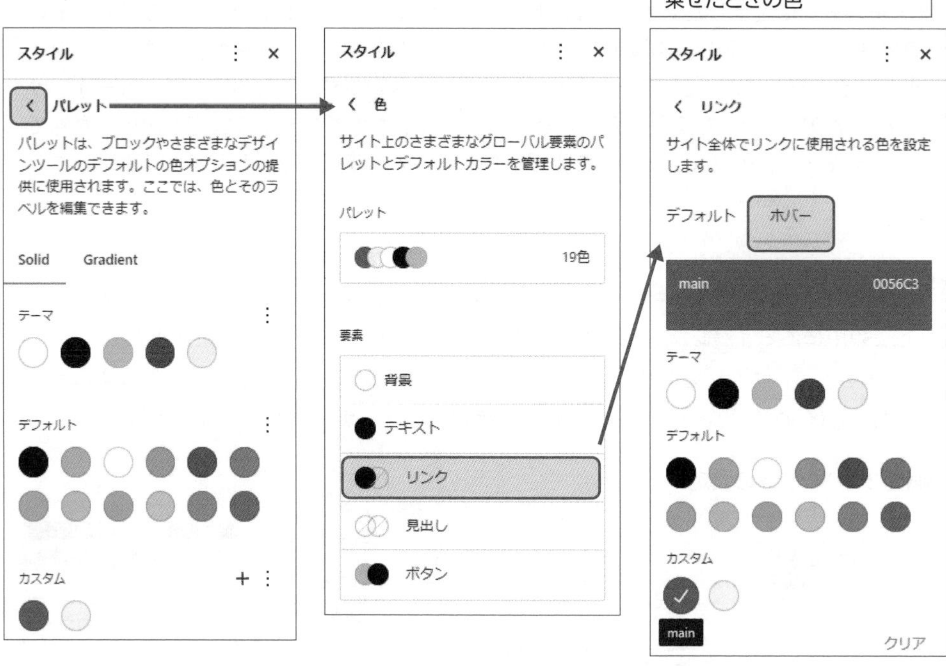

レイアウト

［外観 > エディター］から「レイアウト」の設定欄を開き、「コンテンツ」の幅を1000px、「幅広」の幅を1200pxに設定しましょう（画面4）。

▼画面4　レイアウトの設定

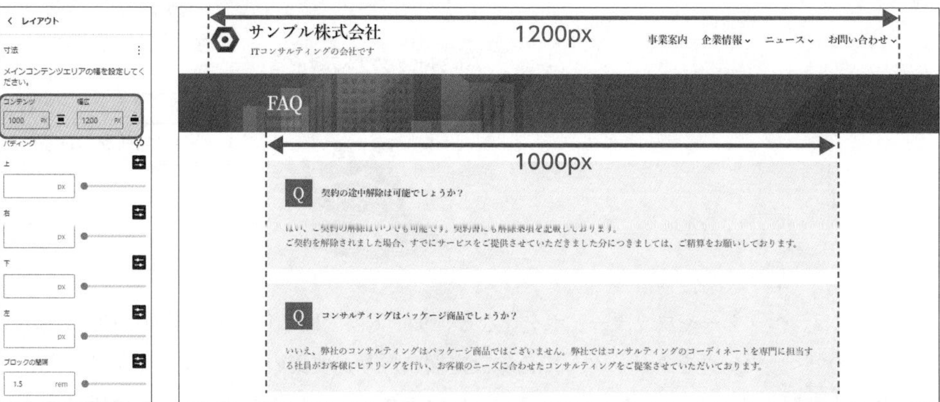

「コンテンツ」はインナーブロック（210ページ）の幅になりますので、サイトのコンテンツをどのくらいの幅のブロックに収めて表示したいかを考えて設定します。「幅広」は、コンテンツよりも広めに表示する幅です。デフォルトで幅広が適用される場所はテーマによって異なりますが、公式テーマTwenty Twenty-Threeではヘッダーに適用されます。

6-4 テンプレートの作成

テンプレートパーツの作成

全てのテンプレートまたは一部のテンプレートに共通するエリアをテンプレートパーツとして作成しましょう（表1）。

▼表1　作成するテンプレートパーツ

テンプレートパーツ	説明
ヘッダー	全てのテンプレートの上部に表示する
フッター	全てのテンプレートの下部に表示する
投稿メタ	投稿の付属情報（日付とカテゴリー）
投稿一覧	アーカイブのテンプレートに表示する投稿の一覧

テンプレートパーツの作成・編集は、テンプレートパーツの一覧画面（196ページ）から行います。

ヘッダー

テンプレートパーツの一覧から「ヘッダー」をクリックすると、ヘッダーの編集画面が開きます（画面1～画面2）。いつでもブロックの構造（順番や階層）を確認できるように、リストを表示しておきましょう。

▼画面1　テンプレートパーツの一覧画面

サンプル株式会社
＜ ダッシュボード
エディター
サイト
テンプレート
テンプレートパーツ

テンプレートパーツ

テンプレート	追加者
コメント	Twenty Twenty-Three
フッター	Twenty Twenty-Three
ヘッダー	Twenty Twenty-Three
投稿メタ	Twenty Twenty-Three

会社のホームページを作成しよう

▼画面2　ヘッダーの編集画面

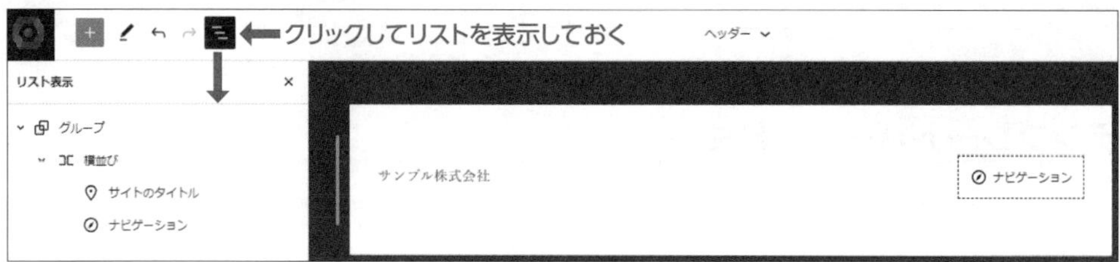

まず、一番外側のグループ❶の直下にある横並びブロック❷の中に、新しく横並びブロック❸を追加して、その中にサイトロゴ❹と縦積みブロック❺を配置します。そして❺の中に、サイトのタイトル❻とサイトのキャッチフレーズ❼を配置します。ナビゲーション❽は❹❺と同じ階層（❸の直下）に移動しましょう（画面3)。

▼画面3　ヘッダー（左半分）のリスト構造

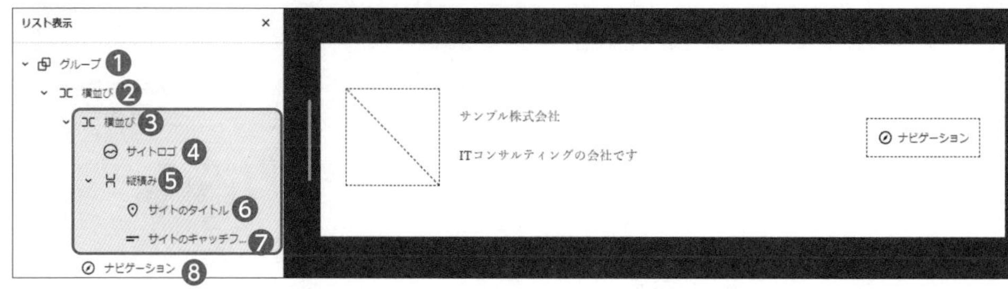

128ページの要領で各ブロックの設定欄を表示して次の通りに設定しましょう（表2)。

▼表2　ヘッダー（左半分）の設定

ブロック	設定項目		設定内容
グループ❶	レイアウト		「コンテント幅を使用するインナーブロック」を有効化
横並び❷	パディング		上：0　右：0　下：0　左：0
	ブロックの間隔		0
横並び❸	ブロックの間隔		1rem
サイトロゴ❹	画像ファイル		ダウンロードデータの「logo.png」
	画像の幅		50
縦積み❺	ブロックの間隔		0
サイトのタイトル❻	色	リンク	黒（#000000)
	タイポグラフィ	サイズ	L
		外観	ボールド
サイトのキャッチフレーズ❼	タイポグラフィ	サイズ	S
	寸法	パディング	上：0　右：0　下：0　左：0.3rem

ヘッダーの左半分ができました（画面4）。ここでいったん保存しておきましょう。

▼画面4　ヘッダー（左半分）

サンプル株式会社
ITコンサルティングの会社です

次は右半分のナビゲーションを作成します。まず、ナビゲーションメニューの管理画面に2つのナビゲーション名「ヘッダーナビゲーション」「フッターナビゲーション」を登録しましょう（230ページ参考）。次に、ナビゲーション❽の設定欄を次の通りに設定しましょう（表3）。

▼表3　ナビゲーションの設定

ブロック	設定項目		設定内容
ナビゲーション❽	メニュー		「ヘッダーナビゲーション」を選択
	表示		「アイコンボタンを表示」を有効化
		アイコン	「三」を選択
		オーバーレイメニュー	「モバイル」を選択
	タイポグラフィ	サイズ	中
		外観	ボールド

次に、230ページの要領でナビゲーションにメニューを追加しましょう（図1）。

図1　ヘッダーナビゲーションのメニュー構成

ナビゲーション
- 事業案内 ❶
- 企業情報 ❷
  - 会社概要 ❸
  - 拠点情報 ❹
  - 沿革 ❺
- ニュース ❻
  - トピックス ❼
  - プレスリリース ❽
- お問い合わせ ❾
  - よくある質問 ❿

❸❹❺は同じページ内の特定の場所へリンクするよ

メニュー	サブメニュー	リンク先
事業案内		サイトのURL/service/
企業情報		サイトのURL/company/
	会社概要	サイトのURL/company/#profile
	拠点情報	サイトのURL/company/#location
	沿革	サイトのURL/company/#history
ニュース		サイトのURL/news/
	トピックス	サイトのURL/category/topics/
	プレスリリース	サイトのURL/category/press-release/
お問い合わせ		サイトのURL/contact/
	よくある質問	サイトのURL/faq/

図1の❶❷❻❾❿のリンク先は249ページで追加した固定ページ、❼❽のリンク先は投稿のカテゴリーページです。❸❹❺はメニューをクリックすると❷と同じページの該当エリアまでスクロールして止まる（ページ内リンク）ようにします。どこで止まるかを指定するには、ページのURLの後ろに#○○○の形式でキーワードを追加します。ここで指定するキーワード「profile」「location」「history」は、リンク先のページ（企業情報ページ）にも設定しなければなりませんので、後から行います。

これでヘッダーが完成しました（画面5）。

▼画面5　ヘッダー（完成）

フッター

テンプレートパーツの一覧画面（196ページ）から「フッター」をクリックすると、フッターの編集画面が開きます（画面6）。リストを表示しておきましょう。

▼画面6　フッターの編集画面

まず、画面6のグループの中に最初から配置されているブロックを全て削除してから、新しくナビゲーション、ソーシャルアイコン、段落を追加しましょう。ブロックの並べ替えは127ページ、グループの操作は210～211ページの要領で行ってください。

ソーシャルアイコンの設定欄からFacebookとTwitterとYouTubeのアイコンを追加すると、画面7のリスト構造になります（画面7）。

▼画面7 フッターのリスト構造

リスト表示を確認
しながら配置しよう

128ページの要領で各ブロックの設定欄を表示して次の通りに設定しましょう（表4）。

▼表4 フッターの設定

ブロック	設定項目		設定内容
グループ❶	レイアウト		「コンテント幅を使用するインナーブロック」を有効化
	色	テキスト	白（#FFFFFF）
		背景	カスタムカラーのmain（#0056C3）
		リンク	白（#FFFFFF）
	タイポグラフィ	サイズ	S
	パディング		上：1 右：1 下：1 左：1
ナビゲーション❷	配置		中央揃え
	メニュー		「フッターナビゲーション」を選択
	表示	オーバーレイメニュー	「オフ」を選択
ソーシャルアイコン❸	配置		中央揃え
	リンク設定		「ラベルを表示」を選択
Facebook❹	リンク先URL		https://www.facebook.com/
Twitter❺	リンク先URL		https://twitter.com/
YouTube❻	リンク先URL		https://www.youtube.com/
段落❼	テキスト		(C)Sample Corporation Co., Ltd.
	配置		テキスト中央寄せ
	タイポグラフィ	サイズ	S

次に、230ページの要領でナビゲーションにメニューを追加しましょう（図2）。

図2 フッターナビゲーションのメニュー構成

ナビゲーション
- トップページ
- 事業案内
- 企業情報
- ニュース
- お問い合わせ
- 個人情報保護方針

メニュー	リンク先
トップページ	サイトのURL/
事業案内	サイトのURL/service/
企業情報	サイトのURL/company/
ニュース	サイトのURL/news/
お問い合わせ	サイトのURL/contact/
個人情報保護方針	サイトのURL/privacy-policy/

これでフッターが完成しました（画面8）。

▼画面8　フッター（完成）

投稿メタ

テンプレートパーツの一覧画面（196ページ）から「投稿メタ」をクリックすると、投稿メタの編集画面が開きます（画面9）。リストを表示しておきましょう。

▼画面9　投稿メタの編集画面

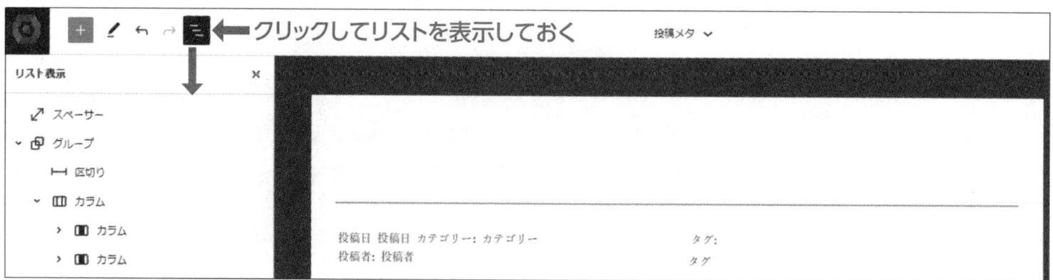

まず、最初から配置されているブロックを全て削除してから、新しく横並び❶、投稿日❷、カテゴリー❸の3つのブロックを追加しましょう（画面10）。

▼画面10　投稿メタのリスト構造

実際の投稿ページでは、投稿日に投稿の日付が表示され、カテゴリーに投稿のカテゴリーがリンクで表示されます。

128ページの要領で各ブロックの設定欄を表示して次の通りに設定しましょう（表5）。

▼表5　投稿メタの設定

ブロック	設定項目	設定内容
横並び❶	配置	右揃え
投稿日❷	―	初期設定のままでOK
カテゴリー❸	―	初期設定のままでOK

これで投稿メタが完成しました。投稿のテンプレート作成（272～273ページ）が完成すると投稿ページに表示されます（画面11）。

▼画面11　投稿メタ（完成）

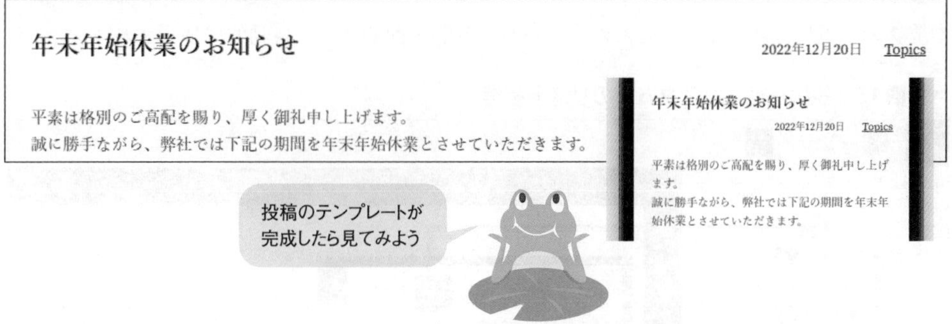

投稿一覧

テンプレートパーツの一覧画面（196ページ）で「新規追加」ボタンをクリックすると、パーツの作成画面がポップアップします。WordPressに最初から用意されている「投稿一覧」ブロックと見間違えないように、名前に「投稿一覧（カスタム）」と入力してパーツを生成しましょう（画面12）。

▼画面12　テンプレートパーツの新規追加

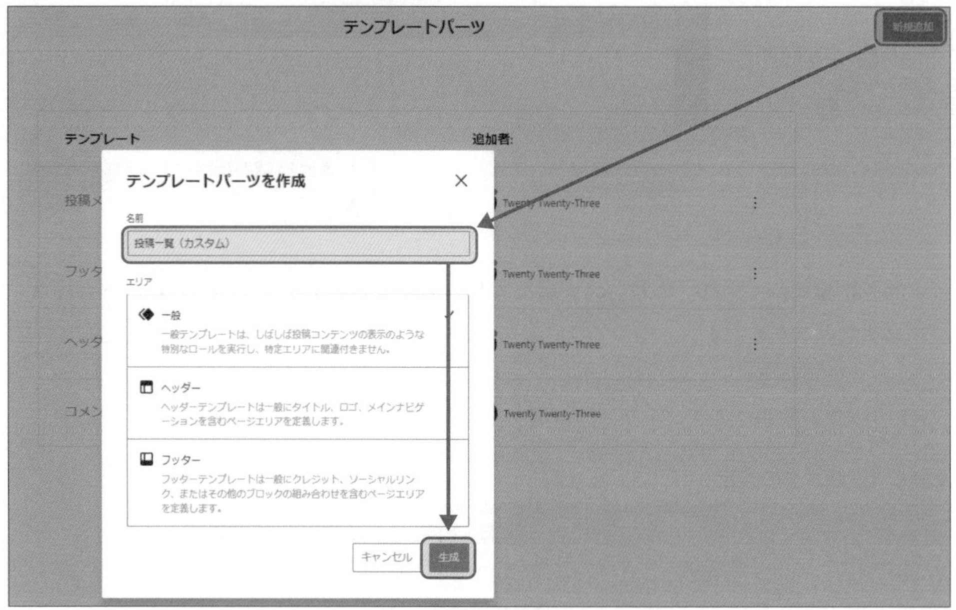

　最終的には画面13のようにブロックを配置すればよいのですが、投稿テンプレート❷はブロックの一覧には載っていません。どうやって配置するのかというと、クエリーループ❶を先に配置して、その初期設定を行うと自動的に❶の中に❷が挿入されます。さらに、挿入された❷の中には、❶の初期設定に応じた投稿データのブロックが自動的に挿入されますので、画面13と同じになるように、ブロックの順番を入れ替えたり、足りないブロックを足したり、不要なブロックを削除する必要があります。また、前のページ❾と次のページ❿も同様に、ブロックの一覧には載っていませんが、ページ送り❽を配置すると自動的に挿入されます。

▼画面13　投稿一覧（カスタム）のリスト構造

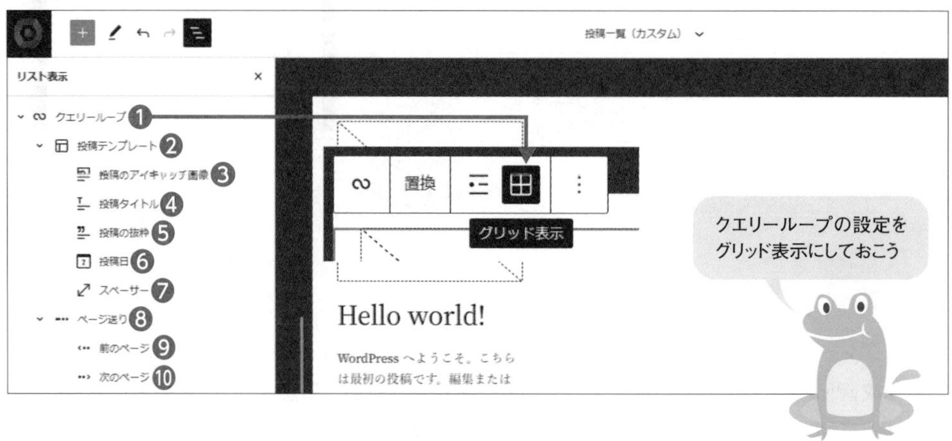

　そこで、次の手順でブロックを配置していきます（画面14）。

▼画面14　ブロックの配置手順

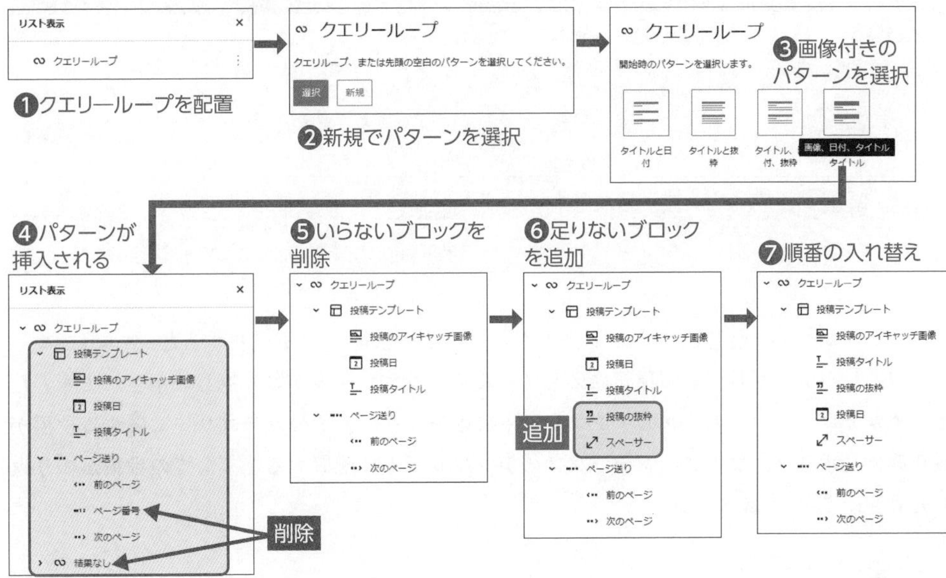

まず、❶クエリーループを配置します。次に、❷画面右側のプレビューからループのパターンを新規で選びます。投稿一覧には画像を表示したいので、❸画像を含むパターンを選びます。すると、❹選んだパターンに必要なブロックが自動的に挿入されます。❺不要なブロックを削除して❻足りないブロックを追加し、❼ドラッグ＆ドロップで順番を入れ替えます。最後に、クエリーループの設定を「グリッド表示」にすれば配置完了です。

では、各ブロックの設定欄を次の通りに設定しましょう（表6)。

▼表6　投稿一覧（カスタム）の設定

ブロック	設定項目		設定内容
クエリーループ❶	レイアウト		「コンテント幅を使用するインナーブロック」を有効化
		コンテンツ	1000px
	設定		「テンプレートからクエリーを継承」を有効化
		カラム	3　※グリッド表示にする（画面13）
投稿テンプレート❷	タイポグラフィ	サイズ	S
投稿のアイキャッチ画像❸	リンク設定		「投稿へのリンク」を有効化
	寸法	幅	100%
投稿タイトル❹	リンク設定		「タイトルをリンクにする」を有効化
	タイポグラフィ	サイズ	M
		外観	ボールド
投稿の抜粋❺	タイポグラフィ	サイズ	S

ブロック	設定項目		設定内容
投稿日❻	タイポグラフィ	サイズ	S
スペーサー❼	設定	高さ	2rem
ページ送り❽	レイアウト	配置	「項目の間隔」を選択
	設定	矢印	「矢印」を選択
前のページ❾	―		初期設定のままでOK
次のページ❿	―		初期設定のままでOK

クエリーループの設定で「テンプレートからクエリーを継承」を有効化すると、クエリーループを配置したテンプレートの種類に応じて、投稿テンプレートが繰り返し表示されます。たとえばカテゴリーアーカイブのテンプレートに配置すると、そのカテゴリーに属する投稿が繰り返し表示され、ブログインデックスのテンプレートに配置すると、全ての投稿が繰り返し表示されます（244ページ）。

今の段階では、WordPressに最初から登録されているサンプルの投稿1件しかありませんので、プレビューは次のように見えます（画面15）。

▼画面15　投稿一覧（カスタム）のプレビュー

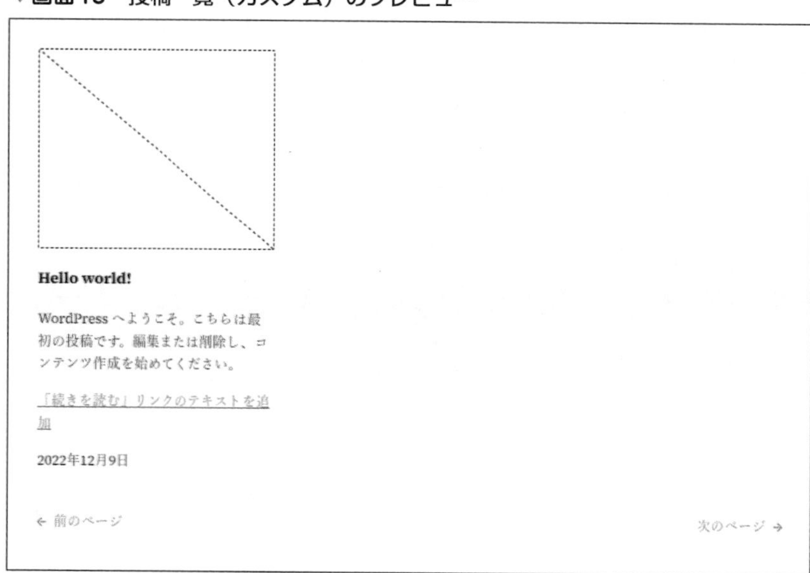

再利用ブロックの作成

複数のテンプレートやページに設置する共通のエリアを、再利用ブロックとして登録しましょう（表7）。236ページの要領で、まずは4つの再利用ブロックを名前だけ登録してください。

▼表7　作成する再利用ブロック

再利用ブロック	説明
お問い合わせエリア	お問い合わせとニュースを除く全てのページに配置する
固定ページタイトル	固定ページのタイトルエリア
ニュースタイトル	ブログインデックスと投稿ページのタイトルエリア
アーカイブタイトル	アーカイブページのタイトルエリア

お問い合わせエリア

お問い合わせページとニュースのページを除く固定ページに配置するエリアを再利用ブロックとして作成しましょう（画面16）。

▼画面16　お問い合わせエリア

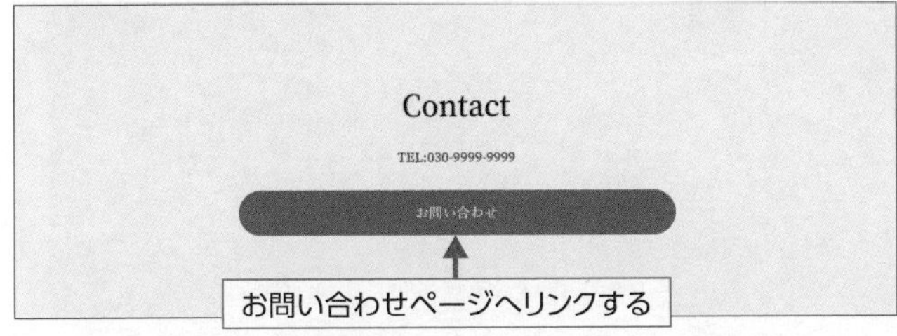

再利用ブロックの編集画面で、次のようにブロックを設定しましょう（図3）。

図3　ブロックの配置と設定

リスト表示

- グループ❶
  - スペーサー❷
  - 見出し❸
  - 段落❹
  - ボタン❺
    - ボタン❻
  - スペーサー❼

ブロック	設定項目		設定内容
グループ❶	レイアウト		「コンテント幅を使用するインナーブロック」を有効化
	色	背景	カスタムカラーのsub（#F5F8FA）
スペーサー❷	設定	高さ	64px
見出し❸	テキストの内容		Contact
	見出しレベル		H2
	配置		テキスト中央寄せ
	タイポグラフィ	サイズ	XL
段落❹	テキストの内容		TEL:030-9999-9999
	配置		テキスト中央寄せ
ボタン❺	レイアウト	配置	中央揃え
ボタン❻	テキストの内容		お問い合わせ
	リンク先		サイトのURL/contact/
	幅の設定		50%
	色	テキスト	白（#FFFFFF）
		背景	カスタムカラーのmain（#0056C3）
	枠線	角丸	50px
スペーサー❼	設定	高さ	64px

固定ページタイトル

全ての固定ページに配置するタイトルエリアを再利用ブロックとして作成しましょう（画面17)。

▼画面17　固定ページタイトル

再利用ブロックの編集画面で、次のようにブロックを設定しましょう（図4)。

図4　ブロックの配置と設定

リスト表示

- カバー❶
  - グループ❷
    - 投稿タイトル❸

ブロック	設定項目		設定内容
カバー❶	画像		ダウンロードデータの「header.png」
	色	オーバーレイの不透明度	0
	寸法	マージン	下：2
		カバー画像の最小の高さ	100px
グループ❷	レイアウト		「コンテント幅を使用するインナーブロック」を有効化
投稿タイトル❸	見出しレベル		H1
	タイポグラフィ	サイズ	XL

ニュースタイトル

ブログインデックスと投稿ページのタイトルエリアを再利用ブロックとして作成しましょう（画面18)。

▼画面18　ニュースタイトル

常に「News」と表示する点を除くと、画面17と全く同じです。そのため、1からブロックを配置していくのではなく、先ほど作成した「固定ページタイトル」を配置して、名前を変えて保存すると効率よく作成できます。

まず、再利用ブロックの管理画面（236ページ）から「ニュースタイトル」の編集画面を開きます。そして、❶再利用可能ブロックの中から先ほど作成した「固定ページタイトル」をクリックして配置します（画面19)。

▼画面19　作成済みの再利用ブロックを配置する

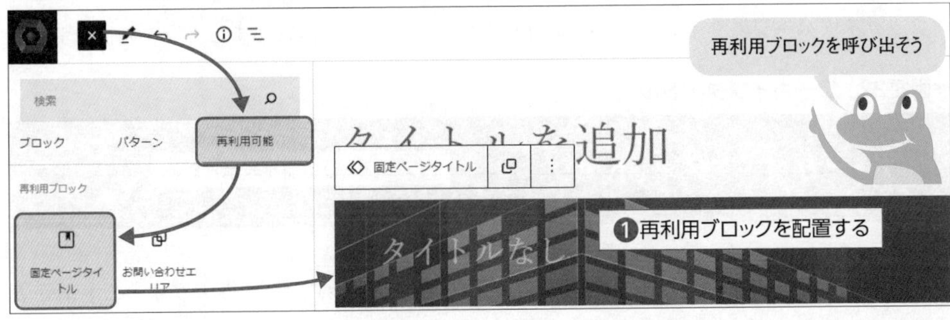

次に、画面20のようにリストの「固定ページタイトル」ブロックのオプションをクリックするとメニューが表示されますので、❷「通常のブロックへ変換」をクリックします。すると、再利用ブロックが通常のブロックとして複製されます（237ページ参照）。

❸「投稿タイトル」ブロックを削除して、代わりに「段落」ブロックを配置したら、❹文字のサイズを「投稿タイトル」と同じにして、❺テキストの内容を「News」にしたら❻再利用ブロックを保存しましょう（画面20～画面21）。

▼画面20　ブロックの一部だけ変更する

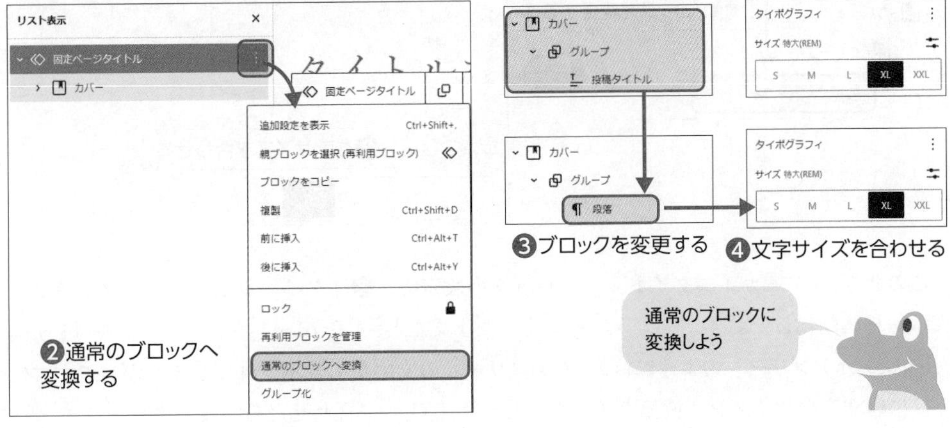

▼画面21　新しい再利用ブロックとして保存する

このように、作成済みの再利用ブロックを通常のブロックに変換してから変更を加えたものを新たな再利用ブロックとして保存します。

アーカイブタイトル

アーカイブページのタイトルエリアを再利用ブロックとして作成しましょう（画面22）。

▼画面22　アーカイブタイトル

タイトルの部分に「アーカイブタイトル」ブロックを配置すると、カテゴリーの名前が表示されます。ニュースタイトルと同じように、❶「固定ページタイトル」の再利用ブロックを通常のブロックとして複製して、タイトルのブロックだけ入れ替えましょう（画面23）。

▼画面23　ブロックの一部だけ変更する

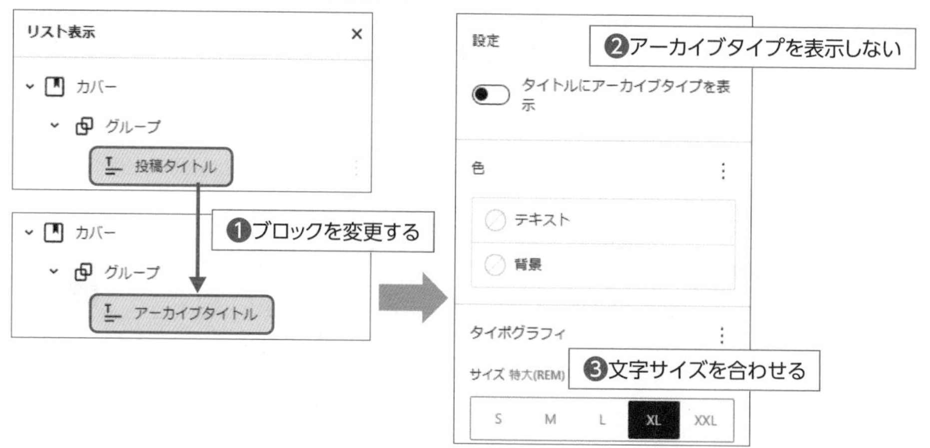

このとき、「アーカイブタイトル」ブロックの設定で、❷「タイトルにアーカイブタイプを表示」を無効化しておきましょう。有効化したままだと、「Topics：カテゴリー」や「Press release：カテゴリー」のように、"：カテゴリー"の文字まで表示されてしまうからです。仕上げに❸文字のサイズを「投稿タイトル」と同じ「XL」に合わせたら完成です。

これでテンプレートパーツと再利用ブロックが作成できました。テンプレートパーツはテンプレートを編集するときに、再利用ブロックはテンプレートおよびページを編集するときに使えます（画面24）。

ポイント　カテゴリー以外のページでのアーカイブタイトル

アーカイブタイトルをカテゴリー以外のアーカイブページに配置した場合、作成者アーカイブページでは投稿者の名前、タグアーカイブページではタグの名前が表示されます。年/年月/日付アーカイブページでは、それぞれ「2023年」「2023年3月」「2023年3月24日」のように表示されます。

▼画面24　作成したテンプレートパーツと再利用ブロック

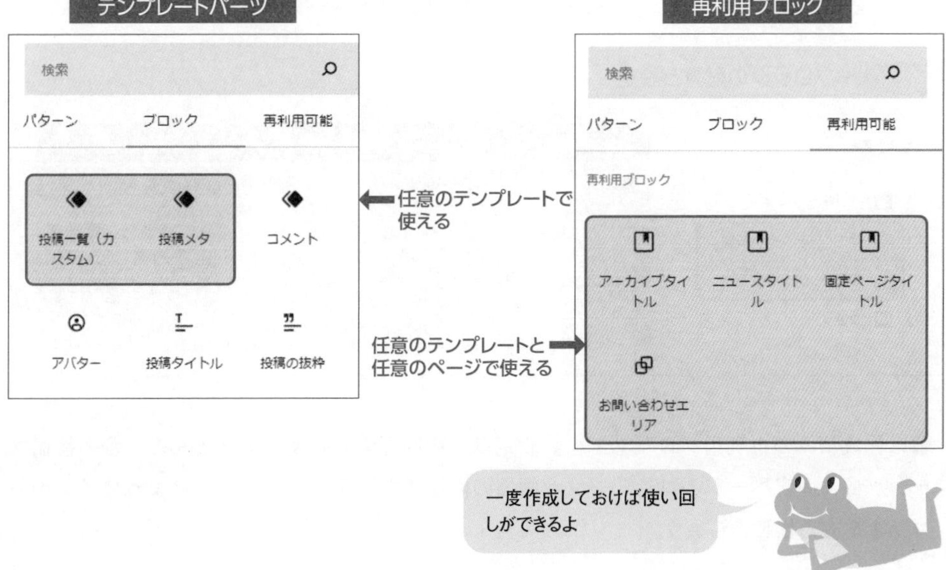

では、テンプレートの作成に移りましょう。

固定ページのテンプレート

固定ページのテンプレートは、テンプレート一覧画面（180ページ）の「固定ページ」から開きます。ヘッダーとフッターには作成済みの内容が反映されていますので、それ以外の部分だけ作成していきます（画面25）。

▼画面25　固定ページのテンプレート（作成前）

最初から配置されているグループを削除して、次のようにブロックを配置しましょう（図5）。ブロックの削除は128ページ、再利用ブロックの挿入は238ページの要領で行ってください。

図5 ブロックの配置と設定

リスト表示

- ヘッダー
- 固定ページタイトル❶
- 投稿コンテンツ❷
- フッター

ブロック	設定項目		設定内容
固定ページタイトル❶	ー		何も変更しない
投稿コンテンツ❷	レイアウト		「コンテント幅を使用するインナーブロック」を有効化
	タイポグラフィ	サイズ	S

❶は作成済みの再利用ブロックです。設定は一切変更する必要がありません。❷の投稿コンテンツは、固定ページのコンテンツが画面の両端まで広がってしまわないようにインナーブロックを有効化しましょう。

固定ページのテンプレートが完成しました（画面26）。

▼画面26 固定ページのテンプレート（完成）

インナーブロックでコンテンツの両端を揃えよう

トップページのテンプレート

トップページは固定ページとして追加しましたので、このまま他の固定ページと同じようにトップページを作成していくと、余分なパーツがついたり、コンテンツの表示幅を画面いっぱいに広げることができません（画面27）。

▼画面27　固定ページのテンプレートで作成すると…

そこで、テンプレート階層を利用してトップページ専用のテンプレートを新規で追加します。❶テンプレートの一覧画面（180ページ）から「フロントページ」のテンプレートを追加して、ヘッダーとフッターの間に、❷❸**インナーブロックを有効化していない**「投稿コンテンツ」ブロックを追加したら作成完了です（画面28）。

▼画面28　フロントページのテンプレート

投稿のテンプレート

投稿のテンプレートは、テンプレート一覧画面（180ページ）の「単一」から開きます（画面29）。

▼画面29　投稿のテンプレート（作成前）

最初から配置されているグループを削除して、次のようにブロックを配置しましょう（図6）。

図6　ブロックの配置と設定

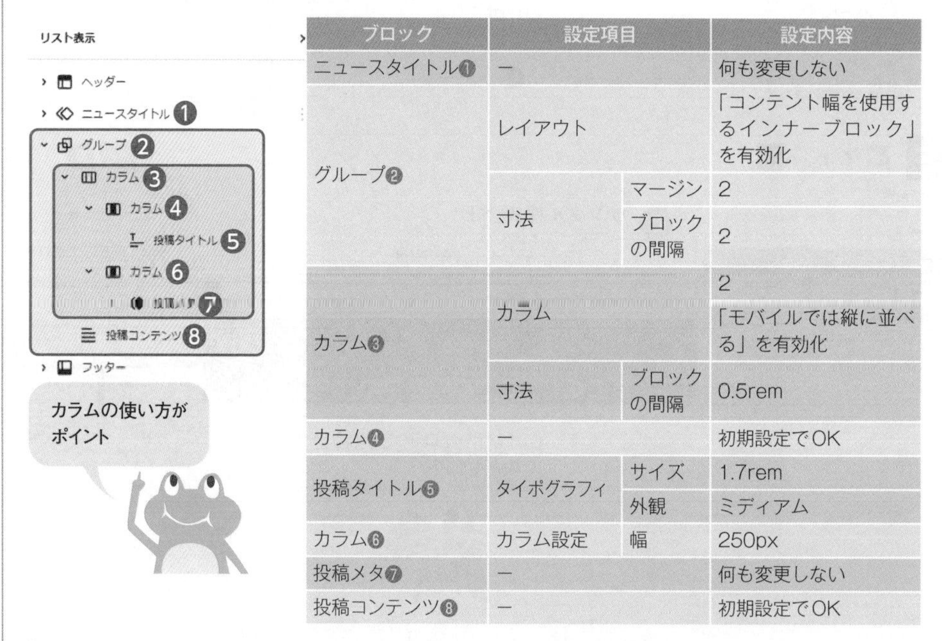

ブロック	設定項目		設定内容
ニュースタイトル❶	ー		何も変更しない
グループ❷	レイアウト		「コンテント幅を使用するインナーブロック」を有効化
	寸法	マージン	2
		ブロックの間隔	2
カラム❸	カラム		2
			「モバイルでは縦に並べる」を有効化
	寸法	ブロックの間隔	0.5rem
カラム❹	ー		初期設定でOK
投稿タイトル❺	タイポグラフィ	サイズ	1.7rem
		外観	ミディアム
カラム❻	カラム設定	幅	250px
投稿メタ❼	ー		何も変更しない
投稿コンテンツ❽	ー		初期設定でOK

固定ページのときは「投稿コンテンツ」ブロックにインナーブロックを設定しましたが、投稿では「投稿タイトル」と「投稿メタ」も一緒にインナーブロックに入れる必要があります。そのため、全体をグループ化して、「グループ」ブロックに対してインナーブロックを適用します。

投稿のテンプレートが完成しました（画面30）。

▼画面30　投稿のテンプレート（完成）

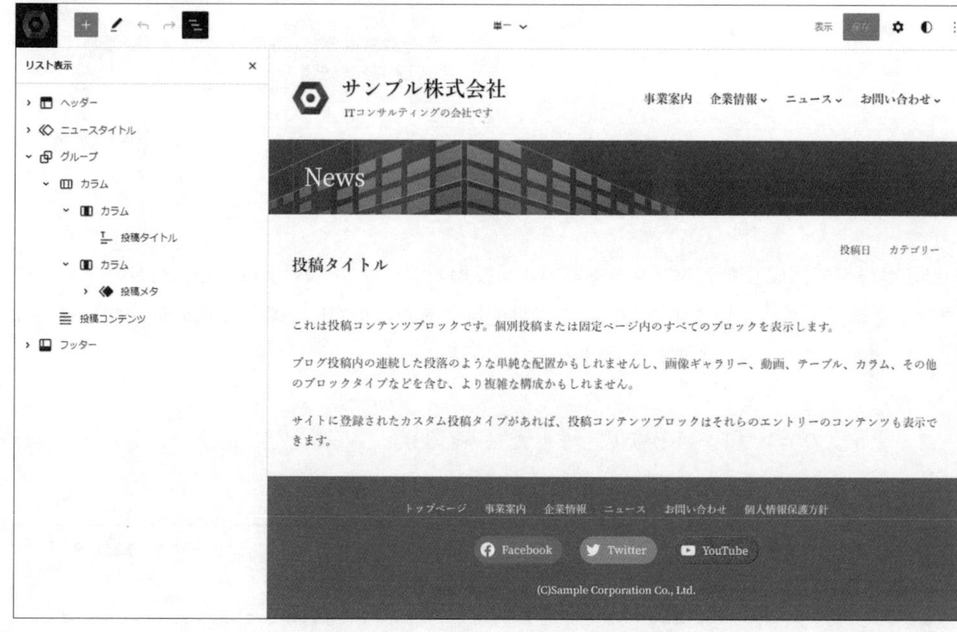

アーカイブのテンプレート

アーカイブのテンプレートは、テンプレート一覧画面（180ページ）の「アーカイブ」から開きます（画面31）。

▼画面31　アーカイブのテンプレート（作成前）

最初から配置されているグループを削除して、次のようにブロックを配置しましょう（図7）。

図7 ブロックの配置と設定

リスト表示

- › ヘッダー
- › アーカイブタイトル ❶
- › 投稿一覧（カスタム）❷
- › フッター

ブロック	設定項目	設定内容
アーカイブタイトル❶	―	何も変更しない
投稿一覧（カスタム）❷	―	何も変更しない

作成済みの部品を配置すれば完成だよ

261ページで作成したテンプレートパーツ「投稿一覧（カスタム）」は、それ自身にインナーブロックが設定されていますので、ここでは配置するだけでOKです。投稿のテンプレートのようにグループに入れる必要はありません。

アーカイブのテンプレートが完成しました（画面32）。

▼画面32 アーカイブのテンプレート（完成）

ブログインデックスのテンプレート

ブログインデックスのテンプレートは、テンプレート一覧画面（180ページ）の「ホーム」から開きます（画面33）。

▼画面33　ブログインデックスのテンプレート（作成前）

最初から配置されているグループを削除して、次のようにブロックを配置しましょう（図8）。

図8　ブロックの配置と設定

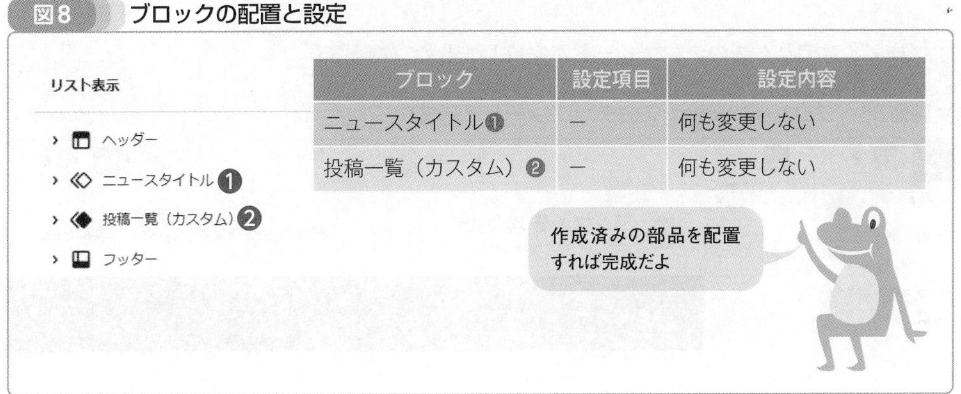

ブロック	設定項目	設定内容
ニュースタイトル❶	―	何も変更しない
投稿一覧（カスタム）❷	―	何も変更しない

アーカイブのテンプレートとの違いは、「アーカイブタイトル」の代わりに「ニュースタイトル」ブロックをタイトルエリアに配置する点です。

ところで、ブログインデックスのテンプレートを使って表示される「News」ページは固定ページとして作成しましたので、「ニュースタイトル」ブロックではなく「固定ページタイトル」ブロックを配置すればよいと思いませんでしたか？　ところが実際にやってみると期待と異なる結果になります（画面34）。

▼画面34 「固定ページタイトル」ブロックを配置した場合

固定ページのタイトルではなく、コンテンツである投稿のタイトルが表示されてしまいます。実は、ブログインデックスで投稿テンプレートの繰り返し（クエリーループ）の外側に「投稿タイトル」ブロックを配置すると、繰り返しの１件目の投稿タイトルが表示される性質があります。つまり、ブログインデックスのテンプレートでは、テンプレートを割り当てた固定ページ自体のタイトルを表示する手段がありません。そのため、「News」という固定の文字を入れた「ニュースタイトル」ブロックを使います。

ブログインデックスのテンプレートが完成しました（画面35）。

▼画面35 ブログインデックスのテンプレート（完成）

404エラーページのテンプレート

404エラーページのテンプレートは、テンプレート一覧画面（180ページ）の「404」から開きます（画面36）。

▼画面36　404エラーページのテンプレート（作成前）

最初から配置されているグループとヘッダーの間に❶再利用ブロックの「ニュースタイトル」を配置して❷通常のブロックへ変換（237ページ参照）したら、カバーの中にある❸段落のテキストを「Not Found」に書き換えましょう（図9）。

図9　ブロックの配置と設定

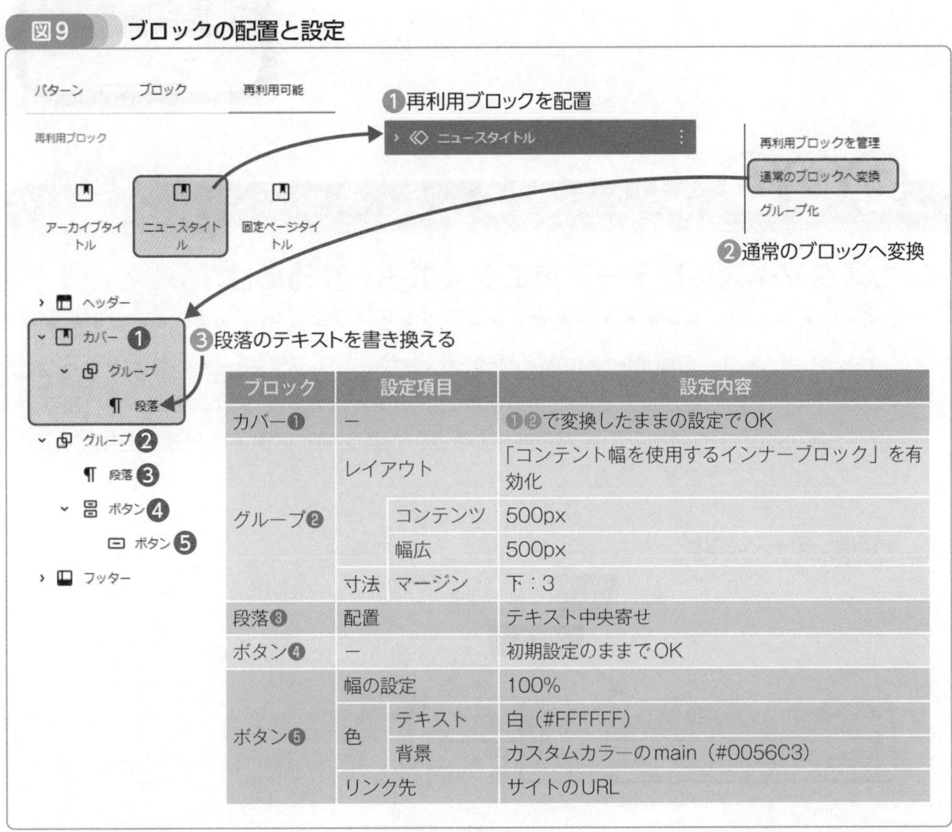

ブロック	設定項目		設定内容
カバー❶	ー		❶❷で変換したままの設定でOK
グループ❷	レイアウト		「コンテント幅を使用するインナーブロック」を有効化
		コンテンツ	500px
		幅広	500px
	寸法	マージン	下：3
段落❸	配置		テキスト中央寄せ
ボタン❹	ー		初期設定のままでOK
ボタン❺	幅の設定		100%
	色	テキスト	白（#FFFFFF）
		背景	カスタムカラーのmain（#0056C3）
	リンク先		サイトのURL

段落❸のテキストを「お探しのページは見つかりませんでした。」ボタン❺のテキストを「トップへ戻る」にすると、次のようになります（画面37）。

▼画面37　404エラーページのテンプレート（完成）

カスタマイズしたテーマをエクスポートするには？

サイトエディターの画面右上にあるオプションから「エクスポート」を実行すると、カスタマイズした内容が反映されたテーマがZIPファイルとしてダウンロードされます。ZIPを別のWordPressにアップロードすると、カスタマイズ済みのテーマを簡単にコピーすることができます（画面）。

▼画面　テーマのコピー

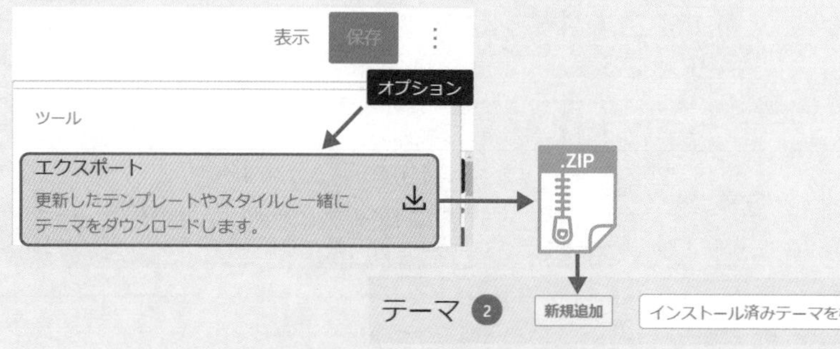

ニュース詳細ページの作成

コンテンツの登録

［投稿 > 新規追加］から投稿を3ページ追加して、245ページと同じ見た目になることを確認しましょう。投稿画面から登録するタイトルとコンテンツは、ダウンロードデータに入っている「news1.txt～news3.txt」を、アイキャッチ画像は「news1.png～news3.png」を使用してください。

1ページ目

news1.txtとnews1.pngを使って、1ページ目の投稿を追加しましょう（画面1）。カテゴリーは「Topics」を選択します。

▼画面1　1ページ目の登録

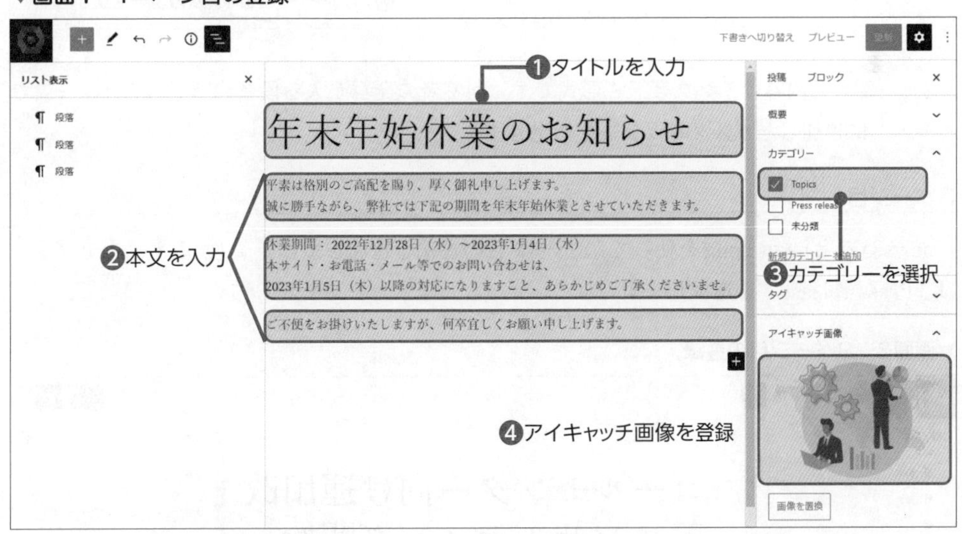

投稿画面にはテンプレートのデザインが適用されませんので、タイトルの文字が実際よりも大きく見えますが、実際の投稿ページはテンプレートと同じ見た目になります。

本文は入力中に Enter キーで改行すると自動的に段落ブロックが分かれますので、空の段落ブロックを追加してからテキストを入力する必要はありません。news1.txtに入っている本文を丸ごとコピー＆ペーストしても自動的に段落ブロックが分かれます。

2ページ目

news2.txtとnews2.pngを使って、2ページ目の投稿を追加しましょう（画面2）。カテゴリーは「Topics」を選択します。

▼画面2　2ページ目の登録

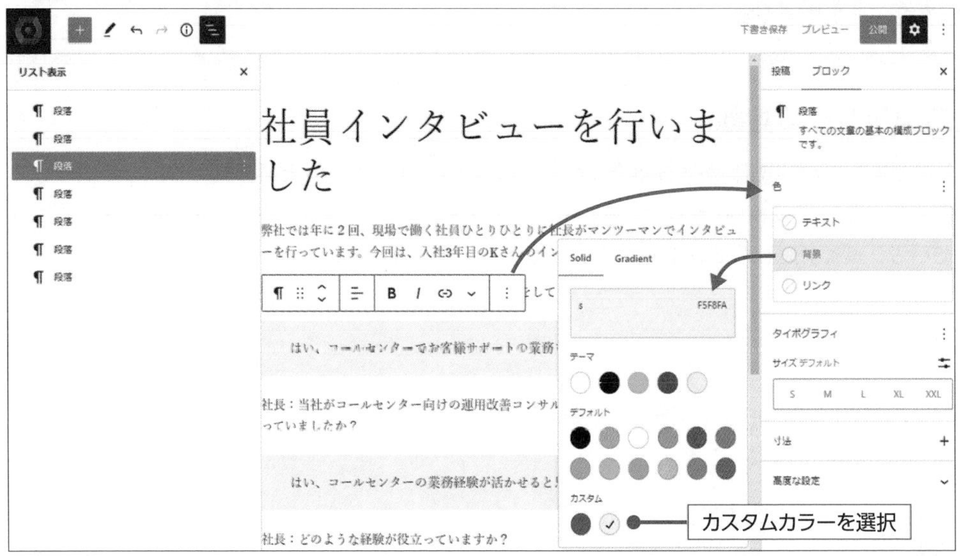

2ページ目の内容はインタビュー形式です。回答者の発言が入る段落の背景は253ページでパレットに追加したカスタムカラーを指定します。

3ページ目

news3.txtとnews3.pngを使って、3ページ目の投稿を追加しましょう（画面3）。カテゴリーは「Press release」を選択します。

▼画面3　3ページ目の登録

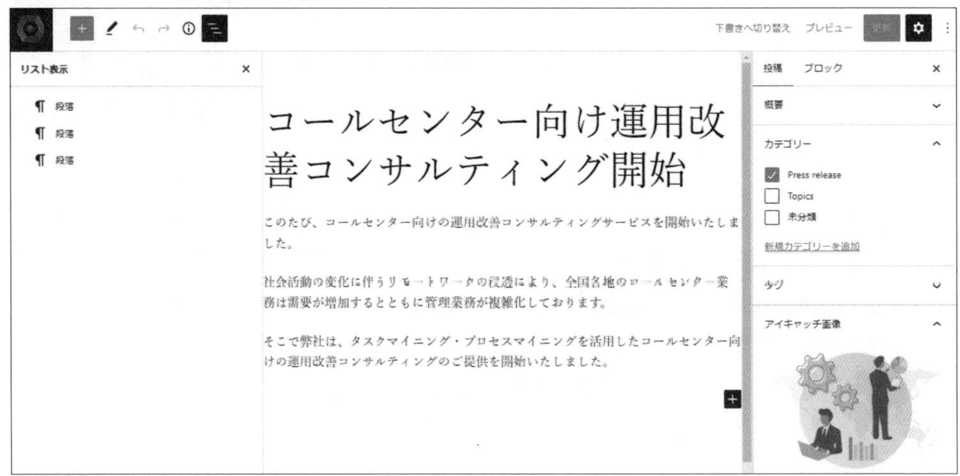

追加した投稿が、サイトの表示に反映されていることを確認しておきましょう（画面4）。

▼画面4　サイトの表示確認

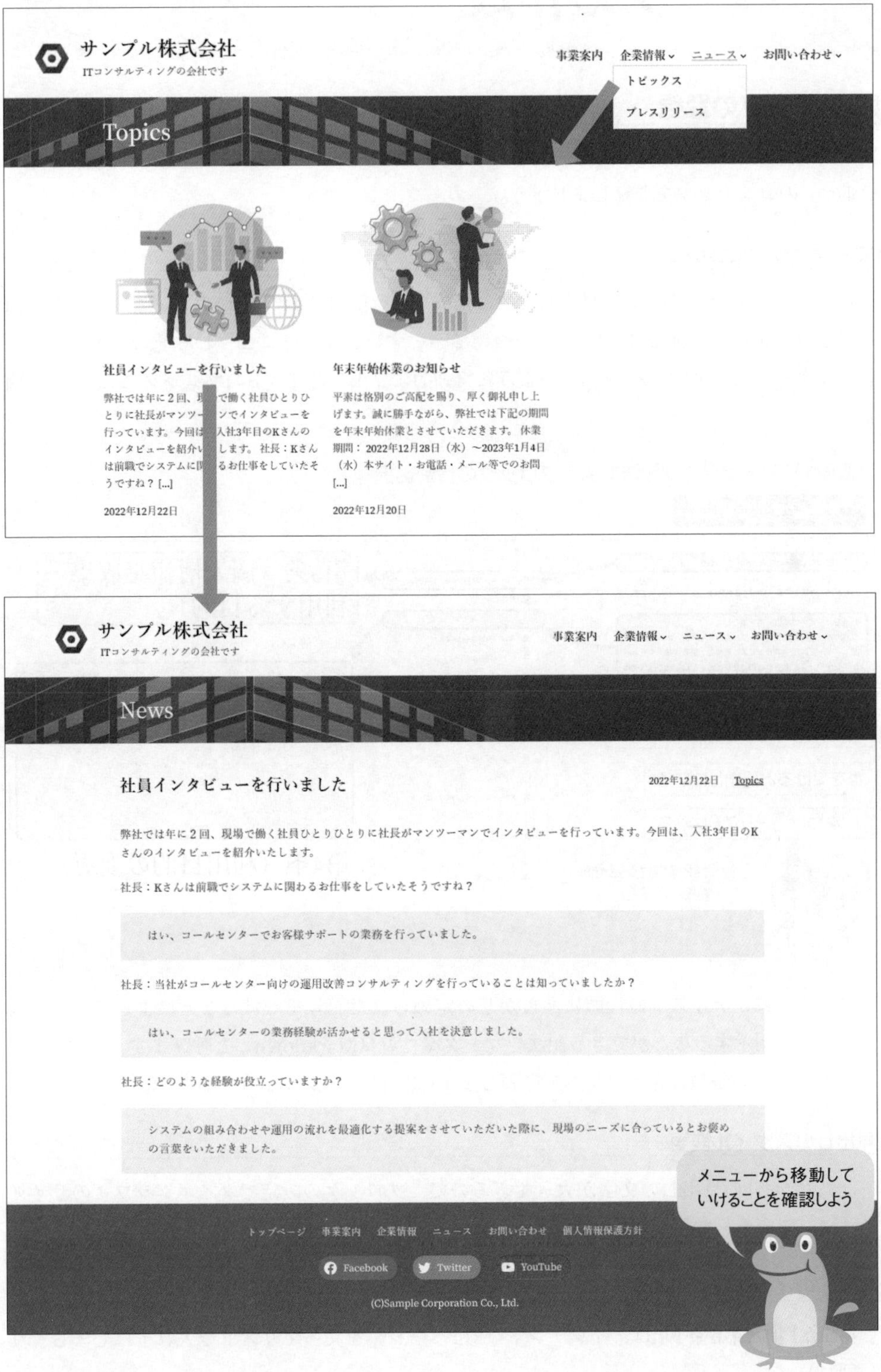

サンプル株式会社
ITコンサルティングの会社です

事業案内　企業情報　ニュース　お問い合わせ

News

社員インタビューを行いました

2022年12月22日　Topics

弊社では年に2回、現場で働く社員ひとりひとりに社長がマンツーマンでインタビューを行っています。今回は、入社3年目のKさんのインタビューを紹介いたします。

社長：Kさんは前職でシステムに関わるお仕事をしていたそうですね？

はい、コールセンターでお客様サポートの業務を行っていました。

社長：当社がコールセンター向けの運用改善コンサルティングを行っていることは知っていましたか？

はい、コールセンターの業務経験が活かせると思って入社を決意しました。

社長：どのような経験が役立っていますか？

システムの組み合わせや運用の流れを最適化する提案をさせていただいた際に、現場のニーズに合っているとお褒めの言葉をいただきました。

トップページ　事業案内　企業情報　ニュース　お問い合わせ　個人情報保護方針

Facebook　Twitter　YouTube

(C)Sample Corporation Co., Ltd.

メニューから移動していけることを確認しよう

個人情報保護方針ページの作成

コンテンツの登録

ダウンロードデータの「privacy.txt」を使って、249ページで追加した固定ページ「Privacy Policy」のコンテンツを登録しましょう。

マークダウンについて

privacy.txtには、第○条（見出しにする部分）の行頭に「##」がついています。また、順序付きリストにする部分には「1.」がついています。これらをコピーしてそのままブロックエディターに貼り付けると、画面1のように自動的に見出しとリストのブロックになります(画面1)。

▼画面1　マークダウン記法によるブロックの自動選択

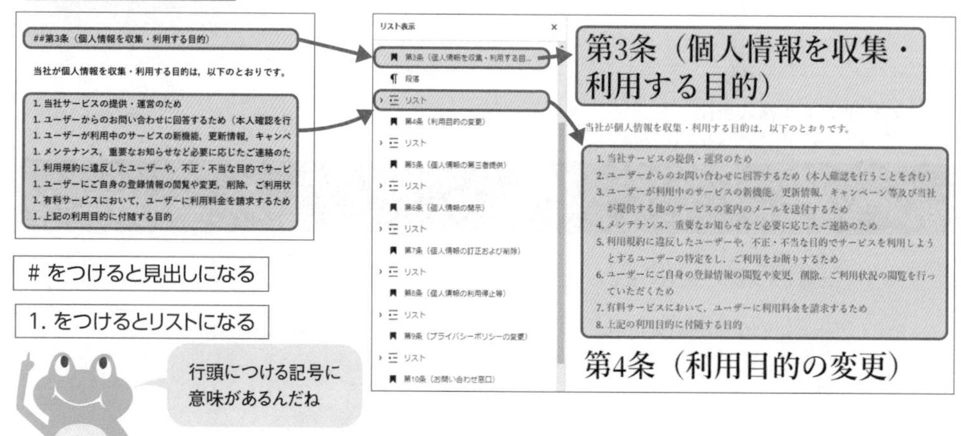

このように、テキストの行頭にあらかじめ定められた記号をつけることによって、文書構造の意味を明示することができる記法をマークダウン（Markdown）と呼びます。

なお、「#」の個数は見出しレベルを表します。2個ならH2、3個ならH3になります。

見出しのスタイル変更

「第○条～」の見出しの文字が大きすぎるので、ブロックの設定でタイポグラフィのサイズを「M」に変更しましょう。

リストのインデント

第5条1項と第6条1項は、インデント（214ページ）を使ってリストを入れ子にしましょう(画面2)。

▼画面2 リストの入れ子

第5条（個人情報の第三者提供）

1. 当社は，次に掲げる場合を除いて，あらかじめユーザーの同意を得ることなく，第三者に個人情報を提供することはありません。ただし，個人情報保護法その他の法令で認められる場合を除きます。
    1. 人の生命，身体または財産の保護のために必要がある場合であって，本人の同意を得ることが困難であるとき
    2. 公衆衛生の向上または児童の健全な育成の推進のために特に必要がある場合であって，本人の同意を得ることが困難であるとき
    3. 国の機関もしくは地方公共団体またはその委託を受けた者が法令の定める事務を遂行することに対して協力する必要がある場合であって，本人の同意を得ることにより当該事務の遂行に支障を及ぼすおそれがあるとき
    4. 予め次の事項を告知あるいは公表し，かつ当社が個人情報保護委員会に届出をしたとき
        1. 利用目的に第三者への提供を含むこと
        2. 第三者に提供されるデータの項目
        3. 第三者への提供の手段または方法
        4. 本人の求めに応じて個人情報の第三者への提供を停止すること
        5. 本人の求めを受け付ける方法

第6条（個人情報の開示）

1. 当社は，本人から個人情報の開示を求められたときは，本人に対し，遅滞なくこれを開示します。ただし，開示することにより次のいずれかに該当する場合は，その全部または一部を開示しないこともあり，開示しない決定をした場合には，その旨を遅滞なく通知します。なお，個人情報の開示に際しては，1件あたり1，000円の手数料を申し受けます。
    1. 本人または第三者の生命，身体，財産その他の権利利益を害するおそれがある場合
    2. 当社の業務の適正な実施に著しい支障を及ぼすおそれがある場合
    3. その他法令に違反することとなる場合
2. 前項の定めにかかわらず，履歴情報および特性情報などの個人情報以外の情報については，原則として開示いたしません。

お問い合わせエリアの設置

再利用ブロックの「お問い合わせエリア」を第10条の下に配置しましょう（画面3）。

▼画面3 お問い合わせエリア

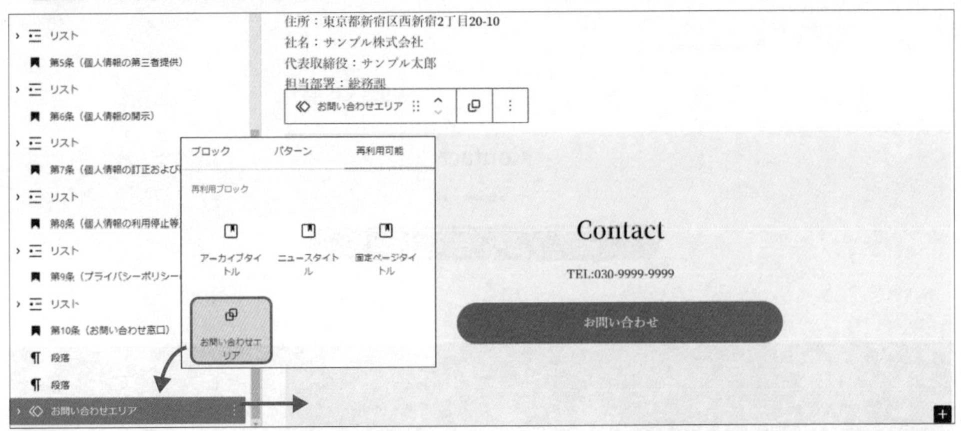

再利用ブロックを挿入しよう

これで完成です（画面4）。

▼画面4　ページの完成

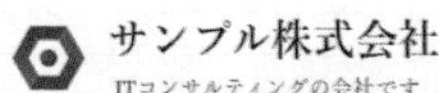

事業案内　企業情報⌄　ニュース⌄　お問い合わせ⌄

Privacy Policy

サンプル株式会社（以下，「当社」といいます。）は，本ウェブサイト上で提供するサービス（以下,「本サービス」といいます。）における，ユーザーの個人情報の取扱いについて，以下のとおりプライバシーポリシー（以下，「本ポリシー」といいます。）を定めます。

第1条（個人情報）

「個人情報」とは，個人情報保護法にいう「個人情報」を指すものとし，生存する個人に関する情報であって，当該情報に含まれる氏名，生年月日，住所，電話番号，連絡先その他の記述等により特定の個人を識別できる情報及び容貌，指紋，声紋にかかるデータ，及び健康保険証の保険者番号などの当該情報単体から特定の個人を識別できる情報（個人識別情報）を指します。

第2条（個人情報の収集方法）

当社は，ユーザーが利用登録をする際に氏名，生年月日，住所，電話番号，メールアドレス，銀行口座番号，クレジットカード番号，運転免許証番号などの個人情報をお尋ねすることがあります。また，ユーザーと提携先などとの間でなされたユーザーの個人情報を含む取引記録や決済に関する情報を,当社の提携先（情報提供元，広告主，広告配信先などを含みます。以下，「提携先」といいます。）などから収集することがあります。

第3条（個人情報を収集・利用する目的）

当社が個人情報を収集・利用する目的は，以下のとおりです。

1. 当社サービスの提供・運営のため
2. ユーザーからのお問い合わせに回答するため（本人確認を行うことを含む）
3. ユーザーが利用中のサービスの新機能，更新情報，キャンペーン等及び当社が提供する他のサービスの案内のメールを送付するため
4. メンテナンス，重要なお知らせなど必要に応じたご連絡のため
5. 利用規約に違反したユーザーや，不正・不当な目的でサービスを利用しようとするユーザーの特定をし，ご利用をお断りするため
6. ユーザーにご自身の登録情報の閲覧や変更，削除，ご利用状況の閲覧を行っていただくため
7. 有料サービスにおいて，ユーザーに利用料金を請求するため
8. 上記の利用目的に付随する目的

第10条（お問い合わせ窓口）

本ポリシーに関するお問い合わせは，下記の窓口までお願いいたします。

住所：東京都新宿区西新宿2丁目20-10
社名：サンプル株式会社
代表取締役：サンプル太郎
担当部署：総務課
Eメールアドレス：info@example.com

Contact

TEL:030-9999-9999

お問い合わせ

トップページ　事業案内　企業情報　ニュース　お問い合わせ　個人情報保護方針

Twitter　YouTube

(C)Sample Corporation Co., Ltd.

長いけど頑張ろう!

よくある質問ページの作成

コンテンツの登録

ダウンロードデータの「faq.txt」を使って、249ページで追加した固定ページ「FAQ」のコンテンツを登録しましょう。

質問と回答のブロック構成

質問と回答の部分は、次のようにブロックを組み合わせて構成します（図1）。

図1　ブロックの構成

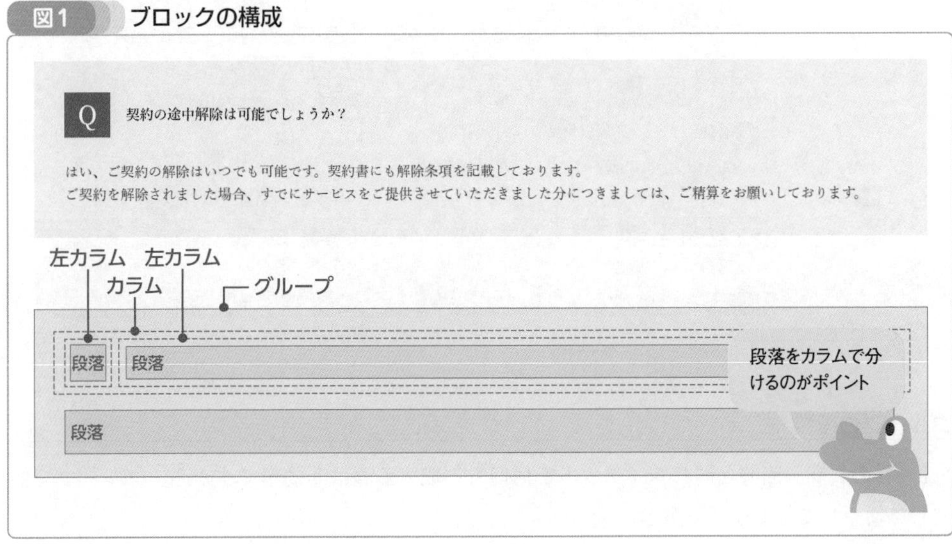

「Q」は画像ではなくテキストで表現します。そのため、段落ブロックを使います。段落ブロックだけでは「Q」と質問文を横に並べることができませんので、カラムブロックを使って、左カラムと右カラムの中にそれぞれの段落ブロックを配置します。そして、回答文の段落ブロックとカラムを合せた全体をグループ化して、グループに背景色をつけます。

「カラム」はカラム自体に幅を指定できますが「横並び」は幅を指定できませんので、質問文が長い場合に「Q」が押されて縮んでしまいます（画面1）。

▼画面1　カラムと横並びの違い

Q　経営上の理由によりサービスを解約したい場合、途中解除は可能でしょうか？また、その場合は違約金など発生するのでしょうか？　「カラム」ブロックを使った場合

Q　経営上の理由によりサービスを解約したい場合、途中解除は可能でしょうか？また、その場合は違約金など発生するのでしょうか？　「横並び」ブロックを使った場合

各ブロックの設定欄を次の通りに設定しましょう（図2）。

図2 ブロックの配置と設定

リスト表示

- グループ❶
  - カラム❷
    - カラム❸
      - 段落❹
    - カラム❺
      - 段落❻
  - 段落❼

ブロック	設定項目		設定内容
グループ❶	レイアウト		「コンテント幅を使用するインナーブロック」を無効化
	色	背景	カスタムカラーのsub（#F5F8FA）
	寸法	パディング	1
カラム❷	カラム		2
			「モバイルでは縦に並べる」を無効化
	寸法	ブロックの間隔	1rem
カラム❸	カラム設定	幅	3rem
	垂直配置		中央揃え
段落❹	色	テキスト	白（#FFFFFF）
		背景	カスタムカラーのmain（#0056C3）
	タイポグラフィ	サイズ	L
	寸法	パディング	0
	配置		テキスト中央寄せ
カラム❺	垂直配置		中央揃え
段落❻	太字		太字にする
段落❼	ー		初期設定のままでOK

グループの複製

1つ目の質問・回答と同じレイアウトを何回も作成するのは非効率ですから、グループを複製して増やしましょう（画面2）。

▼画面2 グループの複製

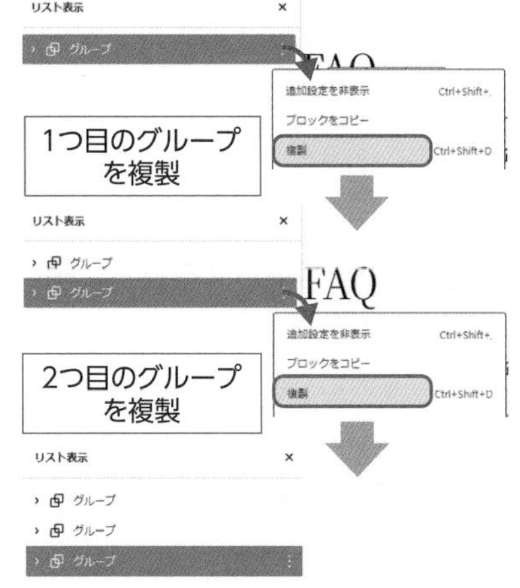

複製したら、質問と回答のテキストを書き換えましょう。また、3つ目の質問のグループは、マージン下を「3」に設定しておきましょう。これは、最後に設置するお問い合わせエリアとの距離を空けるためです。

お問い合わせエリアの設置

再利用ブロックの「お問い合わせエリア」を配置すれば完成です（画面3）。

▼画面3　ページの完成

質問と回答のグループを再利用ブロックにしておくと、281ページのような投稿ページ内でも複製して利用することができます。

6-8 企業情報ページの作成

コンテンツの登録

企業情報ページには上から順番に「会社概要」「拠点情報」「沿革」「お問い合わせエリア」の4つのコンテンツを登録します。ダウンロードデータの「company.txt、company.png」を使って、順番に登録していきましょう。

会社概要のブロック構成

よくある質問ページと同様に、カラムを使ってカバーとテーブルを横並びにします。そして、見出しと一緒にグループ化します（図1）。

図1　ブロックの構成

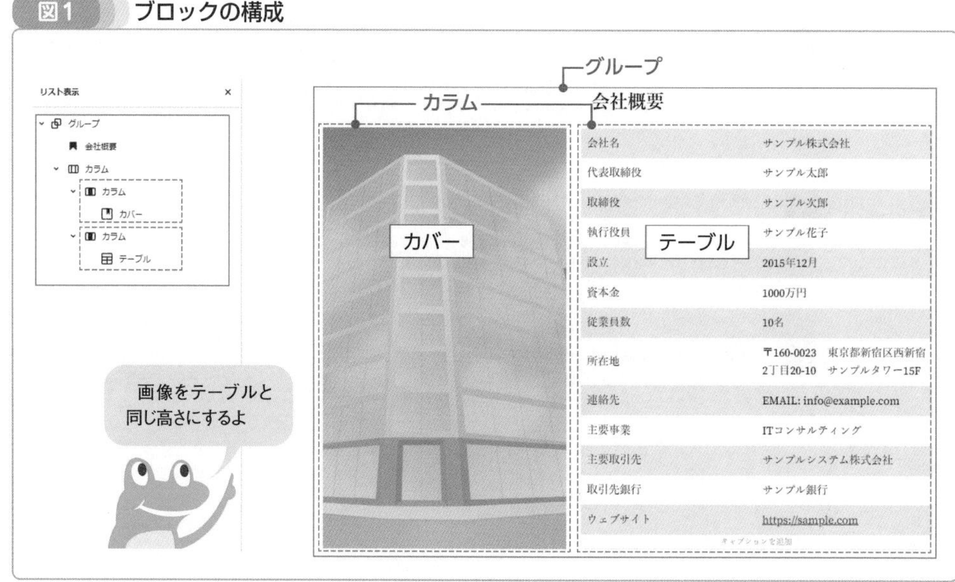

「テーブル」ブロックは最初にカラム数と行数を入力します。図1と同じ数になるように、2×13の形式を指定します（画面1）。

▼画面1　テーブル挿入時の初期設定

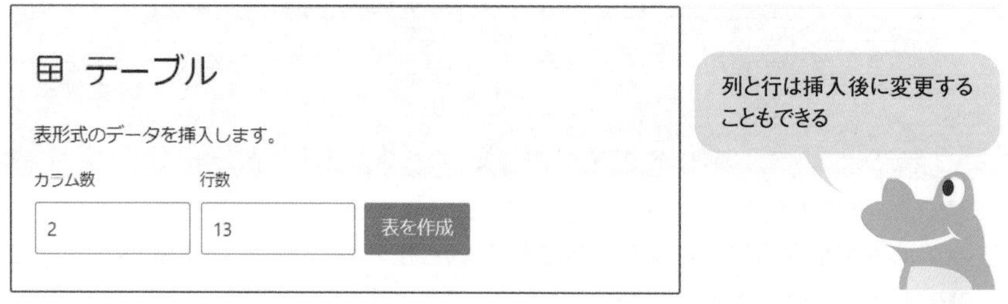

各ブロックの設定欄を次の通りに設定しましょう（図2）。

図2 ブロックの配置と設定

リスト表示
- グループ ❶
  - 会社概要 ❷
  - カラム ❸
    - カラム ❹
      - カバー ❺
    - カラム ❻
      - テーブル ❼

ブロック	設定項目		設定内容
グループ❶	レイアウト		「コンテント幅を使用するインナーブロック」を有効化
	高度な設定	HTMLアンカー	profile
	寸法	マージン	上：0、下：3
見出し❷	見出しレベル		H2
	配置		テキスト中央寄せ
	タイポグラフィ	サイズ	L
カラム❸	カラム		2
			「モバイルでは縦に並べる」を有効化
カラム❹	カラム設定	幅	40%
カバー❺	画像		ダウンロードデータの「building.png」
	色	オーバーレイの不透明度	0
	寸法	カバー画像の最小の高さ	100%
カラム❻	ー		初期設定のままでOK
テーブル❼	スタイル		ストライプ
	設定		「表のセル幅を固定」を有効化

カラム❹の垂直配置（上揃え/中央揃え/下揃え）を選択すると、カバー画像の最小の高さが効かなくなります。誤って選択した場合は❸を削除して再登録してください。

グループ❶には「profile」というHTMLアンカーを設定します。これは、ユーザーがサイトのメニューから「企業情報 > 会社概要」を選択したとき、企業情報ページの会社概要グループの場所まで移動（スクロール）させるための設定です（257ページでリンク先を〜〜#profileにしたことを思い出してください）。

ポイント ページ内リンクの設定

同じページ内の特定の場所へリンクを貼るには、リンク先（着地点）のブロックの「高度な設定」を開いてHTMLアンカーに名前をつけます。そして、リンク元（メニューなど）に設定するURLの末尾に#アンカー名を付けます。

また、会社のイメージ画像に「画像」ブロックではなく「カバー」ブロック❺を使う理由は、「画像」ブロックだと画像の幅と高さがカラムの幅にあわせて縮小され、隣のテーブルと高さが揃わないからです（画面2）。

▼画面2　画像ブロックを使った場合

会社名	サンプル株式会社
代表取締役	サンプル太郎
取締役	サンプル次郎
執行役員	サンプル花子
設立	2015年12月
資本金	1000万円
従業員数	10名
所在地	〒160-0023　東京都新宿区西新宿 2丁目20-10　サンプルタワー15F
連絡先	EMAIL: info@example.com
主要事業	ITコンサルティング
主要取引先	サンプルシステム株式会社
取引先銀行	サンプル銀行
ウェブサイト	https://sample.com

この問題は「カバー」ブロックを使うと解決できます。実は「カバー」に設定した画像は、「カバー」ブロック自身の背景として表示されます。そのため、ブロックのサイズよりも画像のサイズが大きい場合、ブロックから溢れた部分は画面に映らずにカットされます。そこで、「カバー画像の最小の高さ」を100%にすると、カラム❹と同じ高さまで画像が広がり、画面には図1のように映ります。本来、カバーは画像の上にテキストなど他のブロックを重ねる目的で使いますが、カラムのサイズに合わせて画像を自在に伸縮させたい場合に使うこともできます。

拠点情報のブロック構成

東京本社の所在地とアクセス情報は、モバイルで綺麗に改行されるようにカラムを使って配置します。また、ストリートビューを埋め込むために「カスタムHTML」ブロックを使います（図3）。

ポイント　所在地とアクセスのレイアウト

所在地とアクセスは、左カラムの幅をテキストの文字数よりも広め（25%）にすることで左右のカラムに適度な距離を空け、右カラムのテキストの開始位置を揃えます。一方、モバイルでは「もともと1行につながっていた文章を、適切な位置で改行している」ように見せかけるために、カラムの「モバイルでは縦に並べる」設定を有効化します。すると、テキストの長さに関係なくカラム自体が縦に並びますので、カラムごとに改行した見た目になります。また、縦に並んだカラム同士の距離を詰めるために「ブロックの間隔」を0にします。

図3 ブロックの構成

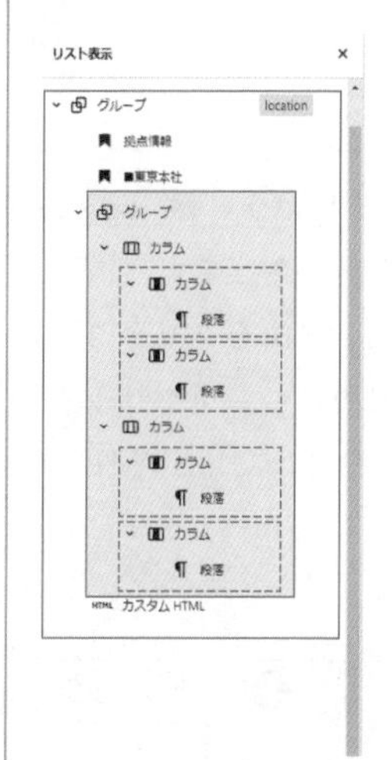

まずは、各ブロックの設定欄を次の通りに設定しましょう（図4）。

図4 ブロックの配置と設定

リスト表示

- グループ❶ location
  - 拠点情報❷
  - ■東京本社❸
  - グループ❹
    - カラム❺
      - カラム❻
        - 段落❼
      - カラム❽
        - 段落❾
    - カラム❿
      - カラム⓫
        - 段落⓬
      - カラム⓭
        - 段落⓮
  - カスタム HTML⓯

ブロック	設定項目		設定内容
グループ❶	レイアウト		「コンテント幅を使用するインナーブロック」を有効化
	高度な設定	HTMLアンカー	location
	寸法	マージン	上：0、下：3
見出し❷	見出しレベル		H2
	配置		テキスト中央寄せ
	タイポグラフィ	サイズ	L
見出し❸	見出しレベル		H3
	配置		テキスト左寄せ
	タイポグラフィ	サイズ	M
グループ❹	レイアウト		「コンテント幅を使用するインナーブロック」を無効化
	寸法	パディング	1
		ブロックの間隔	0
	色	背景	カスタムカラーのsub (#F5F8FA)
カラム❺❿	カラム		2
			「モバイルでは縦に並べる」を有効化
	寸法	ブロックの間隔	0
カラム❻⓫	カラム設定	幅	25%
段落❼⓬	太さ		太字にする
カラム❽⓭	カラム設定	幅	75%
段落❾⓮	ー		初期設定のままでOK
カスタムHTML⓯	HTML		埋め込み用のコード

サイトのメニュー「企業情報 > 拠点情報」からリンクされるように、グループ❶には「location」というHTMLアンカーを設定しましょう。

ストリートビューの埋め込み

次に、ストリートビューを埋め込みます。画面3のようにやってみましょう。❶Googleの地図検索で東京都庁を検索したら、画面の端にある人型のアイコンをクリックします。すると、地図がストリートビューのモードになります。この状態で❷表示したい場所をクリックするとストリートビューが表示されます。次に、❸「画像を共有または埋め込む」をクリックすると共有画面が表示されますので、❹埋め込むサイズを1000×450に変更して「HTMLをコピー」をクリックします（画面3）。

▼画面3　埋め込みコードの取得

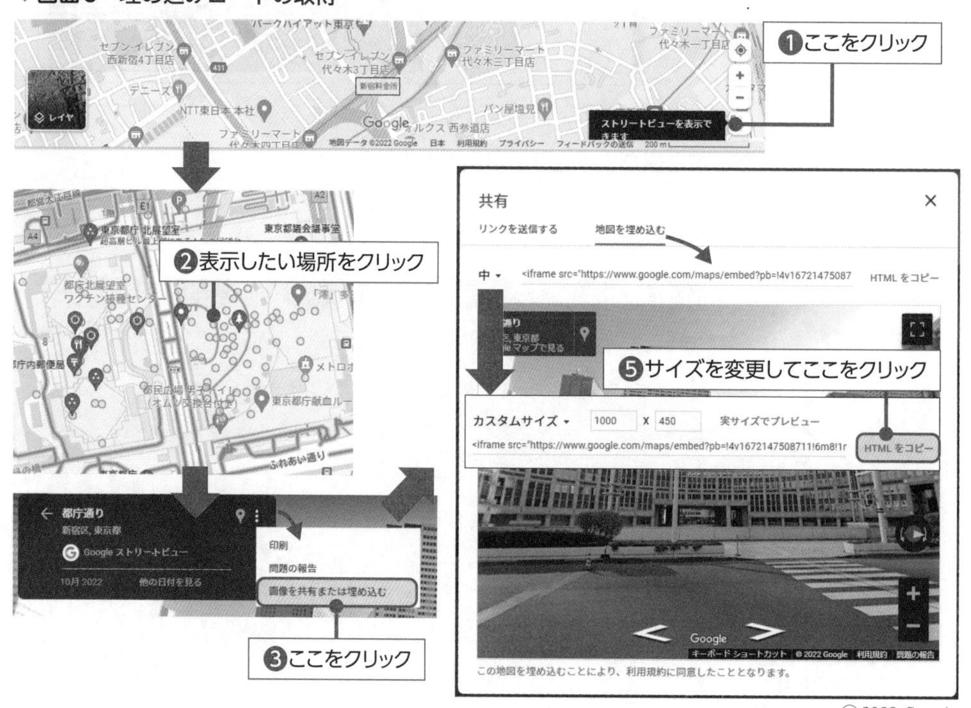

ⓒ2023 Google

これで埋め込みコードがコピーできましたので、カスタムHTMLのブロックに貼り付けましょう（画面4）。

ポイント 360°回転する写真も掲載できる

自社のGoogleビジネスプロフィールに360°画像を公開している企業は、Googleの地図検索からストリートビューとほぼ同じ要領で360°画像の埋め込みコードを取得してカスタムHTMLブロックを使ってサイトに埋め込むことができます。360°画像を公開するには「Streetview Studio」というPC用のツールを利用します。

▼画面4　埋め込みコードの貼り付け

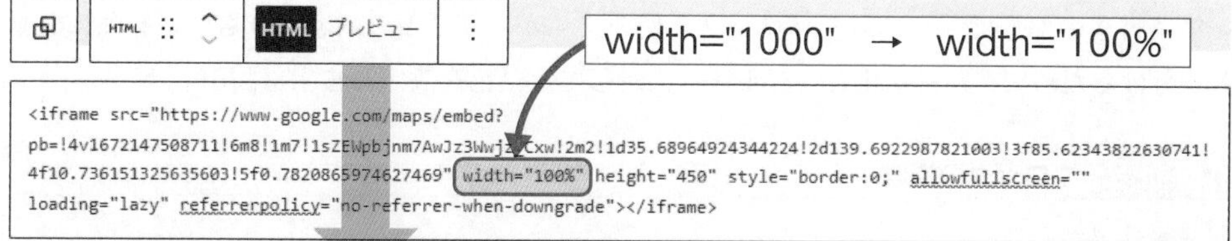
HTML
HTML プレビュー
width="1000" → width="100%"
<iframe src="https://www.google.com/maps/embed?pb=!4v1672147508711!6m8!1m7!1sZEWpbjnm7AwJz3WwjzCxw!2m2!1d35.68964924344224!2d139.6922987821003!3f85.62343822630741!4f10.736151325635603!5f0.7820865974627469" width="100%" height="450" style="border:0;" allowfullscreen="" loading="lazy" referrerpolicy="no-referrer-when-downgrade"></iframe>

都庁通り
新宿区, 東京都
Google マップで見る
Google
キーボード ショートカット
© 2022 Google
利用規約
問題の報告

ⓒ2023 Google

貼り付けたら、コードの中にあるwidth="1000"をwidth="100%"に書き換えてプレビューをクリックすると、埋め込み完了です。

widthはストリートビューを表示するiframeタグの横幅を表します。1000のままだとモバイルで表示したときストリートビューの画像が画面から溢れてページが崩れてしまいます。100%にしておくと、自動的に幅に合わせて伸縮するので、崩れません。

ポイント 「カスタムHTML」は実は最も汎用性の高いブロック

「カスタムHTML」ブロックの主用途はGoogleマップ（225ページ）やソーシャルメディアのタイムライン等（234ページ）の外部コンテンツの埋め込みですが、HTMLタグを直接記述することで、ブロックの設定だけでは表現できない細やかなデザイン・装飾を表現したい場合にも利用できます。たとえば段落ブロックでは文章の一部分だけ色を変えることができませんが、カスタムHTMLブロックを使って<p>WordPressは<strong style="color:red">世界シェア1位</strong>のCMSです。</p>のように記述すると、「世界シェア1位」の部分だけ赤色の太字になります。HTMLで記述できることなら何でもカスタムHTMLで代用することができます。

沿革のブロック構成

箇条書きの部分は「リスト」ブロックを使いますが、リストの内容よりも広い範囲に背景色を付けるためにグループ化し、グループに対して背景色を設定します（図5）。

図5 ブロックの構成

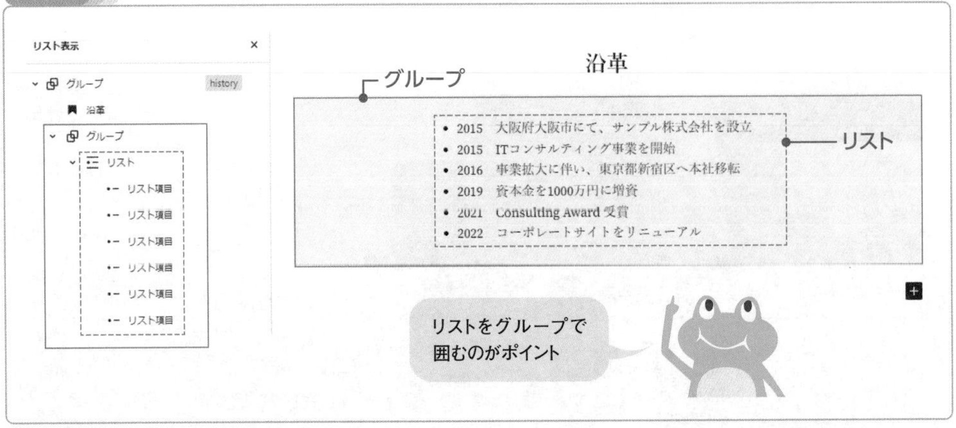

リスト表示
グループ history
沿革
グループ
リスト
リスト項目
リスト項目
リスト項目
リスト項目
リスト項目
リスト項目

グループ
沿革
- 2015 大阪府大阪市にて、サンプル株式会社を設立
- 2015 ITコンサルティング事業を開始
- 2016 事業拡大に伴い、東京都新宿区へ本社移転
- 2019 資本金を1000万円に増資
- 2021 Consulting Award 受賞
- 2022 コーポレートサイトをリニューアル

リスト

リストをグループで囲むのがポイント

各ブロックの設定欄を次の通りに設定しましょう（図6）。

図6 ブロックの設定

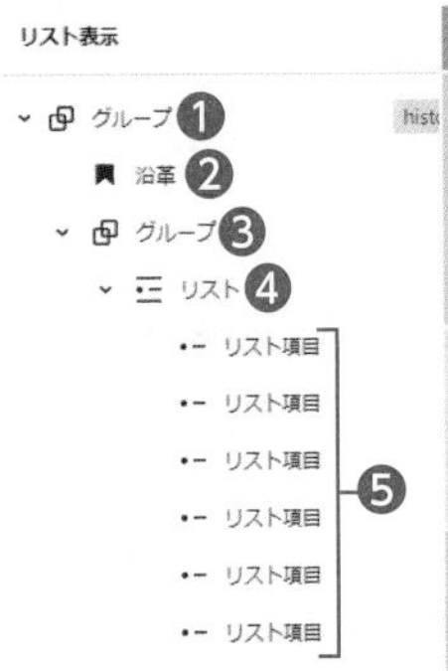

リスト表示
グループ❶
沿革❷
グループ❸
リスト❹
リスト項目
リスト項目
リスト項目
リスト項目
リスト項目
リスト項目
❺

ブロック	設定項目		設定内容
グループ❶	レイアウト		「コンテント幅を使用するインナーブロック」を有効化
	高度な設定	HTMLアンカー	history
	寸法	マージン	上：0、下：3
見出し❷	見出しレベル		H2
	配置		テキスト中央寄せ
	タイポグラフィ	サイズ	L
グループ❸	レイアウト		「コンテント幅を使用するインナーブロック」を有効化
		コンテンツ	500px
		幅広	500px
	寸法	パディング	1
	色	背景	カスタムカラーのsub(#F5F8FA)
リスト❹	ー		初期設定のままでOK
リスト項目❺	ー		初期設定のままでOK

サイトのメニュー「企業情報 > 沿革」からリンクされるように、グループ❶には「history」というHTMLアンカーを設定しましょう。

お問い合わせエリアの設置

再利用ブロックの「お問い合わせエリア」を配置すれば完成です（画面5）。

▼画面5　ページの完成

6-9 事業案内ページの作成

コンテンツの登録

事業案内ページには上から順番に「リード文」「3カラムエリア」「お申し込みの流れ」「お問い合わせエリア」の4つのエリアを登録します。ダウンロードデータの「service.txt、consult.png、business.png、global.png」を使って、順番に登録していきましょう。

リード文のブロック構成

冒頭のリード文のエリアは、次のようにブロックを配置しましょう。(図1)。

図1 ブロックの構成

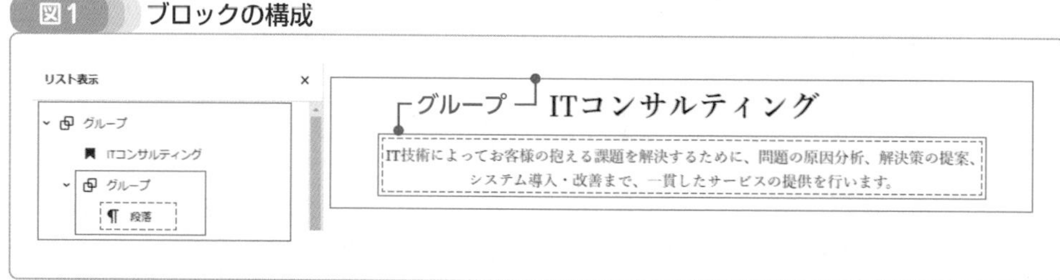

段落をグループ化する理由は、一行目の終わりを図の位置で改行できるように、やや狭いインナーブロックを設定するためです。各ブロックの設定欄を次の通りに設定しましょう(図2)。

図2 ブロックの配置と設定

リスト表示
- グループ❶
  - ITコンサルティング❷
  - グループ❸
    - 段落❹

ブロック	設定項目		設定内容
グループ❶	レイアウト		「コンテント幅を使用するインナーブロック」を有効化
	寸法	マージン	上：0、下：3
見出し❷	見出しレベル		H2
	配置		テキスト中央寄せ
	タイポグラフィ	サイズ	XL
グループ❸	レイアウト		「コンテント幅を使用するインナーブロック」を有効化
		コンテンツ	40em
		幅広	40em
段落❹	ー		初期設定のままでOK

グループ❸の幅は、1行目（全角で約40文字）がちょうど収まるように、1文字分の高さを1とする単位emを使って40emを指定します。段落❹はブロックの性質上、直接インナーブロックを設定できませんので、代替手段としてグループ化します。

3カラムエリアのブロック構成

リード文の下の3カラムエリアは、次のようにブロックを配置しましょう。(図3)。

図3 ブロックの構成

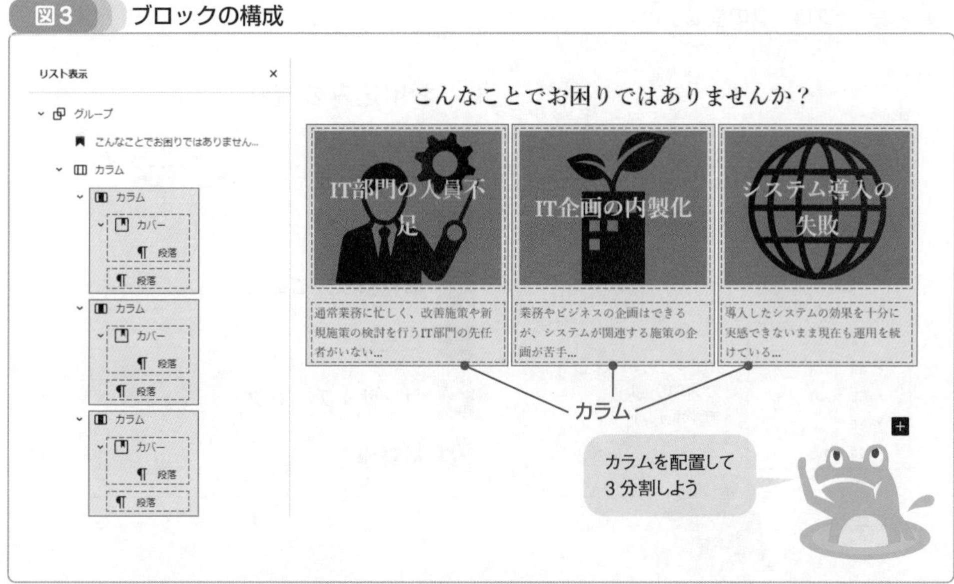

各ブロックの設定欄を次の通りに設定しましょう（図4)。

図4 ブロックの配置と設定

リスト表示
- グループ❶
  - こんなことでお困りではありません...❷
  - カラム❸
    - カラム❹
      - カバー❺
        - 段落❻
      - 段落❼
    - カラム❽
      - カバー❾
        - 段落❿
      - 段落⓫
    - カラム⓬
      - カバー⓭
        - 段落⓮
      - 段落⓯

モバイルでカラムが縦に並ぶ設定にしよう

ブロック	設定項目		設定内容
グループ❶	レイアウト		「コンテント幅を使用するインナーブロック」を有効化
	寸法	マージン	上：0、下：3
見出し❷	見出しレベル		H3
	配置		テキスト中央寄せ
	タイポグラフィ	サイズ	L
カラム❸	カラム		3
			「モバイルでは縦に並べる」を有効化
カラム❹❽⓬	ー		初期設定のままでOK
カバー❺❾⓭	画像❺		ダウンロードデータの「consult.png」
	画像❾		ダウンロードデータの「business.png」
	画像⓭		ダウンロードデータの「global.png」
	寸法	カバー画像の最小の高さ	200px
段落❻❿⓮	色	テキスト	白（#FFFFFF)
	タイポグラフィ	サイズ	L
段落❼⓫⓯	タイポグラフィ	サイズ	S

お申し込みの流れのブロック構成

お申し込みの流れは、次のようにブロックを配置しましょう。(図5)。

図5 ブロックの構成

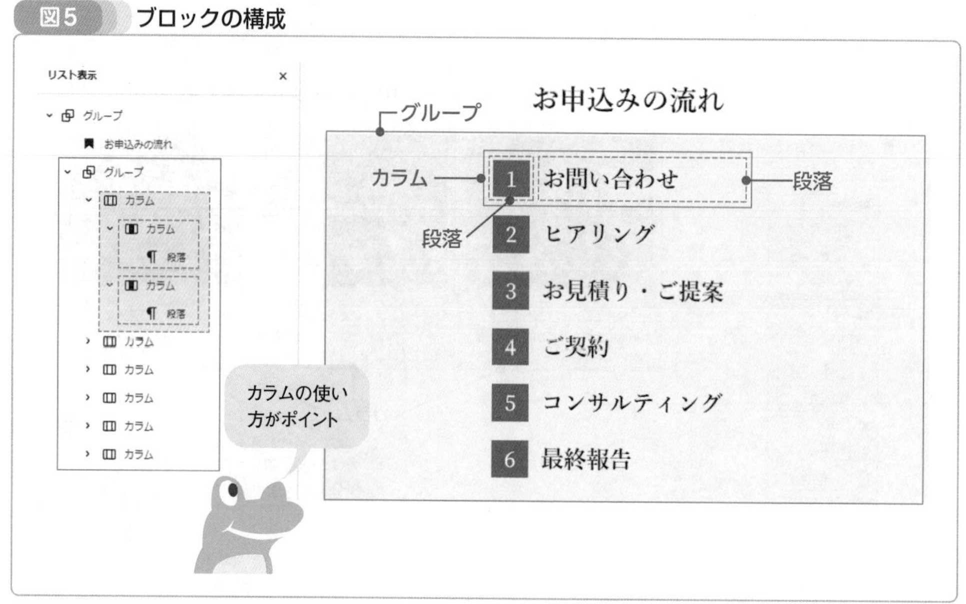

「1」~「6」の番号と右側のテキストに別々の装飾を適用できるように、カラムで左右に分割します。そして、流れ全体に背景色を設定できるようにグループ化します。

各ブロックの設定欄を右ページの通りに設定しましょう(図6)。

グループ❸に背景色を設定し、インナーブロックのコンテンツ幅を350px(「1」~「6」のテキストがギリギリ折り返さない幅)にすることで、コンテンツを中央に寄せます。パディングは「1」の上側と「6」の下側の余白になります。

カラム❹は番号とテキストを左右に分けるため2カラムとし、左右のカラムの距離が1rem空くようにブロックの間隔を設定します。また、モバイルでも番号とテキストが横にならんだままになるように、縦に並べるオプションは使いません(無効にします)。

左のカラム❺は、青い背景色がほぼ正方形に見えるように幅を3remにします。番号の色と背景色は、カラム❺ではなく段落❻に設定します。また、背景を設定した段落には自動でパディングが適用され、図5の見た目の3倍くらい❺❻が膨張してしまいます。これを回避するために❻のパディングを0にします。

右のカラム❼には、❽のテキストと番号の水平軸を揃えるために、垂直方向の中央揃えを指定します。また、モバイルでは「お見積り・ご提案」「コンサルティング」が折り返しますので、行間が広がりすぎないよう「行の高さ」に1.2を設定します(行間を設定しなかった場合はデフォルトで1.5が適用されます)。

図6 ブロックの配置と設定

リスト表示
- グループ ❶
  - お申込みの流れ ❷
  - グループ ❸
    - カラム ❹
      - カラム ❺
        - 段落 ❻
      - カラム ❼
        - 段落 ❽
    - カラム
    - カラム
    - カラム
    - カラム
    - カラム

右カラムの垂直配置を忘れずに

ブロック	設定項目		設定内容
グループ❶	レイアウト		「コンテント幅を使用するインナーブロック」を有効化
	寸法	マージン	上：0、下：3
見出し❷	見出しレベル		H2
	配置		テキスト中央寄せ
	タイポグラフィ	サイズ	XL
グループ❸	カラム		「コンテント幅を使用するインナーブロック」を有効化
		コンテンツ	350px
		幅広	350px
	色	背景	カスタムカラーのsub（#F5F8FA）
	寸法	パディング	1
カラム❹	カラム		2
			「モバイルでは縦に並べる」を無効化
	寸法	ブロックの間隔	1rem
カラム❺	カラム設定	幅	3rem
段落❻	配置		テキスト中央寄せ
	色	テキスト	白（#FFFFFF）
		背景	カスタムカラーのmain（#0056C3）
	タイポグラフィ	サイズ	L
	寸法	パディング	0
カラム❼	垂直配置		中央揃え
段落❽	タイポグラフィ	サイズ	L
		行の高さ	1.2
	太字		太字にする

ポイント 段落テキストの垂直中央揃え

段落ブロックには水平方向の配置（左寄せ/中央寄せ/右寄せ）を指定できますが、垂直方向の配置は指定できません。小手先のテクニックとして、上下のパディングに同じ値を設定すれば、ブロック自身に対してテキストが垂直中央になりますが、もしも段落の隣に別のブロックがあった場合、隣のブロックの高さに合わせた垂直中央にはなりません。このような場合、段落ブロックと隣のブロックの両方をカラム（または横並び）ブロックの中に入れて、カラム（または横並び）ブロックに対して垂直配置を「中央揃え」にします。そうすると、両方のブロックがカラム（または横並び）に対して垂直中央になりますので、高さの小さいブロックが高さの大きいブロックに対して垂直中央になります。

お問い合わせエリアの設置

最後に、再利用ブロックの「お問い合わせエリア」を配置すれば完成です（画面1）。

▼**画面1　ページの完成**

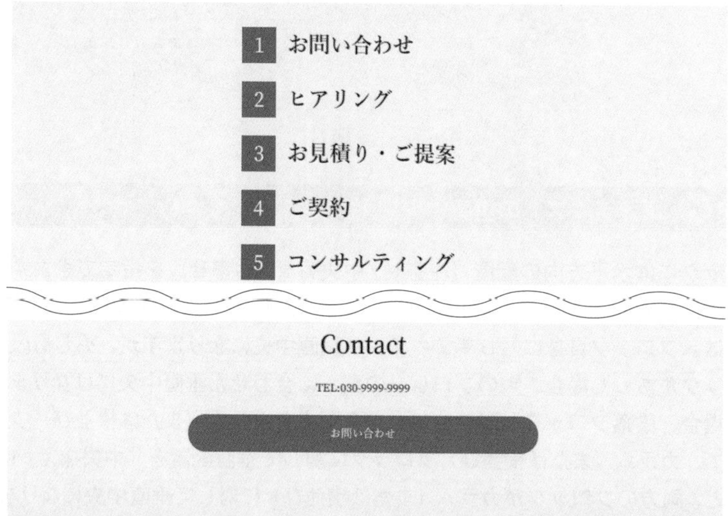

6-10 トップページの作成

コンテンツの登録

トップページには上から順番に「メインビジュアル」「事業と企業の概要」「新着情報（ニュース）」「メディア」「お問い合わせエリア」の5つのエリアを登録します。ダウンロードデータの「top.txt、header.png、mission.png、aboutus.png」を使って、順番に登録していきましょう。

メインビジュアルのブロック構成

メインビジュアルは、次のようにブロックを配置しましょう（図1）。

図1 ブロックの配置と設定

- カバー❶
  - グループ❷
    - 段落❸
    - 段落❹

ブロック	設定項目		設定内容
カバー❶	画像		ダウンロードデータの「header.png」
	色	オーバーレイの不透明度	0
	寸法	マージン	下：3
		カバー画像の最小の高さ	80vh
グループ❷	レイアウト		「コンテント幅を使用するインナーブロック」を有効化
	寸法	ブロックの間隔	0
段落❸	色	テキスト	白（#FFFFFF）
	タイポグラフィ	サイズ	4rem
		外観	セミボールド
	配置		テキスト中央寄せ
段落❹	色	テキスト	白（#FFFFFF）
	タイポグラフィ	サイズ	3rem
		外観	セミボールド
	配置		テキスト中央寄せ

カバー画像の中央にキャッチコピーを2行に分けて配置できるように、段落ブロックを2つ配置して、❸1行目に「Innovation for」、❹2行目に「your business」を入れます。カバー画像の表面にかかっている暗い半透明のオーバーレイを無くすために❶の不透明度を0（完全な透明）にしましょう。また、グループ❷のブロックの間隔を0にして、段落と段落の間を詰めておきましょう。

さて、カバー画像の表示サイズは、どのデバイスでも最初の1画面分（ファーストビュー）に収まる程度にしたいところです。そこで、カバー画像の最小の高さをpxではなくhvという単位を使って80vhぐらいに設定します。すると、どのデバイスでもカバー画像が画面の高さの80%になるように自動的に伸縮します。vh（ビューポートハイト）は画面の高さを100とする単位です（画面1）。

▼画面1　メインビジュアルの高さ

事業と企業の概要のブロック構成

事業と企業の概要は、次のようにブロックを配置しましょう。(図2)。

図2　ブロックの配置と設定

- メディアとテキスト❶
  - Mission❷
  - 段落❸
  - グループ❹
    - 段落❺
  - グループ❻
    - ボタン❼
      - ボタン❽
- メディアとテキスト❾
  - About us❿
  - 段落⓫
  - グループ⓬
    - 段落⓭
  - グループ⓮
    - ボタン⓯
      - ボタン⓰

ブロック	設定項目		設定内容
メディアとテキスト❶❾	メディアの配置		❶左、❾右
	画像		❶ダウンロードデータの「mission.png」
			❾ダウンロードデータの「aboutus.png」
	設定		「モバイルでは縦に並べる」を有効化
		メディアの幅	50
	寸法	マージン	下：3
見出し❷❿	見出しレベル		H2
	配置		テキスト中央寄せ
	タイポグラフィ	サイズ	XL
段落❸⓫	配置		テキスト中央寄せ
	タイポグラフィ	サイズ	M
グループ❹⓬	レイアウト		「コンテント幅を使用するインナーブロック」を有効化
		コンテンツ	600px
		幅広	600px
	寸法	パディング	0
		マージン	下：1
段落❺⓭	配置		テキスト中央寄せ
	タイポグラフィ	サイズ	M
グループ❻⓮	レイアウト		「コンテント幅を使用するインナーブロック」を有効化
		コンテンツ	160px
		幅広	160px
	寸法	パディング	0
ボタン❼⓯	配置		中央寄せ
	寸法	マージン	下：1
ボタン❽⓰	幅の設定		100%
	色	テキスト	白（#FFFFFF）
		背景	カスタムカラーのmain（#0056C3）
	枠線	角丸	50px
	項目の揃え位置		中央揃え
	リンク先		❽サイトのURL/service/
			⓰サイトのURL/company/

このエリアは画像とテキストを左右交互に配置しますので、「メディアとテキスト」ブロックを2つ使い、❶1つ目はメディアが左に、❾2つ目はメディアが右になるように設定しましょう。

段落とボタンをそれぞれ別々にグループ化する理由は、PCで表示したときテキストは600px、ボタンは160px以上の幅に広がってしまわないよう制限をかけるためです。このグループは、モバイルで表示したときはあっても無くても違いがありませんが、PCは機種等によって画面のサイズが大きく異なりますので、画面の広いPCと狭いPCではテキストが折り返す位置やボタンの幅が変わってしまいます（画面2）。

▼**画面2　グループを利用した表示幅の制限**

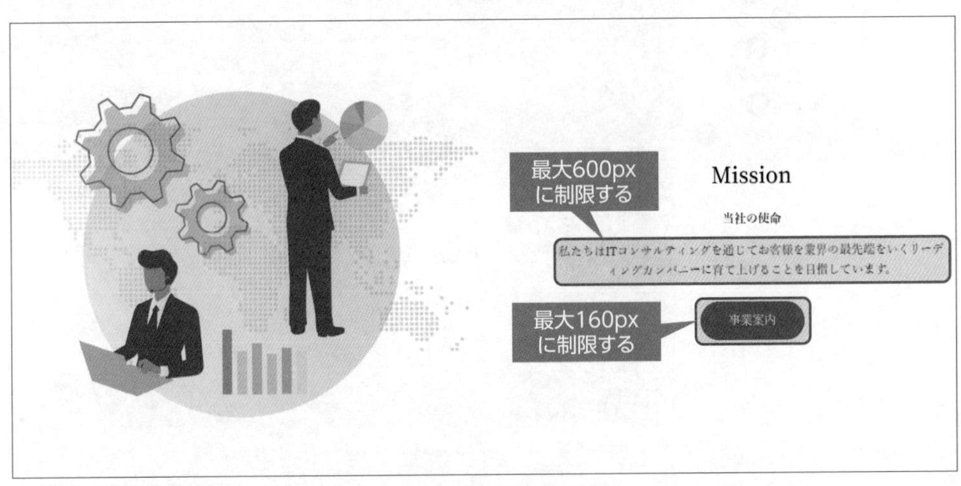

やや複雑なエリアですが、図2のとおりに設定すると、次のようになります（画面3）。

▼画面3　事業と企業の概要エリアの完成

新着情報（ニュース）のブロック構成

新着情報（ニュース）は、次のようにブロックを配置しましょう。(図3)。

図3　ブロックの配置と設定

- グループ❶
  - News❷
  - クエリーループ❸
    - 投稿テンプレート❹
      - カラム❺
        - カラム❻
          - 投稿日❼
        - カラム❽
          - 投稿タイトル❾

ブロック	設定項目		設定内容
グループ❶	レイアウト		「コンテント幅を使用するインナーブロック」を有効化
	寸法	マージン	下：3
見出し❷	見出しレベル		H2
	配置		テキスト中央寄せ
	タイポグラフィ	サイズ	XL
クエリーループ❸	表示設定	ページごとの項目数	3
投稿テンプレート❹	ー		初期設定のままでOK
カラム❺	カラム		2
	寸法	ブロックの間隔	0
カラム❻	カラム設定	幅	13%
投稿日❼	設定		「デフォルトの書式」を選択
カラム❽	カラム設定	幅	87%
投稿タイトル❾	リンク設定		「タイトルをリンクにする」を選択
	タイポグラフィ	サイズ	M
	寸法	マージン	0

新着情報にはブログ投稿の記事を新しい順に最大3件まで表示します。クエリーループ❸の表示設定から「ページごとの項目数」を設定しておくと、それ以上の投稿は表示されません（画面4）。

▼画面4　最大表示件数の設定

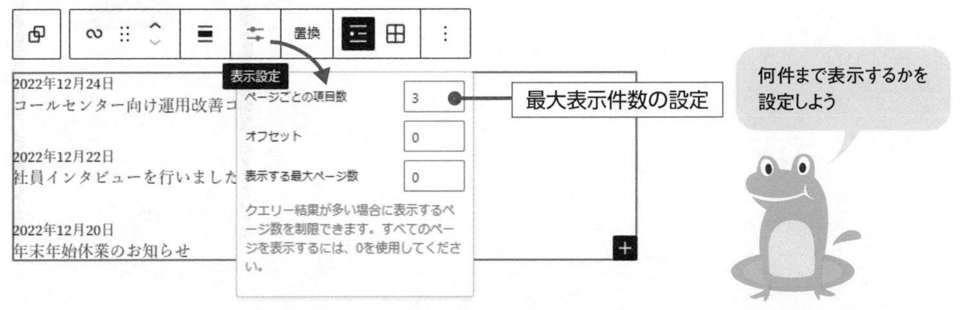

なお、クエリーループ内のブロックはひとつひとつ追加してもよいのですが、投稿テンプレートの設定に慣れるまでは、「投稿一覧」ブロックを新規追加して、希望のレイアウトに近いパターンを選択してからブロックの削除や追加を行ったほうがスムーズに作成できるでしょう（画面5）。

▼画面5　投稿一覧ブロックをカスタマイズして作成する

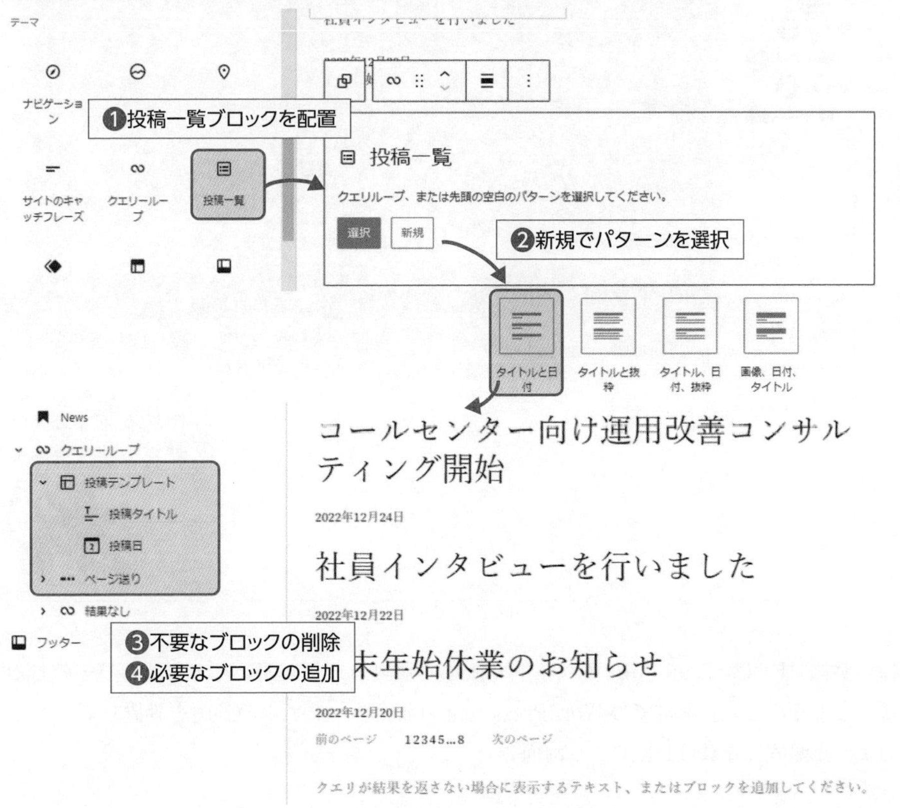

図3のとおりに設定すると、次のようになります（画面6）。

▼画面6　新着情報（ニュース）エリアの完成

メディアのブロック構成

メディアは、次のようにブロックを配置しましょう（図4）。

図4　ブロックの配置と設定

- グループ❶
  - Media❷
  - カラム❸
    - カラム❹
      - YouTube❺
    - カラム❻
      - YouTube❼

ブロック	設定項目		設定内容
グループ❶	レイアウト		「コンテント幅を使用するインナーブロック」を有効化
	寸法	マージン	下：3
見出し❷	見出しレベル		H2
	配置		テキスト中央寄せ
	タイポグラフィ	サイズ	XL
カラム❸	カラム		2
			「モバイルでは縦に並べる」を有効化
カラム❹❻	ー		初期設定のままでOK
YouTube❺	動画のURL		https://www.youtube.com/watch?v=Bv_aydsHOo
YouTube❼	動画のURL		https://www.youtube.com/watch?v=twGLN4lug-I

❺❼の動画URLは、YouTubeのサイトで任意の動画ページを開いてアドレスバーのURLをコピーしてください。本書ではWordPress.comの公式チャンネルの動画を設置しています。

このような配置になればOKです（画面7）。

▼画面7　メディアエリアの完成

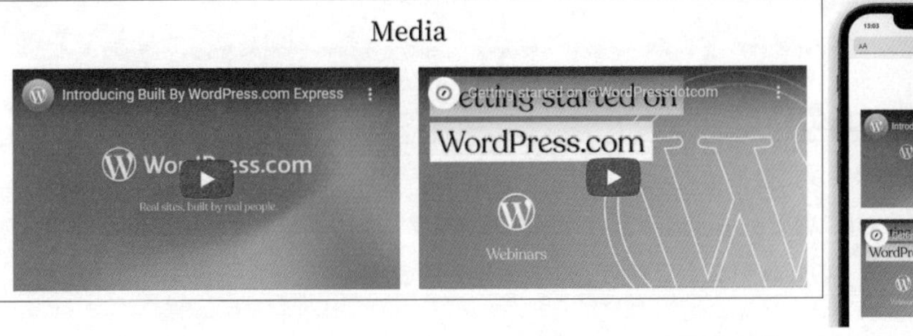

お問い合わせエリアの設置

最後に、再利用ブロックの「お問い合わせエリア」を配置しましょう。フロントページのテンプレートはインナーブロックを使用しない設定にしましたので、お問い合わせエリアが画面の幅いっぱいまで広がります（画面8）。

▼画面8　お問い合わせエリア

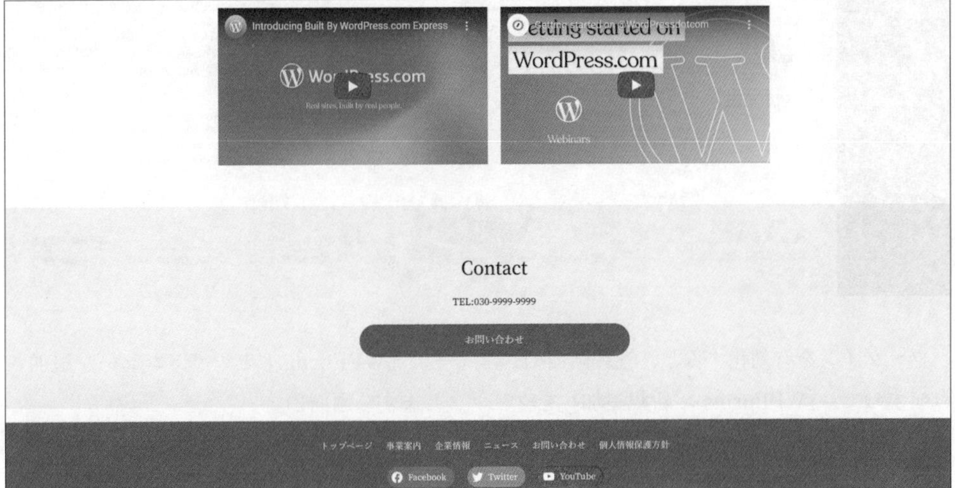

ポイント　メディアライブラリの動画を設置するには？

YouTubeではなくメディアライブラリにアップロードした動画を設置するには、動画ブロック（222ページ）を使います。ただし、ウェブサーバーにアップロードできるデータのサイズには上限がありますので、再生時間の長い動画はアップロードできない場合があります。長い動画はYouTubeにアップロードし、短い動画はメディアライブラリにアップロードするといった使い分けをするとよいでしょう。

6-11 お問い合わせページの作成

メールフォームの作成

お問い合わせページに設置するメールフォームは、プラグインを利用して作成するのが一般的です。本書ではWPForms Liteという無料のプラグインを利用します。高度な機能は使えませんが、コードの知識がなくても使えるプラグインです。

プラグインのインストールと有効化

❶［プラグイン > 新規追加］の画面で「WPForms Lite」を検索して、❷プラグインのインストールと有効化を行いましょう（画面1）。

▼画面1　プラグインの追加

プラグインを有効化すると、管理画面のメニューに「WPForms」というメニューが追加されますので、［WPForms > 新規追加］をクリックします（画面2）。

▼画面2　フォームのテンプレート選択

フォームはいくつでも登録することができますので、区別できるように画面2で❶名前をつけておきましょう。次に、❷あらかじめ用意されたテンプレートの中から目的に近いものを選びます。ここでは、「簡単なお問い合わせフォーム」を選ぶことにしましょう。

テンプレートには「名前」「メール」「コメント」の入力欄と送信ボタンが入っています。これらの項目の名前を「お名前」「メールアドレス」「お問い合わせ内容」に変更し、新しく「お問い合わせ種別」と「会社名」の入力欄を追加して完成イメージに近づけていきましょう（画面3）。

▼画面3　フォームの作成画面

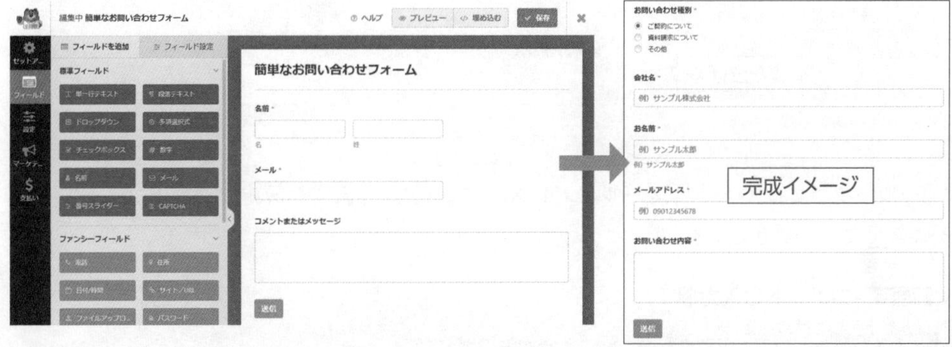

フォームのカスタマイズ

画面右側のプレビューから「名前」の近くをクリックすると、画面左側にフィールドの設定欄が表示されます。ラベルを「お名前」に変更するとラベルが変わり、フォーマットを「シンプル」に変更すると姓と名に分かれていた入力欄が1つになります。「高度な設定」タブでフィールドサイズを「大」に変更すると入力欄の幅が広がります（画面4）。

▼画面4　名前の入力欄

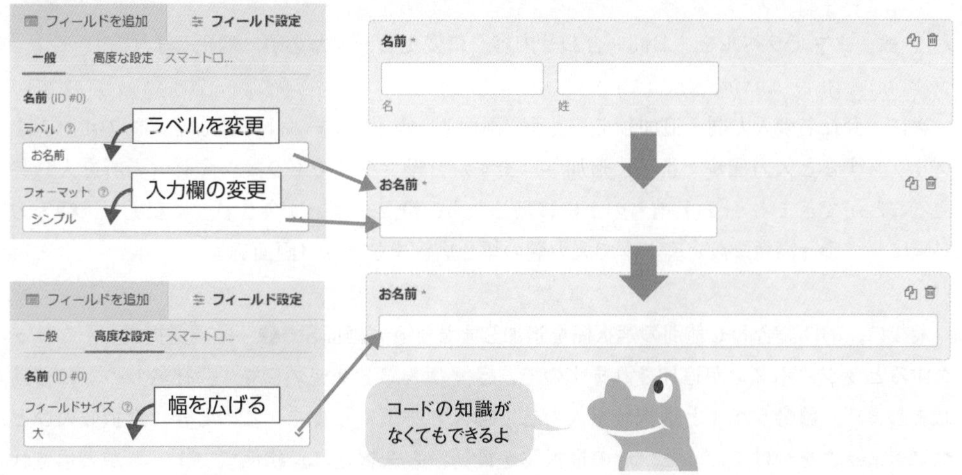

会社のホームページを作成しよう

メールアドレスとコメント欄も同様にしてカスタマイズしましょう（画面5、画面6）。

▼画面5　メールアドレスの入力欄

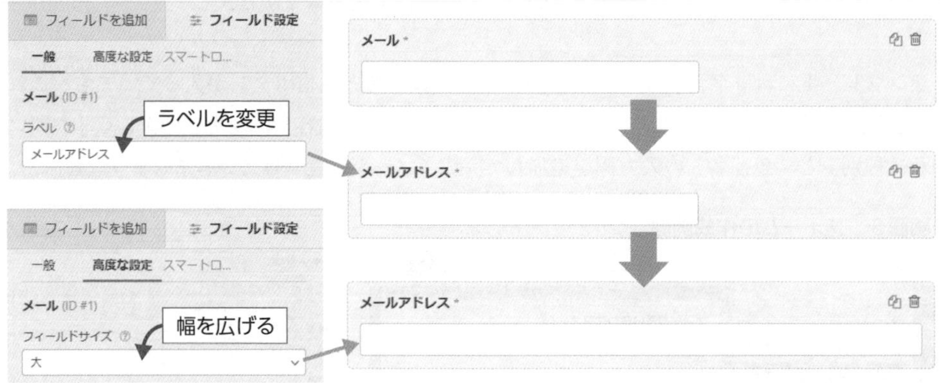

「一般」タブでラベルを「メールアドレス」に変更し、「高度な設定」タブでフィールドサイズを「大」に変更します。

▼画面6　コメントの入力欄

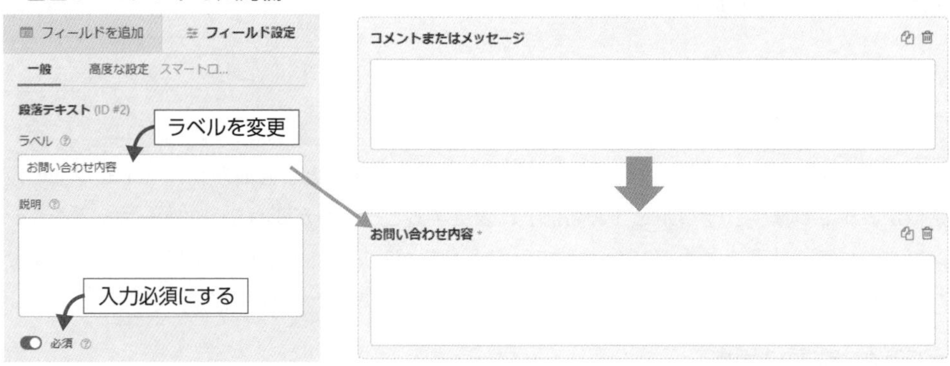

「一般」タブでラベルを「お問い合わせ内容」に変更し、入力必須に変更します。

次に、会社名の入力欄を追加しましょう。画面7で❶「フィールドを追加」タブのボタンをクリックすると入力欄が一番下に追加されますが、❷マウスでドラッグすれば場所を入れ替えることができます。「お名前」の上に移動したら、❸ラベルを「会社名」に変更し、❹入力必須にして❺「高度な設定」タブで入力欄の幅を広げましょう（画面7）。

最後に、お問い合わせ種別の選択欄を追加しましょう。画面8で❶「多項選択式」をクリックするとラジオボタンが追加されますので、❷マウスでドラッグして「会社名」の上に移動しましょう。❸❹ラベルと選択肢を入力して❺入力必須にします。このとき、選択肢のひとつにチェックをつけておくと、その選択肢が最初から選択された状態でフォームが表示されます（画面8）。

▼画面7　会社名の入力欄

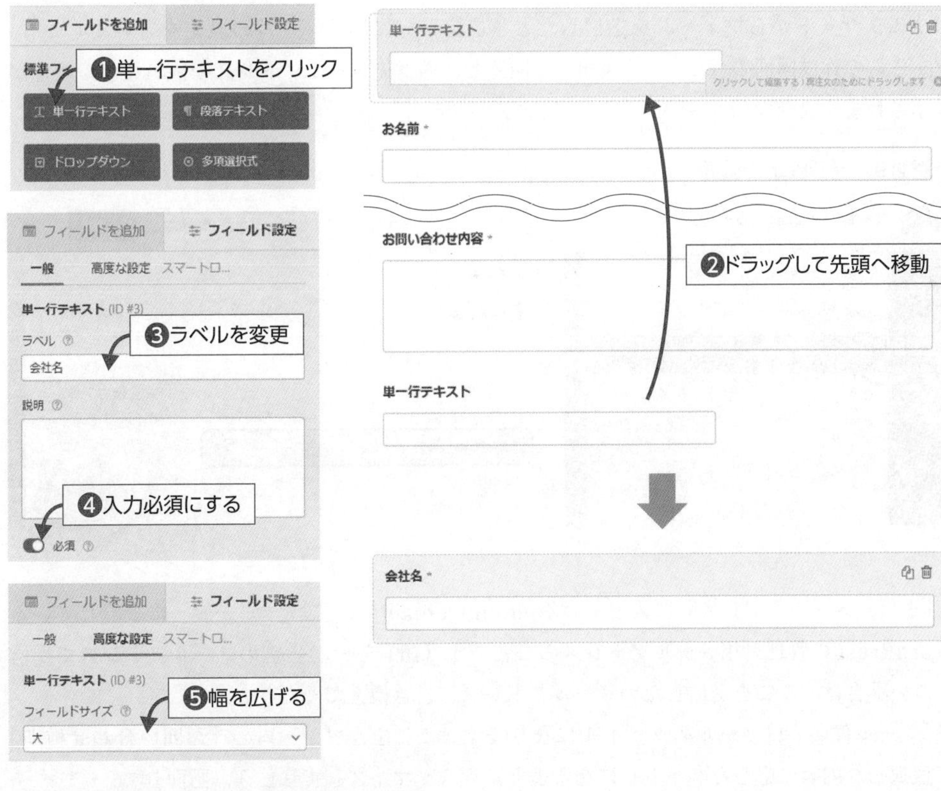

▼画面8　お問い合わせ種別の選択欄

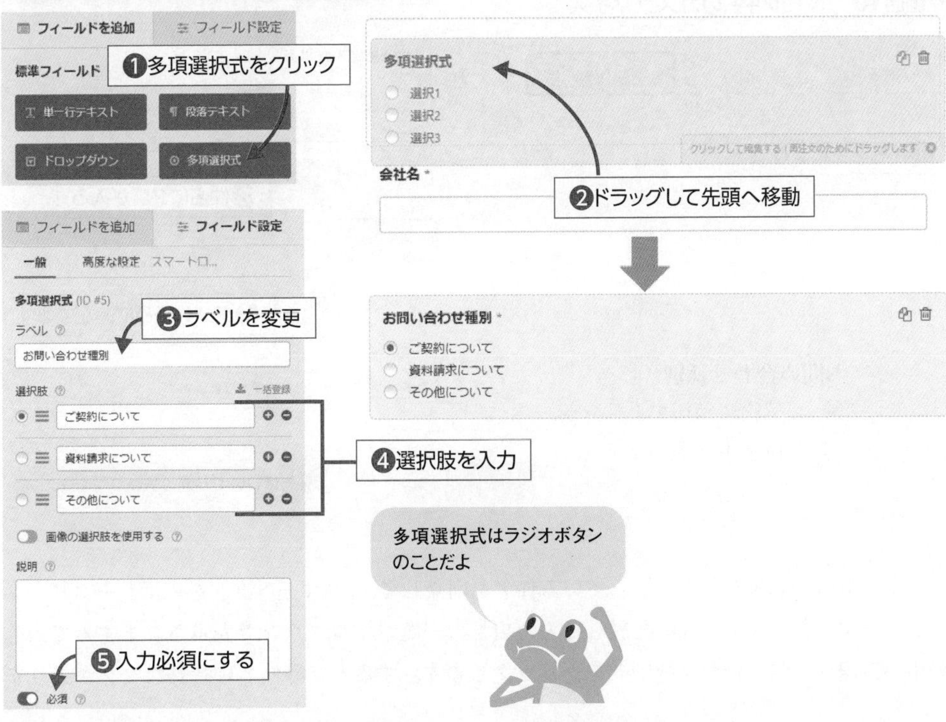

フォーム送信時の通知設定

次に、サイトからフォームを送信したときに自分宛に届くメールの設定を行いましょう。フォームの作成画面の［設定 ＞ 通知］を開くと、送信先メールアドレスや件名などの設定が表示されます（画面9）。

▼画面9　通知設定の画面

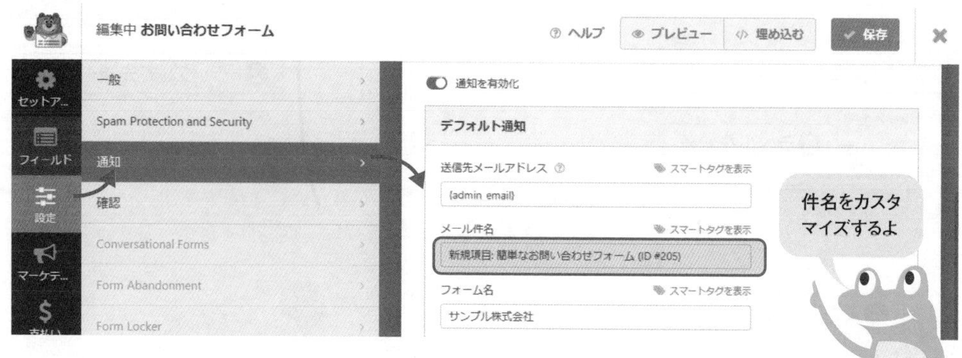

「送信先メールアドレス」に入っている{admin_email}は、［設定 ＞ 一般］に登録しているWordPressの管理者用メールアドレスのことです（169ページ）。別のメールアドレスで受信したい場合は、ここを受信したいメールアドレスに書き換えてください。

「メール件名」はメールのタイトルになります。ここを、フォームの「お問い合わせ種別」で選択した内容に応じたタイトルになるようにカスタマイズしましょう（画面10）。

▼画面10　メール件名のカスタマイズ

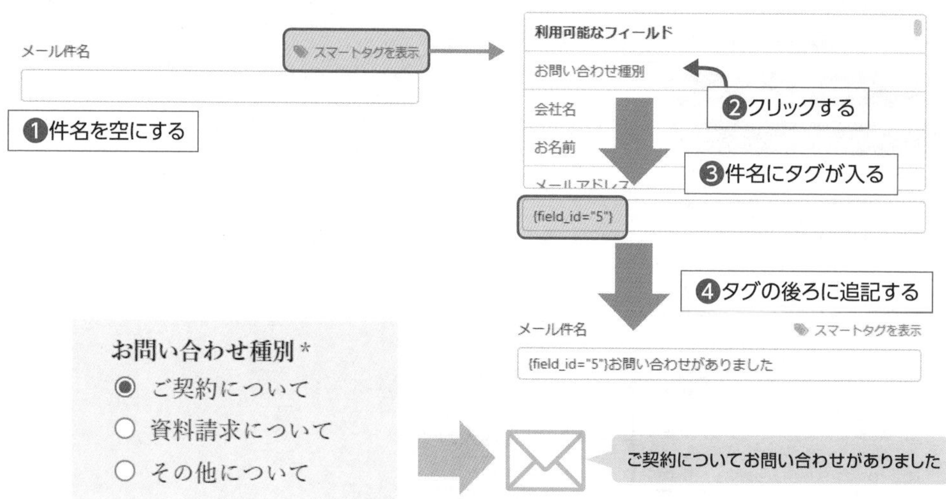

まず、画面10に❶最初から入っている件名を削除して、「スマートタグを表示」をクリックします。すると、フォームに配置した入力項目の一覧がプルダウンで表示されますので、その中から❷「お問い合わせ種別」をクリックします。すると、❸件名に特殊なタグが入りま

すので、その後ろに❹「お問い合わせがありました」を追記しましょう。

こうすると、ユーザーが「ご契約について」を選択してフォームを送信した場合、受信したメールの件名が「ご契約についてお問い合わせがありました」になります。「その他について」を選択した場合は「その他についてお問い合わせがありました」になります。

これでフォームの作成は完了です。画面右上の「保存」ボタンをクリックして設定を保存しましょう（画面11）。

▼画面11　フォームの保存

ヘルプ　プレビュー　埋め込む　保存

ポイント　ローカル環境の注意事項

ローカル環境にWordPressをインストールしている場合、メールサーバーの機能が動作しない（フォームが送信できない）場合があります。実際の送信はサーバー環境でWordPressを使うときに行うことをおすすめします。

コンテンツの登録

お問い合わせページには上から順番に「お問い合わせの案内文」「お問い合わせフォーム」の2つのエリアを登録します。ダウンロードデータの「contact.txt」を使って、順番に登録していきましょう。

コンテンツのブロック構成

固定ページの「お問い合わせ」を開いて、段落を追加しましょう（画面12）。

▼画面12　お問い合わせの案内文

次に、画面13の❶ブロックの一覧から「WPForms」を選択しましょう（WPFormsブロックは、WPFormsプラグインをインストールして有効化するとブロック一覧に出てきます）。❷作成したフォームをプルダウンから選択すると、フォームがページに挿入されます（画面13）。

▼画面13　お問い合わせフォーム

または、フォームの一覧画面に表示されているショートコードをコピーして、「ショートコード」ブロックに貼り付ける方法もあります（画面14）。

▼画面14　ショートコードを使ったフォームの挿入

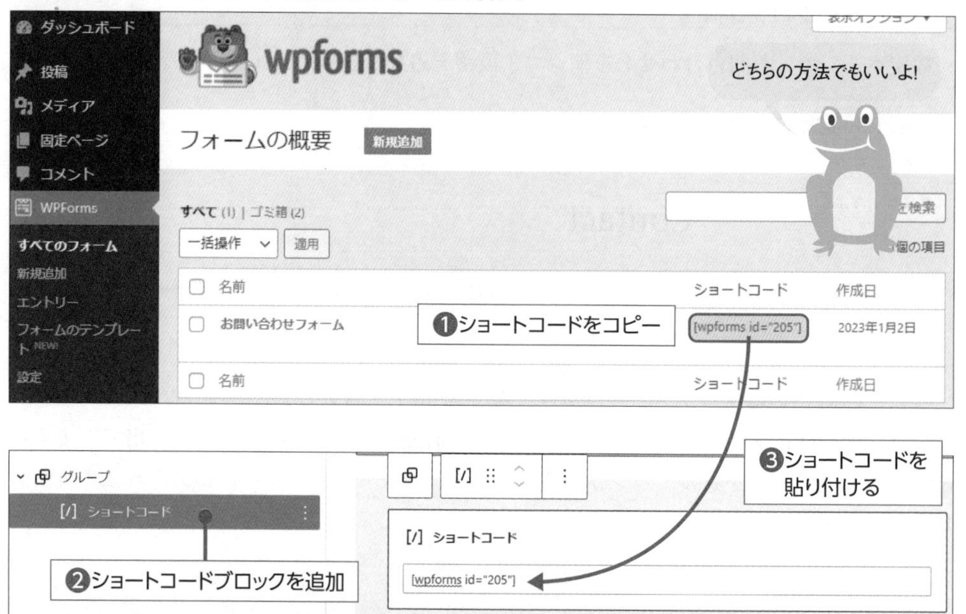

最後の仕上げです。WPFormsブロックをグループ化して、グループを次のとおりに設定しましょう（図1）。

図1 グループの設定

グループ ❶
WPForms

ブロック	設定項目		設定内容
グループ❶	レイアウト		「コンテント幅を使用するインナーブロック」を有効化
		コンテンツ	600px
		幅広	600px
	色	背景	カスタムカラーのsub（#F5F8FA）
	寸法	パディング	1

お問い合わせページを表示して、フォームの表示を確認しましょう（画面15）。

▼画面15 フォームの表示

フォームによるお問い合わせを受け付けております。
土・日・祝祭日のお問い合わせは、休日明けの回答になる場合がありますので、
予めご了承ください。

お問い合わせ種別 *
◉ ご契約について
○ 資料請求について
○ その他について

会社名 *

お名前 *

メールアドレス *

お問い合わせ内容 *

送信

コラム

大切なホームページを失わないための心構え3箇条

WordPressは使いやすく利用者の多いソフトウェアですが、初心者でも簡単に触れてしまうがゆえに、不適切な設定や誤った使い方をしてしまい、セキュリティ事故が起きやすい傾向があります。その結果、大切なホームページが壊れたり消失してしまう事例が後を絶ちません。

筆者がクライアントから相談を受けた事例だけでも、WordPressを再インストール（事実上のサイト消失）せざるを得ないケースをいくつも見てきました（表1）。

▼表1　ホームページ消失につながることの多い事例

現象	直接的な原因
サイトにエラーが出る	WordPressの更新を怠っていたため、互換性が損なわれた古いプラグインが動作エラーを起こしている
サイトが表示されない（白紙になる）	サイトの重要な設定ファイルが破壊されたため、WordPressが起動しない
知らないサイトに飛ばされる	マルウェアに感染し、不正なサイトに転送される設定が書き込まれた
サーバー会社からサイトを停止された	マルウェアに感染し、スパムメールを送信する踏み台に利用された

これらの原因の背景には例外なくセキュリティに関する理解と意識の欠如があります。WordPressで構築した大切なホームページを失わないためにも、次のことを徹底しましょう。

❶WordPressの構成要素（PHP、WordPress、テーマ、プラグイン）の更新を怠らない
❷容易に推測できるIDとパスワードを使わない（ドメイン名、admin、生年月日など）
❸他のサービスと同じIDとパスワードを使い回さない
❹定期的にバックアップを行う
❺セキュリティ強化に役立つプラグインを利用する

❺については本書の第7章で紹介しますので、「何が危険なのか」「どうすれば危険を回避できるのか」という視点を持って臨みましょう。

第7章

プラグインを導入しよう

本章では、サイトの作成・更新だけでなくWordPressの維持管理をしていく上で役立つプラグインをいくつか紹介します。テーマに依存しない汎用性の高いプラグインを厳選しましたので、ぜひ触れてみてください。

7-1 プラグインとは？

サイトに機能を追加するもの

プラグインは、サイトを使いやすくするための機能を追加できるWordPressの拡張機能です。公式サイトに登録されている無料のプラグインだけでも6万種類以上（2023年1月時点）がありますので、目的に応じたプラグインが見つかりやすく、多種多様なサイトを構築することが可能です（画面1）。

▼画面1　公式サイトのプラグイン掲載ページ

URL：https://ja.wordpress.org/plugins/

テーマとプラグインの違い

テーマに最初から備わっている機能の多くはサイトの見た目（外観）に関するものであり、その内容はテーマによって異なります。そのため、「デザインが気に入っているからこのテーマを使いたいけれど、欲しい機能が備わっていない」という状況に遭遇することが少なくありません。

一方、プラグインはテーマとは独立したプログラムですので、利用するテーマに関係なく導入することができ（※1）、目的に応じて複数のプラグインを併用することも可能です（図1）。

図1　プラグインのイメージ

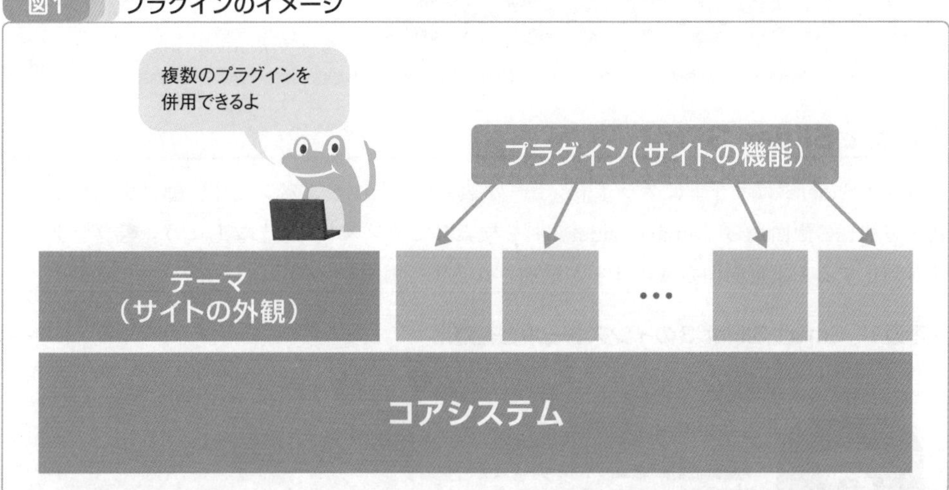

※1　ごく少数ではありますが、特定のテーマ専用のプラグインもあります。そのようなプラグインは、対象のテーマを利用している（有効化している）ときだけ機能がはたらきます。

プラグインの種類（目的別）

WordPressをより一層使いやすく便利にしていくために重要なことは、おすすめのプラグインの名前を憶えておくことではなく、プラグインを利用すればどのような機能が手に入るのかという全体的なイメージを持っておくことです。サイトに機能を追加したいと思ったとき、そのあとの行動（まずはインターネット検索で情報収集）がスムーズに行えるからです。

以下にプラグインの種類を大雑把に分類しました。「このような機能はプラグインを使うと手に入るんだな」という視点で眺めてみてください（表1）。

▼表1　プラグインの種類

種類	用途
デザイン	サイトのデザインやレイアウトの作成・変更に役立つプラグイン
プログラム	メールフォームやスライドショー、オンライン予約、アンケートなどプログラミングを必要とする機能が備わっているプラグイン
ブログ用	記事の作成や読みやすさの向上に役立つプラグイン
アクセス解析	サイトのアクセス解析に役立つプラグイン
セキュリティ	サイトのセキュリティを高めることに役立つプラグイン
保守管理	サイトのバックアップやメンテナンスに役立つプラグイン
SEO対策	SEO対策（検索エンジン対策）の強化に役立つプラグイン
高速化	サイトの表示を高速化することに役立つプラグイン
多言語化	多言語対応サイトの作成に役立つプラグイン
コード管理	各種（PHP/HTML/CSS/JavaScript）のコードスニペットの管理に役立つプラグイン

7-2 スライドショーを作成できるプラグイン

Smart Slider 3

Smart Slider 3はサイトにスライドショーを設置できるプラグインです。❶［プラグイン > 新規追加］の画面から「Smart Slider 3」を検索してインストールしましょう。❷プラグインを有効化すると設定画面のメニューが追加されます（画面1）。

▼画面1　Smart Slider 3のインストールと有効化

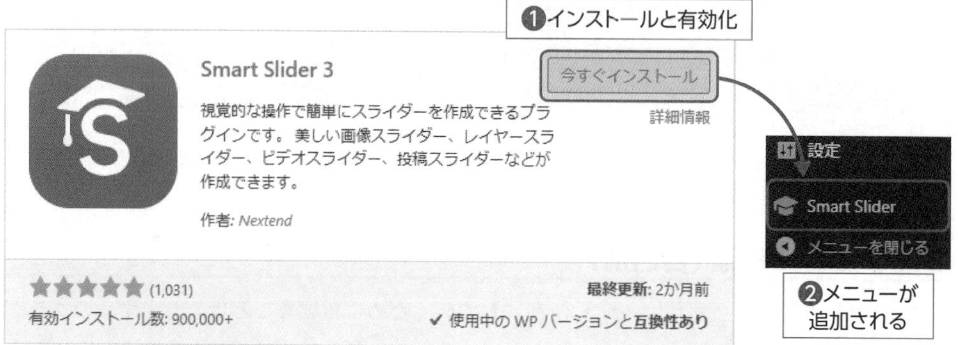

スライドショーの新規登録

［Smart Slider > ダッシュボード］をクリックすると次のような画面が表示されますので、画面下部のボタンをクリックしてダッシュボードに移動しましょう（画面2）。

▼画面2　Smart Slider 3のダッシュボード

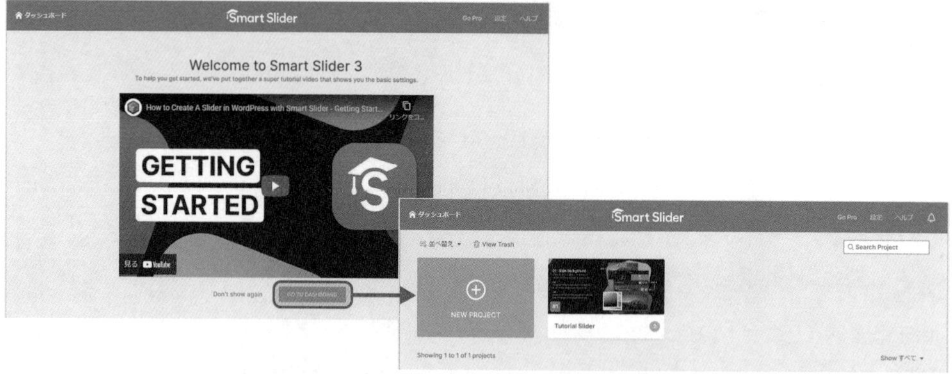

ダッシュボードには登録済みのスライドショーの一覧が表示されます。このプラグインでは、1つのスライドショーの表示に使う複数の画像やスライドの動作などの設定をプロジェクトという単位で登録します。最初からチュートリアル用のスライドショーが1つだけ登録されていますが、「NEW PROJECT」をクリックすると新規で登録できます。

テンプレートの選択

まず最初に、全て自分で登録するかテンプレートを利用するかを聞かれますので、右側をクリックしてテンプレートの一覧画面を開きましょう（画面3）。

▼画面3　テンプレートの一覧画面

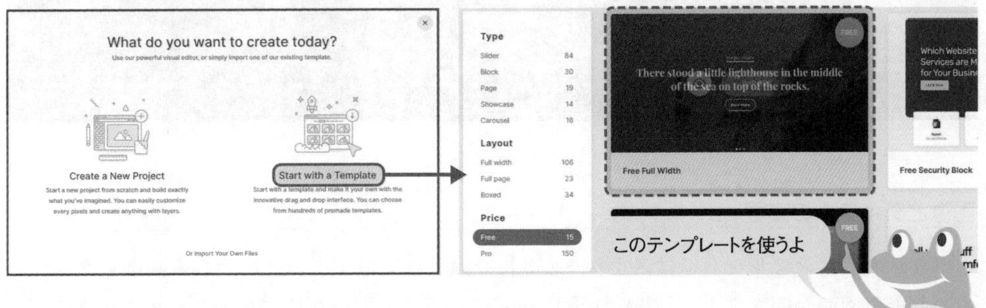

Freeと書かれているテンプレートは無料で利用できます。ここでは「Free Full Width」というテンプレートを使います。IMPORTボタンをクリックするとテンプレートを取り込む（インポートする）ことができます（画面4、画面5）。

▼画面4　テンプレートの取り込み

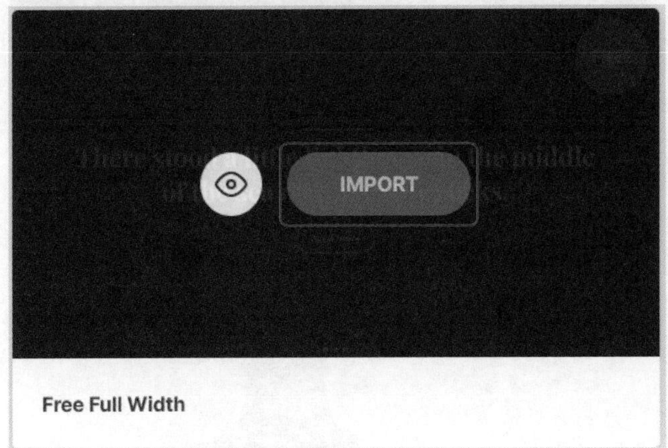

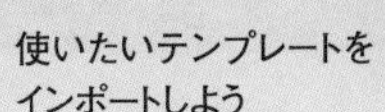

ポイント　プラグインの設定画面の場所

プラグインの設定画面は、管理画面のメニューに直接見えなくても［設定］や［ツール］の中にメニューが追加される場合があります。プラグインの役割に応じた適切な場所に追加されますので、見つからないときは探してみましょう。また、有効化するだけで効力を発揮するプラグインは設定画面が無い場合もあります。

▼画面5　取り込んだテンプレート

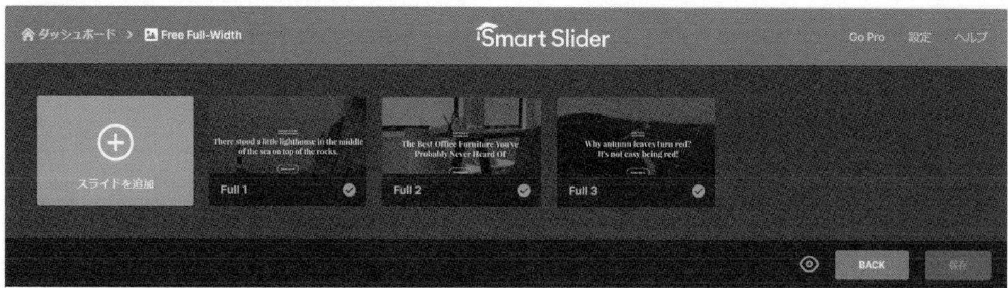

画像とテキストの変更

取り込んだテンプレートにはスライドが3枚登録されています。それぞれの画像をクリックすると編集画面が開きます。「Slide Background」の［＋］をクリックするとメディアライブラリが開きますので、ダウンロードデータの「slide1.png、slide2.png、slide3.png」をアップロードしてスライドの背景画像を入れ替えましょう（画面6）。

▼画面6　背景画像の入れ替え

次に、❶テキストの上下にある見出しとボタンを削除して、❷スライドの中央に配置されているテキストを「Innovation for your business」に書き換えましょう（画面7）。

ポイント　デバイスごとに文字の大きさを変えるには？

TextScaleという項目（初期値は100%）を使うと、デバイスごと（PC/タブレット/スマホ）に文字の大きさの倍率を調整することができます。スマホ向けの大きさだとPCでは小さすぎる（または逆）といった場合に使ってみましょう。

▼画面7　テキストの変更

変更できたら、画面右上のボタンをクリックして保存しましょう。同じようにして、2枚目と3枚目のスライドも画像とテキストを入れ替えてください。

スライドショーの設置

固定ページ一覧からトップページの編集画面を開いて、❶メインビジュアルが入っている「カバー」ブロックを削除して、代わりに「Smart Slider 3」ブロックを配置しましょう。❷「Select Slider」ボタンをクリックすると登録済みのスライドショーが表示されますので、❸先ほど登録したスライドショーを選択して「INSERT」ボタンをクリックしましょう（画面8）。

▼画面8　スライドショーの設置

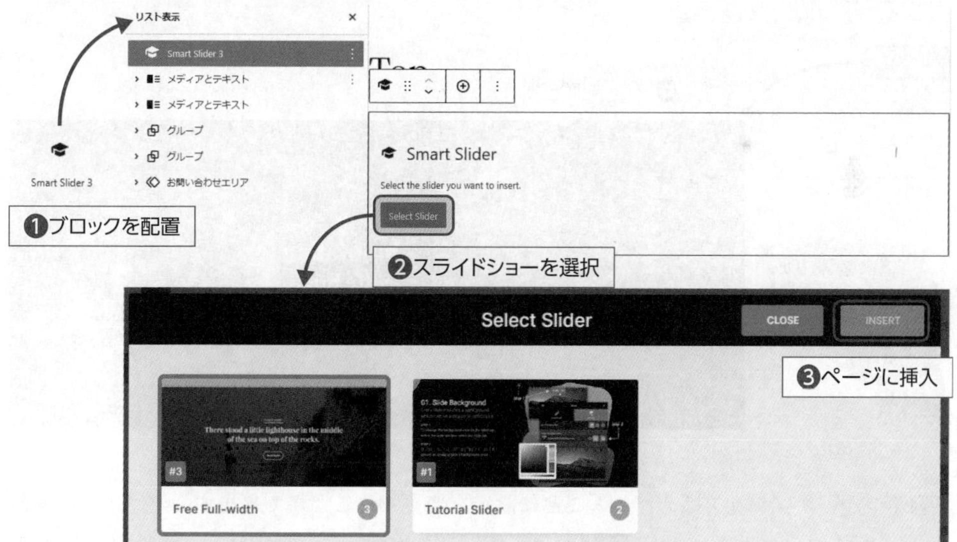

ページを保存してサイトの表示を確認してみましょう（画面9）。

▼画面9　スライドショーの完成

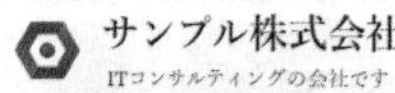

スライドショーには自動再生やアニメーションなど、様々なオプション設定があります。プラグインの設定画面でオプションを変更すると、サイト上のスライドショーに反映されます（画面10）。

▼画面10　スライドショーの自動再生

いくつかのオプションはデバイスごとに設定を変更することができます。デバイスは画面のサイズで判定され、［Smart Slider ＞ ダッシュボード ＞ 設定 ＞ 一般設定］にある「Breakpoints」で判定に使われるサイズを変更することができます（画面11）。

▼画面11　ブレークポイントの設定

0　700　1199　∞

7-3 表組み（テーブル）を作成できるプラグイン

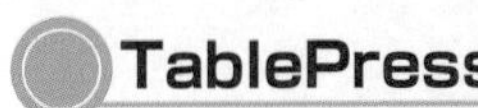

TablePress

TablePressはエクセルのような表組（テーブルと呼びます）をサイトに設置できるプラグインです。❶［プラグイン ＞ 新規追加］の画面から「TablePress」を検索してインストールしましょう。❷プラグインを有効化すると設定画面のメニューが追加されます（画面1）。

▼画面1　TablePressのインストールと有効化

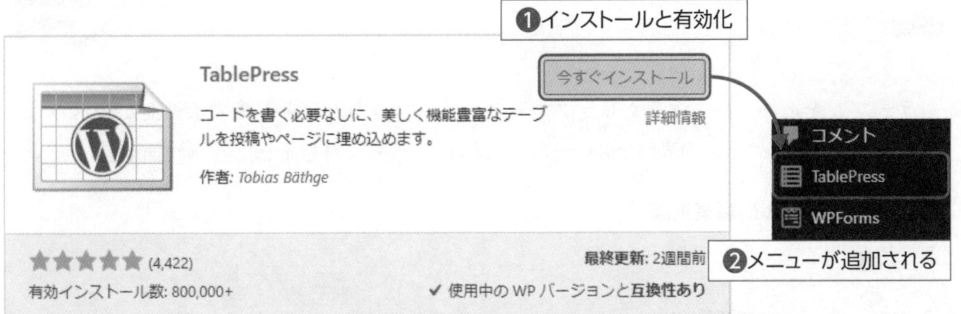

プラグインを有効化したとき次のような画面が表示されることがあります。プラグインの更新通知などをメールで受け取ることを承諾するかどうかの確認画面です。メールを受け取りたくない場合やメールアドレスを収集されたくない場合は「スキップ」してください（画面2）。

▼画面2　メール受信承諾の確認画面

テーブルの登録

［TablePress ＞ 新しいテーブルを追加］をクリックするとテーブルを追加する画面が表示されます（画面3）。テーブルの名前と説明には、テーブルを増やしたとき区別できるように適切なテキストを入れておきましょう。行数と列数には、テーブルを「縦に何行」「横に何列」にするかを指定します。企業情報ページの表と同じで行数を13、列数を2にしましょう。

▼画面3　テーブルの追加画面

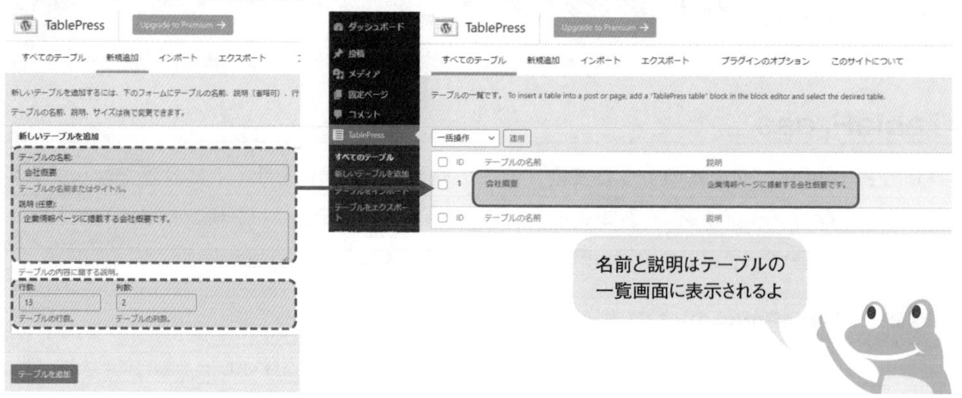

名前と説明はテーブルの
一覧画面に表示されるよ

「テーブルを追加」ボタンをクリックすると、テーブルの内容を編集する画面が表示されますので、企業情報ページの表（290ページ）と同じ内容を入力しましょう（画面4）。

▼画面4　テーブルの編集画面

次に、画面の下のほうにある「テーブルのオプション」を次のように設定しましょう。テーブルの最初の行を見出しにしないで、行の背景色を交互にする設定です（画面5）。

▼画面5　テーブルのオプション

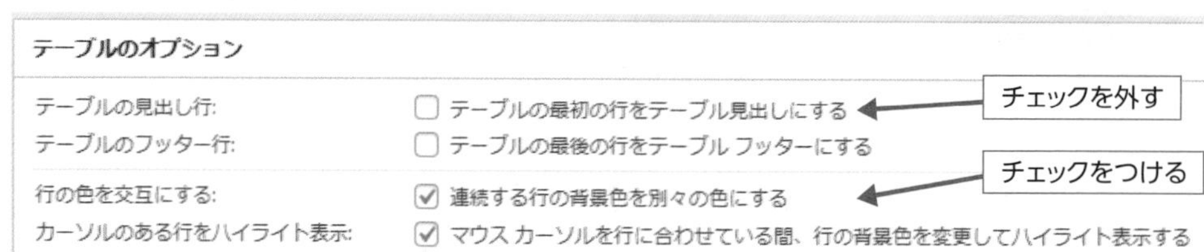

テーブルの設置

固定ページ「企業情報」の編集画面を開いて、❶会社概要の「テーブル」ブロックを削除して、代わりに「TablePress table」ブロックを配置しましょう。❷ブロックの設定欄に「どのテーブルを表示するか」を選択するプルダウンがありますので、先ほど作成した“会社概要”テーブルを選択するとテーブルが挿入されます（画面6）。

▼画面6　テーブルの配置

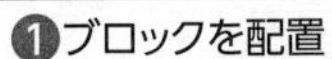

プラグインのブロックが使えるようになっているよ

ページを保存してサイトの表示を確認してみましょう（画面7）。

▼画面7　企業情報ページの表示

会社概要

会社名	サンプル株式会社
代表取締役	サンプル太郎
取締役	サンプル次郎
執行役員	サンプル花子
設立	2015年12月
資本金	1000万円
従業員数	10名
所在地	〒160-0023　東京都新宿区西新宿2丁目20-10　サンプルタワー15F
連絡先	EMAIL: info@example.com
主要事業	ITコンサルティング
主要取引先	サンプルシステム株式会社
取引先銀行	サンプル銀行
ウェブサイト	https://sample.com

できた!

以後は、TablePressの設定画面からテーブルの内容を変更すると、サイトの表示も変わります（画面8）。

▼画面8　プラグインの設定画面とページの連動

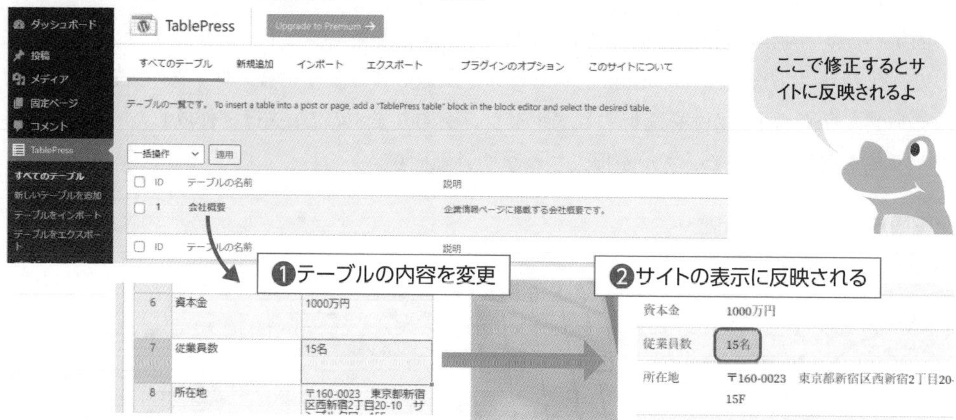

複数のページに同じテーブルを掲載したいときにTablePressを使うと、テーブルの修正が一箇所で行えるので便利です。

セルの結合

縦または横に隣接する2つ以上のセルを結合して1つのセルにするには、❶結合したいセルをマウスでまとめて選択した状態で❷右クリック ＞ ❸Combine/Merge cellsをクリックします（画面9）。

▼画面9　セルの結合

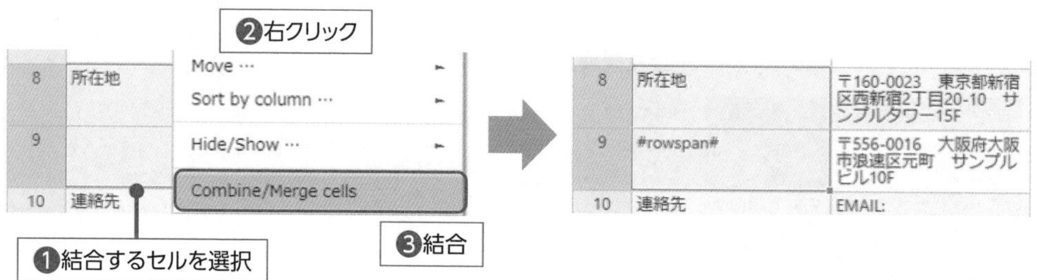

従業員数	15名
所在地	〒160-0023　東京都新宿区西新宿2丁目20-10　サンプルタワー15F
	〒556-0016　大阪府大阪市浪速区元町　サンプルビル10F
連絡先	EMAIL: info@example.com

↓

従業員数	15名
所在地	〒160-0023　東京都新宿区西新宿2丁目20-10　サンプルタワー15F
	〒556-0016　大阪府大阪市浪速区元町　サンプルビル10F
連絡先	EMAIL: info@example.com

セキュリティー対策に役立つプラグイン

SiteGuard WP Plugin

SiteGuard WP PluginはWordPressのセキュリティを強化するプラグインです。❶［プラグイン > 新規追加］の画面から「SiteGuard WP Plugin」を検索してインストールしましょう。❷プラグインを有効化すると設定画面のメニューが追加されます（画面1）。

▼画面1　SiteGuard WP Pluginのインストールと有効化

セキュリティの設定状況は［SiteGuard > ダッシュボード］で確認できます。10数項目の設定があります（画面2）。

▼画面2　SiteGuard WP Pluginの設定状況

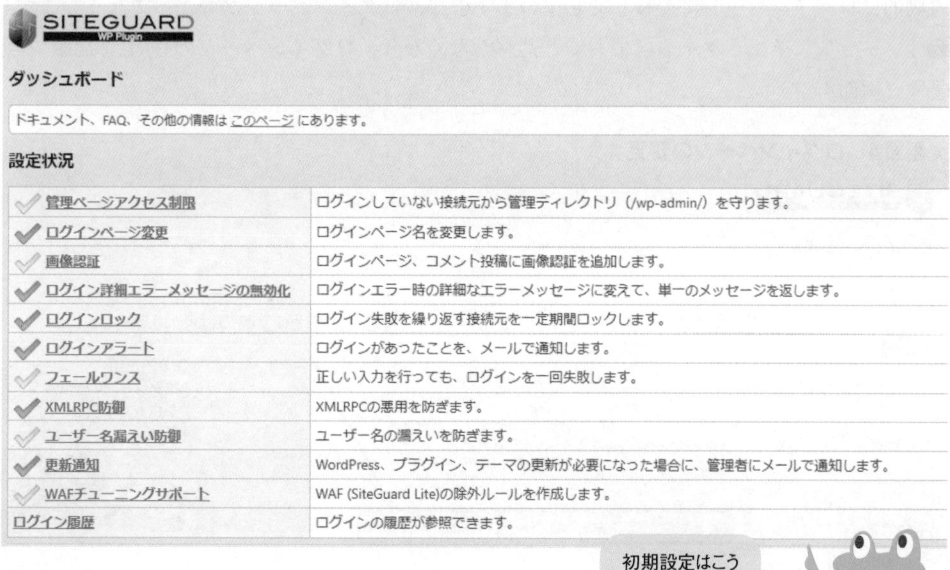

SITEGUARD WP Plugin

ダッシュボード

ドキュメント、FAQ、その他の情報は このページ にあります。

設定状況

✔ 管理ページアクセス制限	ログインしていない接続元から管理ディレクトリ（/wp-admin/）を守ります。
✔ ログインページ変更	ログインページ名を変更します。
✔ 画像認証	ログインページ、コメント投稿に画像認証を追加します。
✔ ログイン詳細エラーメッセージの無効化	ログインエラー時の詳細なエラーメッセージに変えて、単一のメッセージを返します。
✔ ログインロック	ログイン失敗を繰り返す接続元を一定期間ロックします。
✔ ログインアラート	ログインがあったことを、メールで通知します。
✔ フェールワンス	正しい入力を行っても、ログインを一回失敗します。
✔ XMLRPC防御	XMLRPCの悪用を防ぎます。
✔ ユーザー名漏えい防御	ユーザー名の漏えいを防ぎます。
✔ 更新通知	WordPress、プラグイン、テーマの更新が必要になった場合に、管理者にメールで通知します。
✔ WAFチューニングサポート	WAF (SiteGuard Lite)の除外ルールを作成します。
ログイン履歴	ログインの履歴が参照できます。

初期設定はこうなっているよ

全ての項目を設定するとWordPressの使い勝手に影響が出る場合がありますので、重要な項目だけ設定していきましょう。

管理ページアクセス制限

ログインしていないIPアドレスから管理画面へのアクセスを拒否し、管理画面への攻撃を防御する機能です。ボタンを「ON」にすると設定が有効になります（画面3）。

▼画面3　管理ページアクセス制限の設定

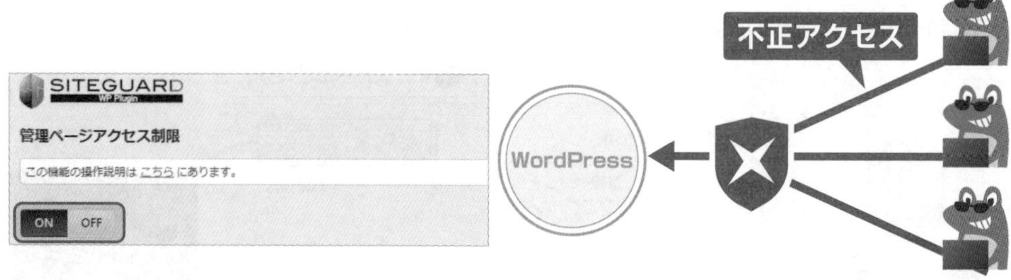

ログインページ変更

WordPressのログインページのURL（/wp-login.php）を変更することによって、ログインユーザー名とパスワードの総当たり攻撃（不正プログラム等を利用した機械的な攻撃）を受けるリスクを軽減する機能です。❶URLの一番最後の部分を自由に変更できます。

ただし、この機能を「ON」にしても管理画面のURL（/wp-admin.php）にアクセスすると自動的にログインページに遷移してしまいますので、ログインページがわかってしまいます。❷オプションにチェックをつけておくと遷移しなくなり、ログインページのURLを隠蔽できます（画面4）。

▼画面4　ログインページの変更

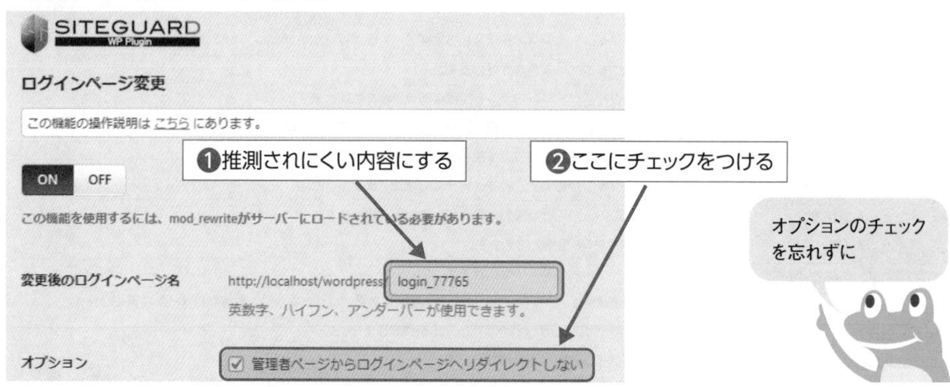

画像認証

ログインページや投稿のコメント欄などに画像認証を追加する機能です（画面5）。この機能はウェブサーバーに画像処理用のモジュールがインストールされていないと利用できませんので、ローカル環境では使えない場合があります。サーバー環境でWordPressを利用する場合にお試しください。

▼画面5　画像認証の設定

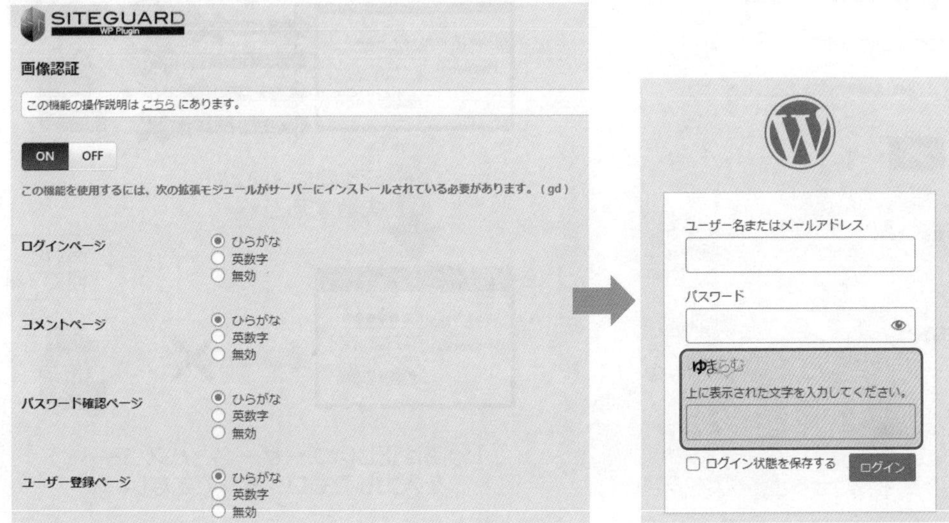

ログイン詳細エラーメッセージの無効化

デフォルトではログインに失敗するとユーザー名とパスワードのどちらが間違っているのかをエラーメッセージの内容から知ることができます。この機能を「ON」にすると、ユーザー名を間違えてもパスワードを間違えても常にエラーメッセージが同じになり、ログインに失敗した原因を知られないようにできます（画面6）。

▼画面6　ログイン詳細メッセージ無効化の設定

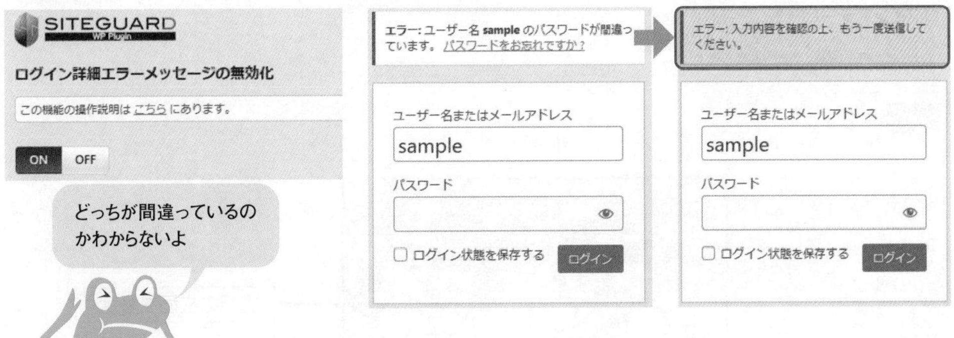

ログインロック

同じ接続元（IPアドレス）からの連続したログイン失敗を検出すると、その後しばらくの間は正しいユーザー名とパスワードを入力してもログインできなくする（ロックする）機能です（画面7）。

▼画面7　ログインロックの設定

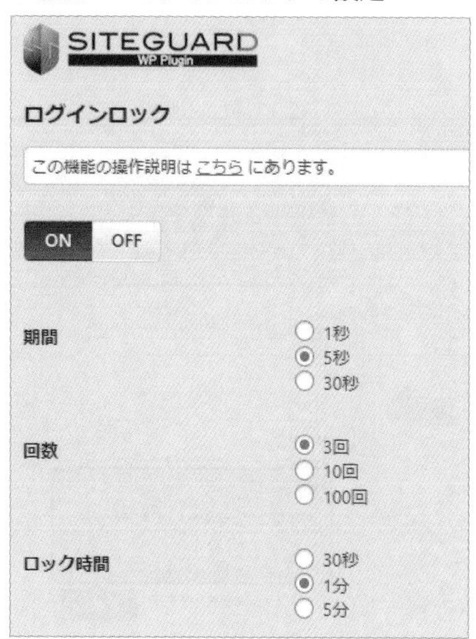

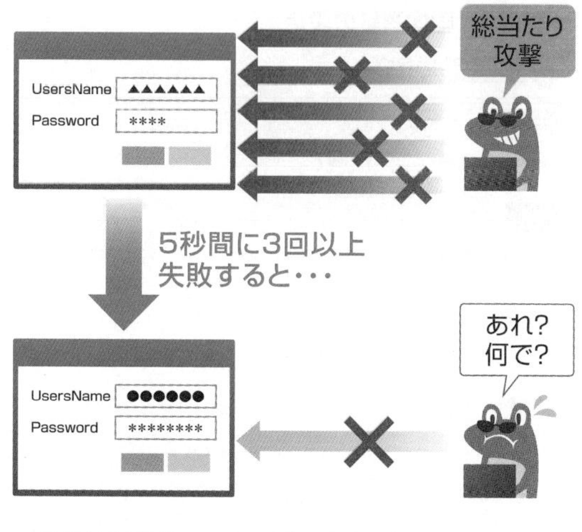

ただし、複数の接続元（IPアドレス）から一斉にアクセスしたり、意図的にゆっくりと（間隔を空けて）アクセスする攻撃に対しては機能しませんので、過信は禁物です。

ログインアラート

ログインがあったことをメールで通知する機能です（画面8）。

▼画面8　ログインアラートの設定

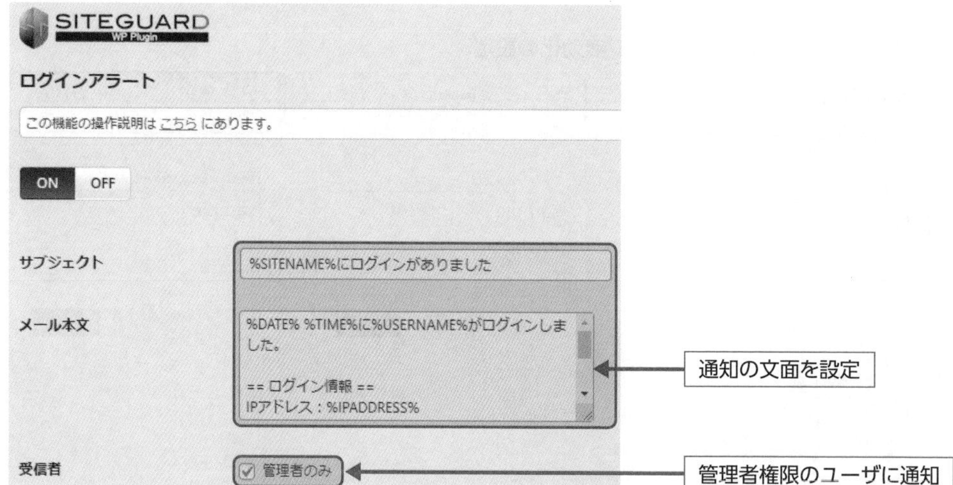

ログインした覚えがないのに通知が届いた場合は不正アクセスを疑いましょう。

XMLRPC防御

WordPressのXML-RPCという機能を悪用したDDos攻撃（サーバーに大きな負荷をかけて正常に機能させない攻撃）やブルートフォース攻撃（主にパスワードを不正に知るための総当たり攻撃）を防御する機能です（画面9）。

▼画面9　XMLRPC防御の設定

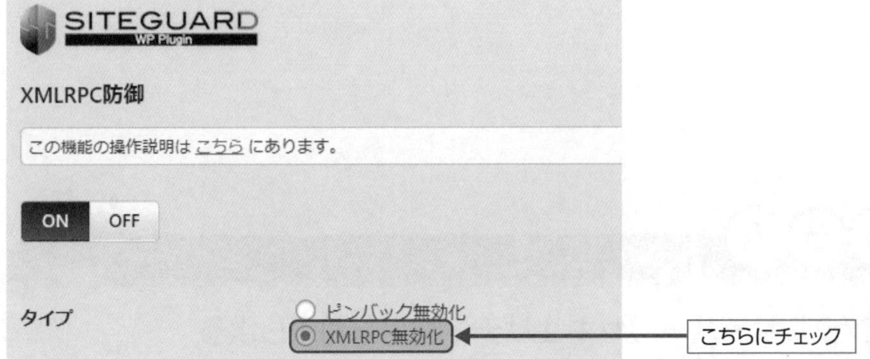

比較的アクセスの少ないサイトでも日常的にXML-RPC経由の攻撃を受けていることがあります。サイトが破壊されたりサーバー停止に追い込まれないためにも必ず設定を行いましょう。

ユーザー名漏えい防御

WordPressでは（/?author=数字）にアクセスすると、数字の部分に該当するユーザーが登録されていれば（/author/sample/）のように、URLにユーザー名が含まれた投稿者アーカイブページが表示されます。そのため、数字を総当たりで試していくとユーザー名が簡単にわかってしまいます（画面10）。

▼画面10　ユーザー名が漏えいするパターン

この機能を「ON」にしておくと、（/?author=数字）に該当するユーザーが登録されていてもいなくても、サイトのトップページに転送されます。これにより、アドレスバーに表示されるURLからユーザー名が漏えいすることを防ぐ効果が期待できます（画面11）。

▼画面11　ユーザー名漏えい防御の設定

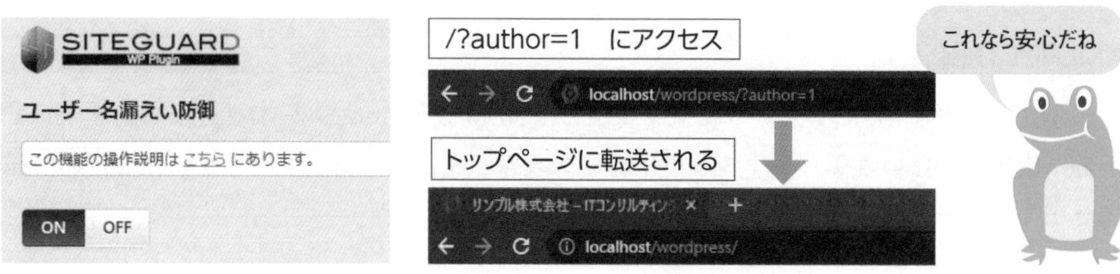

レンタルサーバーのセキュリティ設定も利用しよう

　エックスサーバーはサーバーパネルからWordPress用のセキュリティ設定が行えます（画面）。設定できる項目の多くはSiteGuard WP Pluginと共通していますが、万が一プラグインの設定を突破されてもセキュリティが保たれるように、サーバー側の設定も行うようにしましょう。

▼画面　エックスサーバーのWordPressセキュリティ設定

バックアップに役立つプラグイン

UpdraftPlus WordPress Backup Plugin

UpdraftPlusはWordPressのバックアップを行うプラグインです。❶［プラグイン ＞ 新規追加］の画面から「UpdraftPlus」を検索してインストールしましょう。❷プラグインを有効化すると設定画面のメニューが追加されます（画面1）。

▼画面1　UpdraftPlusのインストールと有効化

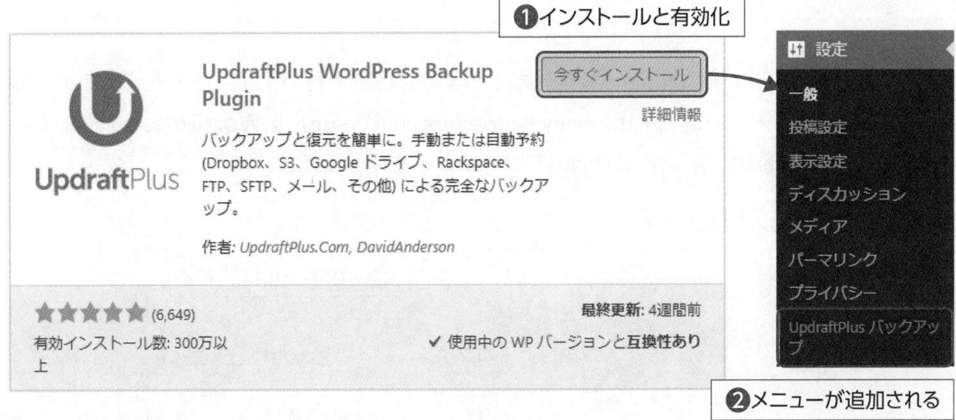

バックアップの周期と世代数

設定画面の「設定」タブでバックアップの周期と世代数を設定しましょう（画面2）。

▼画面2　バックアップの周期と世代数の設定

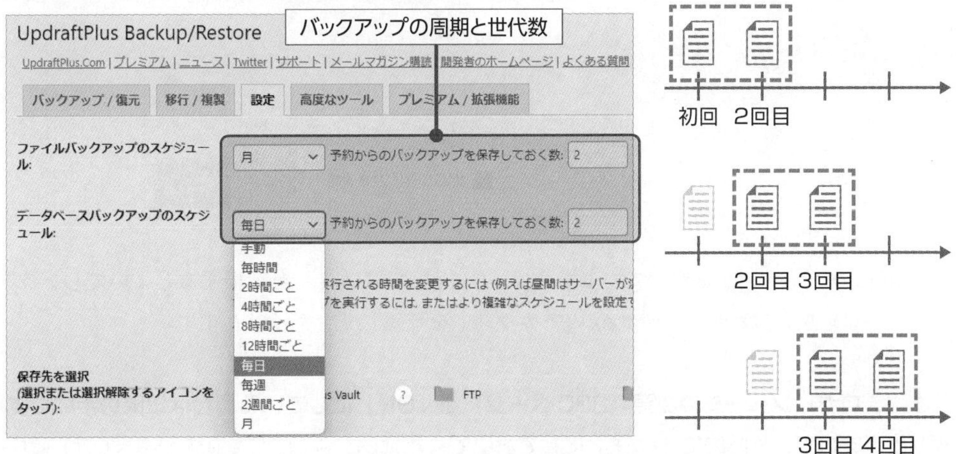

世代数を2にすると、古いバックアップは自動的に削除され、直近の2回分のバックアップが保存されるようになります。

バックアップの保存先

バックアップは初期設定ではサーバーに保存されますが、Google DriveやMicrosoft OneDriveなどのクラウドストレージに保存することもできます。ここではDropboxに保存する手順を解説します。

ポイント バックアップをサーバーに保存するリスク

不正アクセスでサーバーに侵入されるとバックアップデータそのものが破壊される可能性があります。サーバーに障害が発生した場合もバックアップデータが取り出せなくなりますので、外部のストレージサービスに保存したほうがよいでしょう。

まず、WordPressからDropboxに接続できるように認証を行います。その準備として、❶Dropboxのログインページ（https://www.dropbox.com/login）を**WordPressを開いているウィンドウとは別のウィンドウで開いて**ログインします（画面3）。

▼画面3 Dropboxにログイン

Dropbox

❶Dropboxにログイン

ログイン　またはアカウントを作成する

Google で続ける

Apple で続行する

または

メール

パスワード

パスワードを忘れてしまった場合

次回から入力を省略　続行

Googleのアカウントを持っている場合は「Googleで続ける」を選択するとよいでしょう。持っていない場合は新規でDropboxのアカウントを登録してログインします。

また、**ログインページの変更（330ページ）を「ON」にしている場合は以降の手順に支障が出ますので、一時的に「OFF」にしておいてください。**画面7まで進んだら「ON」に戻しましょう。

次に、画面2の❷「設定」タブで保存先にDropboxを選択します（画面4）。

▼画面4　保存先の設定

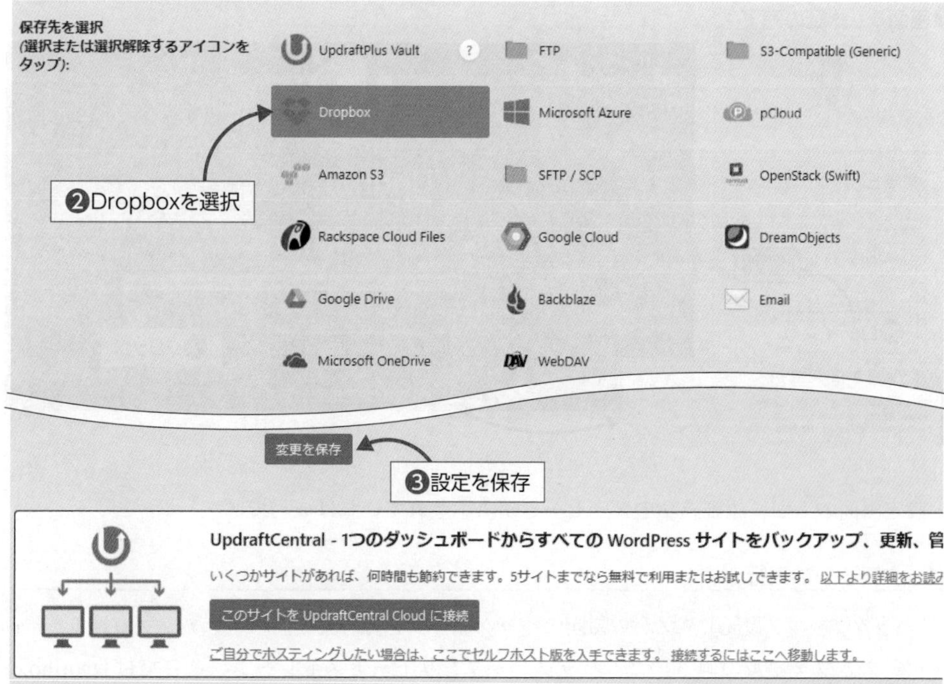

❸画面の下にある「変更を保存」ボタンをクリックするとダイアログが表示されますので、❹リンクをクリックして認証画面を開き、❺「Complete setup」ボタンをクリックします（画面5）。

▼画面5　認証画面

自動的にログイン画面に戻りますので、❻ログインします。もう一度認証画面が表示されますので、❼「Complete setup」ボタンをクリックすると、設定画面に戻ります（画面6）。

▼画面6　認証の完了

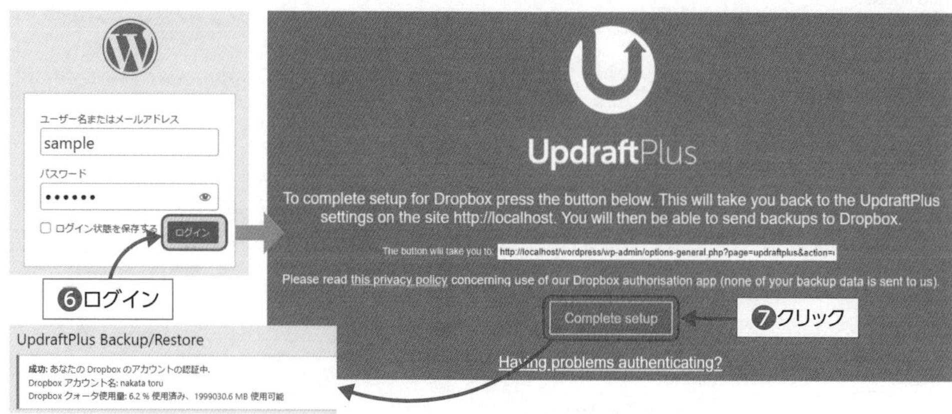

設定画面の上部に認証成功のメッセージが表示されていれば成功です。

バックアップの実行

「バックアップ/復元」タブから初回のバックアップを行います。バックアップの対象（データベースとファイルの両方）と、バックアップをリモートストレージ（ここではDropbox）に送信するチェックをつけたらバックアップを実行します（画面7）。

▼画面7　初回のバックアップ

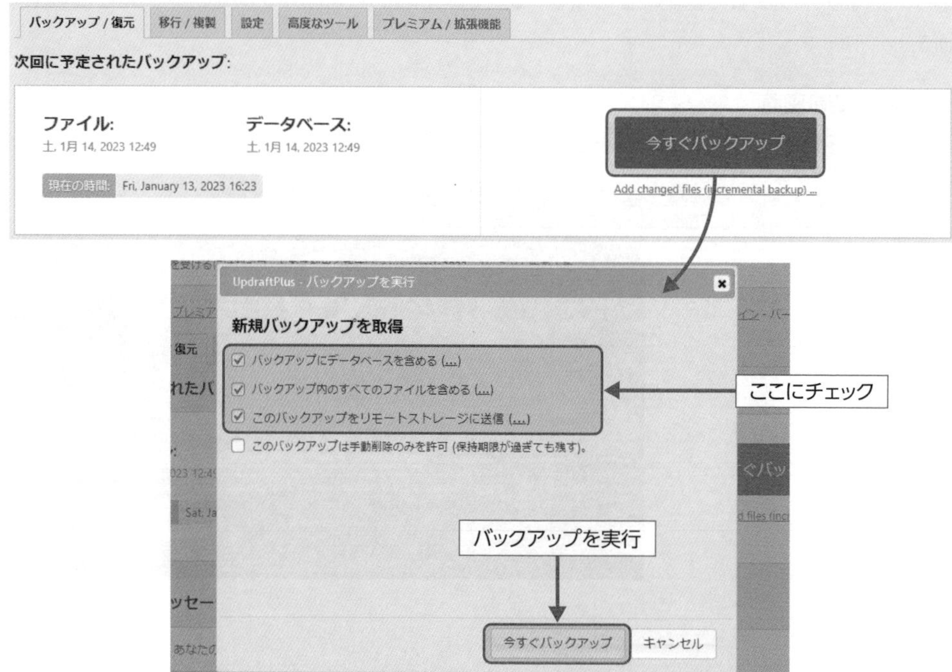

バックアップの進行状況が表示されますので、完了するまで待ちます（画面8）。

▼画面8　バックアップの進行状況

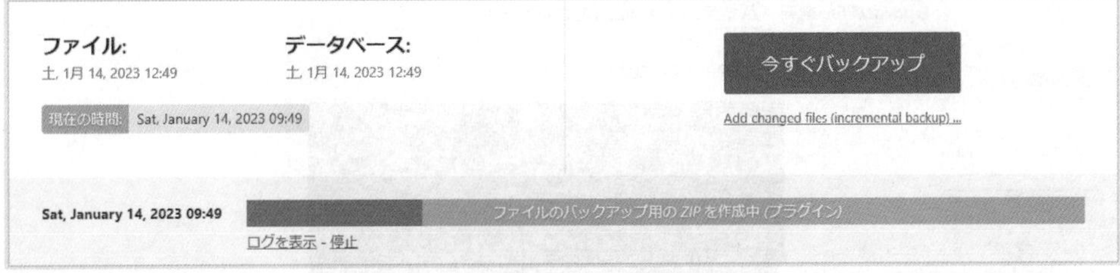

2回目以降のバックアップは、周期の設定に従って自動的に行われます。

バックアップの復元

画面下に表示されているバックアップの履歴から❶復元したいバックアップの「復元」ボタンをクリックすると、復元の画面が表示されますので、❷復元するコンポーネントに全てチェックして❸❹復元を実行します（画面9、画面10）。

▼画面9　バックアップの履歴

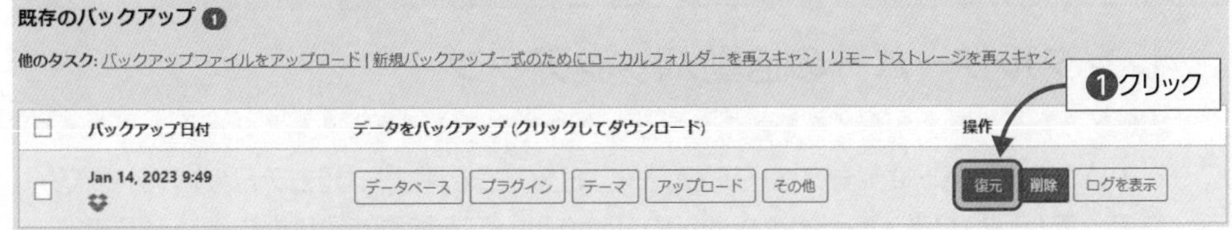

▼画面10　復元の実行

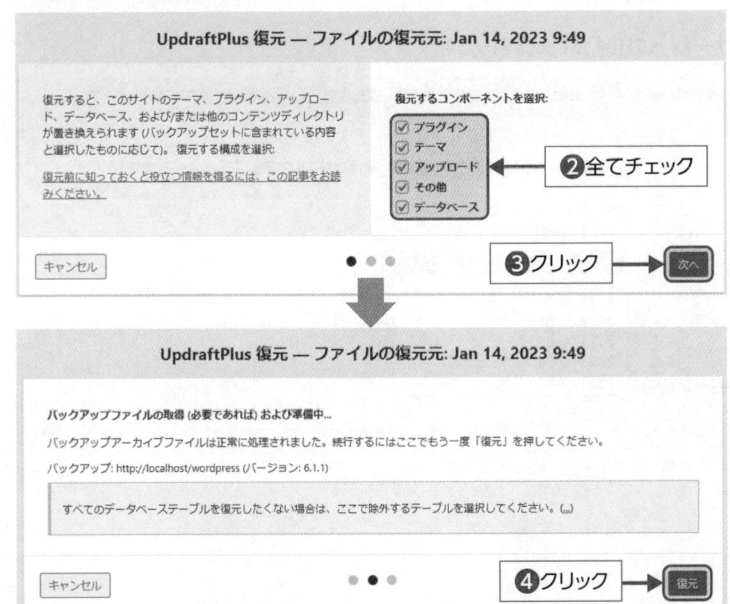

復元が完了したら❺ボタンをクリックして設定画面に戻ります（画面11）。

▼画面11　復元の完了

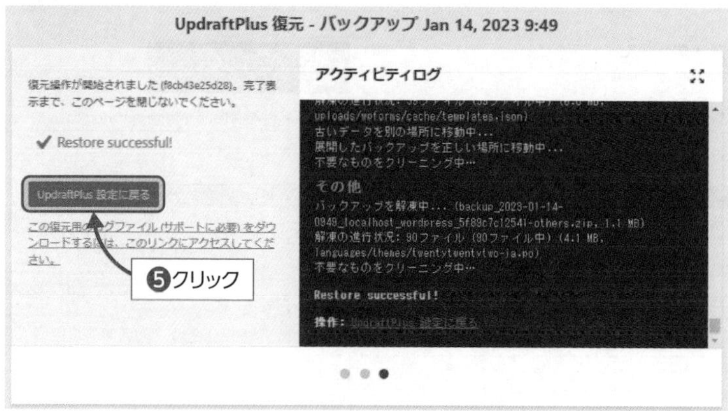

レンタルサーバーの自動バックアップ

エックスサーバーはデータベース（過去14日分）とそれ以外（過去7日分）の自動バックアップが行われます。データベースのバックアップを取得するには申請が必要です。申請が受理されるとデータがサーバー上に置かれますが、ファイルマネージャやphpMyAdminを使って取り込む作業は自分でしなければなりません（画面）。

▼画面　エックスサーバーの自動バックアップ

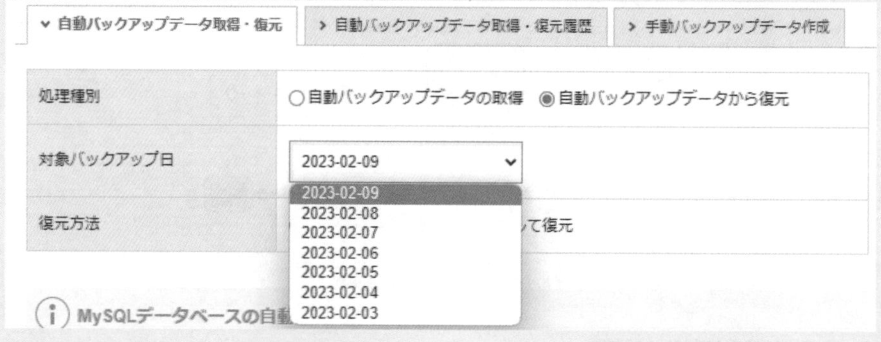

7-6 画像を軽量化できるプラグイン

Converter for Media

Converter for Mediaは、WordPressの画像をデータ容量の小さいフォーマットに変換することによってサイトを軽量化するプラグインです。

❶［プラグイン > 新規追加］の画面から「Converter for Media」を検索してインストールしましょう。❷プラグインを有効化すると設定画面のメニューが追加されます（画面1）。

▼画面1　Converter for Mediaのインストールと有効化

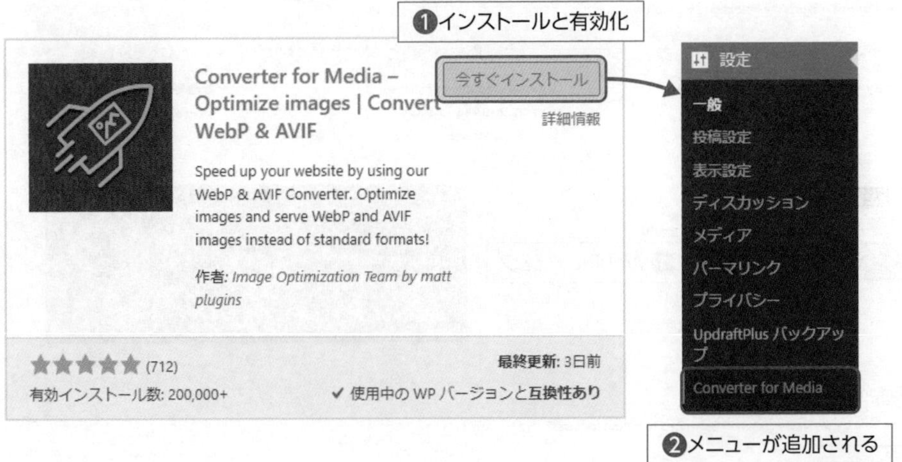

このプラグインはウェブサーバーに画像処理用のモジュールがインストールされていないと利用できませんので、ローカル環境では使えない場合があります（画面2）。

▼画面2　モジュールが存在しない場合に表示されるエラー

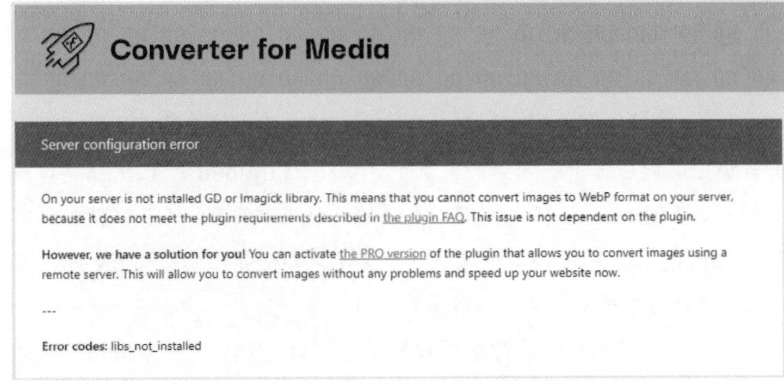

サーバー環境でWordPressを利用する場合にお試しください。

プラグインの設定

設定画面の「General Settings」(一般設定) を開いて、❶WebPにチェックがついていることを確認しましょう (画面3)。

▼画面3 プラグインの設定画面

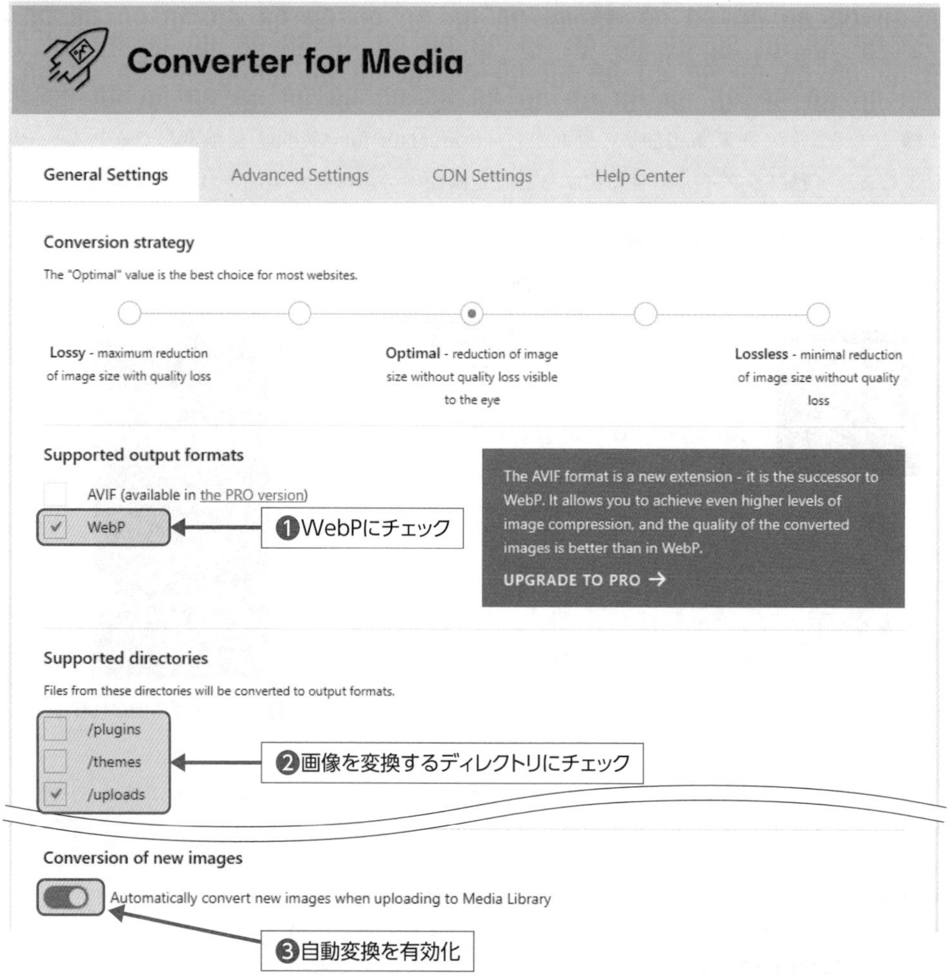

❷「Supported directories」では、どのディレクトリに入っている画像を❶でチェックしたフォーマットに変換するかを選択します。メディアライブラリ (/uploads) にアップロードした画像だけでなく、テーマ (/themes) に入っている画像 (テーマのデザインに使われている) や、プラグイン (/plugins) に入っている画像 (プラグインの機能に使われている) も変換の対象にしたい場合は、それらもチェックをつけましょう。

❸を有効化すると、メディアライブラリに画像を新規でアップロードしたとき自動的に変換してくれます。

すでにアップロード済みの画像への対応

設定画面の下のほうに、❷で指定されたディレクトリの中にある画像のうち何パーセントの画像が変換されたかを示す円グラフがあります（画面4）。プラグインを導入するよりも前にアップロードした画像は変換されないので100%になりません。

▼画面4　一括変換の画面

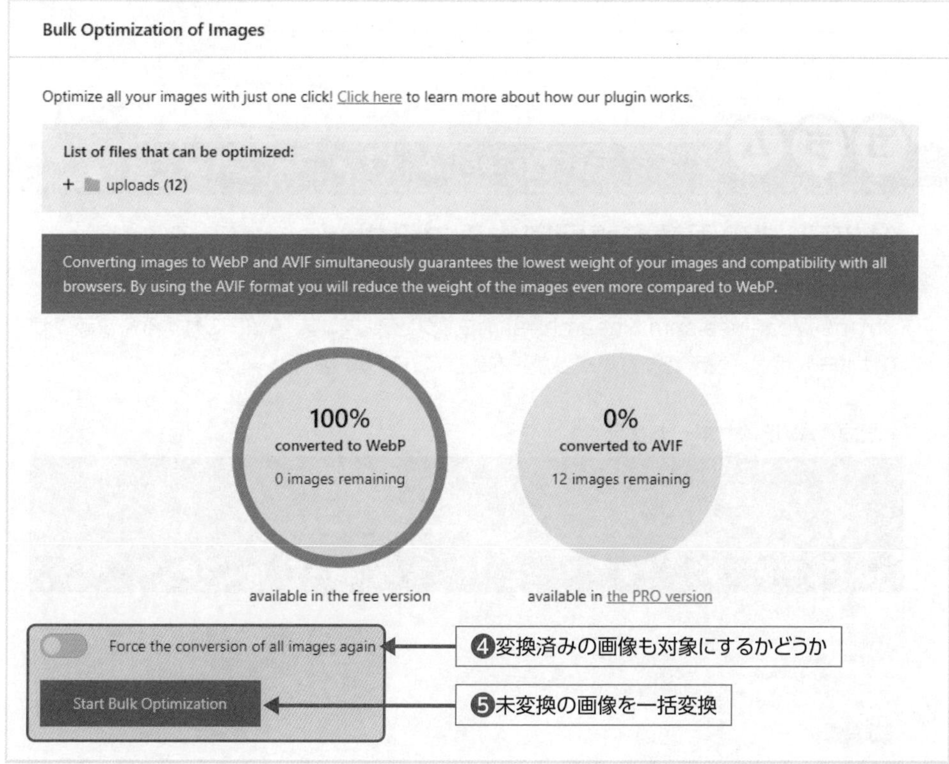

❺「Start Bulk Optimization」（一括変換を開始）ボタンをクリックすると、まだ変換されていない画像が一括で変換されます。❹を有効化しておくと、変換済みの画像も含めて再度変換されます（画面5）。

▼画面5　一括変換の完了メッセージ

This is a process that can take anywhere from several minutes to many hours, depending on the number of files. During this process, please do not close your browser window.

100%

Saving the weight of your images: **873.46 kB (57%)**
Successfully converted files: **16**
Failed or skipped file conversion attempts: **23**

> The process was completed successfully. Your images have been converted! Please flush cache if you use caching plugin or caching via hosting.
> Do you want to know how a plugin works and how to check if it is working properly? Read our manual.

ポイント WebPとAVIF

WebP（ウェッピー）はGoogleが開発した軽量フォーマットで、従来のJPGやPNGに比べて高い圧縮率を誇っています。AVIF（AV1 Image File Format）はさらに高い圧縮率を誇っており、アニメーションにも対応したフォーマットですが、まだサポートしていないブラウザがあります。今後さらなる普及が期待されています。AVIFへの変換は、プラグインの有料ライセンスを購入すれば利用できるようになります。

コラム

AVIF形式の画像を表示できるブラウザ

https://caniuse.com/?search=avifにアクセスすると、AVIFに対する各ブラウザのサポート状況（表示できるかどうか）を確認できます（画面）。

▼画面　AVIFのサポート状況

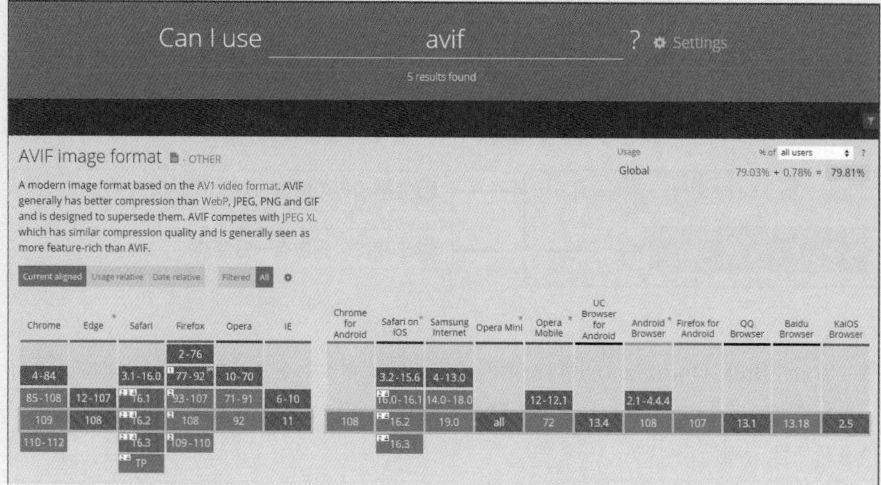

2023年1月時点では、主要ブラウザの中でChromeがAVIFを表示できますが、Edgeでは表示できません。SafariやFirefoxも、アニメーションやノイズ合成が加わったAVIFは表示できない状態にあり、AVIFをそのままサイトに掲載できるようになるのはもう少し先になりそうです。

7-7 ページをコピーできるプラグイン

Yoast Duplicate Post

Yoast Duplicate Postは、投稿や固定ページを複製（コピー）できるプラグインです。❶［プラグイン > 新規追加］の画面から「Yoast Duplicate Post」を検索してインストールしましょう。❷プラグインを有効化すると設定画面のメニューが追加されます（画面1）。

▼画面1　Yoast Duplicate Postのインストールと有効化

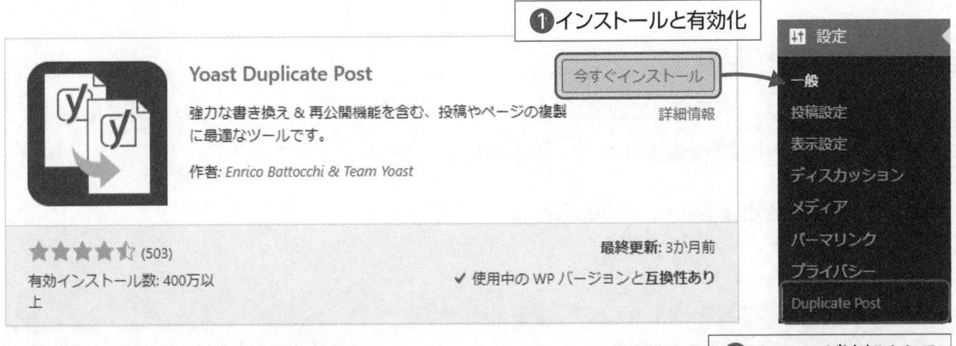

プラグインの設定（複製元）

設定画面の「複製元」タブでは、複製元のページから複製先のページへ何をコピーするかを指定します（画面2）。

▼画面2　複製する要素の指定

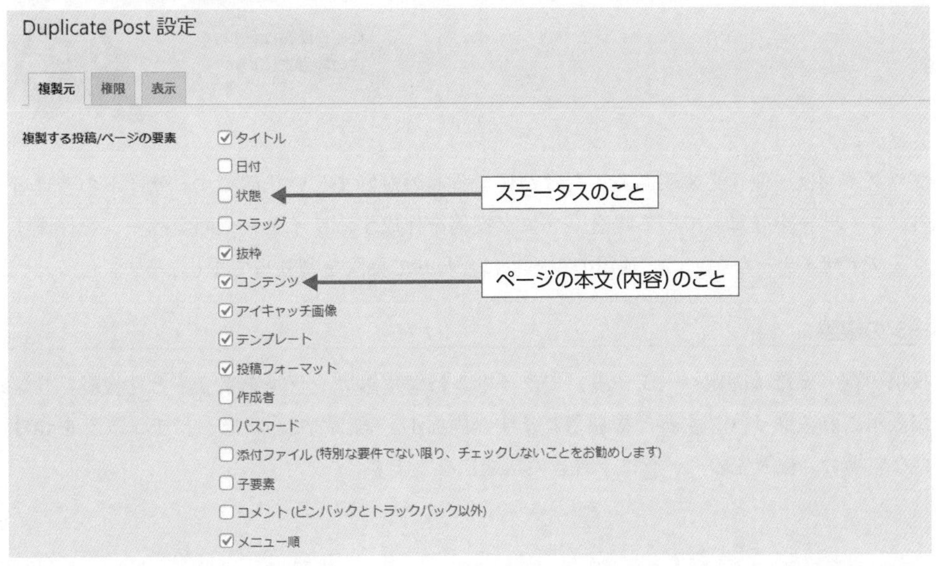

初期設定ではタイトルやコンテンツなど、主要な情報がチェックされていますが、状態（ステータス）はチェックされていません。そのため、複製したページは下書きのステータスになります。下書きのまま編集してページが完成してから公開しましょう。

ポイント 状態にチェックをつけた場合のリスク

状態にチェックをつけると、公開済みの既存ページを複製した瞬間に公開されます。ページの編集に数日かかると、未完成のままインターネット検索に載ってしまい、閲覧できてしまう可能性があります。公開中のサイトではチェックをつけないほうが安全です。

プラグインの設定（権限）

「権限」タブでは、誰が複製できるか（ユーザーの名前ではなくユーザーの権限で指定）と、複製できるページの種類を指定します（画面3）。

▼画面3　複製できる権限とページの指定

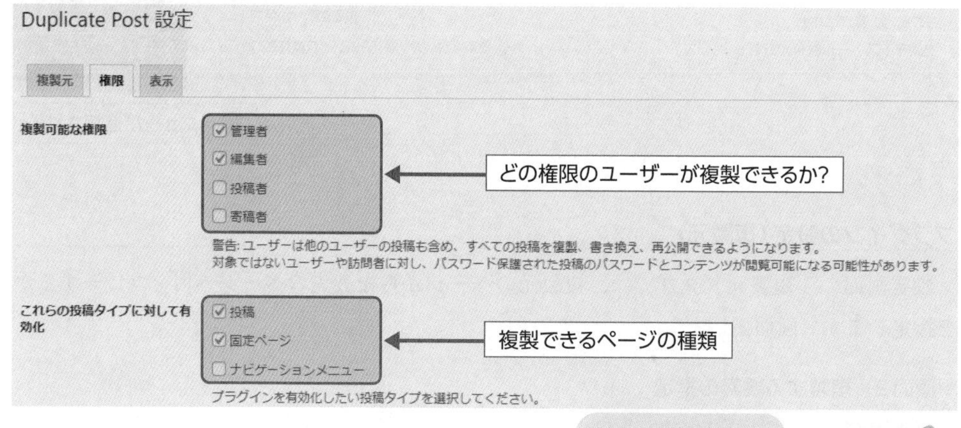

権限と種類はなるべく狭い範囲にしよう

プラグインは「使う必要がある人だけが使える」のが好ましい状態です。サイトの管理者以外にユーザーを登録している場合（ブログ投稿を作成するライターや固定ページを作成するウェブデザイナーなど）は、運用のルールに合わせて権限を割り当てましょう。

ページの複製

投稿一覧（または固定ページ一覧）でタイトルにマウスカーソルを乗せると「複製」リンクが表示され、クリックすると複製されます（画面4）。画面2で「状態」にチェックをつけていない場合、複製先のページは下書きの状態になります。

▼画面4　投稿の複製

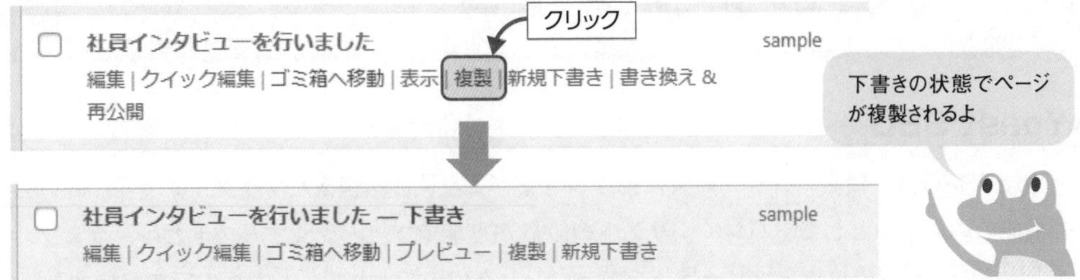

複製したページの編集

複製したページを開き、内容を書き換えましょう。毎回同じようなデザインや装飾を施したページを追加したい場合は、流用したいページを複製すると速く作成できます（画面5）。

▼画面5　複製したページの編集

複製した直後

社員インタビューを行いました

弊社では年に２回、現場で働く社員ひとりひとりに社長がマンツーマンでインタビューを行っています。今回は、入社3年目のKさんのインタビューを紹介いたします。

社長：Kさんは前職でシステムに関わるお仕事をしていたそうですね？

はい、コールセンターでお客様サポートの業務を行っていました。

社長：当社がコールセンター向けの運用改善コンサルティ…行っていることは知っていましたか？

はい、コールセンターの業務経験が活かせると思って入社を決

社長：どのような経験が役立っていますか？

システムの組み合わせや運用の流れを最適化する提案をさせて
をいただきました。

装飾を流用できるから便利だね

編集後

社員インタビューを行いました

弊社では年に２回、現場で働く社員ひとりひとりに社長がマンツーマンでインタビューを行っています。今回は、入社10年目のO課長のインタビューを紹介いたします。

社長：O課長はいま社内である取り組みをしていると聞きました。どのような取り組みですか？

課のメンバーひとりひとりの得意分野を活かせるように、営業先の業種を絞り込んでいます。

社長：たとえばどのような業種ですか？

家電メーカーや医療メーカーなど、メンバーがいままで担当したことのある業種や、前職で関連業務に関わったことのある業種を中心に営業活動を行っています。

社長：なるほど。メンバーひとりひとりが活躍できる仕事を割り当てる工夫をしているのですね。

はい。課をチームとして捉え、チーム全体のパフォーマンスを最大限に発揮するのが私の役目ですから。

類似した機能のプラグイン

「Yoast Duplicate Post」と似た機能を持ち、多くのユーザーに利用されているプラグインに、「Duplicate Page」「Duplicate Post」などがあります。

7-8 パンくずリストを表示できるプラグイン

Yoast SEO

Yoast SEOは、検索エンジン対策に役立つさまざまな機能を備えたプラグインです。それらの機能の中の1つとして、パンくずリストの設置が可能です。パンくずリストとは、ウェブサイト内でのページの位置をツリー構造を持ったリンクの一覧として示したものです（画面1）。

▼画面1　パンくずリスト

プラグインのインストールと設定

❶［プラグイン > 新規追加］の画面から「Yoast SEO」を検索してインストールしましょう。❷プラグインを有効化すると設定画面のメニューが追加されます（画面2）。

▼画面2　Yoast SEOのインストールと有効化

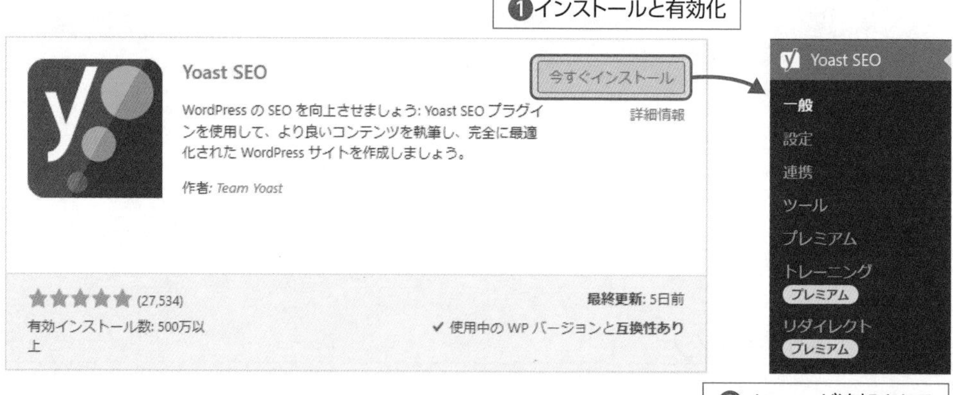

パンくずリストの設定は、［Yoast SEO > 設定］の「高度な設定」にあります（画面3）。投稿ページのパンくずリストにカテゴリー名が表示されるように、❶に「カテゴリー」を選択して❷設定を保存しましょう。

▼画面3　パンくずリストの設定

高度な設定
クロールの最適化 Premium
パンくずリスト
投稿者アーカイブ
日付アーカイブ
Format archives
特別ページ
メディアのページ
RSS

ブログページをパンくずリストで表示
最後のページを太字にする

投稿タイプのパンくずリスト
投稿タイプのパンくずリストに表示するタクソノミーを選択します。
投稿 post
カテゴリー
❶カテゴリーを選択

Breadcrumbs for taxonomies
タクソノミーのパンくずリストに表示する投稿タイプを選択します。
カテゴリー category
なし
タグ post_tag
なし
フォーマット post_format
なし

❷設定内容を保存
変更を保存
変更を破棄

パンくずリストの設置

プラグインを有効化すると、パンくずリスト用のブロックが使えるようになります。[外観 > エディター] からサイトエディターを開いてテンプレートの一覧画面に移動して、「ホーム」「アーカイブ」「固定ページ」「単一」の4つのテンプレートに対して、次のようにパンくずリストを設置しましょう（画面4）。

▼画面4　パンくずリストの設置（アーカイブの場合）

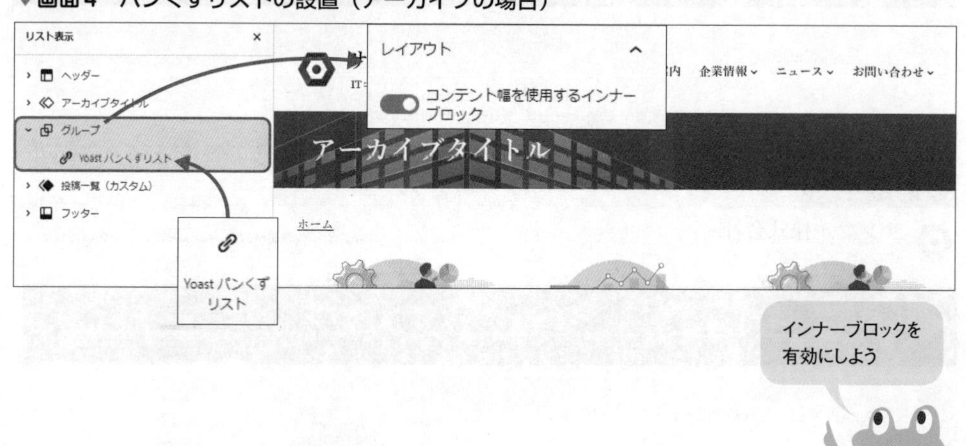

プラグインを導入しよう

グループは、パンくずリストをインナーブロックの中に入れるために追加します。グループを配置する場所は、ページのタイトルとコンテンツの間です。こうすると、トップページ以外の全てのページにパンくずリストが表示されます（画面5）。

▼画面5　パンくずリストの表示

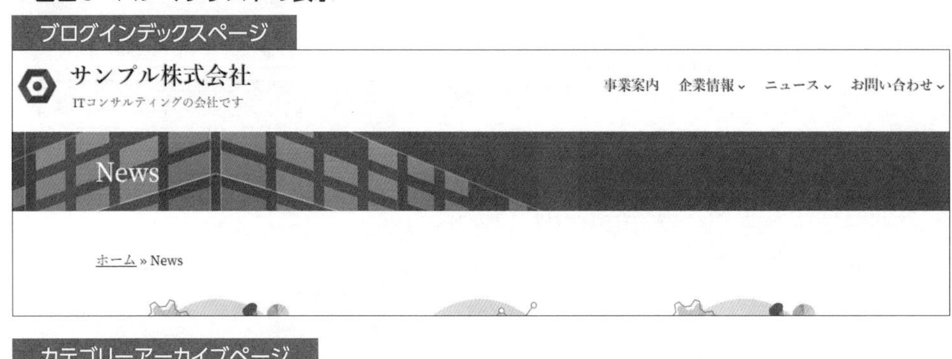

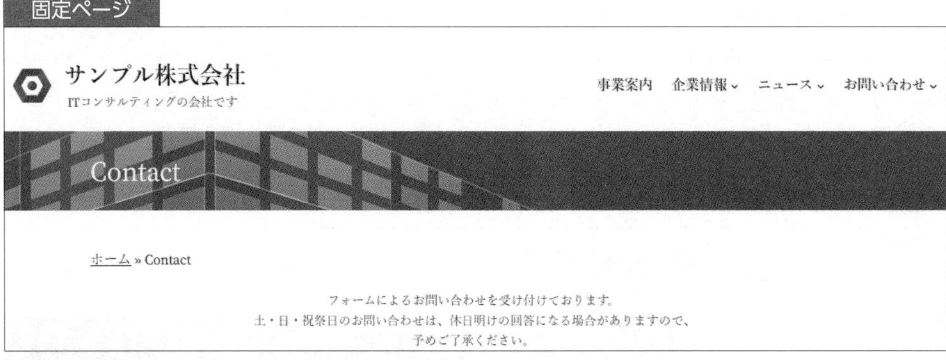

7-9 用途別おすすめプラグイン

よく使われている便利なプラグイン

よく使われているプラグインは「WordPress　おすすめ　プラグイン」などでインターネット検索すると簡単に情報を得ることができます。毎年、「2023年版」「保存版」「おすすめ18選」といったキーワードがついた記事が上位に出てくる傾向があります。

ここでは、テーマに依存せず利用できる無料のプラグインをいくつか紹介します。

メールフォーム（Contact Form7）

Contact Form7は、メールフォームを設置できるプラグインです（画面1）。

▼画面1　Contact Form7

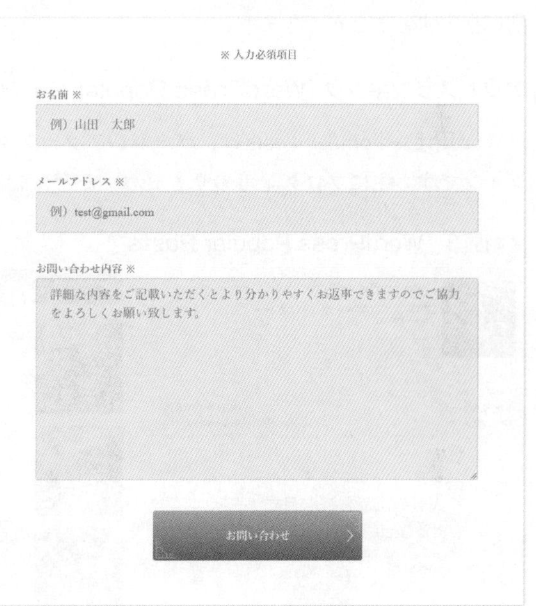

フォームの部分はHTMLで作成できますので、HTMLとスタイルシート（CSS）の知識があればデザインを自在に変更することができます。また、管理画面に受信データを保存できるアドオンや、ユーザーの入力内容に応じてフォームの表示項目を切り替えるアドオンなど、拡張性が高いことも特徴です。

また、第6章で使用したWPForms Liteには無い、自動返信機能が標準で利用できます。

目次（Table of Contents Plus）

Table of Contents Plusは、投稿ページや固定ページに自動で目次を表示できるプラグインです。主にブログ記事に使われます（画面2）。

▼画面2 Table of Contents Plus

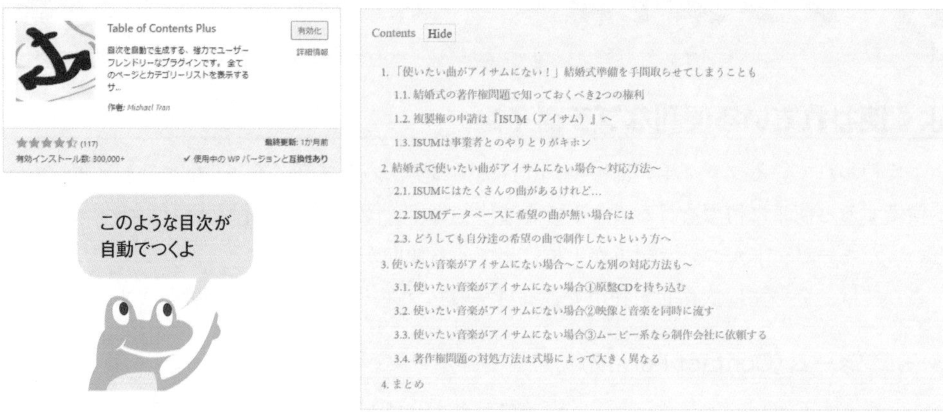

目次のデザインはあらかじめ用意された組み合わせから選ぶか、背景やテキストの色を個別に指定することができます。

アクセスランキング（WordPress Popular Posts）

WordPress Popular Postsは、ページのアクセス数に基づいて投稿を並べて表示できるプラグインです。主にブログ記事のサイドバーなどに設置されます（画面3）。

▼画面3 WordPress Popular Posts

プラグインの設定で、サムネイル画像の有無やタイトルの文字数制限、日付やカテゴリーの表示有無などを細かく指定することができます。

ソーシャルログイン（WordPress Social Login and Register）

WordPress Social Login and Registerは、ソーシャルメディアのアカウントを使ってサイトにログインする機能や、ページをソーシャルメディアにシェアする機能を追加できるプラグインです（画面4）。

▼画面4　WordPress Social Login and Register

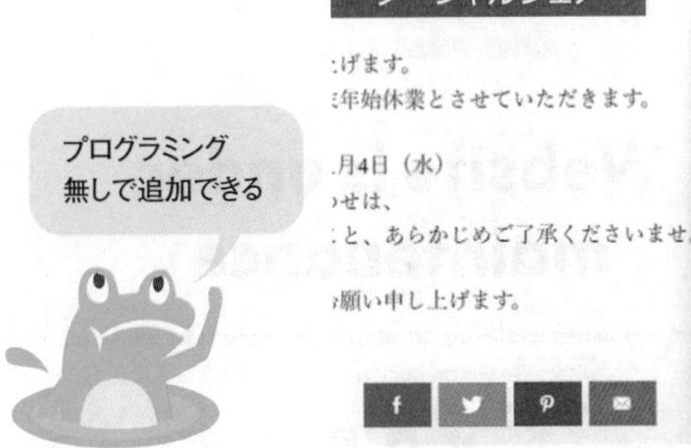

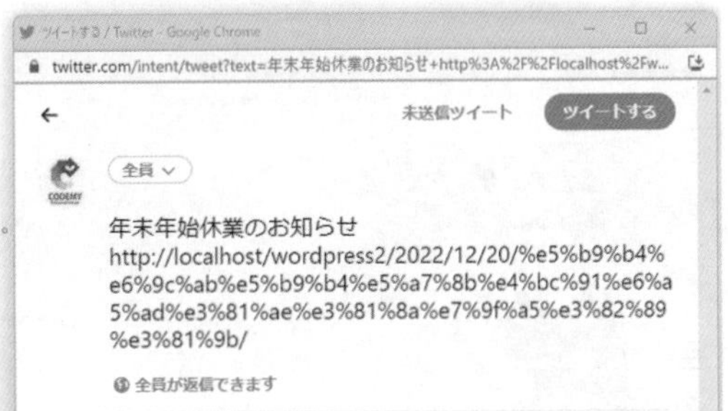

第6章でフッターに設置したソーシャルボタンはサイト運営者のソーシャルメディアへリンクするボタンでしたが、こちらはユーザーのソーシャルメディアへシェアするものです。サイト運営者自身が自分でシェアをしてSNSで告知する目的で使用することもできます。

ショッピングカート（Welcart e-Commerce）

Welcartは、サイトにeコマースの機能（サイトで商品やサービスを販売できる機能）を追加できるプラグインです（画面5）。

▼画面5　Welcart

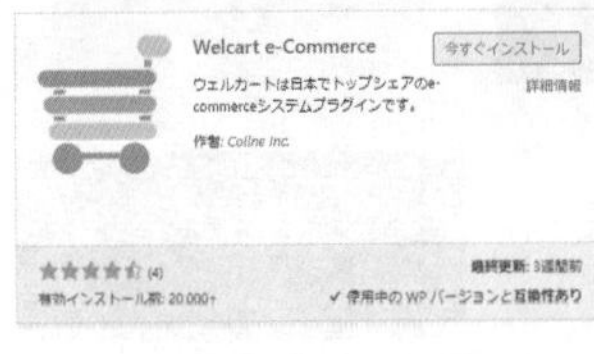

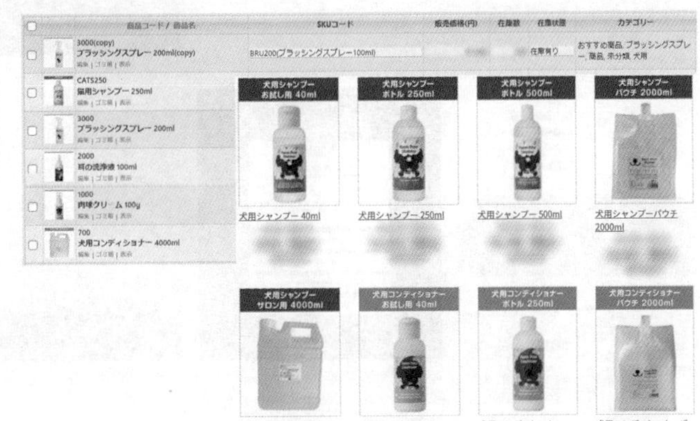

メンテナンスモード（WP Maintenance Mode）

WP Maintenance Modeは、サイトを非公開にしてメンテナンス中の画面を表示できるプラグインです。サイトが未完成のときや、コンテンツやデザインをリニューアルするときに使われます（画面6）。

▼画面6　WP Maintenance Mode

Website is under maintenance

We are doing some updates on our site, and we need to be offline for a while. We will be back with you shortly!

無料で10数種類のテンプレートからデザインを選ぶことができます（画面7）。

▼画面7　選べるデザイン

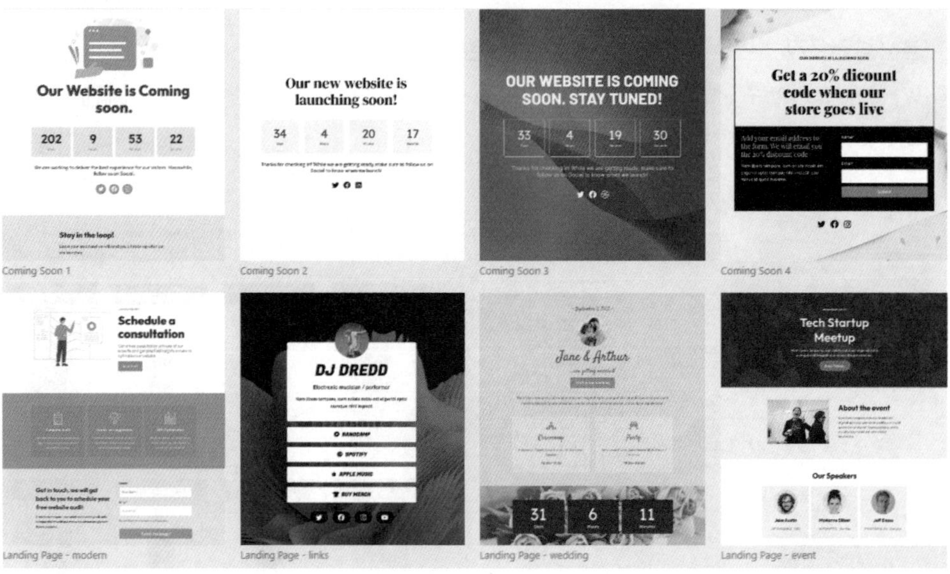

日本語使用時の不具合回避（WP Multibyte Patch）

WP Multibyte Patchは、WordPressで日本語を取り扱う場面で発生しうる不具合を回避することができるプラグインです。

WordPressは日本語専用のソフトウェアではありませんので、デフォルトでは日本語に対応していない部分があります。たとえば、ファイル名に日本語を含む画像をメディアライブラリにアップロードすると、「カエル.png」のように日本語のファイル名のままアップロードされます。それ自体は何も問題ありませんが、他のプラグインやレンタルサーバーの機能を使ってWordPressをバックアップしたときに、日本語名を含むファイルはコピーされずにバックアップから欠落してしまう場合があります。このプラグインを有効化すると、日本語のファイル名やURLがインターネット上で使用可能な文字に置き換えられ、不具合を回避することができます（画面8）。

▼画面8　WP Multibyte Patch

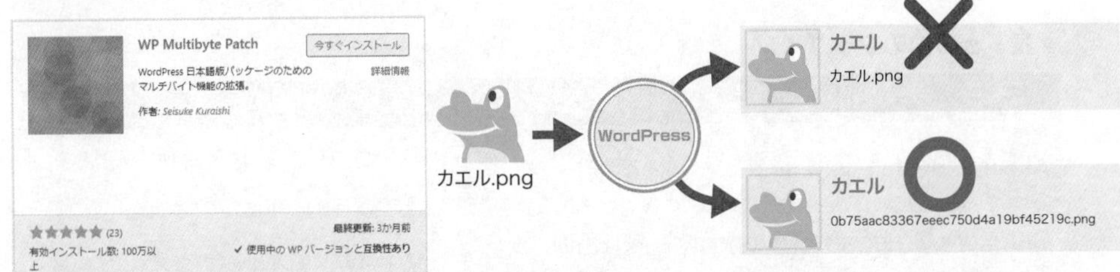

以前はWordPressをインストールするとこのプラグインも一緒にインストールされましたが、現在のバージョン（6.1.1）ではインストールされませんので、自分で後からインストールする必要があります。

ページビルダー（Elementor）

Elementorは、投稿や固定ページ、テンプレートの編集画面で使うブロックエディターとよく似た画面を使ってサイトを作成できるプラグインです。このようなタイプのプラグインを総称してページビルダーと呼びます（画面9）。

▼画面9　Elementor

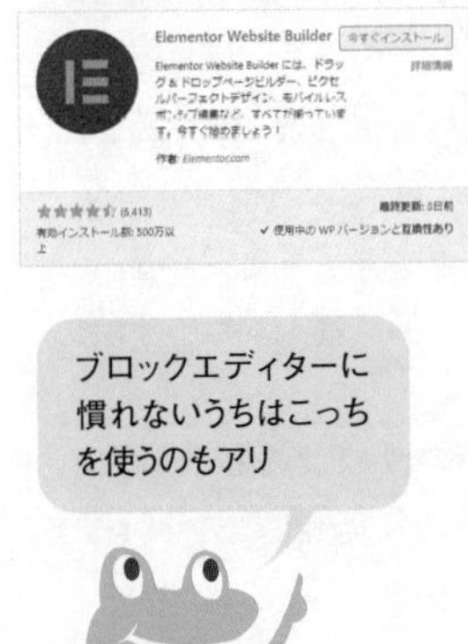

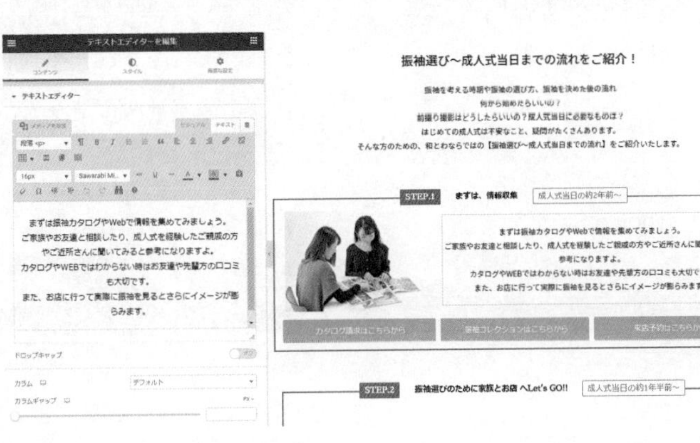

Elementorには数百種類のテンプレートが用意されており、ほとんどの操作はドラッグ＆ドロップで行えます。また、白紙のテンプレートも用意されていますので、手間をかければテーマのデザインにとらわれず完全オリジナルのデザインにすることも可能です。

コラム

その他のプラグイン

ほかにも便利なプラグインがたくさんあります（表）。いろいろなプラグインに触れて、サイトをより良くしていきましょう。

▼表　その他のプラグイン

プラグイン名	利用箇所	機能概要
Akismet Spam Protection	公開ページ	記事へのスパムコメントを自動的に削除できる
Category Order and Taxonomy Terms Order	管理画面／公開ページ	カテゴリーの表示順を変更できる
Admin Menu Editor	管理画面	管理画面のメニューの表示や並び順を変更できる
Admin Columns	管理画面	投稿や固定ページの一覧をカスタマイズできる
All in One SEO	公開ページ	検索エンジン対策の機能が利用できる
Easy FancyBox	公開ページ	画像を拡大表示できる
EWWW Image Optimizer	公開ページ	画像を圧縮して表示速度を高速化できる
Redirection	公開ページ	あるURLを別のURLへ転送できる
Simple Author Box	公開ページ	記事下などに執筆者の紹介を表示できる
Ultimate FAQ	公開ページ	「よくある質問」ページを作成できる
Crisp	管理画面／公開ページ	ライブチャットとチャットボットが設置できる
Theme Switcha	公開ページ	一般ユーザーには非公開のまま、運営中のサイトでテーマを切り替えて表示や動作を検証できる
Multiple Themes	公開ページ	ページごとに異なるテーマを適用できる

おわりに

本書を最後までお読みいただき、ありがとうございます。緊迫する世界情勢に国内の政治経済問題など、私たちの今と将来世代への不安の念が一層強まる中、年末年始を跨いでようやく第2版を書き終えることができました。

初版は静的HTMLを元にオリジナルテーマを作成する内容だったのですが、第2版はフルサイト編集を使ってサイトを作成するアプローチへ変更しました。その結果、HTMLやCSSを知らなくてもサイトを完成させる流れを体験いただける一冊になりました。これまでWordPressを敬遠していた人も、ぜひ手に取っていただければ幸いです。決してWordPressは専門知識がなければ使えないものではないことを実感いただけると思います。

実際、筆者自身、従来からあるプラグインがWordPressの進化に合わせてブロックとしてドラッグ＆ドロップで利用できたり、ショートコードをコピーする必要さえなくなるほど進化していることに驚くとともに、WordPressに限らずAIを活用した自動化・ノーコード化の流れが加速していることを実感しました。より少ない労力で多くの人がWordPressを活用できるようになっていくことはWordPressの社会的価値を高めるという意味で喜ばしいことです。

しかしその反面、WordPressが一層ブラックボックス化していくことで利用者の学習離れや知識の底が浅くなり、思考力の低下が生涯における目に見えない損失（問題の本質を捉えて自己解決できる力の低下）に繋がりはしないかと懸念しています。深い知識を得るための時間と労力を投資するよりも、浅く広い知識を組み合わせて生産的な価値を生み出すことのほうが重要なのかどうか、日々自問自答しており、答えが出ないのですが、楽をして表面的な知識だけを得て満足してしまう人と、苦労をして時間をかけて深いところまで学習する人の、どちらがより複雑で困難な問題を解決できる実力を備えられるでしょうか。そのような思いから、私は自身が運営するオンラインレッスンで生徒さんに「温故知新」「急がば回れ」という格言を口にします。本書でもその思いは変わらないのですが、自分で考えて作り上げる楽しさをもっと体験したい方には、本書と同じシリーズの「図解！ TypeScriptのツボとコツがゼッタイにわかる本 “超” 入門編」「図解！ JavaScriptのツボとコツがゼッタイにわかる本 “超” 入門編」「同　プログラミング実践編」をお薦めします。

末筆ながら、WordPressの事例としてスクリーンショットを快くご提供くださいました株式会社Asset様、株式会社Frieheit様、株式会社スリープフリークス様、エイチアンドダブリュー株式会社様（掲載順）に厚く御礼申し上げます。

2023年2月
中田　亨

索 引

記号・数字

…… 282
.htaccess …… 90,92
360°回転する写真 …… 292
3カラムエリア …… 297
404エラーページ …… 193,247
404エラーページのテンプレート …… 277

A

All-in-One WP Migration …… 110
AV1 Image File Format …… 344
AVIF …… 344

C

CMS …… 28
Contact Form7 …… 351
Converter for Media …… 341

D

DNSサーバー …… 25

E

ECサイト …… 17
Elementor …… 355

F

Facebook …… 233
FTPクライアント …… 54
FTPサーバー …… 24

G

GPL …… 48
GPLv2 …… 48
Gutenberg …… 13

H

http …… 52,86
https …… 52,86

I

Instagram …… 233

L

Local …… 118

M

Markdown …… 282
MySQL …… 96

P

PHP …… 22,37,55
phpMyAdmin …… 23,96
phpMyAdminの起動 …… 100
PHPのバージョン …… 56
plugins …… 39

S

SiteGuard WP Plugin …… 329
Smart Slider 3 …… 320
SSL化 …… 52,86
SSL証明書 …… 52
SSL設定 …… 78
SSLの種類 …… 77
Streetview Studio …… 292

T

Table of Contents Plus …… 351
TablePress …… 325
Taxonomy …… 33
Term …… 33
themes …… 39
Twitter …… 233

U

UpdraftPlus WordPress Backup Plugin …… 325
uploads …… 39

W

WebP …… 344
Welcart e-Commerce …… 353
WordPress Popular Posts …… 352
WordPress Social Login and Register …… 352
WordPress.com …… 41,42,45
WordPress.org …… 41,42,43
WordPressのインストール …… 80,102,104
WordPressのダウンロード …… 101
WP Maintenance Mode …… 254
WP Multibyte Patch …… 355
wp-admin …… 39
wp-content …… 39
WPForms Lite …… 308
wp-includes …… 39

X

XAMPP …… 46,94,95,99,118
XAMPPの停止 …… 100
XAMPPのドキュメントルート …… 108
XML-RPC …… 170,333

Y

Yoast Duplicate Post …… 345
Yoast SEO …… 348
YouTube …… 232,307

あ行

アーカイブタイトル …… 268
アーカイブのテンプレート …… 273
アーカイブページ …… 189
アーカイブページのテンプレート …… 190
アイキャッチ画像の登録 …… 130
アカウント管理 …… 160
アクセスランキング …… 352
アップロードできるメディアの種類 …… 139
あなたについて …… 160
一般設定 …… 169
色 …… 200,253
インデント …… 214
ウィジェット …… 34,223
ウェッピー …… 344
ウェブシステム …… 18
埋め込み …… 232
エクスポート …… 166,278
エックスサーバー …… 58,63
沿革 …… 294
オープンソースソフトウェア …… 12
お問い合わせ …… 265,287,295,300,307,308
お問い合わせページ …… 247
お申し込み …… 298
音声 …… 219

か行

外観 …… 145
会社概要 …… 288
カスタムHTML …… 224,293
カスタムテンプレート …… 186
画像 …… 215
画像を軽量化 …… 341
カテゴリー …… 32
カテゴリ一覧 …… 223
カテゴリーとタグの割り当て …… 130
カテゴリーの登録 …… 132
カテゴリーページ …… 244
カバー …… 216
カラム …… 204
管理画面 …… 31,38,39,87,120
管理者 …… 155
企業情報ページ …… 243
寄稿者 …… 155
基本スタイル …… 198,199
基本スタイルの設定欄 …… 198
キャッチフレーズ …… 250
ギャラリー …… 217
業務案内ページ …… 242
クイック編集 …… 124,134

グーテンベルク……13
クライアント……21
グループの追加……210
グループの複製……286
検索結果ページ……194
コアシステム……38,40
購読者……155
コーポレートサイト……15
個人情報保護方針ページ……247
個人データ……166
個人データのエクスポート……164
個人データの削除……166
固定一覧ページ……134
固定ページ……31,134,185,249
固定ページタイトル……266
固定ページの削除と復元……134
固定ページのテンプレート……269
固定ページの表示……135
固定ページの編集……134
固定ページの編集画面……136
コメント……142
コメントスパム……143
コメントの管理……142
コメントの承認と解除……144
コンテンツ……39
コンテンツ生成部……38
コンテンツの登録……279,285,288,296,301,313
コントロールパネル……98

さ行

サーバー……21
サーバー環境へのインポート……113
サーバーパネル……89
最新の投稿……225
サイトのキャッチフレーズ……228
サイトのタイトル……228
サイトヘルス……123,163
サイト名……250
サイトロゴ……228
再利用ブロック……235,237,238
再利用ブロックの作成……236,264
再利用ブロックの挿入……238
削除……166
さくらインターネット……61
ザンプ……46,94
事業と企業の概要……302
質問と回答のブロック構成……285
指定したバージョンに更新……251
自動更新の設定・解除……150
照合順序……103
情報グループ……155
ショートコード……226
ショッピングカート……353
新規追加……124,134
シンタックスハイライト……159
新着情報……304
ストリートビューの埋め込み……292
スパム……142
スペーサー……208
スライドショー……320
スラッグ……31,133
政府・行政サイト……19
セキュリティー……329
設定……169
ソーシャルアイコン……227
ソーシャルログイン……352

た行

ターム……33
タイポグラフィ……199,252
タグ……32
タクソノミー……33
タグの登録……133
ダッシュボード……122
縦積み……205
段落と見出し……212

ツール……161
ツールバー……120,159
データのインポート……162
データのエクスポート……163
データベース……22,53,109
データベースの起動と停止……99
データベースのユーザーアカウント……109
テーブル……215,325
テーマ……28,228,318
テーマのカスタマイズ……148
テーマの管理……145
テーマの追加……146
テーマファイルエディター……167
テキスト……212,221
転送……92
テンプレート……30,178
テンプレート階層図……183
テンプレートの削除……182
テンプレートの追加……181
テンプレートの編集……180
テンプレートの優先順位……183
テンプレートパーツ……195,255
テンプレートパーツの追加と編集……195
動画……222,307
投稿……124
投稿一覧……124,231,261
投稿カテゴリーの追加……249
投稿者……155
投稿設定……170
投稿の削除と復元……124
投稿のテンプレート……272
投稿の表示……125
投稿の編集……124
投稿の編集画面……126
投稿ページ……31,184
投稿メタ……260
独自ドメイン……26,50,51,72,75
トップページ……241,301
トップページのテンプレート……271
ドメイン……79

な行

ナビゲーション……229
名前……159
日本語使用時の不具合回避……355
ニュース……304
ニュース一覧ページ……244
ニュースタイトル……266
ニュースの記事ページ……245
認証レベル……77
ネームサーバー情報……27

は行

パーマリンク……31,131
パーマリンク構造……250
パーマリンクの変更……129
バックアップ……325
抜粋とディスカッションの設定……131
パディングの設定……207
パンくずリスト……348
表組……325
表示スタイル……199
表示設定……171
ファイル……220
フォームのカスタマイズ……309
フォント……253
フッター……258
プライバシーポリシーの設定……251
プラグイン……30,39,150,318,325,356
プラグインのインストール……110
プラグインの選び方……152
プラグインの管理……150
プラグインの種類……319
プラグインの新規追加……151
プラグインの追加……150

プラグインの有効化・無効化・削除 …… 150
プラグインファイルエディター …… 168
フルサイト編集 …… 149
プレビューの切り替え …… 128
ブログ …… 14,171
ブログインデックスのテンプレート …… 275
ブログインデックスページ …… 33,191
ブロック …… 202,212
ブロックエディター …… 13,126,127,136
ブロックの間隔の設定 …… 208
ブロックの種類 …… 212
ブロックのリスト表示 …… 127
プロフィールの編集 …… 157
プロフィール編集画面 …… 158,159,160
フロントページ …… 33,192
ページ …… 178
ページビルダー …… 355
ページをコピー …… 345
ヘッダー …… 255
編集者 …… 155
編集するテンプレートの切り替え …… 182
ホームページ …… 171
ホームページの表示 …… 250

ま行

マークダウン …… 282
マージンの設定 …… 207
見出し …… 253
見出しのスタイル変更 …… 282
ムームードメイン …… 60
メインビジュアル …… 301
メールサーバー …… 24
メールフォーム …… 36,308,351
メディア …… 39,215,221,306
メディアサイト …… 16
メディアのアップロード …… 138
メディアの挿入 …… 140
メディアの登録 …… 138
メディアライブラリ …… 138
メニュー …… 121
メニューページ …… 121
メンテナンスモード …… 354
目次 …… 351

や行

ユーザー …… 155
ユーザー一覧画面 …… 156
ユーザーの追加 …… 156
優先先情報 …… 160
よくある質問ページ …… 245
横並び …… 205
余白の設定 …… 207

ら行

ライセンス …… 48
ライブプレビュー …… 149
リード文 …… 296
リスト …… 213
リストのインデント …… 282
リダイレクト …… 92
レイアウト …… 201,203,254
レンタルサーバー …… 50,63
レンタルサーバーの自動バックアップ …… 340
ローカル環境のエクスポート …… 111
ローカルサーバー …… 46,99
ローカルサーバーの起動と停止 …… 99
ログインページ …… 71
ロリポップ …… 60

著者略歴

中田　亨（なかた　とおる）

1976年兵庫県生まれ 神戸電子専門学校/大阪大学理学部卒業。ソフトウェア開発会社で約10年間、システムエンジニアとしてWebシステムを中心とした開発・運用保守に従事。独立後、マンツーマンでウェブサイト制作とプログラミングが学べるオンラインレッスンCODEMY（コーデミー）の運営を開始。IT業界への転職を目指す初心者から現役Webデザイナーまで、幅広く教えている。著書に「図解！　TypeScriptのツボとコツがゼッタイにわかる本　“超”入門編」「Vue.jsのツボとコツがゼッタイにわかる本［第2版］」「図解！　アルゴリズムのツボとコツがゼッタイにわかる本」「図解！JavaScriptのツボとコツがゼッタイにわかる本　“超”入門編」「同　プログラミング実践編」「図解！HTML&CSSのツボとコツがゼッタイにわかる本」（いずれも秀和システム）などがある。

レッスンサイト
https://codemy-lesson.office-ing.net/

カバーデザイン・イラスト　mammoth.

WordPressのツボとコツがゼッタイにわかる本[第2版]

発行日　2023年　3月24日　第1版第1刷

著　者　中田　亨

発行者　斉藤　和邦
発行所　株式会社　秀和システム
〒135-0016
東京都江東区東陽2-4-2　新宮ビル2F
Tel 03-6264-3105（販売）　Fax 03-6264-3094
印刷所　三松堂印刷株式会社

ISBN978-4-7980-6886-2 C3055